U0911307

本成果受到中国人民大学“985工程”的支持

Immanuel Kant

康德道德哲学文集

（注释版）（上卷）

[德] 康德 著

李秋零 等 译注

中国人民大学出版社

·北京·

前　言

李秋零

在人类思想史上，康德毋庸置疑具有极为重要的地位。在18世纪，一方面受自然科学的成功所鼓动而分别力图按照数学、物理学模式建立哲学体系的理性论和经验论哲学经过长期争论，各自在认识的起源、真理性等一系列问题上走进了死胡同；另一方面与经验论伴生的机械唯物主义则把自然科学的研究方法直接挪用到对人和社会的研究，在以“人是机器”为代表的观点下把人的道德、信仰等等统统纳入机械因果关系的范畴，严重地威胁着人类的自由和尊严。哲学的倾向同样反映在如火如荼的启蒙运动及其影响下的法国大革命中。以理性、自由为旗帜的法国大革命，尤其是在雅各宾专政阶段，逐渐地暴露出其非理性、非自由的一面。正是在这样的历史背景下，生于启蒙、生为启蒙的康德开始了自己的哲学思维。

康德凭借深厚的哲学素养和卓尔不群的思辨能力，独辟蹊径（绝不是调和、折衷），在批判的原则下，对自然和人类社会生活、精神生活的各个领域进行了深入的思考，建立起一个可谓无所不包的批判哲学体系，其立论之新颖，其论证之严密，其思想之深邃，其影响之深远，绝非是三言两语的评价所能够涵盖的。[①] 康德的哲学不仅使理性论和经验论的争执永远成为历史，而且为哲学、形而上学的发展指明了一个新的方向。尽管康德的同胞，包括被视为和自视为他的学生的费希特等古典哲学家尽力把他所开辟的新航向拉回到传统的形而上学轨道，甚至在黑格尔那

① 请参见本书序言。

里还曾再次达到传统形而上学的最后辉煌，但同样是康德的同胞胡塞尔所开创的现象学及其所影响的各种思潮才真正地弘扬了康德的思想，成就了现代西方哲学的多彩多姿。正是在这种意义上，才有了日本哲学家安倍能成的“蓄水池”之喻。

康德哲学的意义不仅仅在于德国、欧洲、西方。相反，正如康德喜欢使用的“世界公民”这个概念一样，他的哲学是世界的、全人类的。因此，康德的著作理所当然地受到世界的关注，迅速地被翻译成各国文字。康德著作的第一个中文译本是周暹与德国人尉礼贤合译：《人心能力论》，上海，商务印书馆，1914 年出版（严格说来，它并不是康德的一部专著，而是康德致医生胡弗兰德的一封探讨养生之道的信，主张心灵具有控制病体感觉的能力，后被康德编入《学科之争》）。此后，随着研究的深入，康德的哲学著作陆续被译成中文。到世纪之交时，可以说康德的主要哲学著作都已经有了中文译本，个别著作如《纯粹理性批判》、《实践理性批判》的译本达六七个之多。2010 年，本人主持编译的《康德著作全集》（9 卷本）由中国人民大学出版社全部出版。至此，康德生前所出版的著作全部有了中译本。

《康德著作全集》的出版，首次提供了全面的、系统的、统一的康德著作中文译本，有力地配合了长盛不衰的康德哲学研究，因而不仅受到学术界的普遍欢迎，而且还引起了不少收藏家的兴趣。然而，由于中文版《康德著作全集》完全遵从德文科学院版的体例，按照时序来编排康德卷帙浩繁、涉猎广泛的著作，不免让一些读者使用起来觉得不方便，于是就出现了按照内容分卷出版的呼声。中国人民大学出版社决定顺从这种呼声，出版这套《康德文集注释版》。与我合作多年的责任编辑杨宗元女士不辞辛劳地承担了总体设计、编纂体例、各卷内容划分等方面的繁重工作，终于使它以目前的面貌出现在公众面前。

这套《康德文集注释版》除康德的三大批判合集之外，又分为《康德自然哲学文集》、《康德认识论文集》、《康德道德哲学文集》、《康德政治哲学文集》、《康德历史哲学文集》、《康德宗教哲学文集》、《康德人类学文集》、《康德教育哲学文集》、《康德美学文集》。各文集的编辑体例是首先按照时间顺序排出康德的独立著作，然后按照时间顺序排出文章或从其他独立著作中做出的摘录，并在各篇的结尾注明了在《康德著作全集》中的出处。由于个别文本实在不易分类或者内容交叉，所以有的书中的内容会有少量重复。另外，在编纂的过程中，本人又为过去未出版过单行本的著作译出了《科学院版编者导言》和科学院版编者注，并在必要的地方加了少量的编译者注。当然，本着“译事无穷尽”的原则，也对正文中的个别文字做了改进。希望这套文集能够满足读者们的愿望。

此外，读者在使用本文集时，务请注意边码和注释：

1. 本书所注边码的格式为 a [X]，其中 a 为科学院版《康德全集》的卷次，X 为该卷页码。注释中所谈到的《康德全集》的页码均指科学院版《康德全集》的页码，可参考本书边码。

2. 科学院版编者所使用的康德书信版本是《康德全集》第Ⅹ—Ⅻ卷的第 1 版，而现在通行的版本则是第 2 版，为方便读者，编译者将其注明的第 1 版页码置于“[ ]”中，直接注出的则是第 2 版的页码。

3. 本书中的注释既包含康德的注释，也包括科学院版编者的注释，还有部分编译者注。其中科学院版编者注和编译者注均已注明，康德所写的正文部分的注释未注明注释者的为康德本人所注，《科学院版编者导言》中未注明注释者的为科学院版编者所注。

序：哲学的开普勒改革

苗力田

德国古典哲学同于古希腊哲学，其主流都是思辨的，theooreetikee 或 spekulativ。这两个词形式虽然不同，但根本意思却是一致的。在古希腊语中，这个词的主干 horan 的意思是观看，在现代德语以及其他一些西方语言中，这个词来源于拉丁文的 specula，其含义同样也是观察。总之，在西方古代人看来，观看是各种感觉中最细密、精确的，它是思想的直观形象，一切思想也都离不开观察。由于思辨这个词其古希腊语的名词形式 theooria 被转拼为西方现代语 Theorie 后，解为理论，所以思辨和理论思维实际上是同根词、不同时代的同义语。可以说过去的思辨即今日的理论思维，今日所说的理论思维也就是过去的思辨。所谓思辨哲学就是运用理论思维，探索理论思维，以理论思维为主体的哲学，它以理性为中心，无疑是锻炼理论思维的理想操场。

王山[①]教授康德（Immanuel Kant，1724—1804）是德国古典哲学创始人，他以彻底的德意志精神探讨了思辨理性的来源、范围和客观有效性。思辨哲学存在两种思想方式（Denkart）：一种是实体论（ousiaology）的，一种是现象学（phainomenology）的。实体论的思想从对象的存在 Sein 入手，而思辨它们的存在方式。现象学的思想则就对象的显现 scheinen 来探索它们显现的表象。在德国古典哲学中，黑格尔

① 哲人的故乡 Königsberg 在大多数文献中都音译为哥尼斯堡，很容易误导，因为 Berg 原义为山岗，而非城堡 Burg，把 Berg 译解为堡，一个字母之差，意义却相去甚远；而 König 本义为君王，似可仿意译牛津者，译作王山。前译虽通行成俗，今就《康德著作全集》发行之便，借以正之，岂多事乎？（但在正文的翻译中，为了既纠正“哥尼斯堡”译法的失误，又不致因“王山”译法而惊世骇俗，采用了中庸的译法“哥尼斯贝格”——李秋零）

哲学是实体论思想方式的典范。他从最单纯的存在出发到绝对理念为止，描述思辨理性、概念运行的整个历程。而20世纪在西方哲学中成为主流的现象学的思想方式，则把康德公认为其先驱。思辨哲学爱智慧，尚思辨，以科学为目的。它把人首先当做理智存在，当做理性实体，是人类一切活动的主导。但在强调理智的主导的同时，传统的思辨哲学却忽视了感觉，排斥了感觉，认为感性认识是错误的道路，至多不过是可是可否，或是或否的意见doksa；只有理智的思维才能保证走上真理的道路。但是，感觉经验是人们知识的来源，离开了感觉经验，知识没有其他来源，否定了感觉，就必然陷于怀疑主义，否认一切认识的确定性。近代经验哲学，强调感觉经验，认为它是知识的惟一来源，一切知识莫不来自经验，即使科学上的概念和规律，也不过是经验的集合而已。感觉是个别和偶然的，所以经验哲学否定规律的普遍必然性，破坏纯粹哲学，毁灭一切科学。

在康德看来，传统的思想方式，不论是理性主义，还是经验主义，都妨碍了近代科学的发展，不利于认识的扩大和加深，这样的思想方式必须加以改革，Umänderung der Denkart。上述传统的思想方式，一概被称为独断论，它是片面的，专制的，空话连篇，不着边际，必须以思辨哲学在以理性为中心的前提下加以改革，在提出什么学说和论断之前，对认识能力自身加以批判和清理，确定认识的来源、范围和客观有效性。其基本方案和理念，就是：

> 作为预定的方案，必须首先指出，人类的认识（Erkenntnis）具有两个主干，它们也许出自共同的，尚不为所知的根基，这就是感性（Sinnlichkeit）和知性（Verstand）。通过前者对象被给予我们，通过后者它们被思想。(B29)

对这两支主干（Stämme），后来他又更加详尽地解说道：

> 我们的本性自身就是如此，直观只能是感性的，也就是只能包含于我们对象所刺激的方式。与此相反的（dagegen）是思想感性直观对象的能力，知性。对这两种特性（Eigenschaften）任何一个都

> 不能偏爱。没有感性，对象就不会被给予我们；没有知性，就不能思想对象。思想没有内容是空洞的，直观没有概念是盲目的。……这两种能力不能相互代替。知性不能进行直观，感觉不能进行思想，只有把两者结合在一起，认识才能发生。(B75)

为什么只有把感觉和思想结合起来，认识才能发生呢？王山教授这里所说的认识是西方实验科学已呈辉煌时代的认识，是出现了伽利略(1564—1642)、开普勒（1571—1630）和牛顿（1643—1727）之后的认识。这个时代的科学认识，不但要求普遍必然，还要求开拓创新。对于这样的要求，单纯的理智是不能满足的，因为理智的功能是概念推论，从大前提到结论，其结论当然是普遍必然的，但不能扩大人们的认识，加入新的内容。因为在概念推论中的结论已经包括在前提概念之中了。正如教授指出的，科学如仅靠概念推论，甚至连“两点之间直线最短”这样的命题也得不出来。因三和两是量的概念，而长和短是质的概念，从量的概念无论如何是推不出质的概念来的。反过来，感性直观虽然有能力直接接受表象，从而扩大认识的范围，丰富认识的内容，但是，这些表象都是个别的、杂乱的、偶然的，如不经过思想的关联调整，便形成不了概念。据说，牛顿万有引力定律是由看到苹果堕地引发的，但如果不加思想，每次苹果的落地都是个别偶然的，即使看到亿万次，终生终世也得不出一个普遍必然的万有引力定律来。所以，要求不断扩大、不断加深、不断更新的普遍必然的科学必须有两个主干，认识的能力必定有两种特性，思辨理性的运行轨迹虽然以理性为中心，但应该有两个焦点：感性和知性，直观和思想。像我们所栖息的星球一样，要循着椭圆形。那些唯什么单一中心的主义，不过是上帝创世一神教的反刍而已。

这样思辨哲学自身也被扩大了，它把原本拒之门外、视为异类的感觉接纳回来，浪子回头金不换，因而感觉立刻成为离开它认识就不能发生、思辨理性亦无法运转的焦点了。感觉经验之所以能够成为思辨理性运行的焦点，生成普遍必然的认识，在康德看来这就证明着非经验的东西，它们的普遍必然的有效性，所依据的并不是经验而是一切经验背后的、直观的先天原理，这就是空间和时间的一般概念。凡是空间和时间的科学，几何学和算术学都少不了空间和时间概念，它们是直观的纯形式，或者称为先天直观。因为无限空间和无限时间的概念，绝不来自有限空间和时间的经验直观的结合，无中不能生有，集有也不能成无，而是来自共存或相续的属性。个别的空间和时间只显现为整个空间和时间的部分，没有一般的空间在先，就不能表象个别的空间。由于空间和时间只与个别的、特殊的对象相关，所以它们自身只能是直观的先天形式，它在一切经验直观的背后，一切个别偶然之先前，所以是普遍必然的。空间是外感觉的形式，一切外在经验中的对象都在空间中排列着，伸延着。时间是内感觉的形式，一切思想和概念的活动都先后连续着在时间中运行。所以，空间和时间这样的纯直观先天形式，只有在经验中、相对经验对象而言才有实在的意义，因而专门称之为经验的实在性（die empirische Realität)。这些形式一旦离开经验，离开了经验对象就百无一用，完全成为观念，脱离了实际想出来的，故而称之为先验理想性（die transzendentale Idealität)。进一步说，空间和时间这些先天形式，只能在直观中、在经验中才具有普遍必然性、客观有效性。如果离开了直观，离开了经验，数学也就没有普遍必然的命题，人们连 7＋5＝12 都没法判定。它们更不是事物本身的属性，如果它们是事物本身的属性，那么作为存在者，上帝也就难免在空间和时间中而属于有死之伦了。因为，它们既然是一切存在者的属性，作为一种存在者的上帝当然也应在空间和时间的变灭之中。这样，独断论不但被戴上了怀疑主义的帽子，还被加上了无神论的帽子。

不但感性直观以先天的形式成为思辨理性的一支主干，在知性上这一原则同样适用。思想也有着自己的先天形式范畴。应该说明 Verstand 这个词解作知性，只有在康德的专业用语中，也就是只有当它相对于感性（Sinnlichkeit）和理性（Vernunft）而言时，作为认识能力之一才是有效的。当然也可以解译为理智、理解，但这样在词组上就不相搭配了。知性的功能是思想，思想和直观不同，直观因受刺激而发生，是接受的，被动的，而思想的对象只是由自身而生成，所以是主动的。由于这种思想的主动性，先验逻辑的范畴也与普通逻辑的范畴不同。普通逻辑的范畴是传统实体论思想方式的产物，是独立于认识主体之外的实体，或者是实体的属性。概念乃是实体的模仿，这样的逻辑只能用于概念推理。它虽然可以头头是道，无懈可击，它们推论所得的命题可以是普遍必然的，但结论已在前提之中，没有新内容，无助于扩大认识的领域。而先验逻辑的范畴，应该与直观形式一样，是先天的，既不来自经验，也不是作为实体对象的属性。它们是思想判断的先天概念。因为思想即是判断，把主语和谓语联结起来，范畴就是把感觉经验所提供的杂多材料调整、联结为普遍必然规律的先天概念。所以，范畴的数目应该与判断的类别相适应。如若判断分为量的、质的、关系的和程式的四种，再将每种判断分为三类，这样就得出了思想的十二种先天概念、范畴。虽然王山教授对自己这方面的创新性非常自信，并当做以后研究的框架，但200年的历史证明，这套逻辑的范畴，实在不过是现象学思想方式、先天论的一种表述而已。所谓的先验逻辑终究没有能够将亚里士多德的逻辑取而代之。这些范畴被认为是普遍必然的有效原理，是一切自然科学的最高前提，它们是思想的先天概念，所以其普遍必然有效性，不需任何经验加以证明。但是，一切认识都从经验开始，先于经验我们没有认识，自然科学也不例外，将范畴应用于感性经验所给予的自然对象，就必须通过数学公式。因为自然是在空间和时间形式中感性表象的体系，并且须按照范畴来调整，加以规律化，所以，自然形而上学的诸要素，也就在范畴和直观纯形式的基础上，全部被当做普遍必然的运动规律。

现象学是思辨哲学的开普勒改革的必然结果。把感觉经验看做认识的一支主干，是思辨理性运行的一个焦点。感觉经验不但是认识的开始，并且伴随着全部认识的始终。以人为理智的存在，思想实体，本身即具有先天论的性质。所以，空间和时间这样的直观形式虽然是感性的，却不来自感觉经验，而是先天的。对感觉来说，它们是不变的，对一切感觉经验都具有普遍有效性。一切概念，一切原理，都不能离开经验直观，即使是先天的，也与感性直观相联系，与可能的经验材料相联系。思想就是把所与的直观与对象相联系的活动，感性直观是我们惟一可能的直观，抽象出一切感性直观的条件，纯范畴就不能规定任何对象。这样，先验逻辑的原理只不过是现象规律的揭示罢了。科学是普遍和出于必然的判断。

现象（Phaenomenon）这个词在西方哲学文献中出现很早。在柏拉图和亚里士多德的著作中就提出爱智慧的人要追随现象，哲学的目的是拯救现象。在古希腊语里，这个词本是动词显现（phainein）的被动式现在中性分词，意思是被显现出来的。在其他场合王山教授也用这个词的德语形式 Erscheinung，它出自动词 scheinen，意思同样是显现。从这个词的本身，就可以看出，把认识的诸对象称做 phaenomena，称做 Erscheinungen，这表明它们并非独立于主体的存在，而是依赖于主体被显现出来的东西。关于现象，他作如下界定：

当我们为对象所作用时，对象能力的结果就是感觉（Empfindung），通过感觉对对象的直观（Anschauung）叫做感性直观，一种感性直观的未被规定的对象，叫做现象（Erscheinung）。(B34)

有的场合 Erschauungen 和 Paenomena 在一起用，那就似乎不能不加以区别了，如：

显现（Erscheinungen）就它们作为依范畴统一性而思想的对象而言，就成为现象（Phaenomena）。(A249)

总而言之，不论就感觉直观而言，还是就思想而言，在先验逻辑里认识对象都不是独立于主体的实体，而是一种被给予而显现的现象，或者叫做感性本质（Sinnenwesen）。人的认识，可以提其神于太虚而俯之，但它仍脱离不了感觉，脱离不了现象。如若把范畴仅作先验的运用，也就是仅运用于推理，实际上是没有运用，它没对对象作任何规定。范畴也是现象的形式，现象是它们惟一的对象，故而纯知性只有经验的运用，从未有先验的运用。一切知识必须来自经验，理性脱离经验只能产生矛盾、怀疑，漠不关心，自相分裂。传统的实体论思想方式没有对自身进行批判反思，完全是古老的野蛮作风，各行其是，称王称霸，把哲学变成了一个内争不休的战场（Kampfplatz），最后过渡到破坏一切的无政府主义、怀疑主义。而纯粹理性即是思想自身，须在自身之内把握它。先天的即是彻底必然的，是尺度。要把思维（zu denken）和认知（zu erkennen）加以区别，两者是完全不同的。思维的原则是自由，以不相矛盾为标准，认知的标准是必然。所以前者与预设相类似，思想则应保持其自由，百家争鸣，各有主张。除了无休止的战场以外，形而上学又是一本理性财产的清单（Inventarium）。

传统形而上学，完全是孤立的思辨理性，在概念中打圈子，即使经验主义也一样，也没有涉及认识的来源，认识的能力，以及客观有效性。使认识服从对象，就不能提供先天的东西，不能扩大它。实验是按事先设计的策划而进行的，实践是检验真理的标准，真理已经先在了，实践是为着检验这个既定东西而策划出来的。如若概念的规定服从对象，难以得到先天的、普遍必然的知识，那么对传统的思想方式进行改革，反转过来对象只是现象，它们在经验中被给予，超出一切可能经验便不可能有与之相应的对象。所以，认识能力纯粹运用的标准，首先是普遍性，因为认识不但出于（aus der）经验，从经验开始，而且伴随（mit der）经验前进。在经验中，普遍与特殊的区别是显而易见的，在经验外，严格的普遍与随意摆布也不难区分。与此同时，也就出现了必然性的概念。因为严格的普遍，就表示着亘古如一，不能或此或彼，或是或非。既然经验的东西都是个别和偶然的，是后天的（a posteriori），那么由普遍性而取得必然性，也就当然是非经验的 a priori，是先天的了。普遍、必然和先天是三位一体的，这才是认识的根源（Ursprung）。感觉经验到的首先是物体，物体是个体，是偶性。如若抽去这一切的个别和偶然，所剩余的就是必然，也就是物体所占有的空间，这种必然性是认识先天所具有的。普遍性是空间，外感觉的本性，由空间过渡到时间，内感觉的必然性。空间和时间是感性直观的形式，它们都出于认识能力的纯粹运用，是先天的。

但是，王山教授特别指出认识能力的这些纯形式，并不像柏拉图用理念的翅膀飞翔在无空气阻力的纯粹真空中。纯粹理性的先天认识，并不脱离尘俗世界，并不抛弃后天经验，没有感觉经验的支撑，认识能力就无以发挥，思辨理性就不能运转。先天的认识，科学的判断，不能单纯来自概念分析，概念分析不能扩大人的认识，更新人的知识。人们所追求的认识，不但是普遍和必然的，更要扩大它，更新它，这就离不开经验。如若认识所追求的仅是普遍必然性，那概念分析就是最方便、最可靠的了。从存在概念甚至可以分析出一个创造宇宙万物的上帝来。判断是认识表示其断定的基本形式，如若谓语先天地潜存在主语之中，这个判断必定是必然的，不需任何实践经验的证明。例如，断定物体是广延的，不需任何经验就可以知晓这是必然的。因为，广延概念本已包含在物体概念中，广延概念就是从物体概念中分析出来的。就是闭着眼睛也可断定这个判断是必然的真。进一步说，断定物体是重的就不一样了，就必须用手去托一托，用秤去称一称，不然就难以断定这一判断是否为真。只有经验才能向主体提供新事物，扩大认识的领域。虽然经验的东西都是个别的，既没有普遍性，更没有必然性，但经验却似一张无远不及的无形大网，把对象的一个部分和另一个部分联结起来，大漠孤烟直，长河落日圆，形成综合联结，一个总体表象。知识因之更新，认识由此扩大。总之，认识不但因经验而开始，并且在整个进程中还要不断伴随着经验。认识必须以经验为对象，以经验为范围，感性认识是这样，知性认识亦是如此。所以，

> 这样看来，知性的纯概念绝不允许有先验的运用，只能是经常作经验的运用。纯知性原理只能应用于可能经验的在普遍条件下的感觉对象，永远不应用于那些物一般，而不顾及我们对它们可能直观的样式。(B303)

关于知性和感性的关系，在以下这段文章里，王山教授有着更明确的交代：

> 在我们，知性和感性只有在它们联合运用的时候，才能规定对象。如若把它们分开，我们就有无概念的直观或无直观的概念。在这两种情况下，我们不能把表象与任何规定对象相联系。(B314)

认识对象必须与认识主体相关联，对象是主体的对象，离开主体就没有对象，这个现象学的基础命题，反而百分之百是概念分析，同语反复，并成就其普遍必然的真。那些反复追问着在人存在前地球是否存在的人们，正是割裂了对象和主体的认识关系，脱离了认识主体而泛论对象的。对象即对象，主体即主体，鸿沟万丈，非此即彼，使对象成为无规定的对象，主体成为非认识的主体，这反倒是典型的形而上学和繁琐哲学了。实体论思想方式就是这样提问题的，圆凿方枘，当然难以找到

共同语言。如若对象离不开主体，我们所认识的对象只是现象，它们只与可能经验相联系。认识的感性来源使知性也必须以感性对象为材料，这样就把认识限制在感性天地里，被封闭着。空间和时间仅仅是感性直观的形式，仅仅是显现物的存在条件。由于概念是与直观相应被给予的，所以，此外我们也没有更广的知性概念，也就是说，对事物的认识，我们也没有其他要素。这一切道理实际上已经包括在对象（Gegenstand）这个词之中，全部命题都可以从对象概念分析出来。因为它既相对地（gegen）站立着（stand），当然是离不开主体的，离开了主体，它就失去了对立物，无所 gegen，也就无处可站，无地自容了。对主体来说，它们不是观念的集合，为主体所派生，理所当然，只是些被显现的。但对象作为被显现的、作为现象，并不像那些粗陋见识所理解的那样，就不存在了。恰恰相反，在先验论学说中，对象惟有在经验中，才能实实在在地被空间和时间所规定，成为看得见，摸得着，在运动中，站出来的存在（existenz）。这也就是空间、时间经验实在性真正意义之所在。离开了经验，摆脱了主体，譬如说人类出现前的地球，当然存在，但只是个未被规定，花非花，雾非雾，不是什么的是，也就是黑格尔的那个纯存在，词典上那个不定式的存在 Sein，不能说它是什么的存在。存在和是，在西方哲学里，自古希腊哲人始就是同一个词。而认识的任务，思辨理性的概念，恰恰就在于规定对象，说它是什么，赋予知识以内容，开拓知识的领域，推动科学的发展。改革思辨哲学，以现象学思想方式补充实体论的方式，实在是科学发展时代的需要。

然而，人无完人，法无成法，放之四海而皆准，历万世而不变的理论，同样是没有的。这里，思辨理性、理论思维虽然赋有了实在意义，推动了科学的发展，但王山教授自己也指出了它的消极的（negativ）方面，因为按照这种现象论，认识只限于经验范围，这就缩小了理论活动的场地。更有甚者，甚至于可以使人以此为依据陷于狭隘的经验主义，短浅的功利主义，使纯粹的理性活动面临被扼杀、被取消的危险。而认识的王国是普遍必然的王国，如果把它无限地扩大了，处处是普遍必然，人人是手段工具，个性就要被取消，自由就要被剥夺，也就没有德性伦理学了。但在另一方面，这种对认识的限制也有积极的（positiv）方面。因为这种限制使思辨理性见到了自己能力的应用范围，不再妄自尊大，以为无所不知，而有所止，为纯粹理性让出更大的空间，这是更实在的空间。对于人类这是绝对必要的，因为认识如若是理性的，也就是说在认识上应该有着先天性。这种认识与对象的关系并不是单一的，而是双重的，它不但通过思辨理性，从理论上将对象加以规定（zu bestimmen），还要使认识成为现实（wirklich zu machen），这后一种功能就是实践理性了。如果我们只承认思辨理性的权威，把认识不断扩大，把一切对象都当做是可能经验的，这样把本来不是经验对象的东西当做现象，而宣布纯粹理性扩大不可能，人们的一切活动，认识的一切对象都在普遍必然的控制中，就会剥夺自由，没有信仰，没有思想，没有道德，回到野蛮和愚昧。所以，为了给信仰留余地，就必须限制知识了。

在过去几十年间，这是给王山教授招致许多非议的命题，按照批判者所持分量的轻重，帽子尺寸的大小，对 das Wissen aufheben 中的 aufheben 即可作不同分量的译解，从消灭、扬弃以至限制。其次对信仰 Glauben 一词，是对什么的信仰，是上帝，还是自由和真理，还是三者都是也各取所需。首先，把被马克思主义奠基者与法国政治革命相提并论，尊为德国哲学的革命者的康德，说成是必须取消知识的蒙昧主义者，似乎是责之过重了一些。从语境的上下文看来，似乎以译限制为恰当些。因为限制了知识是将认识锁定在现象世界，以保持科学判断的普遍必然性，不断扩大，不断更新。与此同时也给纯粹理性，精神生活，特别是实践理性保留了更广阔的天地，使它不为普遍必然所拘束，不为外界因素所宰制，自由驰骋。所谓 Glauben，从上下文可以判断，实际并非专指对万能上帝的信仰，而是一般的道德信仰，对天上森罗星空和胸中庄严道德律的信仰。所以，纯粹理性有一种绝对必然的实践应用，在应用于实践的时候，它不可避免地要越出感性界限和必然的宰制。

当纯粹理性摆脱了感性的羁绊，冲破了现象的罗网时，它就完全是自由的了。在现象世界里，对象是通过表象与主体相联的，它是一个被显现的物，与他物相关的物。在摆脱了感性之后，它就割断了尘缘，消除了所有外在束缚，单纯地就自身而存在着，成为自在物（Ding an sich）。如若把由显现物构成的世界称为现象（Phainomena）的世界，那么由自在物构成的这个世界就称为本体（Noumena）的世界。两种物在认识上完全对峙着，互不相容。一种是感性对象显现的，与他物、与主体相互依存，本体则超乎空间时间之外，不依存于任何感觉经验，而是纯粹理性的思想对象。而本体 Noumenon 这个词出于古希腊语思想 noein，是 noein 的被动式现在中性分词，本义是被思想的。这样看来，现象和本体，依他物和自在物在认识上虽属不同世界，在存在上却不是两个物。任何一个对象，在感性直观可以捕捉到的范围内，它是现象。然而，当眼睛看不见，双手也摸不着，任何扩大感性能力的工具都无能为力，只有凭理性去思想它的时候，它就成为被思想的，就是自在物了。一花一世界，一叶一如来，任何对象，既是现象的，也是本体的，既是依他的，也是自在的，既是可知的感性本质（Sinnenwesen），又是仅可思的知性本质（Verstandeswesen）。按照先验论的一切对象只能通过直观被给予的根本原则，可以断言，知性本质作为被思想的对象，纯粹理性也必定有某种非感性的直观，那就是理智直观（die intellektuelle Anschauung）。理智直观本身在空间和时间之外，直接把握自己的对象，就只能是本质和整体，被称做理性的理念。理性理念有三个，作为外感觉的总体，它是世界；作为内感觉的总体，它是灵魂；作为内外综合感觉的整体，它是上帝。如若我们在这里暂且不去批判其从后门放进上帝的不彻底性，换个角度窥测一下，从上帝理念也不过是综合感觉的整体来看，不是更应该断定，即使在纯粹理性领域，感觉经验仍然是一个不可缺少的运转焦点，王山教授是思辨哲学的改革家，现代西方现象学方法的先驱吗？

目 录

道德形而上学的奠基

实践理性批判

纯然理性界限内的宗教

道德形而上学

相关论述

道德形而上学的奠基

科学院版编者导言

保罗·门采尔（Paul Menzer）

关于促使康德撰写《道德形而上学的奠基》的理由，他自己在这部作品的前言中是以如下的话来表达的：

> 我决意日后提供一部《道德形而上学》，如今我让这本《奠基》先发表。尽管除了一种**纯粹实践理性**的批判之外，道德形而上学真正说来没有别的基础，就像对于形而上学来说，已经提供的纯粹思辨理性的批判是基础一样。然而一方面，前一种批判并不像后一种批判那样极为重要，因为在道德领域里，人类理性甚至在最普通的知性那里也能够轻而易举地达到重大的正确性和详尽性，与此相反，它在理论的、但却纯粹的应用中却完全是辩证的；另一方面，为了一种纯粹实践理性的批判，我要求：如果它要被完成，就必须能够同时显示它与思辨理性在一个共同的原则之中的统一，因为毕竟归根结底只能有同一种理性，它惟有在应用中才必须被区别开来。但是，如果不引入完全不同种类的考察并把读者弄糊涂，我在这里就还不能达到这样一种完备性。为此缘故，我不使用**纯粹实践理性批判**的称谓，而是用**道德形而上学的奠基**这个称谓。
>
> 但第三点，既然一部《道德形而上学》虽然有吓人的标题，但仍能有很大程度的通俗性，且能够适应普通的知性，所以我认为，把对基础的这种预先探讨与道德形而上学分开，以便将来可以不把这里无法避免的细微之处附加给较易理解的学说，是有好处的。

指出康德思维的导致这几句话的内在发展，不是如下阐述的任务，对于它们来说，只是应当补充这部著作的外在历史。当然，在这一场合，可以列举一些在上面几句话中未触及的事实，它们对康德的决定不无影响。

对于这部作品来说明摆着的事实材料证实，它原初并不在康德的计划之内。因此，他自己或者他人关于伦理学作品的工作的通报不能直接地与《道德形而上学的奠基》联系起来，但毕竟属于其广义上的前史，应在这里有一个位置。这个位置还可以这样来限制，即B.埃德曼在本卷《纯粹理性批判》的导言中指出了大量应予考虑的地方①。因此，我一开始就满足于一种简单枚举。

1764年2月1日，哈曼写信告诉J.G.林德奈："他（康德）脑子里有一大堆工作：**道德性**。"②

在其于1765年12月31日致兰贝特的信中，康德在一些较小的作品中间提到《世俗实践智慧的形而上学初始根据》。③

在1767年2月16日，哈曼向赫尔德报告："康德硕士先生在写一部《道德形而上学》，与迄今的道德形而上学对照，它将更多地研究人是什么，而非人应当是什么……"④

这个消息通过康德于1767年⑤5月9日致赫尔德的信得到证实。在说明他的"注意力主要针对认识人的能力和偏好的真正规定和局限"之后，他接着说："我相信，在涉及道德的事情上，我终于取得了相当的成功。目前，我正在研究道德形而上学。在这里，我自诩能够提出显明的、蕴意丰富的原理以及方法。据此，那些尽管非常流行、但在大多数情况下却毫无成效的努力，如果它们应当提供什么用处的话，就必须以这种认识方式建立起来。我希望，如果我那总是变化不定的健康状况不阻碍我，就在今年完成这项工作……"⑥

---

① 参见李秋零译注：《纯粹理性批判》（注释本），科学院版编者导言，北京，中国人民大学出版社，2011。——译者注

② Fr.洛特编：《哈曼著作集》，第Ⅲ卷，213页。

③ 《康德全集》，第Ⅹ卷，[53] 56页［科学院版编者在这里使用的康德书信版本是《康德全集》第Ⅹ～Ⅻ卷的第1版，而现在通行的版本则是第2版。为方便读者，译者将其注明的第1版页码置入"[]"之中，而在后面注出第2版的页码，下同。此处参见李秋零编译：《康德书信百封》，18页，上海，上海人民出版社，2006。——译者注］；参见《康德全集》，第Ⅵ卷，570页［参见《纯粹理性批判》（注释本），科学院版编者导言，2页。——译者注］。按照书商的行事方式，康特尔在1765年的米迦勒节博览会的目录中，在"将来出版的著作"中预告：康德的《形而上学的真正方法》。同上信。

④ 《哈曼著作集》，第Ⅲ卷，370页。

⑤ 根据《康德全集》"往来书信"部分编者的考证，这封信实际写于1768年（《康德全集》，第ⅩⅢ卷，35～36页）。——译者注

⑥ 《康德全集》，第Ⅹ卷，[71] 74页。

不过，这个希望并未实现。在 1770 年 9 月 2 日，康德写信告诉兰贝特："我打算到今年冬天再把我关于纯粹的道德世俗智慧的研究列入日程，并且加以完成。在这里，找不到任何经验性的原则，仿佛就是道德形而上学。"① 然而，就连这一次也没有出版所预告的作品。然后，多次提到的《道德形而上学》作为计划中的作品《感性和理性的界限》的一个部分出现在 1771 年 6 月 7 日和 1772 年 2 月 21 日致马库斯·赫茨的信中。② 在后一封信中我们得知，康德想在完成"包括形而上学的本源、方法及其界限的第一部分"（《纯粹理性批判》）之后，"再写道德性的纯粹原则"③。这部作品对于整个体系的地位改变了，而其内容的规定则依然未变。

我们在康德于 1773 年年底写给赫茨的信中发现了同样的真实状况："如果我的先验哲学得以完成，我将非常高兴。它真正说来就是对纯粹理性的一个批判。在这之后，我将转向形而上学。形而上学只有两个部分，即自然的形而上学和道德的形而上学。其中，我将首先发表道德的形而上学。现在，我已经在为它的即将面市而高兴不已了。"④

从现在开始，直到 1781 年，我们没有任何消息。1776 年 11 月 24 日致马库斯·赫茨的信以我们所拥有的规模提供了《纯粹理性批判》的计划，但没有提及伦理学问题。⑤ 只是在代表做出版之后，伦理学问题才又被考虑。在"纯粹理性的建筑术"中，我们发现在自然形而上学之外提到道德形而上学，它以纯粹理性的实践应用为对象。哈曼在他于 5 月 7 日给哈特克诺赫写信时联系到了这些规定："谨请您留意，**道德形而上学和自然形而上学**很快就跟上，特别是后者，其中将出现他的**理论**，即他其

① 《康德全集》，第Ⅹ卷，［93］97 页［参见《康德书信百封》，27 页。——译者注］；参见上文 571 页［参见《纯粹理性批判》（注释本），科学院版编者导言，3 页。——译者注］。

② 《康德全集》，第Ⅹ卷，［117］123 页和［124］129 页以下［参见《康德书信百封》，31 页和 33 页以下。——译者注］；参见上文 571～572 页［参见《纯粹理性批判》（注释本），科学院版编者导言，3～4 页。译者注］。

③ 《康德全集》，第Ⅹ卷，［126～127］132 页［参见《康德书信百封》，35 页。——译者注］。

④ 《康德全集》，第Ⅹ卷，［138］145 页［参见《康德书信百封》，41 页。——译者注］。

⑤ 《康德全集》，第Ⅹ卷，［185］199 页以下［参见《康德书信百封》，51～52 页。——译者注］；对于后来的时间，参见 B. 埃德曼：上文 576 页［参见《纯粹理性批判》（注释本），科学院版编者导言，9 页以下。——译者注］。

余的作品如何被织入他的批判，部分地更完善，部分地更新颖。”① 哈特克诺赫在其于1781年11月19日致康德的信中遵从了这一建议。其中说道：“我希望阁下您还把道德和自然学说的形而上学交给我出版，因为这为您的计划的完成所需，并构成一个整体。”②

根据其原初的计划，康德大概首先开始写**道德形而上学**，或者正确地说，是一本为它做准备的书。关于已开始的工作，同时关于他在《导论》之外从事这项工作的第一个消息，我们是从哈曼于1782年1月11日致哈特克诺赫的信中获得的：“康德在写道德形而上学，——我不知道是给谁出版。他也想在临近复活节时完成他的短篇［《导论》］。”③ 在这些情况下，也许是由于因《格廷根书评》而增多和加快完成的《导论》的写作，上述作品只是很慢地进行。

只是在1783年8月16日——值康德按照哈曼的通报完成《导论》的时间④——我们才从致门德尔松的信中得知如下情况：“今年冬天，我将完成我的道德学的第一部分，即使不能全部写完，至少也要写出绝大部分。这部作品将会更加通俗，但却远远不能像规定人类整个理性的界限和全部内容的展望那样，给予我扩展情趣的魅力，这主要是因为，道德若想在完成自身时，跳越到宗教方面去，那么，没有前一种准备工作以及准确无误的规定，它就会卷入异议和怀疑，或者陷入幻想和狂热之中。”⑤

这段信大概不允许我们裁定，我们能够把“我的道德学的第一部分”是理解为一本完整阐述体系的书的一个部分，还是理解为一部自身独立的、但却构成体系的一个部分的著作。如果说的是后者，那么可能进一步的问题就是，这部著作是否可以被理解为一部《纯粹实践理性批判》或者一部《道德形而上学的奠基》。所有这些问题都必须考虑到康德哲学的内在历史来回答，在这里必须不予讨论。

① 基尔德迈斯特：《J. G. 哈曼的生平和著作》，第Ⅱ卷，368页。

② 《康德全集》，第Ⅹ卷，［261］279页。

③ 《哈曼著作集》，第Ⅵ卷，236页。参见B. 埃德曼的《导论》导言。

④ 参见上文604～605页，第18条［参见《未来形而上学导论》科学院版编者导言。——译者注］。

⑤ 《康德全集》，第Ⅹ卷，［325］346～347页［参见《康德书信百封》，95页。——译者注］。

因此，我们继续来确定眼前的材料的日期，并根据哈曼于1783年10月26日给赫尔德的无关紧要的通报而发现："他［康德］看起来在忙于出版他的其余著作。"① 在哈曼于1784年2月8日致赫尔德的信中令人感到意外的记录是："康德应当在写关于伽尔韦的《西塞罗》的一个反批判，不过他还不知道书名自身。"②

哈曼在1784年2月18日致舍弗纳的一封信中让这部著作的书名同样不确定："据说，我们敬爱的康德教授……在写一本反批判——不过书名尚不清楚——来反驳伽尔韦的《西塞罗》，作为对其在《德意志图书总汇》上的书评的回答。"③ 更为确定的是在哈曼于1784年3月14日致哈特克诺赫的信中："康德在写关于伽尔韦的《西塞罗》的反批判，您大概也将得到此书以供出版。"一天之后，他写信告诉舍弗纳："反批判不是直接针对伽尔韦的书评的，而是真正说来针对他的《西塞罗》的，并且藉此成为前者的一种补偿。"④ 然后，哈曼在1784年4月30日致约翰·格奥尔格·米勒的信中，关于一个改变了的计划报告说："康德在写一个道德的前奏，他起初想把它命名为反批判，而且应当与伽尔韦的《西塞罗》有关系。"⑤

哈曼于1784年5月2日致赫尔德的一封信说了同样的话："他［康德］紧张地致力于完成他的体系。关于伽尔韦的《西塞罗》的反批判转变成了一个道德的前奏。"⑥ 按照哈曼1784年圣三一主日后第九主日［8月8日］致赫尔德的通报，康德在同样勤奋地工作："康德勤奋地忙于他的道德形而上学的一个前奏。"⑦

---

① 《哈曼著作集》，第Ⅵ卷，354页。日期据瓦尔达。

② 《哈曼著作集》，第Ⅵ卷，373～374页。紧随这一句（据瓦尔达）的是如下的话："我8天前拜访康德。他在研究伽尔韦。"参见《赫尔德致约翰·格奥尔格·哈曼书信集》，奥托·霍夫曼编，266页，1889。伽尔韦的《西塞罗》以《西塞罗论义务诸卷的哲学评论和探讨》为题于1783年在米迦勒节博览会出版。

③ 我要为这段信的完全公布和日期感谢A. 瓦尔达，他通过汇编哈曼书信中所有对于上述目的来说应予考虑的、他所知道的记录来支持我，令人极为感激。参见基尔德迈斯特：《J. G. 哈曼的生平和著作》，第Ⅲ卷，7页。

④ 两段信均引自基尔德迈斯特：《J. G. 哈曼的生平和著作》，第Ⅲ卷，7页。

⑤ 同上书，12页。

⑥ 《赫尔德致约翰·格奥尔格·哈曼书信集》，266页。

⑦ 迄今未刊，由瓦尔达告知编者。

然后，我们从哈曼1784年8月10日致哈特克诺赫的信中得知："康德的抄写员雅赫曼正在勤奋地抄写道德形而上学的前奏；您也许知道，这部著作将是多么有力。"① 我们大概可以这样来理解雅赫曼的"工作"，即他为康德制作一个抄件，此后康德再通读一遍，也许在付印之前也做一些补充。

在一封被确定在7月10日和8月23日之间的信中，康德似乎针对许茨在其1784年7月10日致康德的信中的一处评论，即"我热望着您的自然形而上学，您毕竟也肯定让一部道德形而上学随在它后面"，公布了《奠基》即将出版，因为作为回答，许茨在1784年8月23日写道："我极为吃惊，您要在米迦勒节提出道德形而上学的计划。"② 就书名而言，康德尚不清晰吗？这个问题无法回答。

接下来是哈曼的进一步公布：1784年8月19日致舍弗纳："我们的康德教授的前奏或者道德形而上学将在最近送往哈勒付印，并在米迦勒节出版"；1784年9月15日致赫尔德："我现在等待着道德形而上学导论，以便也许再开始进行"③。

然后，我们从哈曼1784年9月19—20日致舍弗纳的信中第一次获知现在的书名和一个新的、重要的时间规定："康德寄出了他的《道德形而上学的奠基》的手稿。"④

这部作品在1784年的米迦勒节博览会出版，本来是可能的，并且也为哈曼所期待。⑤ 但是，我们从康德1784年12月31日致比斯特尔的信中得知："我的道德论文在米迦勒节之前约20天就在哈勒格鲁内特那里了；但是他写信告诉我，他不能把它完工赶上博览会，而这样，它就必须待到复活节了。"⑥

这样，这部作品就只是1785年才出版。是年3月9日，哈曼写信告

---

① 《哈曼著作集》，第Ⅶ卷，156页。

② 《康德全集》，第Ⅹ卷，[371] 393和 [373] 396页。

③ 两段信均迄今未刊，由瓦尔达告知编者。

④ 基尔德迈斯特：《J. G. 哈曼的生平和著作》，第Ⅲ卷，35页。这段信据瓦尔达为9月19日。

⑤ 哈曼在1784年10月17日写信告诉舍弗纳："博览会目录到了"（《哈曼著作集》，第Ⅶ卷，176页）。为此我从瓦尔达那里得到了未刊的一段信："我没有找到康德的道德学"。

⑥ 参见《康德研究》，第Ⅷ卷，306页；《康德全集》，第Ⅹ卷，[374] 398页。

诉林德奈："他［康德］的道德学也将在这次博览会出版"[①]，且在3月28日写信告诉赫尔德："他［康德］的道德性的原则也在这次博览会出版。反对伽尔韦的附录似乎没有成为什么东西；毋宁说，他应当是压缩了这部著作"[②]。

这本书如今在其作者从出版商那里得到它的同一天已经被告知公众。1785年2月18日，许茨写信告诉康德："我热切地盼望着您的新作品。"[③]而在1785年4月7日，《文学总汇报》刊登了这部作品的"一个预告而不是评判"："我们这次想提供的只是其预告，而不是评判，就一部这类著作而言，评判是不能这么快给出的。"然后，我们在结尾得知这种匆忙的理由："我们乐于承认，我们这样匆忙有一种嫉妒，不想有人在预告这本书的存在方面赶在我们前面，不是好像其中有一种功绩，而是因为一旦人们想预告新闻，自然而然地要首先预告大新闻。"

我们从哈曼于1785年4月14日致赫尔德的信中得知，康德于4月7日拿到了他的作品的第一批样书："哈特克诺赫在上星期五［4月7日］来了。……与出版商同时到达的，是从哈勒给作者的《道德形而上学的奠基》的4本样书。"[④]

公布了的材料提供了这部作品的外在历史的如下画面。起初，康德有写一部《道德形而上学》的计划，但类似于B.埃德曼在《纯粹理性批判》的导言中所描述的那种发展，他放弃了这个计划。

他在1784年年初决定写一部为体系做准备的作品，这部作品最先在哈曼的书信中以一部反批判的名称，然后以一部道德前奏的名称出现，其书名尽管在表述上的多次变迁而原则上坚持不变。从我们这部作品的前言中摘录的那段话中允许做出假定，康德是在放弃一部纯粹实践理性批判之后决定写这样一部作品的。另一种可能性是，康德直接从写一部《道德形而上学》的计划过渡到一部《道德形而上学的奠基》的计划，并在撰写这样一部作品的时候，他得出了一部纯粹实践理性批判的必要性，但他未能令自己完全满意地完成它。在此，这些问题必须存疑。

---

① 基尔德迈斯特：《J. G. 哈曼的生平和著作》，第Ⅲ卷，108页。

② 迄今未刊，瓦尔达的告知。

③ 《康德全集》，第Ⅹ卷，［375］399页。

④ 《哈曼著作集》，第Ⅵ卷，242页，也请参见243页。关于这段话的更准确的复述，我要感谢瓦尔达。

同样不能确定无疑地规定的是，**最初**是要探讨的问题所呈现的困难，还是预期的对伽尔韦的反批判，导致了对或者一部道德形而上学或者一部纯粹实践理性批判的计划的放弃。

能够澄清这一点的信息付之阙如。人们可以根据最终结果而把第一点视为最可能的，而只可以赋予反批判的计划以一个同起作用的原因的意义。至于康德当时计划过作为独立著作的反批判，并不能从哈曼的报告中确定无疑地得到证明，也是很不可能的，并且被哈曼在 1785 年 3 月 28 日的报告证明为不可能。当它仅仅谈到一篇“附录”时，它大概包含着正确的东西。因此，几乎是不可以说反批判“转变”为“前奏”的，但这种可能性是显而易见的，即康德的反批判意图最终导致或者至少加强了出自其他动机也许已经准备好了的先写作一部《奠基》的最终决定。这样一种批判的争辩同样适宜于确立自己的立场。至于个人的因素在多大程度上最终就一部反批判的计划而言同起作用，无法做出裁定，但人们大概不可以过高地评价它们。

眼下的材料并不提供促使康德且不以任何形式对伽尔韦做出批判评论的理由，至于它们并不适合完美结束《奠基》的思想进程，因此大可以继续进行，则可以是毋庸置疑的。

印次：

1.《道德形而上学的奠基》，伊曼努尔·康德著，里加，约翰·弗里德里希·哈特克诺赫出版，1785。

2. 同上，第 2 版，1786。

3. 同上，第 3 版，1792。

4. 同上，第 4 版，1797。

此外，还出版了 4 个翻印本：

1. 同上，最新版，法兰克福与莱比锡，1791。

2. 同上，第 4 版，法兰克福与莱比锡，1794。

3. 同上，最新增添索引版，格莱茨，1796。

4. 同上，法兰克福与莱比锡，1801。

前言 4〔387〕

古代希腊哲学分为三门科学：**物理学**、**伦理学**和**逻辑学**。这种划分完全符合事情的本性，而且除了添加它的原则，以便以这样的方式一方面保证它的完备性，另一方面能够正确地规定必要的进一步划分之外，对它就没有任何要改进的了。

一切理性知识要么是**质料的**，考察某一客体，要么是**形式的**，仅仅探讨知性和理性本身的形式，以及一般思维的普遍规则，不涉及客体的区别。形式的哲学就叫做**逻辑学**，而与一定的对象及其所服从的法则打交道的质料的哲学则又有两种。因为这些法则要么是**自然**的法则，要么是**自由**的法则。关于自然法则的科学叫做**物理学**，关于自由法则的科学则叫做**伦理学**；前者也称做自然学说，后者则也称做道德学说。

逻辑学不能有经验性的部分，也就是说，不能有思维的普遍必然法则依据得自经验的根据的一个部分。因为若不然，逻辑学就不是逻辑学了，亦即不是知性或者理性的适用于一切思维并必然得到证明的法规了。与此相反，无论是自然的世俗智慧，还是道德的世俗智慧，都能够有自己的经验性的部分，因为前者必须为作为一个经验对象的自然规定其法则，后者则必须就人的意志被自然所刺激而言为它规定其法则。虽然前一些法则是一切事物发生所遵循的法则，后一些法则则是一切应当发生 4〔388〕
所遵循的法则，但也还是要考虑它在其下经常不发生的条件。

一切哲学，就其依据的是经验的根据而言，人们都可以把它们称为**经验性的**哲学，而把仅仅从先天原则出发阐明其学说的哲学称为**纯粹的**哲学。后者如果是纯然形式的，就叫做**逻辑学**；但如果它被限制在一定的知性对象上，就叫做**形而上学**。

以这样的方式，就产生出一种双重的形而上学，亦即一种**自然形而上学**和一种**道德形而上学**的理念。因此，物理学将有自己的经验性部分，但也有一个理性的部分。伦理学亦复如是，尽管在这里经验性的部分特别叫做**实用人类学**，而理性的部分则可以叫做**道德学**。

一切行业、手艺和技艺都因分工而受益，也就是说在分工中，并不是一个人做一切事情，而是每个人都限制在某种在其处理方式上与其他工作明显有别的工作上，以便能够极为完善地和更为轻松地完成它。在工作未经如此区分和分配的地方，在每个人都是万事通的地方，各行业还处在极为未开化的状态。但是，有人会问：纯粹哲学在其所有的部分中难道不需要专家吗？如果那些习惯于迎合读者的口味、把经验性的东西和理性的东西按照各种各样他们自己也不知道的比例混合起来加以兜售的人、那些自称为独立思想家却把其他专攻理性部分的人称为苦思冥想者的人受到警告，不要同时从事两项在其处理方式上极为不同的工作，这两项工作的每一项也许都需要一种特殊的才能，一身兼两职只会造成半吊子，这对学术事业的整体来说岂不是更好吗？这样问虽然本身是一个值得思考的客体，但我在这里却只是问：科学的本性岂不是要求任何时候都审慎地把经验性的部分与理性的部分分开，把一种自然形而上学置于真正的（经验性的）物理学之前，把一种道德形而上学置于实用人类学之前吗？这两种形而上学必须审慎地清除一切经验性的东西，以便
4〔389〕 知道纯粹理性在这两种场合能够有多少成就，以及它本身从什么源泉先天地汲取它的这种教导，而不论这后一项工作是由所有道德教师（其名称极多）去做，还是仅由一些对它有使命感的人去做。

既然我的意图在这里真正说来是指向道德的世俗智慧的，所以我把上述问题仅仅限制在：难道人们不认为极有必要有朝一日去建立完全清除了一切只能是经验性的、属于人类学的东西的一门纯粹的道德哲学吗？因为从义务和道德法则的普通理念就自动地显示出：必须有这样一门哲学。每一个人都必须承认，一条法则如果要在道德上生效，亦即作为一种责任的根据生效，它就必须具有绝对的必然性；“你不应当说谎”这条诫命并不仅仅对人有效，其他理性存在者就不必放在心上，其余一切真正的道德法则亦复如是；因此，责任的根据在这里必须不是在人的本性中或者在人被置于其中的世界里面的种种状态中去寻找，而是必须先天地仅仅在纯粹理性的概念中去寻找；而且其他任何建立在纯然经验的原则之上的规范，甚至一种在某个方面具有普遍性的规范，只要它在极小的部分上、也许仅仅在一种动因上依据经验性的根据，就虽然可以叫做一种实践的规则，却不可能叫做一种道德的法则。

因此，在一切实践知识中，道德法则连同其原则不仅在本质上有别

于其余一切包含着任何经验性的东西的知识，而且所有的道德哲学都完全依据其纯粹的部分，并且在运用于人的时候，它并不从关于人的知识（人类学）借取丝毫东西，而是把人当做理性的存在者，赋予他先天的法则。当然，这些法则还需要由经验磨砺的判断力，以便一方面分辨它们在什么场合可以应用，另一方面使它们具有进入人的意志的通道和实施的坚定性，因为本身为如此众多的偏好所侵袭的人，虽然能有一种实践的纯粹理性的理念，但却并非如此轻易地就能够使其在自己的生活方式中具体地发挥作用。

因此，一门道德形而上学是不可或缺地必要的，这并不仅仅是出自思辨的一种动因，为的是探究先天地存在于我们的理性中的实践原理的源泉，而是因为只要缺乏正确地判断道德的那条导线和最高的规范，道 4〔390〕
德本身就依然会受到各种各样的败坏。因为要使某种东西在道德上成为善的，它仅仅**符合**道德法则还不够，而且它还必须**为了道德法则的缘故**而发生。否则，那种符合就只是很偶然的和糟糕的，因为非道德的根据虽然有时会产生符合法则的行动，但多数情况下却将产生违背法则的行动。但如今，除了在一门纯粹哲学中之外，不能在其他任何地方寻找具有纯粹性和本真性（在实践的领域里重视的恰恰是这一点）的道德法则，因而纯粹哲学（形而上学）必须先行，而且如果没有它，在任何地方就不会有任何道德哲学。把那些纯粹的原则混入经验性的原则之中的哲学，本身就不配被称为哲学（因为哲学与普通的理性知识的区别恰恰在于，它在特别的科学中阐明普通理性知识只是混杂地把握的东西），更不配被称为道德哲学，因为正是通过这种混杂，它甚至损害到道德本身的纯粹性，并且与其自己的目的背道而驰。

不过，千万不要以为，在著名的**沃尔夫**置于其道德哲学，亦即他名之为**普遍的实践的世俗智慧**之前的概论中，已经有了这里需要的东西，因而这里并不是进入一个全新的领域。正是因为它应当是一种普遍的实践的世俗智慧，它才并不考察任何特殊种类的意志，例如无须任何经验性的动因、完全从先天原则出发被规定的、人们可以称之为纯粹意志的一种意志，而是考察一般的意欲以及在这种普遍的意义上属于它的一切行动和条件；而且这样一来，它就有别于一门道德形而上学，正如一般的逻辑学有别于先验哲学一样，在逻辑学和先验哲学中，前者阐明**一般**

而言的思维的活动和规则，后者则仅仅阐明**纯粹的**思维，亦即完全先天地认识对象所凭借的那种思维的特殊活动和规则。因为道德形而上学应当研究的是一种可能的**纯粹**意志的理念和原则，而不是一般而言的人类意欲的活动和条件，后者大多数汲取自心理学。在普遍的实践的世俗智
4〔391〕慧中（尽管违背所有的权限）也谈论道德法则和义务，这并不构成对我的主张的反驳。因为那门科学的作者们即便在这一点上也依然忠于他们关于那门科学的理念；他们并不把本身完全先天地仅仅通过理性表现出来的、真正道德的动因与知性仅仅通过对经验的比较而提升为普遍概念的经验性动因区别开来，而是不顾这些动因的源泉的不同，仅仅根据它们或大或小的总量（因为它们都被视为同类的）来考察它们，并就这样来形成他们的**责任**概念。这概念当然一点也不是道德的，但毕竟具有如此的性状，即只能求诸一门根本不对一切可能的实践概念的**起源**做出判断、不管它们是先天地还是仅仅后天地成立的哲学。

我决意日后提供一部《道德形而上学》，如今我让这本《奠基》先发表。尽管除了一种**纯粹实践理性**的批判之外，道德形而上学真正说来没有别的基础，就像对于形而上学来说，已经提供的纯粹思辨理性的批判是基础一样。然而一方面，前一种批判并不像后一种批判那样极为重要，因为在道德领域里，人类理性甚至在最普通的知性那里也能够轻而易举地达到重大的正确性和详尽性，与此相反，它在理论的、但却纯粹的应用中却完全是辩证的；另一方面，为了一种纯粹实践理性的批判，我要求：如果它要被完成，就必须能够同时显示它与思辨理性在一个共同的原则之中的统一，因为毕竟归根结底只能有同一种理性，它惟有在应用中才必须被区别开来。但是，如果不引入完全不同种类的考察并把读者弄糊涂，我在这里就还不能达到这样一种完备性。为此缘故，我不使用**纯粹实践理性批判**的称谓，而是用**道德形而上学的奠基**这个称谓。

但第三点，既然一部道德形而上学虽然有吓人的标题，但仍能有很大程度的通俗性，且能够适应普通的知性，所以我认为，把对基础的这种预先探讨与道德形而上学分开，以便将来可以不把这里无法避免的细
4〔392〕微之处附加给较易理解的学说，是有好处的。

但是，目前的《奠基》无非是找出并且确立**道德性的最高原则**，仅仅这就构成了一项就其目的而言完整的、应与其他一切道德研究分开的

工作。尽管我关于这个重要的、迄今为止远远还没有令人满意地讨论过的主要问题的种种主张，会因把上述原则运用于整个体系而大为彰显，并通过该原则到处显示的充分性而得到重大的证实。然而，我不得不放弃这个在根本上自利甚于利众的好处，因为一条原则便于使用和表面上的充分性，并不为其正确性提供完全可靠的证明，反而会引起某种偏袒，不对它自身丝毫不考虑后果地、极为严格地进行研究和衡量。

我在本书中采用的方法是这样的：如我相信，只要人们愿意分析地采取从普通知识到规定其最高原则的途径，再综合地采取从对这一原则的检验及其源泉返回到它在其中得到应用的普通知识的途径，那么，这种方法就是最恰当的方法。因此，本书的章节划分如下：

第一章：由普通的道德理性知识到哲学的道德理性知识的过渡。

第二章：由通俗的道德哲学到道德形而上学的过渡。

第三章：由道德形而上学到纯粹实践理性批判的最后步骤。

4〔393〕

第一章
由普通的道德理性知识到哲学的道德理性知识的过渡

在世界之内，一般而言甚至在世界之外，除了一个**善的意志**之外，不可能设想任何东西能够被无限制地视为善的。知性、机智、判断力及其他能够被称为精神的**才能**的东西，或者在下决心时的勇气、果断、坚韧这些**气质**的属性，毫无疑问在许多方面都是善的和值得期望的。但是，如果应当应用这些自然禀赋、其特有性状因而叫做**性格**的意志不是善的，那么，它们也可能是极为恶的和有害的。**幸运的赐予**也是这样。归于**幸福**名下的权力、财富、荣誉、甚至健康和全部福祉以及对自己的状况的满意，如果不是有一个善的意志在此矫正它们对心灵的影响，并借此也矫正整个行动原则，使之普遍地合乎目的，它们就使人大胆，且往往因此也使人傲慢。更不用说一个有理性且无偏见的旁观者，甚至在看到一个丝毫没有纯粹的和善的意志来装点的存在者却总是称心如意时，决不会感到满意。这样，看起来善的意志就构成了配享幸福的不可或缺的条件本身。

一些属性甚至有助于这个善的意志本身，能够大大减轻它的工作，
4〔394〕但尽管如此却不具有任何内在的无条件的价值，而是始终还以一个善的意志为前提条件。善的意志限制着人们通常有理由对它们怀有的尊崇，不允许把它们视为绝对善的。在情绪和激情方面的节制、自制和冷静的思虑，不仅在许多方面是善的，而且看起来甚至构成了人格的内在价值的一个部分。然而，还远远不能无限制地宣称它们是善的（不管古人如何无条件地颂扬它们）。因为如果没有一个善的意志的原理，它们就可能成为极其恶的，而一个恶棍的冷静不仅使他危险得多，而且也直接使他在我们眼中比他不具有这种冷静时更为可憎。

善的意志并不因它造成或者达成的东西而善，并不因它适宜于达到任何一个预定的目的而善，而是仅仅因意欲而善，也就是说，它就自身而言是善的；而且独自来看，其评价必须无可比拟地远远高于通过它为

了任何一种偏好，甚至人们愿意的话为了所有偏好的总和所能实现的一切。即使由于命运的一种特殊的不利，或者由于继母般的自然贫乏的配备，这种意志完全缺乏贯彻自己的意图的能力，如果它在尽了最大的努力之后依然一事无成，所剩下的只是善的意志（当然不仅仅是一个纯然的愿望，而是用尽我们力所能及的一切手段），它也像一颗宝石那样，作为在自身就具有其全部价值的东西，独自就闪耀光芒。有用还是无效果，既不能给这价值增添什么，也不能对它有所减损。有用性仿佛只是镶嵌，为的是能够在通常的交易中更好地运用这颗宝石，或者吸引还不够是行家的人们的注意，但不是为了向行家们推荐它，并规定它的价值。

尽管如此，在关于纯然意志的绝对价值、亦即在评估它的时候不考虑一些好处的价值的这一理念中，仍有某种令人感到奇怪的东西，以至于即使就连普通理性也赞同这个理念，却还是必然产生一种怀疑：也许暗中有纯然好高骛远的幻想在作为基础，而自然就其把理性作为统治者 4〔395〕
赋予我们的意志这一意图而言，则可能被误解。因此，我们要从这个观点出发来检验这一理念。

在一个有机的、亦即合目的地为生命而安排的存在者的自然禀赋中，我们假定为原理的是：对于这个存在者里面的任何一个目的来说，除了最适合这一目的且与这一目的最相宜的器官之外，找不到别的任何器官。现在，假如在一个具有理性和意志的存在者身上，他的**保存**、他的**顺利**、一言以蔽之他的**幸福**，就是自然的真正目的的话，那么，选择受造物的理性来作为自己的意图的实现者，则是自然做出的一个极坏的安排。因为本能可以更为精确得多地规定受造物在这一意图中实施的一切活动，以及他的举止的整个规则，并且由此可以更为可靠得多地保住那个目的，胜于理性当时所能做的。而如果理性也已经被赋予这个受宠的受造物，那么，它也必须是仅供这个受造物来对自己的本性的幸运禀赋做出思考，为之惊赞，为之欣喜，并对仁慈的原因感恩戴德；而不是使它的欲求能力服从那种软弱而且不可靠的引导，或者在自然意图上马虎从事；一言以蔽之，自然会不让理性进入**实践的应用**，不让它妄自凭借自己微弱的见识为自己想出幸福和达到幸福的手段的方案；自然不仅自己承担目的的选择，而且也自己承担手段的选择，并且凭借睿智的预先安排把二者仅仅托付给本能。

事实上我也发现，一种开化了的理性越是意在生活与幸福的享受，人离真正的满意就越远。由此在许多人那里，而且在对理性的应用最跃跃欲试的人那里，如果他们足够坦率地承认的话，就产生出某种程度的**厌理症**，亦即对理性的憎恨，因为经过估算他们所得到的一切好处，且不说从日常奢侈的一切技艺的发明得到的好处，而是甚至说到从科学（对他们来说，科学看起来归根结底也是一种知性的奢侈）得到的好处，他们却发现自己事实上为自己招来的麻烦要甚于在幸福上的获益，最终
4〔396〕在这方面羡慕更接近纯然的自然本能的引导、不允许其理性过多影响其所作所为的更平凡的人，而不是轻视他们。到了这一步，人们就必须承认，一些人极力抑制对理性在生活的幸福和满意方面应当为我们带来的好处的那种自吹自擂的颂扬，甚至把它贬低为无，他们的判断绝非悲观或者对世界主宰不知感恩戴德，而是这些判断暗中以关于他们的实存的另一个更有价值得多的意图的理念为基础，理性真正说来完全是被规定用于这个意图，而不是用于幸福，而人的私人意图大多数都必须把这个意图当做最高条件，处在它后面。

因为既然理性不够适宜于在意志的对象和我们的一切需要（理性有时甚至使需要增加）的满足方面可靠地引导意志，而一种与生俱来的自然本能却会更为确切得多地引导到这个目的，尽管如此理性仍然作为实践的能力，亦即作为一种应当影响**意志**的能力被分配给我们，所以，理性的真正使命必定是产生一个并非在其他意图中**作为手段**、而是**就自身而言就是善的意志**。如果自然在其他方面就分配其禀赋而言都是合目的地进行的，那么，理性对这项使命来说就是绝对必要的。因此，这个意志虽然不是惟一的和完全的善，但它却必须是最高的善，而且是其余一切善，甚至对幸福的一切要求的条件。在这种情况下，如果人们发觉，对第一种无条件的意图所需要的理性的陶冶，至少在此生以各种各样的方式限制着始终有条件的第二种意图亦即幸福的达成，甚至能够把它贬低为无，以免自然在这方面行事不合目的，那么，这完全可以与自然的智慧相一致，因为知道自己的最高使命在于确立一个善的意志的理性，在达成这一意图时只能有一种独特方式的满足，即因实现一个又仅由理性规定的目的而来的满足，尽管这与偏好的目的所遭受的一些损失是结合在一起的。

但是，一个就自身而言就应受尊崇的、无须其他意图就是善的意志的概念，如同它已经存在于自然的健康知性之中，不需要被教导，只需要被启蒙，在评价我们的行为的全部价值时它永远居于首位，并且构成其他一切价值的条件一样，为了阐明它，我们就要提出**义务**的概念。这个概念包含着一个善的意志的概念，尽管有某些主观的限制和障碍。但是，这些限制和障碍绝不会遮掩这个概念而使它不可认识，反而彰显它，使它表现得更为鲜明。 4〔397〕

一些行为尽管在这种或者那种意图中可能是有用的，但已被认识到是反义务的，我在这里统统予以忽略；既然它们甚至是违背义务的，所以，它们根本不会有**是否出自义务**的问题。还有一些行为实际上是符合义务的，但人们对它们直接地来说**并无任何偏好**，而是因为被另一种偏好所驱使来实施它们的，我把它们也搁置一旁。因为在这里可以轻而易举地分辨，合乎义务的行为之所以发生，是**出自义务**，还是出自自私的意图？在行为是合乎义务的，而且主体除此之外还对它有**直接的**偏好时，要看出这种区别就困难得多了。例如，卖主不向没有经验的买主要价过高，而且在生意兴隆时聪明的商人也不要价过高，而是对每一个人都保持一个固定的共同价格，让一个小孩和其他任何人一样在他这里正常购物，这当然是合乎义务的。因此，人们得到**诚实的**服务；但是，这远远不足以使人因此相信，商人是出自义务和诚实的原理这样行事的；他的利益要求他这样做。但除此之外，在这里也不能假定他对买主还有一种直接的偏好，使他仿佛出自爱而在价格上一视同仁。因此，这个行为之所以发生，既不是出自义务，也不是出自直接的偏好，而仅仅是怀有自私的意图。

与此相反，保存自己的生命则是义务，此外每一个人也都对此还有一种直接的偏好。但因此缘故，大多数人对此怀有的经常是恐惧的担忧，毕竟没有任何内在的价值，他们的准则并没有任何道德的内容。他们保存自己的生命，虽然是**合乎义务的**，但却不是**出自义务的**。与此相反， 4〔398〕
如果逆境和无望的悲伤完全夺去了生命的趣味，如果不幸的人内心坚强，对自己的命运愤怒多于怯懦和沮丧，期望死亡，不爱生命却保存生命，不是出自偏好或者恐惧，而是出自义务，在这种情况下，他的准则就具有一种道德的内容。

力所能及地行善是义务，此外，有一些富有同情心的人，即便没有虚荣或者利己的其他动因，他们也对在周围传播愉快而感到一种内在的喜悦，如果别人的满足是他们引起的，他们也会为之感到高兴。但我认为，在这种场合，诸如此类的行为无论多么合乎义务，多么可爱，都不具有真正的道德价值，而是与其他偏好同属一类。例如对荣誉的偏好，如果它幸运地涉及事实上有益公众且合乎义务、因而值得敬重的东西，则它理应受到称赞和鼓励，但并不值得尊崇，因为准则缺乏道德内容，亦即不能出自偏好，而是只能**出自义务**去做出这些行为。因而，假定那位慈善家的心灵被他自己的悲痛所笼罩，这种悲痛消解了对他人命运的一切同情，而他总是还有能力施惠于其他穷困的人，但由于他自己的穷困就已经够他应付了，别人的穷困打不动他；而现在，在没有任何偏好再鼓动他去施惠的时候，他却从这种死一般的麻木中挣脱出来，没有任何偏好地、仅仅出自义务地做出这个行为；在这种情况下，这个行为才具有其真正的道德价值。进一步说：即使自然在根本上很少把同情置入某人心中；即使此人（在其他方面是一个正人君子）在气质上是冷漠的，对他人的不幸漠不关心，这也许是因为他甚至对自己的不幸也具有忍耐和刚毅的特殊禀性，在每一个别的人那里也预设或者甚至要求有诸如此类的禀性；即使自然原本就没有把这样一个人（他确实不会是自然的最坏产品）造就成为一个慈善家，他难道就不会在自身里面还发现一个源泉，赋予他自己一种比善良的气质所可能具有的价值更高得多的价值吗？当然如此！恰恰在这里，显示出性格的价值，而这种价值在道德上无可
4〔399〕比拟地是最高的价值，也就是说，他施惠并不是出自偏好，而是出自义务。

保证自己的幸福是义务（至少间接地是义务），因为在诸多忧虑的挤迫中和在未得到满足的需要中对自己的状况缺乏满意，这很容易成为一种重大的**诱惑去逾越义务**。但是，即便在这里不考虑义务，一切人都已经自动地对幸福具有最强有力的和最热忱的偏好，因为正是在这个理念中，一切偏好都结合成为一个总和。只不过，幸福的规范大多具有这样的性状，即它对一些偏好大有损害，关于在幸福的名称下一切偏好的满足的总和，人毕竟不能形成一个确定的和可靠的概念；因此毫不奇怪，一个惟一的、就其许诺的东西和能够得到满足的时间而言确定的偏好，

比一个游移不定的理念更有分量。而人，例如一个足痛风患者，可能选择享受他中意之事，忍受他能够忍受之事，因为经过他估计，他在这里至少不由于对应当存在于健康之中的幸福也许没有根据的期待，就牺牲当前时刻的享受。但是，即便在这一场合，如果对幸福的普遍偏好并不决定他的意志，如果健康对他来说至少并不如此必然属于他的估计，那么在这里，和在所有其他场合一样，就还剩下一条法则，即不是出自偏好、而是出自义务来促进他的幸福，而且在这时，他的所作所为才具有真正的道德价值。

毫无疑问，要求爱自己的邻人，甚至爱我们的仇敌的那些经文也应当如此理解。因为作为偏好的爱是不能被要求的，但出自义务本身的行善，即使根本没有偏好来驱使，甚至有自然的和无法抑制的反感来抗拒，却是**实践的**爱，而不是**病态的**爱。这种爱就在意志之中，而不是在感觉的倾向之中，在行动的原理之中，不是在温存的同情之中；惟有这种爱才是可以要求的。

第二个命题是：一个出自义务的行为具有自己的道德价值，**不在于**由此应当实现的**意图**，而是在于该行为被决定时所遵循的准则，因而不依赖行为的对象的现实性，而仅仅依赖该行为不考虑欲求能力的一切对 4〔400〕
象而发生所遵循的**意欲的原则**。我们在行动时可能有的意图以及作为意志的目的和动机的行为结果，都不能给予行为以无条件的和道德的价值，这一点由上文已可清楚知道。因此，这种价值如果不在与行为的预期结果相关的意志之中，它能够在什么地方呢？它不能在任何别的地方，只**能在意志的原则中**，而不考虑由这些行为能够造成的目的；因为意志处在其形式的先天原则和其质料的后天动机的中间，仿佛是处在一个十字路口，而且既然它毕竟必须被某种东西所规定，所以当一个行为出自义务而发生时，它就必须被一般意欲的形式原则所规定，因为它被剥夺了一切质料的内容。

第三个命题是出自前两个命题的结论，我将这样来表述它：**义务就是出自对法则的敬重的一个行为的必然性**。对于作为我打算采取的行动之结果的客体来说，我固然能够有**偏好**，但**决不会有敬重**，这正是因为它仅仅是一个意志的结果，而不是一个意志的活动。同样，对于一般而言的偏好来说，无论它是我的偏好还是另一个人的偏好，我也不可能有敬重。我顶多可能在第一种场合认可它，在第二种场合有时可能甚至喜欢它，也就是说，把它看做是有益于我的利益的。惟有仅仅作为根据、但绝不作为结果而与我的意志相联结的东西，不为我的偏好服务而是胜过它、至少在选择时把它完全排除在估量之外的东西，因而纯然的法则本身，才能是敬重的对象，从而是一条诫命。如今，一个出自义务的行为应当完全排除偏好的影响，连带地排除意志的任何对象；因此，在客观上除了法则，在主观上除了对这种实践法则的**纯粹敬重**，从而就是即便损害我的一切偏好也遵从这样一种法则的准则①之外，对于意志来说就
4〔401〕不剩下任何东西能够决定它了。

因此，行为的道德价值不在于由它出发所期待的结果，因而也不在于任何一个需要从这个被期待的结果借取其动因的行为原则。因为这一切结果（自己的状态的舒适性，甚至对他人的幸福的促进）也能够通过别的原因来实现，因而为此不需要一个理性存在者的意志，而最高的和无条件的善却只能在这样的意志中发现。因此，不是别的任何东西，而是**当然仅仅发生在理性的存在者里面的法则的表象**自身，就它而非预期的结果是意志的规定根据而言，构成了我们在道德上所说的如此优越的善；这种善在依此行动的人格本身中已经在场，但不可首先从结果中去期待它。②

---

① **准则**是意欲的主观原则；客观原则（也就是说，当理性对欲求能力有完全的支配力的时候，也会在主观上充当一切理性存在者的实践原则的东西）则是实践的**法则**。（本书康德作品的注释未注明译者注或科学院版编者注的，均为康德本人所作的注释。以下不一一注明）

② 有人可能指责我，说我在**敬重**这个词后面仅仅托庇于一种隐晦的情感，而不是用一个理性概念在这个问题中做出清晰的答复。然而，尽管敬重是一种情感，它也毕竟不是一种通过影响而**接受的**情感，而是通过一个理性概念而**自己造成的**情感，因而与前一种可以归诸偏好或者恐惧的情感有类的区别。我直接认做对我是法则的东西，我亦以敬重认识之，敬重仅仅意味着我的意志无须对我的感官的其他影响的中介就**服从**一个法则的意识。意志直接为法则所规定以及对此的意识就叫做**敬重**，以至于敬重被视为法则对主体的**结果**，而不被视为法则的**原因**。真正说来，敬重是一种损害我的自爱的价值的表象。因此，这是既不被视为偏好的对象、也不被视为恐惧的对象的某种东西，尽管它与二者同时有某种类似之处。所以，敬重的**对象**仅仅是**法则**，而且是我们加诸**我们本身**、就自身而言必然的法则。作为法则，我们服从它，而不征求自爱的意见；作为我们自己加诸我们的，它却是我们的意志的一个结果，并且在第一方面与恐惧有类似性，在第二方面与偏好有类似性。对一个人格的所有敬重真正说来只是对那个人格为我们提供范例的法则（正直等等的法则）的敬重。由于我们也把扩展我们自己的才能视为义务，所以我们在一个有才能的人格身上也表现出**一个法则的范例**（通过练习而在这方面变得与它类似），而这就构成我们的敬重。一切道德上的所谓**兴趣**都仅仅在于对法则的**敬重**。

但是，一个法则的表象，即便不考虑由此所期待的结果，也必须规定意志，以便意志能够绝对地和没有限制地叫做善的。什么样的法则能够如此呢？既然我从意志去除了一切可能从遵循某一个法则使它产生的冲动，所以，剩下来的就只有一般行为的普遍合法则性了。惟有这种合法则性应当充任意志的原则，也就是说，我决不应当以别的方式行事，除非**我也能够希望我的准则应当成为一个普遍的法则**。如今在这里，惟有一般而言的合法则性（不以任何一种规定在某些行为上的法则为基础）才是充任意志的原则、而且在义务不应当到处都是一个空洞的妄念和荒诞的概念的时候就必须充任意志的原则的东西；普通的人类理性在其实践的判断中也与此完全契合，在任何时候都牢记上述原则。 4〔402〕

例如问题是：如果我处在困境中，我就不可以做出一项有意不履行的承诺吗？在这里，我很容易做出这一问题的意义可能有的区别：做出一项虚假的承诺，这是聪明的，还是合乎义务的？前者毫无疑问经常发生。尽管我清楚地看出，靠这一借口来摆脱当前的困境是不够的，而是必须考虑，从这个谎言中会不会日后对我产生比我现在所摆脱的麻烦更大得多的麻烦呢？而既然在我自以为的一切**精明**中，后果并不很容易预见，以至于一旦失去信誉，对我来说可能比我现在要避免的一切祸害都更为不利得多，所以在这里按照一个普遍的准则行事，并且养成除非有意遵守就不许诺的习惯，岂不是更为**明智的**行为吗？然而，我在这里马上就发现，这样一种准则毕竟始终只是以令人担心的后果为基础的。如今，出自义务而真诚，与出自对不利后果的担心而真诚，毕竟是某种完全不同的东西，因为在第一种情况中，行为的概念自身就已经包含着对我的一个法则，而在第二种情况中，我却必须首先环顾别处，看对我来说可能有什么后果与此相联系。因为如果我背离义务的原则，那么，这肯定是恶的；但如果我背弃我的明智准则，则这有时可能对我十分有利，尽管保持它当然更可靠。然而，为了就回答“一个说谎的承诺是否合乎 4〔403〕
义务”这一问题而言以最简捷而又最可靠的方式获得教诲，我问我自己：我对我的准则（通过一个虚假的承诺使自己摆脱困境）应当被视为一个普遍的法则（不仅适用于我，而且也适用于别人）真的会感到满意吗？我真的会对自己说：每一个人如果处在他不能以别的方式摆脱的困境中的时候，都可以做出一种虚假的承诺吗？于是我马上就意识到，我虽然能够愿意说谎，但却根本不能愿意有一个说谎的普遍法则；因为按照这样一个法则，真正说来就根本不会有承诺，因为我就自己将来的行为而言对其他人预先确定我的意志，而这些人却并不相信我的这种预先确定，或者，如果他们轻率地相信，也会以同样的方式回报我，这种预先确定就是徒劳的；从而我的准则一旦被当成普遍的法则，就必然毁灭自己本身。

因此，我根本不需要高瞻远瞩的洞察力就能知道，为了使我的意欲在道德上是善的，我应当怎么办。即便对世事的进程没有经验，即便不能把握世事进程的所有自行发生的意外变故，我也只问自己：你能够也愿意你的准则成为一个普遍的法则吗？如果不能，这个准则就是应予抛弃的，而且这虽然不是因为由此你或者还有他人将面临的一种不利，而是因为它不能作为原则适于一种可能的普遍立法；但对于这种立法来说，理性迫使我给予直接的敬重，我虽然现在尚未**看出**这种敬重的根据何在(哲学家可以去研究这一点)，但毕竟至少懂得：这是对远远超出由偏好所赞许的东西的一切价值的那种价值的赏识，而且我出自对实践法则的**纯粹**敬重的行为的必然性，就是构成义务的东西，而任何别的动因都必须为义务让路，因为义务是一种**就自身而言**即善的、其价值超乎一切东西的意志的条件。

这样，我们就在普通人类理性的道德认识中一直达到了它的原则；普通人类理性尽管当然不如此在一个普遍的形式中抽象地思维这一原则，
4〔404〕但毕竟在任何时候都现实地记得它，并把它用做自己的判断的圭臬。在此，如果人们不教给普通人类理性丝毫新东西，只是像苏格拉底所做的那样，使它注意自己的原则，那就很容易指出，它手拿这个罗盘，在一切出现的事例中都能够清楚地知道如何分辨什么是善、什么是恶、什么是合乎义务的、什么是违背义务的；因而不需要任何科学和哲学就能够知道，为了成为诚实的和善的，甚至成为睿智的和道德的，人们就必须怎么办。甚至事先就能够推断出这一点，即了解每一个人都必须做、因而也必须知道的东西，这也是每一个人、甚至最普通的人的事情。在这里，人们毕竟能够不无惊赞地看到，在普通的人类知性中，实践的判断能力超过理论的判断能力竟是如此之多。在理论的判断能力中，如果普通理性敢于脱离经验的法则和感官的知觉，它将陷入全然的不可理解和

自相矛盾之中，至少将陷入不确定、隐晦和反复无常的混沌中。但在实践的判断能力中，只有在普通知性把一切感性的动机从实践法则中排除掉的情况下，判断力才开始表现得十分优越。在这种情况下，无论普通知性是想用自己的良知或者用与应当被称做对的东西相关的其他要求做出刁难，还是也想真诚地为了教导自己而规定行为的价值，它都变得甚至敏锐起来。而最多的是，它在后一种情况下能够希望做得恰到好处，就像无论哪一位哲学家都可期待的那样；甚至在这方面几乎比哲学家还更有把握，因为哲学家毕竟没有与普通知性不同的原则，但却可能因一大堆外来的、与事情不相干的考虑轻易地搅乱自己的判断，使之偏离正确的方向。据此，在道德事务上只要有普通的理性判断就够了，而且搬出哲学，顶多是为了更为完备地、更易理解地展现道德的体系，此外更方便地展现其应用原则（但更多的是其讨论原则），而不是为了甚至在实践方面使普通人类知性脱离其幸运的淳朴，通过哲学把它带上一条研究和教导的新路上，这岂不是更可取吗？

清白无辜是一件美好的事情，只不过很糟糕的又是，它不能被很好地保持，容易受到诱惑。因此，甚至智慧——它通常在于行止，比在于 4〔405〕
知识更多——也毕竟需要科学，不是为了从它学习，而是要为自己的规范带来承认和持久性。人在自身中，感觉到一种强大的抵制力量，来反对理性向他表现得如此值得尊重的所有义务诫命；这种感觉就在于其需要和偏好，他把这些需要和偏好的全部满足统统归摄在幸福的名下。如今，理性不对偏好有所许诺，毫不容情地、因而仿佛是以拒绝和无视那些激烈且显得如此合理的要求来颁布自己的规范。但由此就产生出一种**自然的辩证法**，也就是说，产生出一种癖好，即以玄想来反对义务的那些严格的法则，怀疑它们的有效性，至少是怀疑它们的纯粹性和严格性，并尽可能使它们顺应我们的愿望和偏好，亦即在根本上败坏它们，使其丧失一切尊严；这样的事情，甚至普通的实践理性归根结底也不可能同意的。

因此，**普通的人类理性**并不是由于任何一种思辨的需要（它只要满足于仅仅是健康的理性，就绝不会感觉到这种需要），而是甚至出自实践的根据，才被迫走出自己的范围，一步跨入一种**实践哲学**的领域，以便在那里为其原则的源泉及其正确的规定，与依据需要和偏好的准则相比，获得说明和明晰的指示，使自己脱离由于这两方面的要求而陷入的困境，以免冒因它容易陷入的暧昧而失去一切真正的道德原理的危险。因此，当实践上的普通理性陶冶自己的时候，在它里面就不知不觉地产生出一种**辩证法**，迫使它求助于哲学，正如普通理性在理论应用中所遇到的一样。因此，实践理性与理论理性一样，除了在对我们的理性的一种完备的批判中之外，不能在别的地方找到安宁。

第二章 4〔406〕

由通俗的道德世俗智慧到道德形而上学的过渡

在我们从我们的实践理性的普通应用中得出我们迄今为止的义务概念之后，由此还绝不能推出，好像我们已经把它当做一个经验概念来对待了。毋宁说，当我们注意人的行止的经验时，我们就遇到了经常的、如我们自己所承认的那样合理的抱怨，说人们关于出自义务而行动的意念，根本不能举出可靠的例证，而尽管一些事情的发生会**合乎**那**义务**所要求的东西，但它真正说来是否**出自义务**而发生、从而具有一种道德价值，却始终是有疑问的。因此，对于一切时代来说，都有哲学家绝对否定人类行为中这种意念的现实性，并且把一切都归诸已经或多或少变得精致了的自爱，却并不因此就怀疑道德概念的正确性，反而怀着衷心的惋惜谈到人的本性的脆弱和不纯正。人的本性虽然高贵得足以给自己形成一个如此值得敬重的理念来作为自己的规范，但同时却太软弱了，不能遵循这规范；而且它把本来应当用来为它立法的理性仅仅用做照料偏好的兴趣，而不论是个别地还是充其量就其彼此之间最大的协调而言来照料。

事实上，绝对不可能通过经验以完全的确定性澄清任何一个事例， 4〔407〕
说其中通常合乎义务的行为仅仅依据道德根据、依据其义务的表象。因为虽然有时出现这种情况：我们即使最严厉地省察自己，也未发现任何东西，除了义务的道德根据之外能有足够的力量，推动我们去做出这个或者那个善的行为，并做出如此之大的牺牲；但由此根本不能有把握地推断，实际上根本没有隐秘的自爱冲动，仅仅伪装成那个理念，来作为意志的真正规定原因。在这种情况下，我们反而乐意用一个虚妄的更高贵的动因来迎合自己，而实际上即便通过最严格的省察，也绝不能完全弄清隐秘的动机，因为如果说的是道德价值，那么，问题并不在于人们看到的行为，而是在于行为的那些不为人们看到的内在原则。

对于嘲笑一切道德都只不过是一种因自负而过分抬高自己的想象力

的幻影的那些人，我们能够如其所愿地效力于他们的，莫过于向他们承认：义务的概念（就像人们也由于贪图安逸而乐意相信，其他所有概念也都如此）必须仅仅从经验得出；因为在这种情况下，人们就使他们稳操胜券了。出自人类之爱，我愿意承认，我们的大部分行为还是合乎义务的。但是，人们如果更仔细地看一看它们的追求，就会到处碰到那个始终引人注目的心爱的自我，这些行为的意图依据的就是这个自我，而不是义务的多半要求自制的严格诫命。人们也不需要真的成为德性的敌人，而只需要成为一个不立即把对善的最强烈的愿望视为善的实现的冷静观察者，就会（尤其是随着年龄的增长，以及判断力一方面通过经验而学乖，另一方面更锐利于观察）在某些时刻变得怀疑：世界上是否真的能够见到某种真正的德性呢？而在这里，没有任何东西能够防止我们完全背离我们的义务理念，在灵魂中保持对义务法则已经确立的敬重，除非是一种清晰的信念：尽管从来没有过从这样一些纯粹的源泉产生的
4〔408〕行为，但在这里也根本不是在说此事或者彼事是否发生，而是理性不依赖于任何显象独自地要求什么应当发生，因此，对于世界也许迄今还根本没有提供过实例的那些行为，把一切都建立在经验之上的人甚至会怀疑其可行性，尽管如此它们还是为理性所严厉要求的；例如，即便直到如今也可能根本没有过真诚的朋友，也还是能够毫不减弱地要求每一个人在友谊中有纯粹的真诚，因为这种义务作为一般而言的义务，先行于一切经验，存在于通过先天根据来规定意志的理性的理念之中。

如果我们补充说，人们倘若不想否定道德的概念的一切真实性和与任何一个可能客体的关系，就不能否认自己的法则具有如此广泛的意义，以至于它必然不仅适用于人，而且适用于一切**一般而言的理性存在者**，不是仅仅在偶然的条件下适用且有例外，而是**绝对必然地**适用，那么就很清楚，没有任何经验能够提供理由，哪怕是仅仅推论到这样一些无可置疑的法则的可能性。因为我们有什么权利把也许仅仅在偶然的条件下对人类有效的东西当做任何有理性的本性的普遍规范，使之受到无限制的敬重呢？而且，如果规定**我们的**意志的法则仅仅是经验的，并非完全先天地源自纯粹的、但又是实践的理性，我们怎么应当把它们视为规定一个一般而言的理性存在者的意志的法则，并且仅仅作为这样的法则也视为我们的意志呢？

人们能够给道德出馊主意的，也莫过于想从实例中借来道德了。因为每一个表现给我的道德实例，本身都必须事先按照道德性的原则来判断，看它是否配被当做原初的实例亦即当做范例来用，但它却绝不可能提供道德性的概念。即便是福音书中的圣者，在人们把他认做圣者之前，也必须事先与我们对道德完善性的理想进行比较；关于自己他也说道：你们为什么把（你们看到的）我称为善的？除了（你们看不到的）惟一的上帝之外，没有谁是善的（善的原型）。但是，关于作为最高的善的上帝，我们从哪里得到他的概念呢？惟有从理性先天地关于道德的完善性 4〔409〕
所制订的、且与一个自由的意志不可分割地联结在一起的那个**理念**中。模仿在道德领域根本不成立，实例只是用做鼓励，也就是说，它们使法则所要求的东西的可行性不受怀疑，它们使实践规则更为一般地表达的东西变得直观，但绝不给人以权利把它们存在于理性中的真正原型置之一旁，且按照实例行事。

在这种情况下，如果没有一条真正的道德最高原理不是必须独立于一切经验、仅仅依据纯粹理性的话，那我就相信，只要这种知识应当与普通的知识区别开来，并且叫做哲学的，则哪怕只是问一问一般地（抽象地）阐明这些连同属于它们的原则皆为先天所确立的概念是否妥当，也是没有必要的。但在我们的时代里，这也许还是必要的。因为如果人们搜集选票，看是抽除一切经验性成分的纯粹理性知识，从而是道德形而上学更受欢迎，还是通俗的实践哲学更受欢迎，那么，人们马上就会猜到优势将在哪一方了。

当然，如果向纯粹理性的原则的上升事先已经发生，并且达到了完全的令人满意，那么，向民众概念的这种下降就是很值得赞许的了；而且这可以叫做：先把道德的学说**确立**在形而上学上，在它站稳后，再通过通俗性使它**易于接受**。但是，在原理的一切正确性所取决的最初研究中就已经想顺从通俗性，这却是极其荒唐的事情。不仅是这种行事方式绝不能要求一种真正的**哲学通俗性**的极为罕见的功绩，因为如果人们在这里放弃一切审慎的洞识，就根本不存在让人通俗易懂的技巧，而且它还暴露出由拼凑起来的观察和半玄想的原则所构成的一种讨厌的杂拌。无聊之辈喜欢这种杂拌，因为它对于日常的闲聊来说的确是某种可用之物，而有识之士却无可奈何地掉头不顾，尽管极清晰地看透幻象的哲学

家时而叫人离弃所谓的通俗性，只是在取得确定的洞识之后再合情合理
4〔410〕 地通俗化，却很少有人听他的话。

人们只要看一看以那种受欢迎的趣味关于道德所做的种种尝试，就会时而遇到人的本性的特殊规定（但偶尔也遇到关于一般而言的有理性的本性的理念），时而遇到完善性，时而遇到幸福，在这里遇到道德情感，在那里遇到对上帝的畏惧，这个取一点，那个也取一点，形成奇妙的混合，却不曾想到去问一问：是否真的能在人类本性的知识（我们毕竟只能从经验获得这种知识）中去寻找道德的原则？如果不是这样，如果道德的原则只能完全先天地、不带任何经验性成分地、绝对地在纯粹的理性概念中发现，一点也不能在其他地方发现，人们也不曾想到采取措施，宁可把这种研究作为纯粹的、实践的世俗智慧或者（如果可以使用一个受到诋毁的名称的话）道德形而上学①完全分出来，使之独自达到全部的完备性，并且安抚要求通俗性的读者，直到这项工作结束。

但是，这样一门完全分离的道德形而上学，既不与任何人类学、神学、物理学或者超物理学相混，更不与隐秘的质（人们可以称之为亚物理学的）相混，不仅是义务的一切理论的、可靠地确定的知识的一个不可或缺的基底，而且同时是现实地实现义务的规范的一个极为重要的急需之物。因为义务以及一般而言道德法则的纯粹的、不与经验性刺激的外来添加相混的表象，仅仅通过理性的途径（理性在这里首次了解到，它自己也能够是实践的）对人心有一种强有力的影响，比人们能够从经验
4〔411〕 验性领域征集的一切动机②还强有力得多，使它在对自己的尊严的意识中

① 如果愿意，人们可以（就像纯粹数学被与应用数学区别开来，纯粹逻辑被与应用逻辑区别开来一样）把纯粹的道德哲学（形而上学）与应用的（亦即应用于人的本性的）道德哲学区别开来。通过这一称谓，人们也将立刻想到，道德原则不是建立在人的本性的特性之上，而是必须先天地自行存在，但对于每一个有理性的本性，因而也对于人的本性来说，实践的规则必须从道德原则派生出来。

② 我曾经收到过已故的、杰出的**苏尔策**的一封信，他在信中问我：德性的学说无论对理性有多少令人信服的东西，却收效甚微，其原因何在？为了准备做出完备的回答，我延迟了自己的答复。不过，其原因无非是，教师本人就没有使其概念成为纯粹的，而且由于他们想做得太好，却因为到处搜集道德善的动因，要使药方真正有效力，而败坏了这药方。因为最普通的考察也表明，如果人们介绍一个正直的行为，说它如何是丝毫无意于在这个世界或者另一个世界上的任何一种好处，甚至是在困窘或者诱惑的极大引诱之下以坚定的灵魂做出的，那么，这个行为就远远超过一切哪怕只是一点点受到外来动机刺激的类似行为，使之相形失色，并且升华灵魂，激起也能够如此行动的意愿。就连半大不小的儿童也感受到这种印象，而人们也决不应当以别的方式向他们介绍义务。

蔑视这些动机，并能够逐渐地成为它们的主宰；与此相反，一种由情感和偏好的动机、同时由理性概念组合而成的混合的道德学说，必然使心灵在无法归摄到任何原则之下的种种动因之间动摇，这些动因只能极偶然地引人向善，但却也时常引人向恶。

由以上所说可见：一切道德概念都完全先天地在理性中有其位置和起源，而且无论是在最普通的人类理性中，还是在最高程度的思辨理性中，都是如此；这些概念不能从任何经验性的，因而纯属偶然的知识中抽象出来；它们的尊严正在于其起源的这种纯粹性，使它们能够充当我们的最高实践原则；任何时候，人们添加多少经验性的东西，就也使它们的真正影响和行为不受限制的价值蒙受多少损失；从纯粹理性汲取它们的概念和法则，纯粹地、不加掺杂地予以阐述，甚至规定这全部实践的或者纯粹的理性知识的范围，亦即规定纯粹实践理性的全部能力，这不仅当问题仅仅在于思辨的时候在理论方面具有极大的必要性，而且也具有极大的实践重要性，但此时不要像思辨哲学会允许，甚至有时认为有必要的那样，使原则依赖人类理性的特殊本性，而是由于道德法则应 4〔412〕
当对每一个理性存在者有效，已经从一个一般而言的理性存在者的普遍概念中导出道德法则，并以这样的方式首先使一切为了**应用**于人而需要人类学的道德不依赖人类学，当做纯粹的哲学，亦即当做形而上学予以完备的阐述（在这种完全分离的知识中，这一点可以作得很好），并且要清楚地意识到，若不拥有这门形而上学，则且不说精确地为思辨判断规定义务在一切合乎义务的东西中的道德成分是白费力气，甚至在纯然普通的和实践的应用中，尤其是在道德教育中，也不可能把道德建立在其真正的原则之上，并由此造成纯粹的道德意念，为了最高的公益把这种意念灌输给心灵。

但是在这一探讨中，为了通过各个自然的阶段不仅从普通的道德判断（它在这里很值得重视）像通常发生的那样前进到哲学的道德判断，而且由一门只走到它凭借实例摸索着能够达到的地方的通俗哲学前进到形而上学（它不再为任何经验性的东西所阻拦，而且由于它必须测度这一类理性知识的总和，它必要时将前进到理念，在那里我们将失去实例），我们必须探究并且清晰地阐明实践的理性能力，从它的普遍的规定规则开始，直到义务的概念从它产生之处。

自然的每一个事物都按照法则发挥作用。惟有一个理性存在者具有**按照**法则的**表象**亦即按照原则来行动的能力，或者说具有一个**意志**。既然为了从法则引出行为就需要**理性**，所以意志无非就是实践理性。如果理性必然地规定意志，那么，这样一个存在者的被认做客观上必然的行为，就也是主观上必然的；也就是说，意志是一种能力，**仅仅**选择理性不依赖于偏好而认做实践上必然的亦即善的东西。但是，如果理性不足以独自规定意志，那么，意志就还服从一些并不总是与客观条件相一致
4〔413〕的主观条件（某些动机）；一言以蔽之，如果意志并非**就自身而言**完全合乎理性（在人这里的确是这样），那么，客观上被认做必然的行为在主观上就是偶然的，而按照客观法则对这样一个意志的规定就是**强制**；也就是说，客观法则与一个并不完全善的意志的关系被表现为对一个理性存在者的意志的规定，这种规定虽然是通过理性的根据，但这个意志在本性上并不必然服从这些根据。

一个客观原则的表象，就该原则对于一个意志是强制性的而言，就叫做一个（理性的）诫命，这个诫命的公式就叫做**命令式**。

一切命令式都用一个应当来表述，并且由此表示理性的一个客观法则与一个意志的关系，这个意志就其主观性状来说并不必然为这个法则所规定（一个强制）。它们说的是：做某件事或者放弃某件事，就会是善的；然而，它们是把这告诉一个意志，这个意志并不总是因为被告知做这件事是善的，就去做这件事。但是，凭借理性的表象，从而不是出自主观的原因，而是客观地、亦即从对每一个作为理性存在者的理性存在者都有效的根据出发来规定意志的东西，就是实践上善的。它与**适意的东西**不同，后者是仅仅凭借出自纯然主观原因的感觉来影响意志，而这些原因只对这个人或者那个人的感觉有效，而不是作为对每一个人都有效的理性原则。①

---

① 欲求能力对感觉的依赖性就叫做偏好，因此，偏好在任何时候都表现出一种**需要**。但是，一个偶然地可被规定的意志对理性原则的依赖性则叫做一种**兴趣**。因此，兴趣仅仅发生在一个有依赖的意志那里，这个意志并不是自动地在任何时候都合乎理性；在属神的意志中，人们不能设想任何兴趣。但是，就连属人意志也可以对某种东西**有兴趣**，却并不因此就**出自兴趣而行动**。前者意味着对行为的**实践**兴趣，后者则意味着对行为的对象的**病理学**兴趣。前者仅仅表示意志依赖理性就自身而言的原则，后者则表示意志依赖理性为了偏好的原则，也就是说，理性在此仅仅指示如何满足偏好的需要的实践规则。在前一种场合，我感兴趣的是行为，在第二种场合，我感兴趣的是行为的对象（就它合我的意而言）。我们在上一章里就已经看到：在一个出自义务的行为中，必须关注的不是对对象的兴趣，而仅仅是对行为本身及其在理性中（在法则中）的原则的兴趣。

因此，一个完全善的意志同样要服从（善的）客观法则，但并不因此就能够被表现为**被强制**去做合乎法则的行为，因为就其主观性状而言，它自身只能被善的表象来规定。因此，对于**属神的**意志来说，一般而言对于一个**神圣的**意志来说，并不适用命令式；这里不是**应当**的合适位置，因为**意欲**自己就已经与法则必然一致。所以，命令式只是表达一般意欲的客观法则与这个或者那个理性存在者的意志，例如与一个属人的意志的主观不完善性之关系的公式。 4〔414〕

现在，一切**命令式**都要么是**假言地**、要么是**定言地**发布命令的。前一些命令式把一个可能的行为的实践必然性表现为达成人们意欲的（或者人们可能意欲的）某种别的东西的手段。定言命令式则是把一个行为表现为自身就是客观必然的，无须与另一个目的相关。

由于任何实践的法则都把一个行为表现为善的，从而对一个可以被理性实践地规定的主体来说把它表现为必然的，所以一切命令式都是规定一个行为的公式，按照一个以任何方式都是善的意志的原则，这个行为是必然的。现在，如果行为仅仅**为了别的目的**作为手段是善的，那么，命令式就是**假言的**。如果行为被表现为**就自身而言**善的，从而被表现为在一个就自身而言合乎理性的意志之中是必然的，被表现为该意志的原则，那么，命令式就是**定言的**。

因此命令式说的是，哪一种通过我而可能的行为是善的，而且它与一个意志相关来表现实践的规则，这个意志并不因为一个行为是善的就立刻去做，这一方面是因为主体并不总是知道它是善的，另一方面是因为即便主体知道它是善的，主体的准则毕竟有可能违背一种实践理性的客观原则。

因此，假言的命令式只是说，行为对于某一个**可能的**或者**现实的**意图来说是善的。在第一种情况下，它是一个**或然的**实践原则，在第二种情况下，它是一个**实然的**实践原则。定言命令式不与任何一个意图相关，亦即无须任何别的目的，自身就宣称行为是客观必然的，所以被视为一个**必然的**实践原则。 4〔415〕

人们可以把仅仅通过某个理性存在者的力量就可能的东西也设想为对某个意志来说可能的意图，因此，就行为对达成一个由它造成的可能意图被表现为必然的而言，它的原则事实上多至无限。一切科学都有某个实践的部分，它由说明某个目的对我们来说有可能的一些课题和说明该目的如何能够被达成的一些命令式组成。因此，一般而言这些命令式可以叫做**技巧**的命令式。这里根本不问目的是否是理性的和善的，而是只问为达成目的必须作什么。医生为使自己的病人痊愈所用的处方和一个投毒者为有把握地杀死此人所用的处方，就每一个都可用来完满地达成其意图而言，具有同等的价值。由于人们在少年时不知道我们在生活中会碰上哪些目的，所以父母力图特别是让自己的孩子学习**各种各样的东西**，而且为其使用手段达成各种各样**随便什么**目的的**技巧**操心；对于这些目的的任何一个来说，他们都无法确定是否真的将来可能成为其孩子的一个意图；然而，其孩子有朝一日会以此目的为意图，这却毕竟是**可能的**；这种操心如此周到，以至于他们通常都忽略了教孩子们对自己可能当做目的的事物的价值做出判断，并纠正孩子们的判断。

尽管如此，有一个目的，人们在一切理性存在者（就命令式适用于它们，亦即有依赖的存在者而言）那里都可以把它预设为现实的，因而有一个意图，理性存在者绝不是仅仅**可能**怀有它，而是人们能够有把握地预设，理性存在者全都按照一种自然必然性**怀有**它，这就是对**幸福**的意图。作为促进幸福的手段的行为，表现其实践必然性的假言命令式就是**实然的**。人们可以把它说成是不仅对于一个不确定的、纯然可能的意图必然的，而且是对于人们能够有把握地、先天地在每一个人那里预设的一个意图必然的，因为这个意图属于每一个人的本质。现在，人们可
4〔416〕以把为自己的最大福祉选择手段时的技巧称为最狭义的**机智**①。因此，与为自己的幸福选择手段相关的命令式，亦即机智的规范，还一直是**假言的**；行为并不是绝对被要求的，而只是作为另一个意图的手段被要求的。

最后，有一种命令式，它无须以通过某个行为要达成的任何别的意图为基础，就直接要求这个行为。这种命令式就是**定言的**。它不涉及行为的质料及其应有的结果，而是涉及行为由以产生的形式和原则，行为的根本善在于意念，而不管其结果如何。这种命令式可以叫做**道德**的命

① 机智这个词是在双重意义上使用的，在第一层意义上它可以叫做世事的机智，在第二层意义上它可以叫做私事的机智。第一种机智是一个人影响他人、为自己的意图利用他人的技巧。第二种机智是为自己的持久利益把所有这些意图统一起来的洞识。后者真正说来是前者的价值也要回溯到的那种机智；而且对于在第一种意义上、而并非在第二种意义上机智的人，人们倒不如说：他灵巧而且狡猾，但在整体上却并不机智。

令式。

依照这三种原则的意欲，也因对意志的强制的**不同**而清晰地区分开来。为了明确这种不同，我认为，如果说它们要么是技巧的**规则**，要么是机智的**建议**，要么是道德的**诫命**（**法则**），就依照其次序给了它们最适当的名称。因为惟有**法则**才带有一种**无条件的**、而且是客观的、从而是普遍有效的**必然性**的概念，而诫命就是必须服从、也就是说即便违背偏好也必须遵从的法则。**建议**虽然包含着必然性，但这种必然性惟有在主观偶然的条件下，即这个人还是那个人把这件事还是那件事算做自己的幸福时，才能够有效；与此相反，定言命令式不受任何条件的限制，并且作为绝对必然的、尽管实践上必然的，完全能够真正地叫做诫命。人们可以把第一类命令式也称为**技术的**（属于技艺），把第二类命令式称为 4〔417〕
实用的①（属于福祉），把第三类命令式称为**道德的**（属于一般而言的自由行为，也就是说，属于道德）。

如今就产生了问题：所有这些命令式是如何可能的？这个问题并不要求知道如何能够设想命令式所要求的行为的实施，而是仅仅要求知道如何能够设想命令式在任务中所表达的对意志的强制。一个技巧的命令式是如何可能的，这并不需要特别的讨论。谁意欲目的，就（只要理性对他的行为有决定性的影响）也意欲为此目的不可或缺的、他能够掌握的手段。就意欲而言，这个命题是分析的；因为在对一个作为我的结果的客体的意欲中，已经把我的因果性设想为行动着的原因，亦即对手段的使用了，而命令式已经从对这个目的的意欲的概念中得出了为这个目的而必要的行为的概念（要为一个预定的意图规定手段本身，这当然需要综合命题，但综合命题并不涉及使意志的活动实现的根据，而是涉及使客体实现的根据）。为了按照一个可靠的原则把一条线分为两个相等的部分，我就必须从线的两端引出两条相交弧，这当然是数学仅仅通过综合命题教导的；但是，如果我知道，惟有通过这样的行为才能发生上述结果，那么当我完全意欲这个结果时就也意欲为此所需要的行为，这却

① 在我看来，这样可以最精确地规定**“实用的”**一词的真正含义。因为**制裁**如果不是作为必要的法律出自各国的权利，而是出自对普遍的福祉的**关怀**，那它就被称为实用的。如果一部**历史**使人机智，亦即教导世人如何能够比前代更好地，至少同样好地照顾自己的利益，那它就是以实用的方式编写的。

是一个分析命题；因为把某种东西设想为一个以某种方式因我而可能的结果，和就该结果而言设想我以同样的方式行动，这完全是一回事。

只要关于幸福给出一个确定的概念是件轻而易举的事情，那么，机智的命令式就与技巧的命令式完全一致，并且同样是分析的。因为这两处说的都是：谁意欲目的，就也（按照理性必然地）意欲他为此所掌握
4〔418〕的惟一手段。然而不幸的是，幸福的概念是一个如此不确定的概念，以至于每一个人尽管都期望得到幸福，却绝不能确定地一以贯之地说出，他所期望和意欲的究竟是什么。原因在于：属于幸福概念的一切要素都是经验性的，也就是说都必须借自经验，尽管如此幸福的理念仍然需要一个绝对的整体，即在我当前的状况和任一未来的状况中福祉的最大值。如今，最有见识且最有能力、但毕竟有限的存在者，不可能对他在这里真正说来所意欲的东西形成一个确定的概念。如果他意欲财富，他岂不是会由此给自己招来多少忧虑、嫉妒和窥伺！如果他意欲众多的知识和洞识，这也许会成为一种更加锐利的眼光，而使得现在对他来说尚属隐秘的但又不能避免的灾祸对他显得更加可怕，或者把更多的需要加给他那已经够他忙乱的欲望。如果他意欲长寿，谁向他担保这不会是一种长期的苦难呢？如果他至少意欲健康，身体的不适还是多么经常地阻止完全的健康会使人陷入的放纵，如此等等。简而言之，他无法根据任何一条原理完全确定地规定，什么东西将使他真的幸福。因为要做到这一点，就要求无所不知。因此，人们不能按照确定的原则行动来成为幸福的，而只能按照经验性的建议行动，例如特定食谱、节俭、彬彬有礼、克制等等；据经验的教导，它们通常是最有助于福祉的。由此得出，严格地说，机智的命令式根本不能做出要求，亦即客观地把行为表现为实践上**必然的**；它们与其被视为理性的诫命（praecepta），倒不如被视为建议（consilia）；可靠地和普遍地规定哪种行为将促进一个理性存在者的幸福，这个问题是完全无法解决的，因而在幸福方面不可能有命令式在严格的意义上来要求做使人幸福之事，因为幸福不是理性的理想，而是想象力的理想，这个理想仅仅依据经验性的根据，人们期待这些根据会规定一
4〔419〕个行为，由此会达到一个事实上无限的结果序列的全体，那是白费力气。然而，如果人们假定能够可靠地给出达到幸福的手段，那么，机智的这种命令式就会是一个分析的实践命题；因为它与技巧的命令式的区别仅

仅在于：在后者这里目的仅仅是可能的，而在前者那里目的是已被给予的；但既然二者仅仅要求达到人们能够预设要以之为目的的东西的手段，所以要求意欲目的者也意欲手段的命令式，在这两种场合就都是分析的。因此，就这样一种命令式的可能性而言，也不存在任何困难。

与此相反，**道德**的命令式如何可能，却毫无疑问是惟一需要解决的问题，因为这种命令式根本不是假言的，从而客观地表现出的必然性不能像在假言的命令式中那样，以任何前提条件为依据。只不过在这里千万不要忽视，不能**凭借任何实例**亦即经验性地澄清究竟是否有一种诸如此类的命令式，而是要当心，一切显得是定言的命令式都可能以隐秘的方式是假言的。例如说：你不应当做虚假的承诺；而且人们假定，这种不做的必然性绝不仅仅是为避免任何一种别的灾祸而做的建议，使得这是说：你不应当做不诚实的承诺，以免真相大白时你的信用受损失；而是必须把这一类的行为本身视为恶的，因而禁止的命令式就是定言的。如果是这样，那么，人们就不能在任何一个实例中确定地阐明，意志在这里无须其他的动机，仅仅为法则所决定，尽管看起来是可以这样阐明的；因为暗中对羞辱的恐惧、也许还有对其他危险的模糊担忧会对意志产生影响，这始终是可能的。既然经验只能说明我们未知觉到一个原因，谁能够凭借经验来证明这个原因不存在呢？但在这样的情况下，所谓道德的命令式，作为这样一种命令式看起来是定言的和无条件的，事实上却只是一个实用的规范，使我们注意我们自己的利益，并且仅仅教我们小心对待它。

因此，我们将必须完全先天地研究一种**定言**命令式的可能性，因为我们在这里并不享有如下的便利，即定言命令式的现实性在经验中已被给予，从而其可能性无须确立，而只须说明。然而，目前可以看出的是： 4〔420〕
惟有定言命令式才是一种实践的**法则**，其余的命令式全都虽然能够叫做意志的**原则**，但却不能叫做法则；因为只是为了达到一个任意的意图而必须做的事情，就自身而言可以被视为偶然的，而我们如果放弃这一意图，就在任何时候都可以摆脱这种规范。与此相反，无条件的诫命不容许意志在相反的方面任意行事，因而惟有它具有我们为法则所要求的那种必然性。

其次，就这种定言命令式或者道德法则而言，（看出其可能性的）困难的理由也是非常大的。它是一个先天的综合实践命题①，而且既然要看出这一类的命题的可能性，在理论知识中有诸多困难，所以很容易就可以得出，在实践知识中困难也不会更少。

就这一课题而言，我们想首先尝试，看仅仅一个定言命令式的概念是否也许就能够提供该定言命令式的公式，这个公式包含着一个命题，惟有它才能够是定言命令式；因为即使我们也知道这样一种绝对诫命的内容是什么，但它如何可能，却仍然需要特别的和困难的努力，但我们把这种努力留待下一章。

当我设想一个一般而言的**假言**命令式的时候，在条件被给予我之前，我事先并不知道它将包含什么。但是，当我设想一个**定言**命令式的时候，我立刻就知道它包含着什么。因为既然命令式除了法则之外，所包含的
4〔421〕只是准则②符合这法则的必然性，而法则却不包含任何限制自己的条件，所以，所剩下的就只是一个一般而言的法则的普遍性，行为的准则应当符合这法则，而且惟有这种符合才真正把命令式表现为必然的。

因此，定言命令式只有一个，那就是：**要只按照你同时能够愿意它成为一个普遍法则的那个准则去行动。**

现在，如果能够把这惟一的命令式作为义务的一切命令式的原则，从它推导出所有这些命令式，那么，我们尽管尚未确定人们称为义务的东西是否在根本上是一个空概念，却至少能够说明我们由此所思维的是什么，以及这个概念想说明的是什么。

由于结果的发生所遵循的法则的普遍性构成了真正说来在最普遍的意义上叫做**自然**的东西，就事物的存在按照普遍的法则被规定而言，这自然也就是事物的存在，所以，义务的普遍命令式也可以这样说：**要这样行动，就好像你的行为的准则应当通过你的意志成为普遍的自然法则**

---

① 我无须预设出自任何一种偏好的条件，而先天地、从而必然地（虽然只是客观地，亦即在一种完全支配一切主观动因的理性的理念之下）把意志与行为联结起来。因此，这是一个实践命题，它不是把一个行为的意欲从另一个已经预设的意欲分析地推导出来（因为我们并没有如此完善的意志），而是把它当做不包含在一个理性存在者的意志的概念之中的东西，直接与该概念联结起来。

② **准则**是行动的主观原则，必须与**客观原则**亦即实践法则区别开来。准则包含着理性按照主体的条件（经常是主体的无知或者偏好）所规定的实践规则，因此是主体**行动**所遵循的原理；而法则是对每一个理性存在者有效的客观原则，是主体**应当行动**所遵循的原理，也就是说，是一个命令式。

似的。

现在，我们想根据通常的划分来列举一些义务，即划分为对我们自己的义务和对他人的义务，划分为完全的义务和不完全的义务①。

1. 有一个人，经历了一系列足以使人心灰意懒的灾祸而对生活感到厌倦，但还拥有自己的理性，使他能够自问：了结自己的生命是否也绝 4〔422〕
不违背对自己的义务？现在他要探究：他的行为的准则是否能够成为一个普遍的自然法则？而他的准则是：如果生命因期限的延长将面临的灾祸多于它将带来的安逸，那么，我就出自自爱把缩短它当做我的原则。只不过问题是：自爱的原则是否能够成为一个普遍的自然法则？但人们在这里马上就看出，如果一个自然的法则是凭借以敦促人增益生命为使命的同一种情感来毁灭生命本身，则这个自然就与自身矛盾，从而就不会作为自然存在；所以，那个准则就不可能成为普遍的自然法则，因而就与一切义务的最高原则相抵触。

2. 另一个人，发现自己急需借款。他清楚地知道，他将无法还款；但他也看出，如果他不肯定地许诺在一个确定的时间还款，他就什么也借不到。他很乐意作这样的承诺；但他仍然良知未泯，扪心自问：以这样的方式助自己摆脱困境，是不允许的且违反义务的吗？假定他毕竟决定这样做了，那么，他的行为准则就是：如果我认为自己迫切需要钱，我就要借款并且承诺还款，尽管我知道我永远还不了款。这个自爱或者自利的原则与我整个未来的福祉也许很能协调一致，但现在问题是：这样做对吗？因此，我把自爱的要求转化为一个普遍的法则，并且这样提出问题：如果我的准则成为一个普遍的法则，事情会怎样呢？由此我现在就看出，它绝不可能作为普遍的法则生效并与自身一致，而是必然与自己矛盾。因为一个法则，即每一个人在认为自己处于困境时都可以承诺所想到的东西，却蓄意不信守之，其普遍性就会使承诺和人们在承诺时可能怀有的目的本身成为不可能，因为没有人会相信对自己承诺的东西，而是会把所有这样的表示当做空洞的借口而加以嘲笑。

---

① 人们在这里必须注意，我把义务的划分完全留待一部未来的《道德形而上学》，因此此处的这种划分只是随便作的（为了安排我的实例）。此外，我在这里把一种完全的义务理解为不容许为了偏好的利益而有例外的义务，而在这里，我不仅有外在的、而且也有内在的**完全义务**，这与学校里所采用的措辞是相悖的。但我在这里无意做出辩白，因为对于我的意图来说，人们是否赞同我都是一回事。

3. 第三个人，在自身中发现一种才能，这种才能经过若干培养，就
4〔423〕能够使他成为一个在各种方面都有用的人。但是，他发现自己处在舒适的情状中，而且宁可沉溺于享乐，也不愿努力去扩展和改进自己幸运的自然禀赋。但他仍然自问：他的荒废自己自然禀赋的准则除了与他对欢娱本身的癖好一致之外，是否还与人们称为义务的东西一致？现在他看出：虽然，即使人（就像太平洋上的居民那样）任其才能荒废，并且只想把自己的生命用于闲荡、欢娱、繁殖，一言以蔽之，用于享受，一个自然也总还能按照这样一个普遍法则存在；然而，他不可能**愿意**这成为一个普遍的自然法则，或者作为这样一个法则被通过自然本能置于我们里面。作为一个理性存在者，他必然愿意自己里面的所有能力都得到发展，因为它们毕竟是为了各种各样的意图而对他有用，并被赋予他的。

还有**第四个**人，他处境优裕，但他在看到别人必须极其辛苦地奋斗时（他也很能帮助别人），却想到：这与我有什么相干？且让每一个人都如上天之所欲、或者如他自己之所为一般地幸福，我对他毫无所求，就连嫉妒他也不会；只是我没有兴趣对他的福祉或者对在困境中赞助他有所贡献！现在，如果这样一种思维方式成为一个普遍的自然法则，人类当然能够好好地存在，而且毫无疑问胜似每一个人都空谈同情和善意，也尽力偶尔履行之，但却只要有可能，就欺哄人、出卖人的权利，或者在其他方面损害人的权利。但是，尽管按照那个准则，一种普遍的自然法则还有可能很好地存在，但**愿意**这样一个原则作为自然法则到处生效，这却是不可能的。一个决定这样做的意志就会与自己抵触，因为毕竟有可能发生不少这样的情况：他需要别人的爱和同情，而由于这样一个出自他自己的意志的自然法则，他会剥夺自己得到他所期望的协助的一切希望。

这就是诸多实际的、或者至少被我们视为实际的义务的一些实例，
4〔424〕显而易见，它们是从上述统一的原则导出的。人们必须**能够愿意**我们的行为的一个准则成为一个普遍的法则：这就是一般而言对行为做出道德判断的法规。一些行为具有这样的性状：它们的准则绝不能被没有矛盾地**设想**为普遍的自然法则；更不用说人们还能够**愿意**它应当成为这样一个法则了。在其他行为那里，虽然不能发现那种内在的不可能性，但**愿意**它们的准则被提升到一个自然法则的普遍性，这毕竟是不可能的，因

为这样一个意志就会与自己矛盾。人们很容易看出：前一种行为与严格的或者较狭隘的（不宽纵的）义务相抵触，第二种仅仅与较宽泛的（值得赞扬的）义务相抵触。这样，就责任的种类（不是行为的客体）而言，通过这些实例，在它们对统一的原则的依赖中完备地提出了所有的义务。

现在，如果我们在每一次逾越一个义务时都注意我们自己，我们就将发现，我们实际上并不愿意我们的准则应当成为一个普遍的法则，因为这对我们来说是不可能的，而毋宁说这准则的对立面倒应当普遍地保持为法则；只不过我们允许我们自己为了我们或者（哪怕仅仅这一次）为了我们的偏好的利益而**破例**。所以，如果我们从同一个观点亦即理性的观点出发去衡量一切，那么，我们就会在我们自己的意志中发现一种矛盾，亦即某一个原则客观上作为普遍的法则是必然的，但主观上却并不普遍地有效，而是应当允许例外。但是，既然我们先从一个完全合乎理性的意志的观点出发来看我们的行为，然后又从一个受偏好影响的意志的观点出发来看这同一个行为，所以这里实际上并没有矛盾，但有偏好对理性规范的一种对抗（antagonismus），由此原则的普遍性（univesalitas）转变成一种纯然的一般适用性（generalitas），从而实践的理性原则就要与准则在半途相逢了。如今，尽管这一点在我们不偏不倚地做出的判断中不能得到辩解，但它毕竟证明，我们实际上承认定言命令式的有效性，并且（怀着对这定言命令式的一切敬重）只允许我们自己有一些在我们看来无关宏旨的、迫不得已的例外。

因此，我们至少已经说明：如果义务是一个应当包含着意义和为我 4〔425〕
们的行为的实际立法的概念，那么，义务就只能以定言命令式、决不能以假言命令式来表达；此外，我们也清晰地、为任何应用而明确地阐述了定言命令式的必须包含一切义务的原则（如果在根本上有诸如此类的原则的话）的内容，这就已经够了。但是，我们还未能先天地证明：诸如此类的命令式确实存在着；有一种绝对地、无须任何动机而独自地颁布命令的实践法则；而遵循这种法则就是义务。

要想达到这一步，最为重要的就是把下面这件事引以为戒，即千万不要妄生念头，要从**人类本性的特殊属性**中导出这个原则的实在性。因为义务应当是行为在实践上无条件的必然性；因此，它必须对一切理性存在者（在任何地方，命令都只能用于它们）有效，而且**仅仅因此缘故**，它也是一切人类意志的一种法则。与此相反，从人类的特殊自然禀赋，从某些情感和癖好，甚至可能的话从人类理性特有的、并不必然适用于每一个理性存在者的意志的特殊倾向导出的东西，虽然能够为我们提供一种准则，但却不能提供任何法则；能够提供我们有癖好和偏好来依之行动的主观原则，但却不能提供即便我们的一切癖好、偏好和自然素质都反对，我们也**奉命**依之行动的客观原则；甚至，主观原因对此越不赞成，越多反对，便越是证明一个义务中诫命的崇高和内在尊严，但由此似乎也不削弱法则的强制，不损及它的有效性。

在这里，我们看到哲学事实上被置在一个尴尬的立场上；尽管这个立场无论在天上还是在地上都无所依傍或依托，它却应当是坚固的。在这里，哲学应当证明自己的纯正性，它是它自己的法则的自我支撑者，而不是一种与生俱来的感觉或者谁也不知道哪一种监护的本性悄悄授予
4〔426〕它的那些法则的宣谕官。这后一些原则虽然也聊胜于无，但却全都绝不能提供理性所颁布的那些原理，而这些原理必须完全先天地有其源泉，且由此同时具有其颁布命令的威望：对人的偏好没有任何期待，而是把一切都寄望于法则的最高权威，或者在相反的情况下判决人自我轻视和内心厌恶。

因此，凡是经验性的东西，都不仅完全不适宜于在这方面作为道德原则的补充，而且甚至对道德的纯正性极为有害。在道德中，一个绝对善的意志的真正的、崇高无价的价值正是在于：行为的原则摆脱了惟有经验才能提供的偶然根据的一切影响。针对在经验性的动因和法则中寻求原则的这种粗心或者甚至卑下的思维方式，人们也不能发出过多、过于频繁的警告，因为人类理性在感到疲倦时，乐意于在这个软垫上休息，并且在甜美假象（它们让理性不是拥抱朱诺，而是拥抱一片云）的梦幻中把一个由来源完全不同的肢体拼凑而成的杂种混充为道德。人们想从这个杂种身上看出什么，它就像什么，只是对于曾经看到过道德的真实面目的人来说，它却不像道德。[①]

因此问题是：**对于一切理性存在者来说**，在任何时候都按照它们自

① 看到德性的真实面目，无非是剥除感性之物的一切混杂和报酬或者自爱的一切不真实的装饰，来表现道德。在这种情况下，德性使其余一切对偏好显得有魅力的东西黯然失色到什么程度，每一个人只要稍稍尝试运用其未完全丧失抽象能力的理性，就可以轻易察觉到。

己能够愿意其充当普遍法则的这些一些准则来判断行为，这是一个必然的法则吗？如果它是这样一个法则的话，它就必须（完全先天地）已经与一个一般而言理性存在者的概念结合在一起。但是，为了揭示这种联结，人们无论多么不情愿，也必须由此走出，也就是说，迈向形而上学，尽管是迈入形而上学的一个与思辨哲学的领域不同的领域，亦即迈入道德形而上学。在一种实践哲学中，我们关心的并不是去得知**发生**的某事 4〔427〕
的根据，而是得知即使从未发生也**应当发生**的某事的法则，亦即客观的实践法则。在这里，我们没有必要去探讨下述问题的根据：为什么某物讨人喜欢或者不讨人喜欢？纯然感觉的愉悦如何与情趣有别？而情趣与理性的一种普遍满足是否有别？愉快和不快的情感依据的是什么？从这些情感如何产生出欲望和偏好？从欲望和偏好又如何凭借理性的协助作用产生出准则？因为这一切都属于一种经验性的灵魂学说。如果人们把自然学说视为**自然哲学**，乃是就它基于**经验性法则**而言的，那么，上述灵魂学说也就会构成自然学说的第二个部分。但这里所说的是客观的实践法则，从而是就一个意志仅仅被理性所规定而言它与自身的关系，在这里与经验性的东西相关的一切都自动被排除。因为当**理性独自地**规定举止时（我们现在正是要探讨它的可能性），理性必须先天地作这件事。

意志被设想为**依据某些法则的表象**来规定自己去行动的能力。而这样一种能力只能在理性存在者里面发现。如今，用来作为意志自己规定自己的客观基础的东西，就是**目的**，而目的如果是由纯然的理性给予的，那就必然对一切理性存在者同样有效。与此相反，仅仅包含着其结果为目的的那种行为之可能性的根据的东西，则叫做**手段**。欲求的主观根据是**动机**，意欲的客观根据则是**动因**；因此，就有依据动机的主观目的和取决于对每一个理性存在者都有效的动因的客观目的之间的区别。实践的原则如果不考虑任何主观的目的，那它们就是**形式的**；但如果它们以主观目的、从而以某些动机为基础，则它们就是**质料的**。一个理性存在者随意预设为自己的行为的**结果**的那些目的（质料的目的），全都只是相对的；因为只有它们与主体的一种特殊欲求能力的关系才给予它们以价值，因而这价值不能提供普遍的、对一切理性存在者都有效和必然的原则，也不能提供对任何意欲都有效和必然的原则，亦即实践的法则。因 4〔428〕
此，所有这些相对的目的都只是假言命令式的根据。

但是，假定有某种东西，**其存在自身**就具有一种绝对的价值，它能够作为**目的自身**而是一定的法则的根据，那么，在它里面，并且惟有在它里面，就会有一种可能的定言命令式亦即实践法则的根据。

现在我说：人以及一般而言每一个理性存在者，都作为目的自身而**实存，不仅仅作为**这个或者那个意志随意使用的**手段**而**实存**，而是在他的一切无论是针对自己还是针对别人的行为中，必须始终**同时**被视为**目的**。偏好的一切对象都只有一种有条件的价值；因为如果偏好以及基于偏好的需要不存在，那么，其对象就毫无价值。但是，偏好本身作为需要的源泉，并没有一种绝对的价值，使自己被期望，以至于完全摆脱它们，反倒必须是每一个理性存在者的普遍愿望。因此，一切能够通过我们的行为**获得**的对象的价值，在任何时候都是有条件的。其存在固然不是依据我们的意志、而是依据自然的意志的存在者，如果它们是无理性的存在者，就仍然只有一种相对的价值，乃是作为手段，因而叫做**事物**。与此相反，理性存在者被称为**人格**，因为它们的本性就已经使它们凸显为目的自身，亦即凸显为不可以仅仅当做手段来使用的东西，所以就此而言限制着一切任性（并且是敬重的一个对象）。因此，这就不仅仅是其实存作为我们的行为的结果而**对于我们来说**具有一种价值的那些主观目的，而是**客观目的**，亦即其存在自身就是目的的东西，而且是一种无法用任何其他目的来取代的目的，别的东西都应当**仅仅**作为手段来为它服务，因为若不然，就根本不能发现任何具有**绝对价值**的东西；但是，如果一切价值都是有条件的，从而是偶然的，那么，对于理性来说，就也根本不能发现任何最高的实践原则了。

因此，如果应当有一种最高的实践原则，就人类意志而言应当有一种定言的命令式，那么，它必然是这样一种原则，它用因为是**目的自身**而必然对于每一个人来说都是目的的东西的表象，构成意志的一种**客观的**原则，从而能够充当普遍的实践法则。这种原则的根据是：**有理性的本性作为目的自身而实存**。所以，就此而言，它是人类行为的一个**主观的**原则。但是，其他任何理性存在者也都根据也对我有效的同一个理性根据来如此设想自己的存在[①]；因此，它同时也是一个**客观的**原则，意志

4〔429〕

① 这里我把这一命题作为公设提出。在最后一章，人们将发现这样做的理由。

的一切法则都必须能够把它作为一个最高的实践根据而从它导出。因此，实践的命令式将是这样的：**你要如此行动，即无论是你的人格中的人性，还是其他任何一个人的人格中的人性，你在任何时候都同时当做目的，绝不仅仅当做手段来使用**。我们要看一看，这一点是否办得到。

这里还使用前面的例子。

第一，按照对于自己的必然义务的概念，打算自杀的人自问：他的行为是否能够与**作为目的自身**的人性的理念共存呢？如果他为了逃避一种艰辛的状态而毁灭自己，那么，他就是把一个人格仅仅当做将一种可以忍受的状态一直维持到生命终结的**一个手段**来利用。但是，人并不是事物，因而不是某种能够**仅仅**当做手段来使用的东西，而必须在他的所有行为中始终被视为目的自身。因此，我对我的人格中的人不能支配任何东西，不能摧残他、损害他或者杀死他（为避免一切误解，例如对为了自保而截肢、对为了保存我的生命而使它蒙受的危险的误解，而对这一原理做出进一步的规定，我在这里必须略过不谈；这种规定属于真正的道德学）。

第二，就对于别人的必然的或者应有的义务来说，有意于对别人做出一种虚假承诺的人将立刻看出，他想把另一个人**仅仅当做手段**来利用，而后者并不同时在自身包含目的。因为我想通过这样一种承诺来为了我的意图而利用的人，不可能会赞同我对待他的方式，因而甚至包含着这个行为的目的。如果人们考虑到侵犯他人自由和财产的实例，则与其他 4〔430〕
人的原则的这种冲突就更为醒目了。因为在这里显而易见，人的权利的践踏者有意把他人的人格仅仅当做手段来利用，而没有考虑他人作为理性存在者，在任何时候都应当同时作为目的，亦即仅仅作为也在自身必然包含着这同一个行为的目的的存在者而受到尊重。①

第三，就对于自己的偶然的（可嘉的）义务而言，单是行为不与我们人格中作为目的自身的人性相冲突是不够的，行为还必须与它**相一致**。如今，在人性中有达到更大的完善性的禀赋，这些禀赋就我们主体中的

① 人们不要以为，“己所不欲，勿施于人”这句老话在这里能够充当准绳或者原则。因为它尽管有不同的限制，但却是从原则导出的；它不可能是一个普遍的法则，因为它既不包含对自己的义务的根据，也不包含对他人的爱的义务的根据（因为有些人会乐于同意，只要他可以免除施惠于他人，他人也无须施惠于他），最后也不包含相互之间的应有义务的根据；因为罪犯会从这一根据出发对要惩罚他的法官提出抗辩，等等。

人性而言属于自然的目的；忽视这些禀赋，也许会与作为目的自身的人性的保存相容，但却不能与这一目的的**促进**相容。

第四，就对于他人的可嘉义务而言，一切人所怀有的自然目的就是它们自己的幸福。现在，如果没有人对他人的幸福有所贡献，但也不故意对他人的幸福有所剥夺，人性固然能够存在；但如果每一个人也并不尽自己所能去力图促进他人的目的，则这毕竟只是与**作为目的自身的人性**的一种消极的、而非积极的一致。因为如果那个表象要在我这里产生**全部**影响，则作为目的自身的主体，其目的就必须也尽可能地是**我的**目的。

人性以及每一种一般而言有理性的本性，**作为目的自身**（这是每一
4〔431〕个人的行为之自由的最高限制条件），它的这一原则并不是从经验取得的；首先，这是因为这一原则的普遍性，因为它关涉所有一般而言的理性存在者，没有任何经验足以在这方面有所规定；其次，是因为在这一原则中，人性不是被（在主观上）表现为人们的目的，亦即不是被表现为人们自行实际上当做目的的对象，而是被表现为客观目的，无论我们要有什么样的目的，这个客观目的都应当作为法则构成一切主观目的的最高限制条件；因此，这一原则必须源自纯粹的理性。也就是说，一切实践立法的根据**客观上在于规则**和（按照第一条原则）使规则能够成为法则（必要时成为自然法则）的普遍性的形式，但**主观上**则在于**目的**；然而，一切目的的主体就是每一个作为目的自身的理性存在者（按照第二条原则）。如今，由此得出意志的第三条实践原则，来作为意志与普遍的实践理性相一致的最高条件，即**每一个理性存在者的意志都是一个普遍立法的意志**的理念。

按照这一原则，一切与意志自己的普遍立法不能相容的准则都被摈弃。因此，意志不是仅仅服从法则，而是这样来服从法则，即它也必须被视为**自己立法的**，并且正是因此缘故才服从法则（它可以把自己看做其创作者）。

依照上述表现方式、亦即行为普遍地与一种**自然秩序**相似的合法则性、或者理性存在者自身普遍的**目的优先**的命令式，虽然正因为它们被表现为定言的，而把任何一种作为动机的兴趣的一切混杂都排除在自己颁布命令的威望之外；但是，它们只是被**假定**为定言的，因为人们要想

解释义务的概念，就必须假定诸如此类的东西。但是，存在着一些定言地颁布命令的实践命题，这一点本身却是无法证明的，就像它在本章中也根本不能证明一样；然而，有一件事却是可以做到的，那就是：在命令式本身中，通过它所包含的某一种规定，也同时暗示着在出自义务的 4〔432〕
意欲中对一切兴趣的排除，它是定言命令式有别于假言命令式的特殊标记；在原则的目前这第三个公式中，亦即在每一个理性存在者的意志都是**普遍立法的意志**的理念中，这件事就做到了。

因为如果我们设想这样一个意志，那么，尽管一个**服从法则**的意志还可能由于一种兴趣而受这法则约束，但一个本身是最高立法者的意志，却就此而言绝对不可能依赖任何一种兴趣；因为这样一个依赖的意志就会本身还需要另一个法则，来把它的自爱的兴趣限制在普遍法则的有效性的条件上。

因此，只要每一个人类意志都是**一个通过自己的准则普遍地立法的意志**这一原则[①]在其他情况下具有其正确性，它就会在下面这一点上**极为适合**成为定言命令式：正是由于普遍立法的理念，它**不以任何兴趣为根据**，并因此而在一切可能的命令式中，惟有它能够是**无条件的**；或者我们把这一命题倒过来就更好了：如果有一个命令式（也就是说，有一个适用于一个理性存在者的任何意志的法则），那么，它只能要求从自己的意志的准则出发去做一切事情，这样一个意志同时能够把自己视为普遍立法的；原因在于，只有在这种情况下，实践原则和意志所服从的命令式才是无条件的，因为它根本不能以任何兴趣为根据。

现在，当我们回顾迄今为止为了找出道德原则而作过的一切努力的时候，就不会奇怪，为什么它们全都必然失败了。人们看到人由于自己的义务而受到法则的约束，但却不曾想到，人**仅仅**服从**他自己的**、但尽管如此却是**普遍的立法**，而且人仅仅有责任按照他自己的、但就自然目的而言普遍地立法的意志而行动。因为如果人们设想人只是服从一个法则（不管是什么法则），那么，这个法则就必然带有某种兴趣，来作为诱 4〔433〕
惑或者强制，因为它不是作为法则产生自**他的**意志，而是这个意志依照法则被**某种别的东西**所强制而以某种方式去行动。但是，由于这种完全

① 我在这里可以免于举例来说明这一原则，因为最初说明定言命令式及其公式的所有例子，在这里都可以用于这一目的。

必然的推论，找到义务的一个最高根据的一切工作就都不可挽回地归于失败。因为人们得到的绝不是义务，而是出自某种兴趣的行为的必然性。这种兴趣可能是自己的兴趣，或者是别人的兴趣。但在这种情况下，命令式就必然在任何时候都是有条件的，就根本不可能适宜于成为道德诫命。因此，我想把这一原理称为意志**自律**的原则，与任何别的我归为**他律**的原理相对立。

每一个理性存在者都必须通过自己的意志的一切准则而把自己视为普遍立法者，以便从这一观点出发来评价自己以及自己的行为；这样的理性存在者的概念就导向了一个依存于他的非常多产的概念，亦即**一个目的王国**的概念。

但是，我所说的一个**王国**，是指不同的理性存在者通过共同的法则形成的系统结合。现在，由于法则根据其普遍有效性规定着目的，所以如果抽掉理性存在者的个人差异，此外抽掉它们的私人目的的一切内容，那么，就能够设想一切目的系统地联结成为一个整体（不仅包括作为目的自身的理性存在者，而且还包括每一个理性存在者可能为自己设定的个人目的），亦即一个目的王国；按照上述几条原则，这是有可能的。

因为理性存在者全都服从这条法则：每一个理性存在者都应当**决不**把自己和其他一切理性存在者**仅仅当做手段**，而是在任何时候都**同时当做目的自身**来对待。但这样一来，就产生出理性存在者通过共同的客观法则形成的一种系统结合，亦即一个王国，由于这些法则正是着意于这些存在者互为目的和手段的关系，这个王国可以叫做一个目的王国（当然只是一个理想）。

但是，如果一个理性存在者在目的王国中固然是普遍立法者，但自己也服从这些法则，那么，它就是作为**成员**而属于目的王国。如果它作为立法者不服从另一个理性存在者的意志，他就是**作为元首**属于目的王国。

4〔434〕 理性存在者必须在任何时候都把自己视为一个通过意志的自由而可能的目的王国中的立法者，不管是作为成员，还是作为元首。但是，它不能仅凭其意志的准则，而是惟有在它是一个完全独立的存在者，没有需求，其与意志相称的能力不受限制时，它才能维持元首的地位。

因此，道德性存在于一切行为与立法的关系中，惟有通过这种关系，一个目的王国才是可能的。但是，这种立法必须能够在每一个理性存在者自身发现，并从其意志产生。因此，其意志的原则是：不按照任何别的准则采取任何行动，除非该准则是一条普遍法则这一点能够与该准则相容，因而只这样采取行动，**即意志能够通过其准则同时把自己视为普遍立法者**。现在，如果准则不因为作为普遍立法者的有理性存在者的本性，就已经必然地与它们的这个客观原则一致，那么，按照这个原则的行为的必然性就叫做实践的强制，亦即**义务**。义务并不适用于目的王国中的元首，但却适用于每一个成员，而且在同等程度上适用于所有成员。

按照这个原则去行动的实践必然性，亦即义务，根本不是依据情感、冲动和偏好，而是仅仅依据理性存在者彼此之间的关系；一个理性存在者的意志在这种关系中必须任何时候都同时被视为**立法者**，因为若不然，该原则就不能把它们设想为目的**自身**。因此，理性把作为普遍立法者的意志的每一准则都与每一别的意志联系起来，而且也与对自己的每一个行为联系起来，而且这并不是为了任何其他的实践动因或者未来的利益，而是出自一个理性存在者的**尊严**的理念，这个理性存在者除了它同时为自己立的法之外，不服从任何法则。

在目的王国中，一切东西要么有一种**价格**，要么有一种**尊严**。有一种价格的东西，某种别的东西可以作为**等价物**取而代之；与此相反，超越一切价格、从而不容有等价物的东西，则具有一种尊严。

与普遍的人类偏好和需要相关的东西，都具有一种**市场价格**；即使不以一种需要为前提条件、但却合乎某种趣味、亦即合乎对我们的心灵力量的纯然无目的的嬉戏的一种满足的东西，则具有一种情感价格。但 4〔435〕
是，构成某物惟有在其下才能是目的自身的那个条件的东西，则不仅具有一种相对的价值，亦即一种价格，而且具有一种内在的价值，亦即尊严。

现在，道德性就是一个理性存在者惟有在其下才能是目的自身的那个条件，因为只有通过它，才有可能在目的王国中是一个立法的成员。因此，道德和能够具有道德的人性是惟一具有尊严的。工作中的技巧和勤奋具有一种市场价格；机智、活跃的想象力和情绪具有一种情感价格；与此相反，出自原理（不是出自本能）的信守承诺、仁爱具有一种内在的价值。无论是自然还是艺术，都不包含任何在欠缺这些东西时能够取而代之的东西；因为它们的价值并不在于由此产生的结果，并不在于它们所造成的好处和用途，而是在于意念，也就是说，在于意志的准则，即使成果不利于这些准则，它们也仍然要以这种方式在行为中显露自己。这些行为也不需要任何一种主观的气质或者趣味的推荐，让人以直接的认可和满意去看待它们；它们也不需要对它们的直接癖好或者情感。它们把实施它们的意志呈现为一种直接敬重的对象；对此，所需要的只是理性，以便**责成**意志、而不是**哄骗**意志去实施这些行为。对于义务来说，后者根本就是一种矛盾。因此，这种评价使人认识到这样一种思维方式的价值是尊严，并使它无限地超越一切价格；根本不能用价格对这种思维方式进行估量和比较，而不仿佛是损害它的圣洁性。

如今，究竟是什么使道德上善的意念或者德性有资格提出如此之高的要求呢？无非是这种意念为理性存在者争得的**对普遍立法**的参与权，这种意念还通过这种参与权使理性存在者适合于成为一个可能的目的王国的成员。理性存在者由于它自己的本性，已经注定具有这种参与权；它就是目的自身，并恰恰因此而是目的王国中的立法者，就一切自然法则而言是自由的，只服从它给自己所立的、使他的准则能够属于一种普
4〔436〕遍立法（它同时也使自己服从这种普遍立法）的那些法则。因为除了法则为之规定的价值之外，没有任何东西具有一种价值。但正是因为这一点，规定一切价值的立法本身必须具有一种尊严，亦即无条件的、无与伦比的价值；对于这种价值来说，惟有“**敬重**”这个词才能够恰如其分地表达一个理性存在者对这种立法的评价。因此，**自律**就是人的本性和任何有理性的本性的尊严的根据。

但是，上述三种表现道德原则的方式在根本上只不过是同一个法则的三个公式，它们中的每一个都在自身中自行把另外两个结合起来。不过，它们中间毕竟是有差异的，这种差异与其说是客观实践的，倒不如说是主观的，也就是说，是为了（根据某种类比）使理性的一个理念更接近直观，并由此更接近情感。也就是说，所有的准则都具有：

1. 一种**形式**。这个形式就在于普遍性，而在这里，道德命令式的公式是这样来表达的：必须这样来选择准则，就好像它们应当像普遍的自然法则而有效似的。

2. 一种**质料**。也就是说，一个目的。这里的公式说的是：理性存在

者就其本性而言作为目的，从而作为目的自身，对于每一个准则来说充当一切纯然相对的和任意的目的的限制条件。

3. 对一切准则的**一种完备的规定**。其规定乃是通过那个公式，亦即：所有的准则都应当从自己的立法出发而与一个作为自然王国的目的王国①协调一致。这里的进程就像是通过意志形式的**单一性**（意志的普遍性）、质料（客体，亦即目的）的**复多性**和意志体系的**全体性**或者总体性这些范畴进行的。但是，更好是在道德评价中始终按照严格的方法行事，并且以定言命令式的总公式为基础：**要依照能使自己同时成为普遍法则的那种准则而行动**。但是，如果人们想同时**倡导**道德法则，那么，通过 4〔437〕
上述三个概念来引导同一个行为，并由此尽可能地使它接近直观，当是非常有用的。

从现在开始，我们可以在我们最初由以出发的地方，亦即在一个无条件地善的意志的概念这里结束了。一个意志不是恶的，因而它的准则在被当做一个普遍法则时绝不可能自相矛盾，那么，**这个意志就是绝对善的**。因此，如下原则也就是这个意志的最高法则：在任何时候都要按照你同时能够意欲其作为法则的普遍性的准则去行动。这是惟一能够使一个意志不与自己本身相抵触的条件，而这样一个命令式就是定言的。由于意志作为可能的行为的一个普遍的法则，其有效性类似于事物的存在按照普遍法则的普遍联结，这种联结是一般而言的自然的形式因素，所以，定言命令式也可以这样来表述：**要按照能够同时把自己视为普遍的自然法则的那些准则去行动**。因此，一个绝对善的意志的公式就是这样的。

有理性的本性之所以有别于其余的本性，就在于它为自己设定一个目的。这个目的就是每一个善的意志的质料。但既然在一个没有（这个或者那个目的的达成的）限制条件而绝对善的意志的理念中，必须抽掉一切要**促成**的目的（这样的目的只会使任何意志相对地善），所以目的在这里就必须不是被设想成为一个要促成的目的，**而是**必须被设想成为**独**

① 目的论把自然视为一个目的王国，道德学则把一个可能的目的王国视为一个自然王国。在前者，目的王国是用来说明存在着的东西的一个理论理念。在后者，目的王国是一个实践理念，用来实现，而且恰恰是依据这个理念来实现并不存在、但通过我们的所作所为就能够成为现实的东西。

立的目的，因而只是被消极地设想，亦即被设想成为绝不与之相悖地行动的目的；因此，它在任何意欲中都必须绝不仅仅被当做手段，而是在任何时候都同时被当做目的。现在，这个目的只能是一切可能的目的的主体自身，因为这个主体同时是一个可能的绝对善的意志的主体；因为这个意志不可能被置于任何别的对象之后而没有矛盾。据此，“要对每一个理性存在者（对你自己和他人）都如此行动，使它在你的准则中同时被视为目的自身”这个原则，在根本上与“要按照一个同时在自身包含着自己对每一个理性存在者而言的普遍有效性的准则去行动”这个原理
4〔438〕是一回事。因为我在为任何目的而利用手段时，应当把我的准则限制在它作为每一主体的一个法则的普遍有效性的条件之上，这不多不少等丁是说，目的的主体，亦即理性存在者本身，必须绝不仅仅作为手段，而是作为使用一切手段时的最高限制条件，也就是说，在任何时候都同时作为目的，而被当做行为的一切准则的根据。

如今由此无可争议地得出：任何一个理性存在者作为目的自身，无论它所服从的是什么样的法则，都必须能够同时把自己视为普遍立法者，因为正是它的准则对普遍的立法的这种适宜性，把它凸显为目的自身；此外，这个存在者自己的超乎一切纯然自然物的尊严（特权），使它必须在任何时候都从他自己的观点，但同时也从其他任何有理性的、作为立法者的存在者（他们因此也叫做人格）的观点出发来采用自己的准则。现在，一个理性存在者的世界（mundus intelligibilis［理知世界］），作为一个目的王国，就以这种方式成为可能，而且是通过作为成员的所有人格的自己立法。据此，每一个理性存在者都必须如此行动，就好像它通过它自己的准则在任何时候都是普遍的目的王国中的一个立法的成员似的。这些准则的形式原则是：要这样行动，就好像你的准则应当同时充当（一切理性存在者的）普遍的法则似的。因此，一个目的王国惟有按照与一个自然王国的类比才是可能的，但目的王国惟有按照准则，亦即责成自己的规则才是可能的，而自然王国则惟有按照外部强加的作用因的法则才是可能的。尽管如此，虽然自然的整体被视为机器，但就它与作为其目的的理性存在者相关而言，人们出自这一理由仍称它为一个自然王国。如今，通过定言命令式为所有理性存在者规定了其规则的一些准则，**如果这些准则得到普遍遵守的话**，这样一个目的王国就会得以实

现。然而，虽然理性存在者无法指望，即使它本身严格地遵守这一准则，其他每一个理性存在者也都将因此而对同一个准则恪守不渝，此外，自然王国及其合目的的安排将与作为一个适当成员的他为一个通过它自己而可能的目的王国而协调一致，也就是说，将有助于它对幸福的期待， 4〔439〕
但是，“要按照一个纯然可能的目的王国的一个普遍立法的成员的准则去行动”这一法则仍有其充分的效力，因为它是定言地颁布命令。而且在这里，恰恰存在着悖论：惟有作为有理性的本性的人类的尊严，无须其他任何要由此达成的目的或者好处，从而惟有对一个纯然理念的敬重，就应该充当意志的不可减弱的规范，而准则的崇高性、每一个理性主体在目的王国中是一个立法成员的资格，恰恰就在于准则对所有这样的动机的这种独立性中；因为若不然，它就会必须被设想成为仅仅服从其需要的自然法则。尽管无论是自然王国，还是目的王国，都被设想为统一在一个元首之下，而且后者由此不再是纯然的理念，而是获得了真正的实在性，但这样一来，固然一个强有力的动机的添加有助于那种实在性，但那个理念的内在价值的增加却绝不有助于那种实在性；因为尽管如此，这位惟一不受限制的立法者毕竟还是必须被设想为，他仅仅按照理性存在者无私的、纯然从那个理念出发为它们自己规定的行为来评价它们的价值。事物的本质并不因为它们的外在关系而有所变化，而不考虑这种关系，独自构成人的绝对价值的东西，也是任何人，甚至最高存在者对人做出判断的依据。因此，**道德性**是行为与意志自律的关系，亦即通过意志的准则与可能的普遍立法的关系。能够与意志的自律相容的行为是**允许的**；不能与之一致的行为则是**不允许的**。其准则必然与自律的法则相一致的意志就是一个**神圣的**、绝对善的意志。一个并非绝对善的意志对自律原则的依赖性（道德的强制）就是**责任**。因此，责任不能与一个神圣的存在者相关。一个出自责任的行为的客观必然性就叫做**义务**。

从刚刚说过的东西中，人们就可以轻易地解释如下情况是怎么发生的：尽管我们在义务的概念下来设想对法则的一种服从，但我们却由此同时设想履行自己一切义务的人格有某种崇高和**尊严**。因为它之所以有 4〔440〕
崇高，虽然并不是就它**服从**道德法则而言的，但却是就它对这法则来说同时是**立法者**，并只是因此才服从它而言的。我们在上面也已经指出，既不是恐惧，也不是偏好，而仅仅是对法则的敬重，才是能够给予行为一种道德价值的那种动机。就我们自己的意志仅仅在一种因其准则而可能的普遍立法的条件下才去行动而言，这个在理念中对我们来说可能的意志是敬重的真正对象，而人性的尊严正在于这种普遍地立法的能力，尽管是以它同时服从这种立法为条件。

作为道德的最高原则的意志自律

意志的自律是意志的一种性状，由于这种性状，意志对于自身来说（与意欲的对象的一切性状无关）是一种法则。因此，自律的原则是：不要以其他方式作选择，除非其选择的准则同时作为普遍的法则被一起包含在同一个意欲中。至于这个实践的规则是一个命令式，也就是说，每一个理性存在者的意志都必然以它为条件而受它制约，这一点并不能通过仅仅分析在它里面出现的概念而得到证明，因为这是一个综合命题；人们必须超越对客体的知识，达到对主体的批判，亦即对纯粹实践理性的批判，因为这个无可置疑地颁布命令的综合命题必须能够被完全先天地认识；但这个工作不属于当前这一章。不过，上述自律原则是惟一的道德原则，这一点却可以仅凭分析道德概念就得到极好的阐明。因为由此就可以看出，道德原则必须是一个定言命令式，但这个命令式所要求的，却不多不少，恰恰是这种自律。

4〔441〕 作为道德的一切非真正原则的源泉的意志他律

如果意志在它的准则与他自己的普遍立法的适宜性**之外的某个地方**，从而超越自己，在它的某个客体的性状中，寻找应当规定它的法则，那么，在任何时候都将出现**他律**。在这种情况下，就不是意志为它自己立法，而是客体通过其与意志的关系为意志立法。这种关系无论是基于偏好，还是基于理性的表象，都只能使假言命令式成为可能：我之所以应当做某事，乃是**因为我想要某种别的东西**。与此相反，道德的、因而定言的命令式说的是：即使我不想要任何别的东西，我也应当如此这般行动。例如，前者说的是：如果我想保持声誉，我就不应当说谎；而后者说的是：即使说谎不会给我带来丝毫耻辱，我也不应当说谎。因此，后者必须抽掉一切对象，使对象对意志根本没有任何**影响**，以便实践理性（意志）不是仅仅管理外来的兴趣，而是仅仅证明它自己颁布命令的威望就是最高的立法。例如，我应当设法促进他人的幸福，这并不是好像我很重视他人幸福的实存（不管是由于直接的偏好，还是由于间接通过理性获得的某种愉悦），而仅仅是因为排除他人幸福的那种准则，在同一种意欲中就不能被理解为普遍的立法。

从假定的他律基本概念产生的一切可能的道德原则的划分

在这里和在任何地方一样，人类理性在其纯粹的应用中只要缺乏批判，则在它成功地走上惟一正确的道路之前，都曾尝试过一切可能的错误道路。

人们从这一观点出发可能采用的原则，要么是**经验性的**，要么是**理性的**。**前者**出自**幸福**的原则，建立在自然情感或者道德情感之上，**后者** 4〔442〕
出自**完善**原则，要么建立在完善的理性概念之上，这种完善是我们的意志的可能结果，要么建立在一种独立的完善的概念（上帝的意志）之上，这个概念是我们的意志的规定原因。

经验性的原则在任何地方都不适合作为道德法则的根据。因为如果道德法则的根据取自**人性的特殊结构**或者人性所处的偶然情境，那么，道德法则应当适用于一切理性存在者所凭借的那种普遍性，即由此责成理性存在者的那种无条件的实践必然性，也就丧失了。不过，**自身幸福**的原则是最该抛弃的，原因不仅在于它是错误的，而经验也与“福祉在任何时候都依良好品行而定”这种托辞相矛盾；原因也不仅在于它根本无助于道德的确立，因为使一个人幸福和使他成为一个好人完全不是一回事，使他聪明并精于自己的利益和使他有德也完全不是一回事；原因乃是在于它加诸道德的动机，宁可说侵蚀道德，且毁坏其全部崇高，因为这些动机把德性的动因与罪恶的动因归在一个类中，只教人精于算计，完全抹杀了二者的特殊差异；与此相反，道德情感，这种误以为的特殊感觉①

① 我把道德情感的原则归入幸福的原则，乃是因为任何一种经验性的兴趣都通过仅由某物所提供的惬意而可望有助于福祉，不管这惬意的发生是直接而不考虑利益的，还是顾及利益的。此外，人们也必须与**哈奇森**一样，把对他人幸福的同感原则归入他所假定的同一种道德感。

(无论当那些不能**思维**的人们甚至在问题仅仅在于普遍的法则的事情上也认为可以通过**感觉**得到帮助时，诉诸道德情感是多么肤浅；无论在程度上天然地千差万别的情感如何罕能提供一个善恶的同等尺度；无论一个人根本不可能凭借自己的情感为他人做出有效的判断)，却仍然更为接近道德及其尊严，因为它向德性表示敬意，把对德性的满意和重视**直接**归
4〔443〕于德性，而不是仿佛当面对它说，使我们依赖于它的，并不是它的美，而只是利益。

在德性的那些**理性**根据中，毕竟**完善性**的本体论概念（无论它多么空洞，多么不确定，因而无法用来在可能的实在性广袤无边的领域中发现适合于我们的最大总和；无论它为了把这里所说的实在性在类上与任何一种别的实在性区别开来，而如何有一种无法避免的循环论证的癖好，不能避免暗中预设它应当予以说明的道德）要优于从一个属神的、最完善的意志导出道德的神学概念，这并不仅仅是因为我们毕竟不能直观这个意志的完善，而只能从我们的概念——其中最重要的就是道德概念——导出它，而是因为如果我们不这样做（如果我们这样做，在解释上就会出现一种恶性循环)，则我们对于他的意志还能有的概念，从荣誉欲和支配欲的属性出发，与权力和报复的可怕表象相结合，就必然构成一个与道德性截然相反的道德体系的基础。

但是，如果我必须在道德感的概念和一般而言的完善的概念（这二者至少不损害道德，尽管它们根本不适宜于作为基础来支持道德）做出选择，那么，我将选取后者，因为既然后者至少使问题的裁决摆脱感性，而诉诸理性的法庭，则尽管它在这里也没有决定任何东西，却将（一个就自身而言善的意志的）不确定的理念真实无误地保存下来，以待进一步的规定。

此外我相信，无须对这一切学说进行详细的反驳。这种反驳非常容易，而且那些因为职务需要而表态支持这些理论中的一种（因为听众不大愿意容忍判断的延迟）的人自己也许很明白，这样做只不过是多此一举罢了。但是，在这里更让我们感兴趣的是知道：这些原则在任何地方都仅仅提出意志的他律来做道德的第一根据，而正因为此则必然错过其目的。

4〔444〕在任何地方，只要意志的一个客体必须被当做根据，以便为意志规

定那决定它的规则，那里的规则就无非是他律；命令式是有条件的，也就是说：**如果**或者**由于**人们想要这个客体，人们就应当这样或者那样行动；因此，它绝不可能是在道德上颁布命令，亦即不能定言地颁布命令。现在，无论客体是想在自身幸福的原则中那样凭借偏好来规定意志，还是在完善性的原则中凭借指向我们的可能意欲一般而言的对象的理性来规定意志，意志都绝**不直接地**通过行为的表象来规定自己，而是仅仅通过拥有行为对意志的预期影响的动机来规定自己。**我之所以应当做某事，乃是因为我想要某种别的东西**。而在这里，还必须有另一个法则在我的主体中被当做根据，按照这个法则，我必然想要这别的东西，而这个法则又需要一个命令式来限制这个准则。这是因为，由于一个因我们的力量而可能的客体的表象应当根据主体的自然性状施加给它的意志的推动，属于这个主体的本性，不管是属于感性（偏好和趣味）的本性，还是属于知性和理性的本性，它们按照自己的本性的特殊结构，都是伴着满意而施加于一个客体的，所以，真正说来是本性在立法，而所立的法作为这样的法则，不仅必须通过经验去认识和证明，因而就自身而言是偶然的，且由此不适宜于成为不容置疑的实践规则，而道德规则必须是诸如此类的规则；相反，它**始终只是**意志的**他律**，不是意志为自己立法，而是一个外来的推动凭借主体的一种易于接受这种推动的本性来为意志立法。

绝对善的意志，其原则必须是一个定言命令式，因而就一切客体而言是不确定的，将仅仅包含着一般而言的**意欲的形式**，而这就是自律；也就是说，每一个善的意志的准则使自己成为普遍法则的那种适宜性，本身就是每一个理性存在者的意志责成给自己的惟一法则，它不以任何一种动机和兴趣作这一准则的根据。

这样一个实践的先天综合命题是如何可能的，以及这个命题为什么是必然的？这是一个其解答不再在道德形而上学界限之内的课题，我们 4〔445〕
在这里也没有断言这个命题的真实性，更没有伪称有能力证明它的真实性。我们仅仅通过阐明已经普遍流行的道德概念来指出：意志的自律不可避免地与这个概念相联系，或者毋宁说是它的基础。因此，谁认为道德是某种东西，而不是没有真实性的虚妄理念，谁就必须同时承认上述道德原则。因此，这一章与第一章一样，纯然是分析的。现在，如果定言命令式连同意志的自律是真实的，作为一个先天原则是绝对必然的，那么就可以得出，道德不是幻象；这需要**纯粹实践理性的一种可能的综合应用**；但是，不预先对这种理性能力本身进行一种**批判**，我们就不可贸然去作这种应用。在最后一章中，我们要根据我们的意图的需要，来展示这种批判的各个要点。

第三章 由道德形而上学到纯粹实践理性批判的过渡 4〔446〕

自由的概念是说明意志自律的关键

意志是有生命的存在者就其有理性而言的一种因果性，而自由则是这种因果性在能够不依赖于外来的**规定**它的原因而起作用时的那种属性，就像**自然必然性**是一切无理性的存在者的因果性被外来原因的影响所规定而去活动的那种属性一样。

以上对自由的说明是**消极的**，因而无助于看出它的本质；然而，由它却产生出自由的一个**积极的**概念，这个概念更为丰富、更能产生结果。既然一种因果性的概念带有**法则**的概念，按照法则，由于我们称为原因的某种东西，另一种东西亦即结果必然被设定，所以，自由尽管不是意志依照自然法则的一种属性，但却并不因此而是根本无法则的，反而必须是一种依照不变法则的因果性，但这是些不同种类的法则；因为若不然，一种自由意志就是胡说八道。自然必然性是作用因的一种他律；因为任何结果都惟有按照以下法则才是可能的，即某种别的东西规定作用因而导致因果性；然而，除了自律之外，亦即除了意志对于自己来说是 4〔447〕
一个法则的那种属性之外，意志的自由还能够是什么东西呢？但是，“意志在一切行为中都对自己是一个法则”这一命题，仅仅表示如下的原则：除了能够也把自己视为一个普遍法则的准则之外，不要按照任何别的准则去行动。而这正是定言命令式的公式和道德的原则。因此，一个自由意志和一个服从道德法则的意志是一回事。

因此，如果预设意志的自由，那么，仅仅通过分析其概念，就可以从中得出道德及其原则。然而，道德的原则毕竟始终是一个综合命题：一个绝对善的意志是其准则在任何时候都包含着被视为普遍法则的自身的意志，因为通过分析一个绝对善的意志的概念，并不能发现准则的那种属性。但是，这样的综合命题之所以可能，仅仅是因为这两种认识都通过与一个第三者的联结而相互结合起来，它们都可以在这个第三者中被发现。自由的**积极**概念就造就了这个第三者，这个第三者不能像在自然原因中那样是感性世界的本性（在感性世界的概念中，作为原因的某物与作为结果的**某种别的东西**相关联，其概念是同时出现的）。至于自由给我们指示的、我们先天地对它有一个理念的这个第三者是什么，在这里还不能立刻指明；也不能使人了解自由概念从纯粹实践理性出发的演绎，以及一种定言命令式的可能性，这还需要作一些准备。

自由必须被预设为一切理性存在者的意志的属性

我们不管出自什么理由，把自由归于我们的意志，这还是不够的，除非我们有充分的理由也把自由归于一切理性存在者。因为既然道德充当我们的法则，仅仅是充当**理性存在者**的法则，所以它就必须适用于一切理性存在者；而既然它必须仅仅从自由的属性导出，所以自由也必须被证明为一切理性存在者的意志的属性；从关于人性的某些误以为的经
4〔448〕验出发阐明自由（尽管这也是绝对不可能的，阐明只能先天地进行），这还是不够的，人们必须证明它属于一般而言理性的、具有意志的存在者的活动。现在我说：每一个只能按照**自由的理念**去行动的存在者，正因为此而在实践方面确实是自由的，也就是说，一切与自由不可分割地结合在一起的法则都适用于它，正好像它的意志就自身而言也被宣布为自由的，而且这在理论哲学中也是有效的。① 现在我断言：我们必须也把自由的理念赋予每一个具有意志的理性存在者，它仅仅按照这个理念去行动。因为在这样一个存在者里面，我们设想一种理性，而这种理性是实践的，也就是说，它就自己的客体而言具有因果性。如今，人们不可能设想一种理性，它就其判断而言凭借它自己的意识从别的什么地方接受指导；因为那样的话，主体就不会把对判断力的规定归于它的理性，而是归于一种冲动。这种理性必须把自己视为自己的原则的创作者，不依

① 仅仅假定自由被理性存在者纯然**在理念中**当做其行为的根据，这对于我们的意图来说已是足够；我之所以选取这一道路，乃是为了使我自己无须也在理论方面证明自由。因为即使让这后一点悬而未决，会对一个真正自由的存在者有约束力的那些法则，毕竟也适用于只能按照其自己的自由的理念去行动的存在者。因此，我们在这里就能够摆脱理论所压下来的负担。

赖于外来的影响；因此，它作为实践理性，或者作为一个理性存在者的意志，必须被它自己视为自由的。也就是说，一个理性存在者的意志惟有在自由的理念下才是一个自身的意志，因而必须在实践方面被归于一切理性的存在者。

论与道德诸理念相联系的兴趣

我们最终把道德的确定概念回溯到自由的理念；但我们却无法证明自由在我们自己里面和在人性里面是某种现实的东西；我们只是看到： 4〔449〕
如果要把一个存在者设想成为理性的、而且就其行动而言赋有其因果性的意识的、亦即赋有一个意志的，我们就必须预设自由；而且这样一来我们就发现：出自同一理由，我们必须把“按照行动自由的理念规定自己”这种属性归于每一个赋有理性和意志的存在者。

但是，从这些理念的预设也产生出一种行动法则的意识：在任何时候都必须如此采纳行为的主观原理，亦即准则，使它们也能够客观地有效，亦即普遍地作为原理而有效，从而能够充当我们自己的普遍立法。但是，我究竟为什么应当服从这个原则，而且是作为一般而言的理性存在者服从它，从而也由此使其他一切赋有理性的存在者服从它呢？我愿意承认：并没有任何兴趣**驱使**我这样做，因为这不会给出任何定言命令式；但是，我对此必然**感**兴趣，并且清楚这是怎么发生的；因为这个应当真正说来就是一种意欲，而这种意欲适用于任何理性存在者，条件是理性在它那里无障碍地是实践的；对于和我们一样还受到作为另类动机的感性刺激的存在者，惟有理性才会去做的事情并不总是发生，行为的那种必然性就只叫做应当，而主观的必然性则被与客观的必然性区别开来。

因此，看起来好像我们在自由的理念中真正说来只是预设道德法则，亦即意志本身的自律原则，却不能证明它的实在性和自身的客观必然性；而且在这里，我们虽然还总是有某种十分可观的收获，因为我们至少比通常发生的还更为精确地规定了真正的原则，但就这原则的有效性和服从它的实践必然性而言，我们并没有丝毫的进展。因为如果有人问我们：究竟为什么我们的准则作为一个法则的普遍有效性必须是我们的行为的限制条件呢？我们归于这种行动方式的价值应当如此之大，在任何地方都不可能有更高的兴趣存在，但我们要把这价值建立在什么上面呢？人
4〔450〕惟有因此才相信自己感觉到其人格的价值，相对于这种价值，一个适意或者不适意的状态的价值就不值一提了，这是怎么发生的呢？对此，我们无法给他令人满意的回答。

虽然我们清楚地看到，一种根本不带有对状态的任何兴趣的人格性状，在理性应当促成这种状态的分配的情况下，只要那种性状使我们能够分享这种状态，我们就可能对那种性状感兴趣；也就是说，即便没有分享幸福的动因，单是配享幸福自身就能够使人感兴趣了；但是，这个判断事实上只不过是道德法则那已经预设的重要性的结果罢了（如果我们通过自由的理念而脱离一切经验性的兴趣）。然而，我们应当脱离经验性的兴趣，亦即把我们自己看做在行动中自由的，尽管如此仍把自己视为服从某些法则的，以便仅仅在我们的人格中发现一种价值，它能够补偿给我们的状态带来一种价值的东西的一切损失；而且这是如何可能的，从而**道德法则因何而有约束力**，我们以这样的方式还看不出来。

人们必须坦率地承认，这里表现出一种看起来无法摆脱的循环。我们假定自己在作用因的秩序中是自由的，以便设想自己在目的的秩序中服从道德法则；然后我们设想自己是服从这些法则的，因为我们已经把自由归于我们自己。原因在于，意志的自由和意志的自己立法二者都是自律，因而是可以互换的概念，但正因为这一点，其中的一个不能用来说明另一个，为另一个提供根据，而是充其量可以用来在逻辑方面把同一对象的显得不同的表象归为惟一的概念（就像把同值的不同分数归为最简式一样）。

但是，我们还剩有一条出路，那就是去探讨：当我们通过自由把我们自己设想成为先天的作用因的时候，与我们按照我们的行为——作为我们眼前所见的结果——设想我们自己的时候相比，我们所采取的是否是另一种立场？

有一种说明，做出这种说明并不需要任何精细的反思，而是可以假
4〔451〕定，最普通的知性也能够做出这种说明，尽管是以它自己的方式，凭借它称为情感的判断力的一种模糊的区分。这种说明就是：一切我们无须自己的任性就获得的表象（例如感官的表象）把对象给予我们供认识，

都无非是以对象刺激我们的方式，此时我们依然不知道它们就自身而言可能是什么，因而就这种表象来说，即便知性再加上最大的注意力和明晰性，我们由此也只能达到对**显象**的知识，而绝不能达到对**物自身**的知识。这种区分（或许是由于注意到了从其他地方被给予我们的表象——此时我们是承受的——与我们仅仅从我们自身产生的表象——此时我们证明了我们的活动——之间的差异）一经做出，就自行得出：人们必须承认并假定在显象背后毕竟还有某种别的不是显象的东西，亦即物自身，尽管我们自己就知道，既然我们绝不可能认识物自身，而是永远只能以它们刺激我们的方式认识它们，所以无法更为接近它们，绝不可能知道它们就自身而言之所是。这就必然提供一个**感性世界**与**知性世界**的区分，尽管这区分是粗糙的；其中前一个世界按照各种世界观察者里面感性的差异也可以极为不同，但作为其根据的后一个世界却始终保持为同一个世界。甚至对于自己本身，即便根据人通过内部感受而对自己拥有的知识，他也不可以妄称认识他就自身而言是什么样子。因为既然他毕竟并没有仿佛是创造自己，不是先天地、而是经验性地获得他的概念，所以很自然，他也只能通过内感官，从而仅仅通过他的本性的显象以及他的意识被刺激的方式来获取关于他自己的信息，但他除了他自己的主体的这种纯由显象组成的性状之外，毕竟还必须以必然的方式假定某种别的作为基础的东西，亦即他的自我，如其就自身而言可能是的性状，因而就纯然的知觉和感觉的感受性而言把自己归入**感官世界**，但就在它里面可能是纯粹活动的东西（根本不是通过刺激感官、而是直接达到意识的东西）而言把自己归入**理智世界**，但他对这一世界却没有进一步的认识。

能反思的人必然从可能呈现给他的一切事物得出诸如此类的结论；
也许，在最普通的知性中也可以发现这种结论。众所周知，最普通的知 4〔452〕
性极倾向于在感官的对象背后还总是期待某种不可见的、自行活动的东西，但由于它马上又把这个不可见之物感性化，亦即想使它成为直观的对象，而又败坏了它，因而并未由此而变得更聪明一点。

现在，人在自己里面确实发现一种能力，他凭借这种能力而把自己与其他一切事物区别开来，甚至就他被对象所刺激而言与它自己区别开来，而这就是**理性**。理性作为纯粹的自动性，甚至在如下这一点上还居于知性之上：尽管知性也是自动性，并且不像感官那样仅仅包含惟有当人们被事物刺激（因而是承受的）时才产生的表象，但他从自己的活动出发所能够产生的概念，却无非是仅仅用于**把感性表象置于规则之下**并由此把它们在一个意识中统一起来的概念；没有这种对感性的应用，知性就根本不会思维任何东西；而与此相反，理性在理念的名义下表现出一种如此纯粹的自发性，以至于它由此远远地超越了感性能够提供给它的一切，并在下面这一点上证明了自己最重要的工作，即把感官世界与知性世界彼此区别开来，并由此为知性本身划定对它的限制。

因此之故，一个理性存在者必须把自己视为**理智**（因此不是从它的低级力量方面来看），不是视为属于感官世界的，而是视为属于知性世界的；因此，它具有两个立场，它可以从这两个立场出发来观察自己，认识应用其力量的法则，从而认识它的一切行为的法则。**首先**，就它属于感官世界而言，它服从自然法则（他律）；**其次**，就它属于理知世界而言，它服从不依赖于自然的、并非经验性的、而是仅仅基于理性的法则。

作为一个理性的、从而属于理知世界的存在者，除了按照自由的理念之外，人绝不能以别的方式设想他自己的意志的因果性；因为对感官世界的规定原因的独立性（理性必须在任何时候都把诸如此类的独立性归于自己）就是自由。如今，**自律**的概念与自由的理念不可分割地结合在一起，而道德的普遍原则又与自律的概念不可分割地结合在一起；道
4〔453〕德的普遍原则在理念中是**理性**存在者的一切行为的根据，正如自然法则是一切显象的根据一样。

我们在上面曾引起一种怀疑，就好像在我们从自由到自律、从自律到道德法则的推论中包含着一个暗藏的循环似的；也就是说，我们也许只是为了道德法则而以自由的理念作为根据，以便然后再从自由推论出道德法则，因而根本不能说明道德法则的任何根据，而是只能把它作为对一个原则的祈求，心地善良的人们很乐于承认我们有这一原则，但我们却决不能把它当做一个可证明的命题提出来。如今，这个怀疑已经被消除了。因为我们现在看到，如果我们设想我们自己是自由的，我们就把自己作为成员置入知性世界，并认识到意志的自律连同其结果，亦即道德性；但如果我们设想自己负有义务，我们就把自己视为属于感官世界，但同时也属于知性世界。

一种定言命令式如何可能?

理性存在者把自己作为理智归入知性世界，并且仅仅作为一个属于知性世界的作用因，它把自己的因果性称为一个**意志**。但从另一方面，它也意识到自己是感官世界的一个部分，在感官世界中，它的行为被发现仅仅是那种因果性的显象；但它的行为的可能性却不能从我们并不认识的这种因果性中看出，而是这些行为必须被视为由其他显象亦即欲望和偏好来规定的，被视为属于感官世界的。因此，仅仅作为知性世界的成员，我的一切行为都会完全符合纯粹意志的自律原则；仅仅作为感官世界的部分，我的一切行为都会必然被认为完全符合欲望和偏好的自然法则，从而符合自然的他律（前者会基于道德的最高原则，后者会基于幸福的最高原则）。但是，由于**知性世界包含着感官世界的根据，从而也包含着感官世界的法则的根据**，因而就我的意志（它完全属于知性世界）而言是直接立法的，从而也必须被设想为这样的知性世界，所以，我将把自己认做理智，虽然在另一方面如同一个属于感官世界的存在者，但仍然服从知性世界的法则，也就是说服从在自由的理念中包含着知性世界的法则的理性，因而服从意志的自律，所以就必须把知性世界的法则对我来说视为命令式，把合乎这一原则的行为视为义务。 4〔454〕

这样，定言命令式就是可能的，之所以如此，乃是因为自由的理念使我成为一个理知世界的成员；因此，如果我只是这样一个成员，我的一切行为就**会**在任何时候都符合意志的自律；但既然我同时直观到自己是感官世界的成员，所以这些行为**应当**符合意志的自律；这个**定言的**应当表现出一个先天综合命题，之所以如此，乃是因为在我被感性欲望所刺激的意志之外，还加上了同一个意志的理念，但这同一个意志却是属于知性世界的、纯粹的、对于自身来说实践的。在理性看来，它包含着前一个意志的最高条件；这大约就像是给感性的直观加上本身只不过意味着一般而言的法则形式的知性概念，并且因此使对自然的一切知识所依据的先天综合命题成为可能。

普通的人类理性的实践应用证实了这一演绎的正确性。任何人，哪怕是最坏的恶棍，只要他在通常情况下习惯于运用理性，当我们向他举出心意正直、坚定地遵守善的准则、同情和普遍仁爱（为此还与利益和适意的巨大牺牲相结合）的榜样时，他都不会不期望自己也会这样思想。但是，他可能只是由于自己的偏好和冲动而在自身做不到这一点，尽管如此他还是期望摆脱这样令他自己厌烦的偏好。因此，他由此证明：他凭借一个摆脱了感性冲动的意志，在思想上把自己置入事物的一个完全不同的秩序之中，与他的欲望在感性领域中的秩序完全不同，因为他不能从那个愿望期待欲望的任何满足，从而不能期待任何一种使它的某一个实际的或者可设想的偏好得到满足的状态（因为那样的话，就连使他产生愿望的理念也会失去其优越性），而是只能期待他的人格的一种更大
4〔455〕的内在价值。但是，当他把自己置于知性世界的一个成员的立场上时，他相信自己就是这个更善的人格。自由、亦即对感官世界的**规定**原因的独立性的理念迫使他不得不这样做，而且在这个立场上，他意识到一个善的意志。据他自己所承认，这个善的意志构成其作为感官世界的成员的恶的意志的法则；当他逾越这一法则时，他就知道了这一法则的威望。因此，这个道德的应当是他自己作为理知世界的成员的必然意欲，而且只是就他同时把自己视为感官世界的一个成员而言，才被他设想为应当。

论实践哲学的最后界限

一切人都设想自己在意志上是自由的。由此形成关于一些行为是尽管**不曾发生过**、但却**应当发生**的行为的一切判断。尽管如此，这种自由仍不是经验概念，也不可能是经验概念，因为即使经验显示出在自由的前提条件下被表现为必然的那些要求的对立面，这一概念仍然始终不变。另一方面，凡是发生的事情都不可避免地按照自然法则被规定，这同样是必然的，而且这种自然必然性也不是经验概念，之所以如此，乃是因为它带有必然性的概念，从而带有一种先天知识的概念。但是，关于一个自然的这一概念被经验所证实，而且如果经验亦即感官对象依照普遍法则联系起来的知识应当是可能的，这一概念就甚至不可避免地必须被预设。因此，自由只是理性的一个**理念**，其客观实在性就自身而言是可疑的，但自然却是一个**知性概念**，它借经验的实例证明、且必须必然地证明自己的实在性。

如今，尽管由此产生理性的一种辩证法，其中就意志而言，被归于

它的自由看起来与自然必然性相矛盾，而且在这个岔路口，理性**在思辨方面**发现自然必然性的道路比自由的道路要更为平坦和适用得多，但是，**在实践方面**，自由的小径却是惟一使得有可能在我们的所作所为方面运用其理性的道路；因此，最精妙的哲学与最普通的人类理性一样，都不 4〔456〕
可能用玄想除去自由。所以，人类理性必须假定：在同一些人类行为的自由和自然必然性之间，并没有真正的矛盾，因为人类理性既不能放弃自然的概念，也同样不能放弃自由的概念。

然而，即使人们绝不能理解自由如何可能，也必须至少以令人信服的方式消除这种表面的矛盾。因为如果甚至自由的思想也与自己或者与同样必然的自然相矛盾，那么，自由就必须相对于自然必然性而完全被放弃。

但是，如果自认为自由的主体，在自称为自由的时候，与就同一个行为而言认为自己服从自然法则的时候相比，是**在同样的意义上**或者**在同一种关系中**来设想自己，那么，要避开这种矛盾就是不可能的。因此，思辨哲学的一项不容推卸的任务就是：至少指明，它关于矛盾的幻觉乃是基于，当我们说人有自由的时候，与我们认为人作为自然的部分而服从自然的这些法则的时候相比，我们是在另一种意义上和另一种关系中设想人的；二者不仅**能够**很好地共存，而且必须被设想为在同一主体中**必然地结合在一起**，因为若不然，就不能说明我们何以要用一个理念来烦扰理性的理由；这个理念尽管与另一个得到充分证明的理念可以**毫无矛盾地**相结合，但却把我们卷入一件使理性在其理论应用中陷入极度窘困的工作。但是，这一义务仅仅属于思辨哲学，以便它为实践哲学扫清道路。因此，哲学家是要清除这个表面上的冲突，还是要使它原封不动，这是由不得他的；因为在后一种情况下，有关的理论就是 bonum vacans［无主的财产］，宿命论者就能够理所当然地占有这笔财产，把一切道德逐出它们不合法地占有的自以为的财产。

然而，在这里还不能说，实践哲学的界限到了。因为对争执的那种调解根本不是实践哲学的事情，而是实践哲学仅仅要求思辨理性结束它在理论问题上自己卷入的纷争，以便实践理性享有宁静和安全，免受可 4〔457〕
能对它想在上面定居的土地向它提出争议的外来攻击。

但是，甚至普通的人类理性对意志自由的合法要求，也基于对理性独立于纯然主观的规定原因的意识和得到承认的预设，这些主观的规定原因全都构成了仅仅属于感觉、从而属于感性这个普遍名称之下的东西。以这样的方式把自己视为理智的人，在把自己设想为赋有一个意志、因而赋有因果性的理智的时候，与他知觉到自己如同感官世界中的一个现象（他也确实是这样一个现象）、并在外在规定方面使其因果性服从自然法则的时候相比，把自己由此置入一个不同的事物秩序，置入与完全不同种类的规定根据的关系中。现在，他马上意识到，这二者能够同时成立，甚至必须同时成立。因为说一个**显象中的事物**（它属于感官世界）服从某些法则，而同一个事物作为**物自身**或者存在者自身独立于这些法则，这并不包含丝毫矛盾；但是，说他必须以这种双重的方式表现和设想自己，就前者而言，这基于对他自己作为通过感官受刺激的对象的意识；就后者而言，这基于对他自己作为理智的意识，亦即意识到自己在理性应用中独立于感性的印象（从而属于知性世界）。

由此就得出：人认为自己有一个意志，这个意志不为任何仅仅属于他的欲望和偏好的东西负责；与此相反，他把只能不顾一切欲望和感性引诱而发生的行为设想为因自己而可能的，甚至设想为必然的。这些行为的因果性存在于作为理智的他里面，存在于遵照一个理知世界的原则的作用和行为的法则之中。他对于这个理知世界仅仅知道：在它里面，惟有理性，而且是纯粹的、独立于感性的理性在立法；此外，既然他在那里只是作为理智才是真正的自我（与此相反，作为人只是他自己的显象），所以那些法则是直接地和定言地关涉他，以至于偏好和冲动（从而感官世界的整个自然）的引诱不可能对作为理智的他的意欲的法则有任
4〔458〕何损害，甚至他也不为这些偏好和冲动负责，不把它们归于自己的自我，亦即不把它们归于他的意志，但当他容许它们影响他的准则而损及意志的理性法则时，却把他对它们可能怀有的宽容归于意志。

实践理性根本没有因为**设想**自己进入一个知性世界而逾越自己的界限，但当它想**直观**、**感觉**自己**进入**其中的时候，它就逾越了自己的界限。就不在规定意志方面给理性立法的感官世界而言，前者只是一个消极的思想，而且惟有在下面这一点上才是积极的，即作为消极规定的那种自由同时与一种（积极的）能力，甚至与理性的一种我们称为意志的因果性结合在一起，也就是如此行动，使行为的原则符合一个理性原因的本

质性状，亦即符合准则作为一个法则的普遍有效性的条件。但如果实践理性还从知性世界索取一个**意志的客体**，亦即一个动因，那么，它就逾越了自己的界限，妄想认识某种它一无所知的东西。因此，一个知性世界的概念只是一个**立场**，理性发现自己被迫在显象之外采取这一立场，以便**把自己设想成为实践的**；而如果感官世界的影响对人是决定性的，这件事就会是不可能的；但是，如果不否认人会意识到自己是理智，从而是理性的、通过理性活动的、亦即自由地起作用的原因，这件事就是必然的。当然，这一思想造成了另一种秩序和立法的理念，不同于涉及感官世界的自然机械作用的秩序和立法，并且使一个理知世界的概念（也就是说，理性存在者的整体，作为物自身）成为必要，但除了仅仅依照它的**形式**条件，亦即依照意志的准则作为法则的普遍性，从而依照惟有凭借意志自由才能存在的意志自律去设想它之外，没有丝毫妄想走得更远；与此相反，一切被规定在一个客体之上的法则都产生他律，而他律只能在自然法则那里发现，也只涉及感官世界。

但在这种情况下，如果理性胆敢去**说明**纯粹理性如何能够是实践的， 4〔459〕
它就逾越了自己的所有界限，这与说明**自由如何可能**的任务完全是一回事。

因为我们所能够说明的，无非是我们能够回溯到这样一些法则的东西，这些法则的对象能够在某一个可能的经验中被给予。但是，自由是这样一个理念，它的客观实在性不能以任何方式按照自然法则来阐明，从而也不能在任何可能的经验中被阐明。因此，由于它本身绝不能按照任何一种类比来配上一个实例，所以它绝不能被理解，哪怕是仅仅被了解。它只是被视为理性在一个存在者里面的必要预设，这个存在者相信自己意识到一个意志，亦即一个与纯然的欲求能力还有区别的能力（也就是说，作为理智、从而按照理性的法则、独立于自然本能而规定自己去行动的能力）。但是，在依照自然法则的规定终止的地方，一切**说明**也就终止了；剩下的就只有**捍卫**，亦即排除那些自称更深入地看到事物的本质、且因此大胆地宣布自由不可能的人们的反驳。人们只能向他们指出，所谓由他们在其中揭示的矛盾不在别的任何地方，而仅仅在于：在他们为了使自然法则在人的行为方面有效而必须把人视为显象的时候，并且在人们要求他们应当把作为理智的人也设想为物自身的时候，他们却一直在把人的因果性（亦即人的意志）与感官世界的一切自然法则分离开来将在同一个主体身上出现矛盾的地方，依然把人视为显象；但如果他们愿意想一想，并且依照情理承认，在显象背后毕竟必然有事物自身（尽管是隐秘地）作为基础，关于事物自身的作用法则，人们不能要求它们与其显象的作用法则是一回事，那么，这种矛盾就消除了。

在主观上不可能**说明**意志自由，与不可能发现和解释人对道德法则
4〔460〕能够有的**兴趣**[①]，这二者是一回事；尽管如此，人对道德法则实际上还是有一种兴趣。我们把这种兴趣在我们里面的基础称为道德情感，它曾被一些人错误地说成是我们的道德判断的标准，其实，它必须被视为法则对意志施加的**主观**作用，惟有理性才为它提供客观根据。

要想实现惟有理性才去规定受感性刺激的理性存在者应当做的事情，当然还需要理性的一种能力，来**引起**对履行义务的一种**愉快**或者满意的**情感**，因而需要理性的一种因果性，来依照理性的原则规定感性。但是，要看出一个本身不包含任何感性成分的纯然思想如何产生一种愉快或者不快的感觉，亦即先天地使之可以理解，这是完全不可能的；因为这是一种特殊的因果性，对于它，和对于所有的因果性一样，我们根本不能先天地规定任何东西，而是为此必须仅仅请教经验。但是，既然经验只能提供两个经验对象之间的因果关系，而在这里纯粹理性应当仅凭理念（理念根本不为经验提供任何对象）而是一个当然存在于经验之中的结果的原因，所以，**作为法则的准则的普遍性**、从而道德如何以及为什么使我们感兴趣，其说明对于我们人来说是完全不可能的。只有一点是肯定的：法则之所以对我们具有效力，并不是**因为它引起兴趣**（因为这是他
4〔461〕律，是实践理性对感性的依赖，也就是说，是实践理性对一种作为根据的情感的依赖，此时实践理性绝不能在道德上是立法的），而是它之所以

① 兴趣就是理性由之而成为实践的、亦即成为一个规定意志的原因的那种东西。因此，人们只能说一个理性存在者对某种东西有一种兴趣，而无理性的造物则仅仅感觉到感性的冲动。惟有在行为的准则的普遍有效性是意志的一个充分的规定根据的情况下，理性才对行为有一种直接的兴趣。惟有这样一种兴趣才是纯粹的。但是，如果理性惟有凭借另一个欲求客体、或者在主体的一种特殊情感的前提条件下才能规定意志，那么，理性对行为就只有一种间接的兴趣；而既然理性离开了经验，单凭自己既不能发现意志的客体，也不能发现一种作为意志的根据的特殊情感，所以这种间接的兴趣就只是经验性的，不能是纯粹的理性兴趣。理性的逻辑兴趣（为促进其见识）绝不是直接的，而是以其应用的意图为前提条件的。

引起兴趣，乃是因为它对我们人有效，因为它产生自作为理智的我们的意志，从而产生自我们真正的自我；**但是，凡是属于纯然显象的东西，都必然被理性置于事物自身的性状之下。**

因此，一个定言命令式如何可能，这个问题虽然可以回答到如此程度，即人们能够指出它惟有在其下才有可能的惟一前提条件，亦即自由的理念，此外人们也能看出这个前提条件的必然性；这对于理性的**实践应用**，亦即对于确信**这个命令式的有效性**，从而也确信道德法则的有效性来说，是足够的。而这个前提条件本身如何可能，却是人类理性无法看出的。但是，在一个理智的意志自由的前提条件下，其意志的**自律**，作为意志惟有在其下才能被规定的形式条件，是一个必然的结论。预设意志的这种自由，也不仅仅（不会与感官世界的显象之联结中的自然必然性原则陷入矛盾）是完全可能的（如思辨哲学所能够显示），而且也在实践上，亦即在理念中，把这种自由作为条件加给意志的所有任性的行为，对于一个意识到自己凭借理性的因果性、从而意识到一个意志（意志与欲求有别）的理性存在者来说，无须进一步的条件就是**必然的**。但是，纯粹理性如何能够无须其他无论取自别的什么地方的动机，单凭自己就是实践的？也就是说，单是**其一切准则作为法则的普遍有效性的原则**（这当然会是一种纯粹实践理性的形式），如何能够无须意志的一切让人们可以事先有某种兴趣的质料（对象），单凭自身就提供一种动机，并且造成一种会被称为纯粹**道德上的**兴趣？或者换句话说，**纯粹理性如何能够是实践的**？一切人类理性都没有能力对此做出说明，试图对此做出说明的一切辛苦和劳作都是白费力气。

如果我试图探究自由本身作为一个意志的因果性如何可能，情况也恰恰如此。因为在这里，我舍弃了哲学的说明根据，并且没有别的说明根据。如今，我虽然能够在还给我保留的理知世界中、在诸理智的世界 4〔462〕
中游荡，但是，尽管我对它有一个理由充足的理念，我却对它毕竟没有丝毫**知识**，而且无论我的自然理性能力如何努力，我也绝不能达到这种知识。它仅仅意味着一个某物，当我只是为了限制出自感性领域的动因的原则，而把属于感官世界的一切都从我的意志的规定根据中排除掉之后，就剩下了这个某物；我这样做，乃是通过限定感性领域，并且指出：它并没有把一切都包括在自身之内，而是在它之外还有其余的东西；但我对这个其余的东西却没有进一步的认识。设想这个理想的纯粹理性，在去除一切质料亦即客体的知识之后，剩给我的无非是形式，亦即准则的普遍有效性的实践法则，以及依照这一法则，与一个纯粹的知性世界相关，把理性设想成为可能的作用因，亦即设想成为规定意志的原因。在这里，必须完全不存在动机；一个理知世界的这一理念本身就必须是动机，或者是理性原初感兴趣的东西。但是，使这一点可以理解，恰恰是我们不能解决的课题。

如今，这里就是一切道德研究的最高界限；但是，仅仅为了如下的目的，规定这一界限就已经是极为重要的事情了：一方面，它使理性不致以一种有损道德的方式在感官世界里到处寻找最高的动因和一种虽可理解、但却是经验性的兴趣；而另一方面，它使理性也不致在对它来说空洞的、名为理知世界的超验概念之空间中无力地鼓动翅膀，而在原地不动，并迷失在幻象之中。此外，我们本身作为理性存在者（尽管在另一方面同时是感官世界的成员）属于一个纯粹的知性世界，这个纯粹的知性世界，作为一切理智的一个整体，其理念为了一种理性的信仰起见，即便一切知识都终止在这个理念的界限上，也始终是一个有用的并且容许的理念，这为的是凭借**目的自身**（理性存在者）的一个普遍王国的庄严理想，在我们里面造成一种对道德法则的强烈兴趣。我们惟有认真地
4〔463〕按照自由的准则行事，就好像这些准则就是自然的法则似的，才能作为成员属于这个王国。

结束语

理性**在自然方面**的思辨应用导向**世界**的某个最高原因的绝对必然性；理性**在自由方面**的实践应用也导向绝对必然性，但却仅仅是一个理性存在者本身的**行为法则**的绝对必然性。如今，我们的理性的一切应用的一个根本原则，就是把它的知识一直推进到对其**必然性**的意识（因为没有这种必然性，它就不成其为理性的知识）。但是，这同一理性也有一种同样根本的**限制**，即它既不能看出存在着的或者发生着的东西的**必然性**，也不能看出应当发生的东西的**必然性**，除非以一个**条件**作为根据，那东西在这个条件下存在或者发生或者应当发生。但以这样的方式，由于不

断地追问条件，理性的满足就只会一直推迟下去。因此，理性不遗余力地寻求无条件必然的东西，发现自己被迫假定它，却没有任何办法使自己可以理解它。只要理性能够发现与这个预设相容的概念，它就够幸运了。因此，我们对道德性的最高原则的演绎是无可指摘的，倒是有一种人们必然对一般人类理性提出的指责，即它不能使一个无条件的实践法则（诸如此类的法则必须是定言命令式）在其绝对必然性上可以理解；因为理性不想通过一个条件、亦即凭借某种被当做根据的兴趣来这样做，这倒不能责怪它，因为在这种情况下，这法则就会不是道德法则了，亦即不是自由的最高法则了。所以，我们虽然不理解道德命令式的实践的无条件必然性，但我们毕竟理解其**不可理解性**。这就是能够合理地对一门力求在原则中达到人类理性的界限的哲学所要求的一切。

原文收入李秋零主编《康德著作全集》第4卷，作于1785年。

实践理性批判

科学院版编者导言

保罗·纳托尔普（Paul Natorp）

埃德曼[①]已经使人们注意到，《纯粹理性批判》按照康德的初衷应当同时包含着纯粹实践世俗智慧或者道德形而上学的批判性奠基。一部专门的《实践理性批判》的计划很晚才出现，而且很值得花费力气去探索它的起源。

对这个批判计划的最早的清晰预告，即《1765—1766年冬季学期课程安排的通告》，已经谈到“整个世俗智慧的批判和规定”，它“作为一个整体”，应当“不仅对其认识的起源且对其错误的起源作出考察，而且草拟出持久而且合规则地修建这样一座理性建筑物所应当遵循的详细蓝图”[②]。稍晚[③]，康德预告了对“形而上学乃至整个哲学的独特方法”的研究。但是，他“把这部作品看做是所有这些计划的主要目标，想把它再放一放”，因为他还缺乏“能够具体地指出独特方法的例证”。出自这个理由，他想“先抛出一些较小的作品，对我来说，它们的材料是现成的，其中第一批将是《自然世俗智慧的形而上学初始根据》和《实践世俗智慧的形而上学初始根据》，这样，主要的著作就不至于因为详尽而又不充分的例证被过度拉长”。

当时，这些作品并没有写出。1766年4月8日致门德尔松（Mendelssohn）的关于此期出版的《一位视灵者的梦》的信[④]表明，康德打算直接奔向自己的重要目标。一位像兰贝特这样的人物探讨从方法方面把形而上学带上可靠道路的决定性思想的热情，至少强有力地促成了这一点。康德如他在1770年9月2日（连同呈送教授就职论文）写信对兰贝

---

① B.埃德曼：《〈纯粹理性批判〉编者导言》，见《康德全集》，第Ⅳ卷，573页以下。

② 《康德全集》，第Ⅱ卷，310页。[参见李秋零主编：《康德著作全集》，第2卷，313页，北京，中国人民大学出版社，2004。——译者注]

③ 1765年12月31日致兰贝特［Lambert］的信，见《康德全集》，第Ⅹ卷，53页。[参见李秋零编译：《康德书信百封》，18页，上海，上海人民出版社，2006。——译者注]

④ 《康德全集》，第Ⅹ卷，66页以下。[参见《康德书信百封》，20～23页。——译者注]

特说的那样[①]，决心向正直地追求理解的人呈交“我在其中审视这门科学的形象的一份清晰的草图和关于这门科学的独特方法的某种思想，不能比这更少了”。但是，教授就职论文作为与兰贝特的书信讨论的书面证明对他来说根本不够，他答应给兰贝特这整个科学的一个新草图，……“在很少几封信中”，但他为此还需要再利用一些时间……“用于恢复”！……“到今年冬天”，再把他“关于纯粹道德的世俗智慧的研究列入日程，并且加以完成。在这里，找不到任何经验性的原则，似乎可以说它就是道德形而上学”，为的是由此同时“为那些极重要的意图开辟道路”；这显然是在过去所宣告的意见中：为的是在对哲学的新的方法论奠基时已经能够指出具体的例证。

我们并不感到奇怪，这个意图的实施这次也搁浅了。自从康德看出“在纯哲学中方法就先行于一切科学，而在它的规定经过充分的检验和牢固的确立之前所尝试的东西，显然是贸然领会的，并且必然被抛弃到精神的空洞游戏里面去”[②] 以来，尚未解决的主要课题必然对康德实施着一种更强大的吸引力。

这样，在1771年6月7日致赫茨（Herz）的信中，我们又发现他“正在详细地撰写一部作品，标题是《感性和理性的界限》，它包括了为感官世界规定的基本概念和法则的关系，以及对鉴赏力学说、形而上学和道德的本性的构思”。“整个冬天”——他想完成道德形而上学的同一个冬天——，他“翻阅了所有的资料，对它们进行了筛选、权衡、组合。不过，这个计划只是在不久前才全部实现”[③]。感官世界的基本概念和法则连同鉴赏力学说、形而上学、道德，从这种松散的排列中产生出什么样的计划，当然是不清晰的。

1772年2月21日致赫茨的信提供了更详细的答复。我们在这里获悉了两个不同的计划。按照第一个计划，《感性和理性的界限》这部著作应当包括两个部分，即一个**理论的**部分和一个**实践的**部分；其内容和进一步的划分也得到了说明。在这种情况下，虽然当他着手透彻地思索理论

① 《康德全集》，第Ⅹ卷，92～93页。[参见《康德书信百封》，26～29页。——译者注]

② 根据教授就职论文第23节强调说明的词句。[参见《康德著作全集》，第2卷，421页。——译者注]

③ 《康德全集》，第Ⅹ卷，117页。[参见《康德书信百封》，29～32页。——译者注]

部分时，出现了新的困难。但他相信基本上克服了这些困难，从现在起能够“写出一部《纯粹理性批判》了。如果纯粹理性完全是理智的，那么，这本书就既包括了理性认识的本性，也包括了实践认识的本性”。确切地说，他“想先写出第一部分，它包括形而上学的本源、方法及其界限，然后再写德性的纯粹原则”①。

但是，把《纯粹理性批判》划分为一个理论部分和一个实践部分，在下一个证词中看起来又被放弃了，这个证词就是1773年（10月?）致赫茨的信，其中又像过去那样完全清晰地与**惟一的先验哲学**或者**纯粹理性批判**对立起来的是**形而上学的两个部分**，即自然形而上学和道德形而上学；他还总是打算首先发表后者。它早就已经准备就绪了：1765年，材料对他来说就是现成的；1767年5月9日，他写信给赫尔德（Herder）说，他正在研究这个问题；1770—1771年冬天，他纯然是为了从《感性和理性的界限》的繁重工作中恢复，而打算完成这个作品②；即便是按照1772年的信③，他也在这个领域里已经事先进行过相当多的研究，他早就已经把原则构思得相当满意了。但即便是现在，也未得到实施；所有其他写作都被《纯粹理性批判》的主要工作“像一座水坝那样阻拦住了”。④

两个部分的形而上学，即自然形而上学和道德形而上学与独一不分部分的批判相对峙的那个基本计划，也出现在其他文献中，遗憾的是这些文献不是完全直接地谈论这一点的。1776年11月24日致赫茨的信⑤如我们后面将看到的那样，与这个假定绝不矛盾；1778年8月28日的另一封信⑥宁可说是证实了它。但1783年8月16日致门德尔松的信⑦则使人完全清楚地认识到，在此期间出版的《纯粹理性批判》中，依他所见已经给出了“人类整个理性的界限和全部内容”的准备工作和可靠规定，

---

① 《康德全集》，第Ⅹ卷，123页以下。[参见《康德书信百封》，32～38页。——译者注]

② 《康德全集》，第Ⅹ卷，71页。[参见《康德书信百封》，24～26页。——译者注]

③ 《康德全集》，第Ⅹ卷，124页。[参见《康德书信百封》，33页。——译者注]

④ 《康德全集》，第Ⅹ卷，185页。[参见《康德书信百封》，51页。——译者注]

⑤ 同上。[参见《康德书信百封》，50～52页。——译者注] 埃德曼亦谈到它，《康德全集》，第Ⅳ卷，576页。

⑥ 《康德全集》，第Ⅳ卷，582页。

⑦ 《康德全集》，第Ⅹ卷，325页以下。[参见《康德书信百封》，92～96页。——译者注]

只是还缺少按照上述（亦即在《纯粹理性批判》中阐述的）批判原理对形而上学的完善。他打算以手册的形式逐渐地完善它①，并且比它的代表作更加通俗；确切地说，他希望当年冬天“完成道德学的第一部分，即便不能全部写完，至少也要写出绝大部分”。

据此，《纯粹理性批判》本身已经在望；不过，从它出发必须对如下问题获得一个清晰的答复，即按照作者的意见，形而上学的批判性的地基清理是以这部著作结束了，还是刚刚过半。由于毕竟按照康德的概念，纯粹理性是一个完满的统一，是一个并非就自身而言、而是仅仅在考察中可分的整体，对尚付阙如的另一半的提示是不可能不出现的。

但是，这样一个提示在1781年的《纯粹理性批判》的**任何一个地方**都没有出现；而是无一例外地，像与这个标题相符的那样，批判的**全部**工作被视为在这部著作中已经结束；因此，所预期的不是进一步的批判，而是如迄今一直所是的那样：自然**形而上学**和道德**形而上学**。

1. 根据**前言**，纯粹理性批判意味着：“就它**独立于一切经验**能够追求的一切知识而言对一般理性能力的批判”②。惟一剩下的哲学课题就是形而上学本身，或者**体系**。“我希望在**自然的形而上学**这个标题自身下面提供出纯粹（思辨）理性的这样一个体系”③。在这里，括号里面的附词毫无疑问地暗示着体系的另一个同样根本性的部分：道德形而上学；但并没有暗示，批判本身还需要在理性的实践应用方面的一种补充。出版商哈特克诺赫（Hartknoch）指望的正是这两部著作，“因为这属于您的计划的完成，并且构成一个整体”④。没有人想到，而且康德本人在这段时间也没有想到第二部批判。因此，例如许茨（Schütz）就急不可耐地“期求和渴望着”他的**自然形而上学**，他“毕竟也将毫无疑问地让一部**道德形而上学**继之”⑤。

2. 导论谈及先验哲学划分的最后一节，尽管把先验哲学的概念，从

① 也请参见1778年的信，见《康德全集》，第Ⅹ卷，224页。[参见《康德书信百封》，66页。——译者注]

② 《康德全集》，第Ⅳ卷，9页。[参见李秋零主编：《康德著作全集》，第4卷，7页，北京，中国人民大学出版社，2005。——译者注]

③ 《康德全集》，第Ⅳ卷，13页。[参见《康德著作全集》，第4卷，11页。——译者注]

④ 1781年11月19日，《康德全集》，第Ⅹ卷，261页。

⑤ 1784年6月10日，《康德全集》，第Ⅹ卷，371页。

而把纯粹理性批判的概念限制在纯粹的、**全然思辨**的理性的领域[①]，但这种限制只是由此来论证的，即就道德性的最高原理和基本概念而言，尽管他们都是先天知识，却毕竟必须**预设一些经验性**起源的概念（愉快和不快、欲求和偏好、任性等等）。这就需要解释，因为康德至少自1770年（教授就职论文，第9节）以来就假定并不可动摇地坚持，道德的原则源自纯粹理性，因而属于纯粹哲学[②]。但是，说明离得并不远：即便是在道德的最高的、完全纯粹的原理和基本概念那里，也必须尽管如此而预设愉快、不快等经验性的概念，这是就人的意志绝不是没有质料而言的。但这种质料并不作为**原则**或者**条件**一起进入纯粹的道德原理或者基本概念。《纯粹理性批判》如是说："道德概念并不完全是纯粹的理性概念，因为它们以某种经验性的东西（快乐或者不快）为基础。尽管如此，就……**原则**而言（因而当人们只注意它们的形式时），它们却尽可以用做纯粹理性概念的实例。"[③] 通过这种众所周知的区分，像在1773年致赫茨的信中[④]或者在《纯粹理性批判》中[⑤]那样的经验性表述就显然得到解释了。

但在这种情况下，一种道德**形而上学**、道德的**纯粹**原则的提出，能够缺少一种先行的批判吗？在这里，Methodus antevertit omnem scientiam［方法先行于任何科学］不适用吗？

它肯定需要批判性的地基清理：但是，**这种清理是在纯粹（思辨）理性批判中同时给出的**。正是这个批判，要"为那座宏伟的道德大厦平整和加固地基"[⑥]。它这样做，是通过确保**理念**，尤其是**自由**的理念。自由虽然自身是一个纯粹思辨的理念，毕竟从1770年的教授就职论文（第

---

① 《康德全集》，第Ⅳ卷，25页。［参见《康德著作全集》，第4卷，20页。——译者注］

② 特别参见1770年致兰贝特的信，见《康德全集》，第Ⅹ卷，93页［参见《康德书信百封》，66页。——译者注］：纯粹的道德世俗智慧，其中找不到任何经验性的原则；以及1772年致赫茨的信，见《康德全集》，第Ⅹ卷，126页［参见《康德书信百封》，35页。——译者注］：无论是理性认识的本性还是实践认识的本性，就它们是纯然理智的而言。

③ 《康德全集》，第Ⅲ卷，384页。［参见李秋零主编：《康德著作全集》，第3卷，374页，北京，中国人民大学出版社，2004。——译者注］

④ 《康德全集》，第Ⅹ卷，138页。［参见《康德书信百封》，39～42页。——译者注］

⑤ 《康德全集》，第Ⅲ卷，520页注。［参见《康德著作全集》，第3卷，511页注。——译者注］

⑥ 《康德全集》，第Ⅲ卷，249页。［参见《康德著作全集》，第3卷，244页。——译者注］

9节，注）以来就已经是**实践认识**的基本理念，甚至一般而言惟有它才给出实践的东西的概念。《纯粹理性批判》说："柏拉图首先是在一切实践的东西中，也就是说，在一切依据自由的东西中，发现他的理念的，而自由又隶属于知识，知识是理性的一个特有产物"①。"理念……具有实践的力量，并且为某些**行动**的完善性的可能性奠定了基础"②。"先验的"理念，特别是自由理念，通过《纯粹理性批判》得到了保证，并尤其是期待第二个、尚付阙如的实践理性批判给予这种保证。这样一个批判的名称和概念在《纯粹理性批判》的第一版中完全不为人知。尚付阙如的东西，不是第二个批判，而仅仅是道德自身的阐述，它不能缺少经验性的概念（愉快、不快等等，简而言之意志的质料），因而不属于批判、惟一的批判、亦即自身同一的理性之批判的任务。

3. 这**完全**是1781年的《纯粹理性批判》的理解。当然，**纯粹道德**③——与纯粹数学一样，这个比较也是值得注意的——处在先验哲学之外。不过，先验的理性概念或者理念……"也许能够使从自然概念到实践概念的一种过渡成为可能"④；它们构成了道德的理念和原理的**理论支柱**，这些理念和原理是与这个支柱一起（成立和）作废的⑤。因为自由的实践概念是**建立**在自由的先验理念之上的，取消其先验理念就会同时根除自由。⑥ 在这种情况下，根据区分显象和物自身而对自由的可能性的演绎，连同对应当的普遍说明⑦，就将导致"一个与自然秩序完全不同的规则和秩序"⑧，简而言之是被给予，因此，《道德形而上学的奠基》以及《实践理性批判》的核心思想已预先提出，但毕竟没有因此而离开纯粹思辨研究的地基，因为这里到处都涉及道德的理论支柱，尚未涉及道德

① 《康德全集》，第Ⅲ卷，246～247页。[参见《康德著作全集》，第3卷，241页。——译者注]

② 《康德全集》，第Ⅲ卷，384页。[参见《康德著作全集》，第3卷，374页。——译者注]

③ 根据《康德全集》，第Ⅲ卷，332页。[参见《康德著作全集》，第3卷，322页。——译者注]

④ 《康德全集》，第Ⅲ卷，255页。[参见《康德著作全集》，第3卷，250页。——译者注]

⑤ 《康德全集》，第Ⅲ卷，325页。[参见《康德著作全集》，第3卷，315页。——译者注]

⑥ 《康德全集》，第Ⅲ卷，363～364页。[参见《康德著作全集》，第3卷，353～354页。——译者注]

⑦ 《康德全集》，第Ⅲ卷，371页。[参见《康德著作全集》，第3卷，361页。——译者注]

⑧ 《康德全集》，第Ⅲ卷，373页。[参见《康德著作全集》，第3卷，363页。——译者注]

自身。

就连实践公设也已经得到暗示[①]；最后，在已经于1776年致赫茨的信里面被称之为先验哲学的一个本质性组成部分的纯粹理性的法规[②]中，向实践领域的过渡昭然若揭；因为法规**明确地涉及实践的理性应用，而不涉及思辨的理性应用**[③]。人们理解，在这里康德自己在为体系的统一几乎忐忑不安[④]；出现了这样的危险，即对新话题或者对于先验哲学来说陌生的对象说得太少，而使其缺乏清晰性和说服力（同上）。但实际上，纯然思辨的研究的界限即便在这里也被极为严格地遵守。如果一方面，如这里又强调的那样，实践的概念，恰恰作为实践的，也就是说与愉快和不快（在质料上）相关，并不属于先验哲学的整体[⑤]，那么反过来，先验自由的问题并不归属实践应用中的理性，而仅仅涉及思辨的知识；它在讨论实践的东西时甚至可以被当做**完全无所谓**的而搁置一旁[⑥]；道德（直接地）只需要实践意义上的自由，这种自由甚至可以通过经验来证明[⑦]。这样也就是："我应当做什么"的问题"是纯然实践的。它作为这样一个问题虽然归属纯粹理性，但在这种情况下却毕竟不是先验的，而是道德的，因而我们的批判就自身而言并不研究它"[⑧]。只是在肤浅地阅读时，人们可能在这里"我们的批判"中发现对另一种批判，亦即实践理性批判的暗示。但是，按照所有前面所说[⑨]，"不是先验的，而是道德的"这种截然的对立只可以这样来理解，即在道德的东西的概念中一起考虑到

---

① 《康德全集》，第Ⅲ卷，421页以下、518页。[参见《康德著作全集》，第3卷，413页以下、510页。——译者注]

② 因此，这封信并不与只有一种理性批判的预设相矛盾。参见《康德全集》，第Ⅹ卷，186页。[参见《康德书信百封》，52页。——译者注]

③ 《康德全集》，第Ⅲ卷，518页。[参见《康德著作全集》，第3卷，509页。——译者注]

④ 《康德全集》，第Ⅲ卷，520页。[参见《康德著作全集》，第3卷，511～512页。——译者注]

⑤ 《康德全集》，第Ⅲ卷，520页注。[参见《康德著作全集》，第3卷，511页注。——译者注]

⑥ (《康德全集》，第Ⅲ卷，522页。[参见《康德著作全集》，第3卷，513页。——译者注]

⑦ 《康德全集》，第Ⅲ卷，521页。[参见《康德著作全集》，第3卷，512页。——译者注]

⑧ 《康德全集》，第Ⅲ卷，523页。[参见《康德著作全集》，第3卷，514页。——译者注]

⑨ 特别是按照《康德全集》，第Ⅳ卷，24页。[参见《康德著作全集》，第4卷，20页。——译者注]

了对经验性概念的吸纳。因此，“我们的批判”这一表述不可以在与另一种批判的对立中，而只可以在与作为哲学体系的一个部分的道德本身的对立中来理解。

4. 还剩下的是**纯粹理性的建筑术**，毕竟应当最早在其中找到我们的问题的终极裁定。它表明了什么？说：“人类理性的立法（哲学）有两个对象，即自然和自由，因而既包含自然规律，也包含道德法则，一开始以两个专门的哲学体系，最终则以一个惟一的哲学体系。……纯粹理性的哲学要么是……**预科**……，并且叫做**批判**，要么第二，是纯粹理性的体系（科学），……并叫做**形而上学**；……形而上学分为纯粹理性的**思辨**应用的形而上学和其**实践**应用的形而上学，因而或者是**自然形而上学**，或者是**道德形而上学**”①。即便在这里，也没有片言只语谈到对批判的相应划分；人们毋宁必须说，这样一种划分被这种说明完全排除了，因为至少在这里，在这部著作的差不多结束的地方，不可以对批判的尚付阙如的另一个部分沉默不语，如果这样一个部分被预设的话。但是，在该篇的结尾再次说道：“因此，形而上学，无论是自然形而上学还是道德形而上学，尤其是**以预习的方式**（以预科的方式）走在前面的对贸然鼓起自己双翼的理性的批判，才构成我们在真正的意义上能够称之为哲学的东西。”② 即便在这里，也没有对“预科”的一个尚付阙如的实践部分的丝毫暗示。

根据这一切，人们所期待的东西，完全是康德在《纯粹理性批判》出版之后立即考虑撰写形而上学，确切地说是他已经开始又一再暂缓其完成的部分，亦即道德形而上学。③

但是，我们所期待的东西，也只是以批判所建议的思想方向尚未离

① 《康德全集》，第Ⅲ卷，543～544页。［参见《康德著作全集》，第3卷，536～537页。——译者注］

② 《康德全集》，第Ⅲ卷，549页。［参见《康德著作全集》，第3卷，542页。——译者注］

③ 参见哈曼［Hamann］1781年5月7日和10月23日、1782年1月11日致哈特克诺赫的信，见基尔德迈斯特［Gildemeister］：《J. G. 哈曼的生平和著作》，第Ⅱ卷，368页；以及《哈曼文集》，第Ⅵ卷，222、236页；哈特克诺赫1781年11月19日致康德的信，见《康德全集》，第Ⅹ卷，261页；埃德曼：《康德全集》，第Ⅳ卷，602～603页；门采尔［Menzer］：《〈道德形而上学的奠基〉导言》，见《康德全集》，第Ⅳ卷，625页；而尤其是已经提到的康德1783年8月16日致门德尔松的信，见《康德全集》，第Ⅹ卷，325页以下。［参见《康德书信百封》，92～96页。——译者注］

开他；恰恰是在他认真地开始完善道德形而上学的时候，在《纯粹理性批判》中为道德形而上学提供的先期工作尚未使他完全满足。因为《纯粹理性批判》虽然在内核上包含着也为纯粹道德的奠基，但只是在有限的、更多地是偶尔的并且还蒙受指责的阐述中。这样就可以理解，他的道德学的第一部分①变成了道德形而上学的**前驱**或者**计划**②，最终变成了道德形而上学的一个奠基③；实际上无非是为纯粹道德或者道德形而上学进行的一次更完备的、尽可能脱离纯粹亦即思辨理性批判的、与道德问题本身更清晰也更完备地相关联的批判性地基清理。

在这部作品——其稿子是在1784年9月19日寄出的，康德在1785年4月7日收到第一批样书④——的（遗憾的是没有注出日期的）前言中，总的来说第一次出现了**实践理性批判**的名称和概念。它应当是什么，是与《纯粹理性批判》和《道德形而上学的奠基》并立吗？一种实践理性批判能够无非是道德形而上学的（批判性）奠基吗？

前言本身对此给出的答复是："我决意日后提供一部《道德形而上学》，如今我让这本《奠基》先发表。尽管除了一种**纯粹实践理性**的批判之外，道德形而上学真正说来没有别的基础，就像对于（自然）形而上学来说，已经提供的纯粹思辨理性的批判是基础一样"。而两部著作的每一位读者都知道，《奠基》和《实践理性批判》在主要内容上确实是叠合的，它们几乎只是在形式上有区别，确切地说是这样的，思想的展开在《奠基》中更多地遵循一种分析的走向，在《实践理性批判》中则遵循一种综合的走向。在《奠基》的第三章中，间接完成了向纯粹实践理性批判的过渡，并且已经阐述了这个批判**对于我们的意图来说**充分的要点。⑤只不过在**完备性**上，在这里也还没有提出这种批判；也就是说，为了完成它还要求："显示它与思辨理性在一个共同的原则之中的统一，因为毕竟归根结底只能有同一种理性，它惟有在应用中才必须被区别开来。"⑥

---

① 致门德尔松的信，《康德全集》，第Ⅹ卷，325页以下。[参见《康德书信百封》，92～96页。——译者注]

② 《康德全集》，第Ⅹ卷，373页。

③ 门采尔导言，见《康德全集》，第Ⅳ卷，626～627页。

④ 同上书，628页。

⑤ 《康德全集》，第Ⅳ卷，445页。[参见《康德著作全集》，第4卷，453页]。

⑥ 《康德全集》，第Ⅳ卷，391页。[参见《康德著作全集》，第4卷，398页]。

而由此出发我们相信可以理解，康德为什么在完成《奠基》（以及《自然科学的形而上学初始根据》之后也不是“毫不犹豫地转到”实践理性批判的研究上，而是转到道德形而上学的研究上。① 还有在 1786 年 4 月 7 日致贝林（Bering）的信②中，他还要进一步抛开某种东西，以便为实践世俗智慧的体系赢得时间，“这个体系与前一个体系是姊妹篇，需要加以类似的处理，但尽管如此，却不会遇到前一个体系那样大的困难”。因此，康德是极为认真地打算只是在完成自然形而上学和道德形而上学体系之后才提交实践理性批判，它应当**为结束整个批判体系**而阐明思辨理性和实践理性的统一。只有这样才可以理解，还在 1787 年 5 月 14 日，即《实践理性批判》出版前不久③，人们都在期盼着他的《道德形而上学》，而不是《实践理性批判》。

但是，决定着他又放弃这个意图的，看起来主要是对《纯粹理性批判》以及《奠基》的**评判**的顾忌，这些评判感到怅然若失的，恰恰是他保留给《实践理性批判》的东西，即令人信服地证明思辨理性和实践理性的统一，而尤其不满的，是“被用于本体的范畴在理论知识中被否定而在实践知识中被肯定的客观实在性”和“那个悖谬的要求，亦即使自己作为自由的主体成为本体，但同时也在自然方面使自己成为自己的经验性意识中的现象”④。看来，为了周密地对付这些一再重复的指责，他决定如今把《实践理性批判》置于《道德形而上学》之前。表明这一修正的是：

1.《实践理性批判》前言：“惟有对实践理性的一种详尽的批判才能消除这一切误解，并澄清恰好构成实践理性之最大优点的那种一贯的思维方式”⑤（只是一种详尽的批判：《奠基》已经包含了主要的特征）。

2. 在这本书完成前不久，1787 年 6 月 25 日致许茨的信：“我的《实践理性批判》已经大功告成，我打算下星期把它寄往哈勒付印。这本书

---

① 1785 年 9 月 13 日致许茨的信，见《康德全集》，第Ⅹ卷，383 页。［参见《康德书信百封》，102 页。——译者注］

② 《康德全集》，第Ⅹ卷，418 页。［参见《康德书信百封》，104～105 页。——译者注］

③ 根据耶尼施［Jenisch］致康德的信，见《康德全集》，第Ⅹ卷，463 页。

④ ⑤ 《实践理性批判》前言，见《康德全集》，第Ⅴ卷，6～7 页。［参见李秋零主编：《康德著作全集》，第 5 卷，7～8 页，北京，中国人民大学出版社，2007；亦见本书 4 页。——译者注］

要比与费德尔（Feder）和阿贝尔（Abel）的所有争论……更好地证明和解释我通过纯粹实践理性所做的补充以及这种补充的可能性，这些东西是我过去拒绝给予思辨理性的。正是这一点，成为激怒那些人物的真正原因，它迫使那些人物，宁可选择不适当的、甚至荒唐的方法，也要在他们屈服于批判哲学的那个使他们觉得完全绝望的格言之前，能够把思辨能力一直扩展到超感性的东西之上。"①

3. 这本书刚一出版，1787 年 12 月 28 日致莱因霍尔德（Reinhold）的信中说："在这本小册子中，彻底解决了旧派人物误以为在我的批判中发现的许多矛盾，相比之下，如果这些人不愿放弃他们那种陈旧的补绽工作，那么，他们所不可避免的矛盾是隐藏不住的。"②

4. 在我们这部著作中特别众多的与对手的评判的直接关联：与康德以《什么叫做在思维中确定方向?》这部作品参与的门德尔松—雅各比(Jacobi）争论和魏岑曼（Wizenmann）的答复的关联；与《奠基》的蒂宾根书评（弗拉特［Flatt］著；基本思想："不一致"）和提特尔（Tittel）的反驳（新的公式，不是新的原则，且又是不一致）的关联；与"热爱真理的评论家"③ 和"某些其他异议"的关联，关于这些将在后面谈到。

5. 至少是根据康德自己的通告撰写的《实践理性批判》预告与《纯粹理性批判》的第 2 版的预告一起登在 1786 年 11 月 21 日的《文汇报》上，其中说道："在第二版中给在第一版中所包含的**纯粹思辨理性批判**附加上一个**纯粹实践理性批判**，它同样有助于面对已有的或者将有的指责来确保道德性的原则，并完成必须先行于纯粹理性哲学体系的批判研究的整体。"④

与这个预告相关的，大概是哈曼在 1787 年 1 月 30 日致雅各比的信中的表述："我从报纸上看到，那本书"，亦即《纯粹理性批判》不久前脱稿的新版本，**"将增加一个实践理性批判"**⑤。两个批判径直被设想为一部著作的这种最紧密的结合，此后大概是出自外在的理由已经放弃了：《纯

① 《康德全集》，第Ⅹ卷，467 页。［参见《康德书信百封》，107 页。——译者注］。

② 《康德全集》，第Ⅹ卷，487 页。［参见《康德书信百封》，110 页。——译者注］

③ 《康德全集》，第Ⅴ卷，8 页：指皮斯托留［Pistorius］，见《德意志图书汇报》。

④ 刊印在埃德曼那里，《康德全集》，第Ⅲ卷，556 页。

⑤ 基尔德迈斯特：《J. G. 哈曼的生平和著作》，1857 年以下，第Ⅴ卷，452 页。

粹理性批判》的新版本在1787年春出版（前言署的日期是1787年4月），没有曾预告的增加。不过，《实践理性批判》已经在同年的6月25日[①]就已经差不多可以付印了；根据雷克（Reicke）注为同年9月11日（当然是可疑的）致雅各布（Jakob）的一封信，它正在格鲁内特（Grunert）那里印刷；这里也说道：它包含某些能够清除对理论理性的误解的东西。在同一个日期，康德已经吩咐印刷商寄送赠阅本。[②] 毕竟，印刷在这种情况下还推迟了一些，因为格鲁内特想让人用新的清晰铅字印刷这部著作，而这铅字在米迦勒节博览会后8天才送到他那里。[③] 不过，圣诞节前不久，印在打字纸上的6本样书就到了康德手中。[④] 在致赫茨[⑤]和莱因霍尔德[⑥]的信中，他向这两位许诺通过格鲁内特寄送样书。刚提及的这封信第一次列举了三个批判，它们为**哲学的三个部分**指明先天的原则；而《纯粹理性批判》第2版的前言还仅仅许诺"提交自然形而上学和道德形而上学，作为思辨理性批判和实践理性批判的正确性的证明"[⑦]。

从一切迹象来看，康德没有以任何方式参与这部著作的新版本。第2版应当是[⑧]在1790年复活节博览会就已经完成；它实际上是在1792年才出版。在1797年继这个第2版之后的不是第3版，而是第4版；迄今，没有找到一个第3版的任何迹象。我猜测，出版商在第2版[⑨]马上印了2 000册（不是通常的1 000册）之后，让人把第3版标记为第4版。康德没有参与这一版。[⑩] 第5版于1818年出版，第6版于1827年出版。翻印版于1791年和1795年在法兰克福和莱比锡出版，于1796年在格莱茨出版。

※　　※　　※

① 根据已经提及的在这个日期致许茨的信，见《康德全集》，第Ⅹ卷，467页。[参见《康德书信百封》，107页。——译者注]

②③④ 《康德全集》，第Ⅹ卷，483页。

⑤ 12月24日，《康德全集》，第Ⅹ卷，485页。

⑥ 12月28日，《康德全集》，第Ⅹ卷，487页。[参见《康德书信百封》，110页。——译者注]

⑦ 《康德全集》，第Ⅲ卷，26页。[参见《康德著作全集》，第3卷，24～25页。——译者注]

⑧ 根据小哈特克诺赫1789年8月和9月的信，见《康德全集》，第Ⅺ卷，71～88页。

⑨ 根据《康德全集》，第Ⅺ卷，71页。

⑩ 根据1797年1月28日致哈特克诺赫的信，见《康德全集》，第Ⅻ卷，146页。

对在撰写《实践理性批判》期间同时起作用并在其中得到表达的论战性考虑的一种穷尽性研究，不是在这里做的事情；不过，汇编最重要的资料，看来是有助益的。

1. 哈曼在1786年5月13日写信告诉雅各比[①]对康德的一次拜访："他脑子里也萦绕着一桩写作事务，他马上告诉了我。这就是他的道德学的**蒂宾根书评**。许茨让他对一个教区委员会委员提特尔的反驳有思想准备，此人据说是费德尔的一个注解者，我至今完全不认识他。也许，整个反驳就是这个赤裸裸的书评，它并不攻击康德，但被弱不禁风的朋友们认为足够重要的是，为了让他高兴而不让它在这里流行"。

《奠基》的蒂宾根书评[②]的作者不是提特尔，而是（像不难证明的那样）蒂宾根教授 J. Fr. 弗拉特，但他与提特尔的观点很一致。他在上面所说的那本杂志上是哲学著作的常任评论家；他尤其是有大量作品直接地或者间接地、友好地或者敌意地谈及康德，说的是同样的东西，不知疲倦地重复同样的指责。

卡尔斯鲁厄的教区委员会委员戈特利布·奥古斯特·提特尔的"反驳"是《论康德先生的道德改革》这部作品（法兰克福和莱比锡，普费勒兄弟出版社，1786年）。哈曼有理由称他是"费德尔的注解者"，因为他让人出版了《按照费德尔先生的次序分五卷对理论哲学和实践哲学的阐释》[③]；比斯特尔（Biester）在致康德的一封信[④]中称他是弱智的费德尔的弱智影子。从这封信可以看出，康德认真地打算公布针对费德尔和提特尔的攻击的一个辩护。就连雅各布也提到反对康德的作品[⑤]，康德让通过许茨把这个作品寄给他[⑥]。《实践理性批判》前言中尽量地关照了它。提特尔在自己这部作品的前言中就已经指责"极频繁地使用抽象的术语"（4页）。他针对这种使用来捍卫把幸福和道德性最紧密地联结起来的"那个无辜的和值得喜爱的"（5页）体系，多次指责康德的"神秘主义"，特别是经常重复如下论断，即康德"以不知所云的语言把久已为人所知的

---

① 基尔德迈斯特：《J. G. 哈曼的生平和著作》，第Ⅴ卷，322页。

② 《蒂宾根学术通讯》，1786（14），2月16日，105页以下。

③ 阿迪克斯［Adickes］：《康德文献》，第297条。

④ 《康德全集》，第Ⅹ卷，434页，1786-06-11。

⑤ 《康德全集》，第Ⅹ卷，438页，1786-06-17。

⑥ 参见康德11月3日的信，见《康德全集》，第Ⅹ卷，445页。

东西宣布为**新颖的**”（如25页）。“康德的整个道德改革就应当仅仅局限于一个新公式吗？”（35页）“康德先生在相信以这种方式阐述和巩固了他自以为的道德学说新原则之后……”（55页）“人们几乎不应当去想，如此**平常和熟知**的命题能被如此技术高超地弄隐晦。……我为什么必须把人置于两个世界之中？为什么要如此高深地引出二论背反和他律这些听起来异样的、因而许诺某种新东西的、却毕竟不包含任何新东西的名称？如此精雕细琢的命令式有什么用？在一件如此**容易的事情**上，整个笨拙的工序有什么用？”（82页）等等。据此，康德的前言的批判性注释主要是针对提特尔的[①]，连同对著名的伽尔韦–费德尔《纯粹理性批判》书评的一瞥（参见13页）；但就连批判（28页）也特别注意提特尔，提特尔在促进自己的和他人的幸福的法则以无条件的实践必然性确实适用于一切有理性的生物这一点上看不出任何困难（参见其作品的56页）；它当然也注意弗拉特，弗拉特（如提特尔在31页）特别诉诸：康德本人与他的根本没有任何经验性原则具有普遍性的命题相矛盾，在《奠基》中承认，幸福的意图“按照一种自然必然性”属于所有有理性的存在者。而这样，除此之外还将有某些东西首先与这两个人相关，尽管顺便也涉及其他人。例如，像此前特别是费德尔那样嘲笑新术语的，也有《最新学术历史的批判性贡献》对《奠基》的评论（第Ⅰ卷，202页以下）[②]；也有迈纳（Meiner）在其《灵魂学说纲要》前言中的评论，康德听凭自己的朋友们驳斥它[③]。这样，对“不一致”的普遍指责——4、5页——当然是由多人说出的；但为弗拉特在其众多的书评中特别钟爱。

2. 康德本人在1787年6月25日致许茨的信中，点名提到费德尔和阿贝尔，“前一位断言根本没有任何先天认识，后一位则断言，有一种居于经验性认识与先天认识之间的认识”[④]。此前不久，贝林对他提到这两个人。[⑤] 与前一位相关的，显然是前言的结论：“但是，对于这些努力来说，也许不可能遇到比有人出乎意料地发现任何地方都不存在、也不可能存在先天的知识更为糟糕的事情了”（12页）；尽管此前就已经有塞勒

① 《康德全集》，第Ⅴ卷，8、10页。

② 阿迪克斯：《康德文献》，第236条。

③ 《康德全集》，第Ⅴ卷，446、456页。

④ 《康德全集》，第Ⅹ卷，467页。[参见《康德书信百封》，107页。——译者注]

⑤ 5月28日，《康德全集》，第Ⅹ卷，465页。

“尝试证明，不存在任何纯粹的、不依赖于经验的理性概念”[①] 来反对康德了。康德在那封信中所瞩目的费德尔作品，肯定是《为检验康德哲学而论空间和因果性》（格廷根，1787）。这部作品的前言所署的日期为1787年1月31日，大概是为复活节博览会出版的，因而能够足够较早地为康德所知，以至于在他的前言的补记中受到关注。康德的阐述精确地切中那部作品（特别是第9节，35页以下）。与此相反，阿贝尔的作品[②]在《实践理性批判》中没有顾及；真正说来康德认为与这个对手的任何争论都是多余的[③]；只是由于实际的旨趣，他才认为费德尔的那种极广泛的“发现”毕竟是值得关注的。

3. 这样，当他联系到他迄今所遭遇的对批判的那些最显著的指责，亦即“一方面在理论知识中……”（6页）时，他关注的无论如何不是这两个人。这里所考虑的也不是乌尔里希，他在自己寄给康德的《逻辑学和形而上学准则》[④] 的233页提到范畴仅仅在理论方面可运用于“先验客体”（他把它等同于“物自身”）的问题。相反，康德在这里已经注意到他的《奠基》的那位后面清晰地称之为“热爱真理且思想敏锐、因而毕竟永远值得尊敬的评论家”，此人提出异议说：善的概念必须先于道德原则得到确定。这是《德意志图书汇报》的评论家，按照耶尼施的正确报告，是“费马恩岛大教堂教长皮斯托留、哈特利（Hartley）的翻译者”。但是，这里考虑的不仅是《奠基》的评论[⑤]，而恰恰是就因范畴可用于本体和人作为现象和本体的双重本性而有的强烈反驳而言，考虑的是对舒尔茨（Schultz）的阐述的篇幅更大的评论[⑥]，在那里，这些反驳得到深入而又可理解的展开；不无对“既热爱真理又思想深刻的世俗智者”的恭维，因而后者以第8页的话给予了回应。皮斯托留此后在对《实践理性批判》的评论中又联系到康德的说明[⑦]。

---

① C. G. Selle，《柏林月刊》，1784，12月号。

② 《一种系统形而上学的计划》和《为检验康德体系而试论思辨理性的本性》，均为1787年。

③ 参见《康德全集》，第Ⅹ卷，487页，论及旧派人物。［参见《康德书信百封》，110页。——译者注］

④ 《康德全集》，第Ⅹ卷，378、398页。

⑤ 《德意志图书汇报》，第66期，447页以下。

⑥ 同上书，92页以下。

⑦ 《德意志图书汇报》，第117期，78页以下，论及96页。

4. 惟一在《实践理性批判》本身中被提到名字的评判者（143 页）是托马斯·魏岑曼，即 1786 年在莱比锡匿名出版的作品《雅各比哲学和门德尔松哲学的结果：一个志愿者的批判研究》的作者，雅各比的一个密友和志同道合者，从雅各比与哈曼的书信往来中，人们对他有更详细的了解。康德在《柏林月刊》上的文章《什么叫做在思维中确定方向?》中（1786 年，10 月号）联系到了上述在当时备受关注的作品，而魏岑曼通过在《德意志博物馆》[①] 上发表的文章《〈雅各比哲学和门德尔松哲学的结果〉的作者致康德教授先生》做了回应。一段时间里生活在彭佩福特的魏岑曼于 1787 年 2 月 22 日卒于米尔海姆[②]。——魏岑曼的提及与门德尔松和雅各比之间关于莱辛的斯宾诺莎主义的著名争论有关。我们在 101 页与“本来很精明的门德尔松”的关联中认识到这场争论的另一种回响；在那里，如果人们不能决定采取批判主义的话，就要注意斯宾诺莎主义的结论（102 页）。

---

① 1787 年，第 1 期，116～156 页。

② 雅各比 2 月 12、17 日致哈曼，见基尔德迈斯特：《J. G. 哈曼的生平和著作》，1857 年以下，第Ⅴ卷，455 页。

前言 5〔3〕

为什么不把这个批判命名为**纯粹**实践理性批判，而是干脆命名为一般实践理性批判，尽管实践理性与思辨理性的对应关系似乎要求前一个名称，对此，这部论著给予了充分的解释。它应当阐明的只是**存在着纯粹的实践理性**，并且在这种意图中批判其全部**实践能力**。如果它做到了这一点，则它就不需要批判纯粹的能力本身，就可以看出理性以这样一种能力作为一种纯然的僭妄而**超越**了自己（就像在思辨理性那里发生的那样）。因为如果它作为纯粹的理性而现实地是实践的，那么，它就通过这个事实证明了它以及它的概念的实在性，而否认它有这样的可能性的一切玄想就都是徒劳了。

凭借这种能力，从此也就确立了先验的**自由**，而且是在绝对的意义上说的，其中思辨的理性在应用因果性概念时需要自由，以便拯救自己，摆脱它要在因果联结的序列中设想**无条件者**时就不可避免地陷入的二论背反；但它提出这一概念，只能是或然地，并非视其为不可思维的，它并不保证这一概念的客观实在性，而是仅仅为了不因为伪托它毕竟至少必须视其为可思维的东西的不可能性，在其本质上受到攻击，被抛入怀疑论的深渊。

自由的概念，就其实在性通过实践理性的一条无可置疑的法则得到证明而言，如今构成了纯粹理性的、甚至思辨理性的一个体系的整个大厦的**拱顶石**，而作为纯然的理念在思辨理性中依然没有支撑的其他一切 5〔4〕
概念（上帝和不死的概念），如今就紧跟它，与它一起并通过它获得了持存和客观的实在性，也就是说，它们的**可能性**由于自由是现实的而得到了证明，因为这个理念通过道德法则而显示出来。

但是，在思辨理性的一切理念中，自由也是惟一我们先天地**知道**其可能性、但却看不透的一个理念，因为它是我们知道的道德法则的条件。①

① 当我现在把自由称做道德法则的条件、而在后面的论述中断言道德法则是我们惟有在其下才能**意识到**自由的条件时，为了使人们在这里不至于误以为发现了**不一致**，我要提醒的仅仅是，自由当然是道德法则的 ratio essendi［存在根据］，但道德法则却是自由的 ratio cognoscendi［认识根据］。因为如果不是在我们的理性中**早就**清楚地想到了道德法则，我们就绝不会认为自己有理由去**假定**像自由这样的东西（尽管自由并不自相矛盾）。但如果没有自由，在我们里面也就**根本找不到**道德法则。

但是，**上帝**和**不死**的理念却不是道德法则的条件，而只是一个由道德法则来规定的意志的必然客体的条件，亦即我们的纯粹理性的纯然实践应用的条件。因此，对于那些理念，我不仅要说对于它们的现实性，而且就连它们的可能性，我们也不能声称**认识**和**看透**了。但尽管如此，它们却是把道德上被规定的意志运用到其先天地被给予的客体（至善）的条件。因此就能够并且必须在这种实践的关系中假定它们的可能性，但却不是在理论上认识和看透它们。对于这后一种要求来说，在实践的意图中它们不包含内在的不可能性（矛盾）就够了。如今在这里，视之为真的一种与思辨理性相比纯然**主观的**根据，毕竟对一种同样纯粹的、但却是实践的理性来说客观有效，由此凭借自由的概念使上帝和不死的理念获得了客观的实在性和权限，甚至获得了假定它们的主观必要性（纯粹
5〔5〕理性的需要），但理性并没有因此而在理论知识中得到扩展，而只是事先仅仅是问题、在这里成了**断定**的那种可能性被给予了，这样就把理性的实践应用与理论应用的诸要素联结起来了。而这种需要绝不是思辨的**随便哪一个**意图的假说性需要，即人们要想在思辨中上升到理性应用的完成就必须假定某种东西，而是**一种合法则的需要**，即假定某种东西，没有这种东西，人们为了自己行止的意图而应当毫不马虎地设定的东西就不可能发生了。

当然，不绕这个圈子就自己解决那些课题，并为了实践应用而把它们作为洞识保存下来，会使我们的思辨理性更为满意；然而，我们的思辨能力却从来不曾如此舒坦。自诩有这样的高等知识的人，不应当秘而不宣，而应当把它们公开地展示出来以供检验和赞赏。他们想去**证明**；那么好吧！他们尽可以去证明，而批判则把自己的全副装备放到他们这些胜利者的脚边。Quid statis? Nolint. Atqui licet esse beatis. ［你们为什么裹足不前？他们不会愿意。但还可以是幸福的。］① ——因此，既然他们事实上不想，估计是因为他们不能，我们就只好再拿起那些装备，以便在理性的道德应用中去寻找并在这种应用之上建立思辨未给其可能性找到担保的**上帝**、**自由**和**不死**的概念。

在这里，为什么人们能够**否认**思辨中**诸范畴**的超感性应用有客观的

① 贺拉斯：《讽刺诗集》，Ⅰ，1，19。——科学院版编者注

实在性，却就纯粹实践理性的客体而言承认它们有这种**实在性**，这一批判之谜也首次得到了澄清；因为在此之前，只要人们仅仅按照名称来了解这样一种实践的应用，上述情况就不可避免地看起来是**不一致的**。但现在，如果人们通过对后一种应用的完备分析而觉察到，上述实在性在这里根本不是通向**范畴**的理论**规定**和知识朝向超感性事物的扩展，而是仅仅指它们在这种关系中到处都应有**一个客体**，因为它们要么先天地包含在必然的意志规定中，要么与意志规定的对象不可分割地结合在一起，那么，那种不一致就消失了，因为人们对那些概念作了一种不同于思辨理性需要的应用。与此相反，如今展现出对思辨性批判的**一贯思维方式** 5〔6〕
的一种过去几乎无法指望的非常令人满意的证实，即由于这种批判再三提醒要把经验的对象本身，其中甚至包括我们自己的主体都仅仅视为**显象**，尽管如此却把物自身作为它们的基础，因而并不把一切超感性的东西都视为虚构，把它们的概念都视为空无内容的，所以，实践理性现在就独自地、不与思辨理性相约，就使因果性范畴的一个超感性的对象亦即**自由**获得了实在性（尽管是作为实践的概念，也只是为了实践的应用），因而通过一个事实证实了在那里只能被**思维**的东西。此际，思辨的批判的那个令人惊讶的、虽然也无可置疑的主张，即**能思维的主体对它自己来说在内部直观中也纯然是显象**，在实践理性的批判中也同时如此好地获得了完全的证实，以至于即使思辨的批判根本不曾证明这个命题，人们也必定达到这种证实。①

由此我也就懂得了，为什么我迄今还在遭遇的对批判的最显著的指责都在围绕着两个枢纽旋转：也就是说，**一方面**是被用于本体的范畴在理论知识中被否定而在实践知识中被肯定的客观实在性；**另一方面**是那个悖谬的要求，亦即使自己作为自由的主体成为本体，但同时也在自然方面使自己成为自己的经验性意识中的现象。因为只要关于道德和自由还没有形成任何确定的概念，人们就不能猜出，一方面要把什么作为本体来当做所谓显象的基础，另一方面当事先把理论应用中纯粹知性的一

① 作为自由的因果性通过道德法则而确立，作为自然机械作用的因果性通过自然法则而确立，它们都是在同一个主体亦即人里面确立的，但如果不把人与前者相关设想为物自身，与后者相关设想为显象，在**纯粹的**意识中设想前者，在**经验性**的意识中设想后者，二者的结合就是不可能的。不这样做，理性与自身的矛盾就是不可避免的。

切概念都已经仅仅用于显象时，是否在某个地方还有可能对本体形成一
5〔7〕个概念。惟有对实践理性的一种详尽的批判才能消除这一切误解，并澄清恰好构成实践理性之最大优点的那种一贯的思维方式。

需要辩护的只是：为什么在这部著作中，纯粹思辨理性的那些毕竟已经经受过特殊批判的概念和原理，在这里时而又再次接受检验，这对于一门要建立的科学的系统进程来说通常是不太合适的（因为已经被判定的事情只须引证，而不必再动它们了），但**在这里**却是允许的，甚至是必要的，因为理性连同那些概念是在向另一种应用的过渡中被考察的，这种应用不同于理性**在那里**对那些概念的应用。但是，这样一种过渡使得旧应用与新应用的一种比较成为必要，为的是把新轨道与以前的轨道清楚地区别开来，同时说明它们的联系。因此，人们将把这种类型的考察，此外把再次、但却是在纯粹理性的实践应用中针对自由概念的考察，不是看做例如应当仅仅用于填补思辨理性的批判体系之漏洞的插叙（因为这个体系就自己的意图而言是完备的），也不是像在一栋仓促建造的房子那里通常发生的那样，在后面装上支架和扶垛，而是看做使体系的联系清晰可见的真实环节，为的是使在那里只能或然地设想的概念如今可以在其实在的展现中被看透。这个提醒尤其涉及自由的概念，关于这个概念人们必然惊讶地发觉，居然还有这么多的人，只是在心理学的关系中考察了它，就自诩完全看透了它并能够解释它的可能性。然而，假如他们事先在先验的关系中仔细地斟酌过这个概念，他们就既会认识到它作为思辨理性的完备应用中的或然概念的**不可缺少性**，也会认识到它的完全**不可理解性**，而且，假如他们事后把它带到实践的应用上去，他们就必定会就这种应用的诸原理而言自己恰好想到这种应用的同一个规定，而往常他们会并不乐意赞同这种规定。自由的概念对于一切**经验论者**来说是绊脚石，但对于**批判的**道德论者来说却也是最崇高的实践原理的钥
5〔8〕匙。这些道德论者由此看出，他们不得不**合理地**行事。为此，我请求读者不要浮光掠影地忽略分析论结尾时关于这个概念所说的东西。

这样一个体系，就它由纯粹实践理性从对它自己的批判发展出来而言，尤其是为了不错过体系的整体能够被正确地勾画由以出发的那个正确的观点，所花费的辛劳是多还是少，我必须留待这一类工作的行家去评判。它虽然以《**道德形而上学的奠基**》为前提条件，但只是就这部著

作使人预先熟悉义务的原则、陈述和辩白义务的一个确定公式而言的①；除此之外它是独立自存的。至于没有像思辨理性的批判所提供的那样为了**完备性**而附加上一切实践科学的**划分**，在这种实践理性能力的性状中也可找到这方面的有效根据。因为把义务特别规定为人类义务，以便对它们进行划分，这惟有当这一规定的主体（人）按照他成为现实所凭借的性状事先被认识到，虽然只是就一般义务而言在必要的范围被认识到时，才是可能的；但这种规定不属于一般实践理性批判，后者只应当完备地说明实践理性的可能性、其范围和界限的原则，并不与人的本性有特别的关系。因此，该划分在这里属于科学的体系，而不属于批判的体系。

那本《**道德形而上学的奠基**》的某位热爱真理且思想敏锐、因而毕竟永远值得尊敬的评论家提出异议说，**善的概念在那里没有先于道德原则而得到确定**（依他所见，这本来是必要的）②，我希望，在分析论的第 5〔9〕

① 一个想为责难这部作品说点儿什么的评论家，当他说这里没有提出任何新的道德原则，而只是提出了一个**新的公式**时，他比自己本来要说的意思更切中要害。但是，谁还要引入一切道德的某种新原理，并仿佛是首次发现它呢？就好像在他之前世界在什么是义务这一点上一无所知或者处于普遍的错误似的。但谁知道一个为了遵循课题而完全精确地规定应当做什么并不许出错的**公式**对于数学家来说意味着什么，他就不会把一个就一切一般义务而言做同样一件事的公式视为某种不重要的和多余的东西了。

② 人们还可以对我提出这样的异议：为什么我也没有事先解释**欲求能力**或者**愉快情感**的概念；尽管这种责难会是不公平的，因为人们应当能够公正地预设这种解释是在心理学中已被给予的。当然，在那里定义也可以这样来建立，即愉快的情感被当做欲求能力的规定的基础（就像通常实际上也往往如此发生一样），但这样一来，实践哲学的最高原则就必然会**以经验性的方式**失落，而这是首先应予澄清的，并在这个批判中受到了完全的拒斥。因此，我在这里想这样作出这种解释，即它必须是为了一开始就公正地把这一有争议的问题搁置不论。——**生命**是一个存在者按照欲求能力的法则去行动的能力。**欲求能力**是存在者通过**其表象而是这些表象的对象之现实性的原因的能力**。**愉快是对象或者行动与生命的主观条件相一致的表象**，亦即与**一个表象就其客体的现实性而言的因果性**的能力（或者规定主体产生其客体的各种力量去行动的能力）相一致的表象。为了批判从心理学借用的那些概念，我并不需要更多的东西，其余的由批判本身提供。人们很容易看出，是愉快在任何时候都必须被当做欲求能力的基础，还是它也在某些条件下仅仅继欲求能力的规定而起，这个问题通过这一解释仍然悬而未决；因为它完全是由纯粹知性的那些标志，亦即不包含任何经验性东西的范畴组合而成的。这样一种谨慎在全部哲学中都是很值得推荐的，尽管如此却经常被忽视，即不要通过冒失的定义抢在对概念的完备分析之前就作出精确的判断，这样的分析经常很晚才达到。人们也将通过批判（既是理论理性的批判也是实践理性的批判）的整个进程发觉，在这一进程中有多种多样的机会去弥补哲学古旧的独断进程中的某些缺陷，并纠正人们在对诸概念作**涉及其整体的**理性应用之前发现不了的错误。

二章中予以满足；同样，对于那些显露出弄清真理是挂在他们心头之事的意愿的人士，也考虑到了他们对我提出的其他一切异议（因为只是盯着自己的旧体系、事先已决定应当赞同什么和反对什么的人们，毕竟不
5〔10〕需要有可能妨碍他们的私人意图的讨论）；而且我也将继续这样做。

当涉及按照其来源、内容和界限对人类灵魂的一种特殊能力作出规定时，人们虽然只能按照人们知识的本性从这些知识的各个**部分**开始，从对它们精确的（就按照我们已经获得的知识要素的目前状况所可能的而言）、完备的展示开始。但还有第二种值得注意的东西，它更具有哲学和**建筑术**的性质，即正确地把握**整体的理念**，并从该理念出发借助于在一种纯粹理性能力中把一切部分从那个整体的概念中推导出来，而在其彼此之间的交互关系中把握那些部分。这种检验和保障惟有通过对体系的最内在的熟知才有可能，而那些就前一种探究而言就已经感到厌烦、因而认为不值得花费力气去获得这种熟知的人，就达不到第二个阶段，即综合地返回事先分析地被给予的东西的那种纵览；而且毫不奇怪，他们到处都发现不一致，尽管使人猜测这种不一致的漏洞并不是在体系本身之中，而是仅仅在他们自己不连贯的思路中被发现的。

就这部论著而言，我丝毫不担心说它要引入一种**新的语言**的责难，因为这种知识方式在此本身就是接近通俗性的。即便是就前一个批判而言，也没有一个不是仅仅翻阅过该书、而是详细研究过它的人赞同这种责难。在语言对于给定的概念来说已经不缺乏表述的地方去人为地制造新的语词，这是一种不通过新的真实思想、但却通过在给旧衣服打上新补丁来在众人中间出风头的幼稚努力。如果那部著作的读者们知道有比那些表述在我看来更通俗的表述，但却同样适合于思想，或者他们敢于说明这些思想本身、因而每一个表示思想的表述同时是无意义的，那么，他们通过前者将会使我心存感激，因为我只求被理解，但就后者而言他们就为哲学作出了贡献。但只要那些思想还站得住，我就很怀疑为它们
5〔11〕还可以找出更合适但又更通用的表述。①

① 我在这里有时（比那种不理解）更为担忧的是对一些表述的误解，我极为谨慎地挑选出这些表述，为的是它们所指的概念不被弄错。因此，在**实践**理性的范畴表中模态这一标题之下，**允许**和**不允许**与接下来的范畴**义务**和**违背义务**，在通常的语言应用中具有几乎同等的意义；但在这里，**前者**应当意味着与一个纯然**可能的**实践规范相一致或者相抵触的东西（就像几何学和力学

以这种方式，心灵的两种能力亦即认识能力和欲求能力的先天原则从现在起就已查明，并根据其应用的条件、范围和界限得到了规定，而由此就为一种作为科学的系统的、既是理论的也是实践的哲学奠定了更为可靠的基础。 5〔12〕

但是，对于这些努力来说，也许不可能遇到比有人出乎意料地发现任何地方都不存在、也不可能存在先天的知识更为糟糕的事情了。但这没有什么关系。这就好像是有人想要通过理性来证明不存在理性一样。因为我们只是说，如果我们意识到，某种东西即使没有如此在经验中出现在我们面前，我们也能够知道它，那么，我们就是通过理性而认识到它；因此，理性知识和先天知识是一回事。要从一个经验命题榨取必然性（ex pumice aquam［从石头中榨取水］）①，还要借助这种必然性为一个判断谋取真正的普遍性（没有这种普遍性，就没有理性推理，因而也就没有出自类比的推理，类比是一种至少推测到的普遍性和客观的必然性，所以总还是以真正的普遍性为前提条件），这是不折不扣的自相矛盾。用主观的必然性亦即习惯来偷换仅仅在先天判断中出现的客观必然性，意味着否认理性有对对象作出判断的能力，亦即否认理性有认识对象和应归于对象的东西的能力，例如对于经常和总是跟随某个先行状态的

的一切问题的解决那样）；**后者**则应当意味着与一个**现实地**存在于一般理性里面的法则处于这样的关系之中的东西；而这种含义的区分即便对于通常的语言应用来说也并不完全陌生，尽管有些不习惯。所以，例如对于一位演说家本身来说，锻造新的语词或者语词搭配是**不允许的**；对于诗人来说这在某种程度上是**允许的**；此处在双方的任何一方那里都没有让人想到义务。因为谁想毁掉自己演说家的名声，没有人能够阻止他。这里只涉及**命令式**在**或然的**、**实然的**和**必然的**规定根据之下的区分。同样，我在使不同的哲学学派中的实践完善性的道德理念相互对立起来的那个附释中，把**智慧**的理念与**神圣**的理念区分开来，尽管我甚至在根本上和客观上把它们解释为一回事。不过，我在这个地方所指的只是人（斯多亚派）自以为拥有的、因而被**主观地**捏造成人的属性的智慧（也许斯多亚派大为炫耀的**德性**这个表述能够更好地表现这个学派的特点）。但是，纯粹实践理性的公设这个表述，如果人们把它与纯粹数学的公设所具有的、本身带有无可置疑的确定性的含义混为一谈的话，还是极易引起误解的。但是，纯粹数学的公设所设立的是**一种行动的可能性**，这种行动的对象人们先天地在理论上以完全的确定性预先认识到是可能的。而纯粹实践理性的公设所设立的则是一个**对象**（上帝和灵魂不死）本身出自无可置疑的**实践**法则的可能性，因而是为了一种实践理性设立的；因为所设立的可能性的这种确定性根本不是在理论上、因而也不是无可置疑地、亦即不是就客体而言被认识到的必然性，而是就主体而言为了遵循实践理性的客观的、但却是实践的法则而必要的假设，所以是纯然必要的假说。对于这种主观的、但却真实而又无条件的理性必要性，我无法找出更好的表述。

① 谚语：向某人要求他依照本性不能提供的东西。——普拉图斯：《波斯人》，Ⅰ，1，42。——科学院版编者注

东西，不可以说人们能够从该状态**推论**出那种东西（因为这就会意味着客观的必然性和关于一种先天联结的概念），而是只可以（以与动物类似的方式）期待类似的情况，亦即在根本上把原因概念当做虚假的和纯然的思想欺骗而予以抛弃。要想通过说人们毕竟看不出任何理由赋予其他理性存在者以另外一种表象方式，来弥补客观有效性和由此而来的普遍有效性的这种缺乏，假如这提供了一个有效的推论的话，我们的无知就会比一切深思更多地有助于扩展我们的知识了。因为单是由于我们不了解除人之外的其他理性存在者，我们就会有权利假定他们具有如我们在自己身上认识到的那种性状，也就是说，我们就会现实地了解他们。我在这里甚至不提，不是视之为真的普遍性证明了一个判断的客观有效性
5〔13〕（也就是说，它作为知识的有效性），而是即便那种普遍性偶然言中，这也毕竟不能提供与客体相一致的证明；毋宁说，惟有客观有效性才构成一种必然的普遍赞同的根据。

对于这个**普遍经验论**的体系，**休谟**①会在各个原理中感到很惬意；因为众所周知，他所要求的无非是在原因概念中不要必然性的任何客观含义，而是假定一种纯然主观的含义，亦即习惯，以便否定理性关于上帝、自由和不死的一切判断；而且他肯定善于这样做，为的是只要人们承认他的这些原则，就以一切逻辑上的确凿性从中推出结论来。但是，甚至休谟也没有使得经验论如此普遍，以便把数学也包括在内。他把数学的命题视为分析的，而假如这样做有道理的话，这些命题实际上也就会是无可置疑的，尽管如此却不能从中得出结论说，理性有能力也在哲学中作出无可置疑的判断，亦即作出无可置疑的综合判断（例如因果性的命题）。但如果人们假定这些原则的经验论是**普遍的**，数学也就会因此而被纳入其中。

现在，既然数学与只允许经验性原理的那种理性陷入了冲突，例如这在二论背反中就是不可避免的，此时数学无可辩驳地证明了空间的无限可分性，而经验论却不能允许这种无限可分性，所以，证明的最大可

---

① 康德的意见，即休谟把数学命题视为分析的和无可置疑的（13、52页），基于休谟的《人类理解研究》，第IV章。但是，在该著的第XII章中，暗示着对此的怀疑，而且在更早的、更详细的著作，即《人性论》中，休谟至少明确地把几何学的命题视为综合的和依赖于经验的，因而不是无可置疑的。据此，康德不了解或者没有更仔细地注意更早的著作。——科学院版编者注

能的自明性就与据称出自经验原则的推论处于明显的矛盾中，于是人们就不得不像切泽尔登的盲人[①]那样发问：是什么在欺骗我，是视觉还是触觉？（因为经验论建立在一种**被感知到的**必然性之上，而理性论则建立在一种**被洞见到的**必然性之上。）这样，普遍的经验论就表现为真正的**怀疑论**，人们不对意指加以限制就把怀疑论归于休谟是错误的[②]，因为他至少还在数学那里留下了经验的一块可靠的试金石，而怀疑论则完全不允许 5〔14〕
有经验的任何试金石（这种试金石永远只能在先天原则中找到），尽管经验毕竟不是仅仅由感觉、而且也是由判断构成的。

不过，既然在这个哲学的和批判的时代，很难认真地主张那种经验论，它也许只是为了练习判断力，以及为了通过对比而更为清晰地揭示理性的先天原则的必然性才提出来的，所以，对于愿意费力从事这种通常的确没有教益的工作的人，人们还是会心存感激的。

---

① 康德可能是通过克斯特讷（Kästner）对史密斯（Rob. Smith）的《光学的完备学术概念》（1755）的改编而得知解剖学家 W. 切泽尔登关于一个经过手术的盲人的报告的，史密斯的书清晰地复述了这个报告。——科学院版编者注

② 标示一个宗派的追随者的名称在任何时候都带有许多曲解；当有人说某某是一个**理念论者**的时候，大约就是这样。因为即使他不仅完全承认，而且坚决主张，与我们对外部事物的表象相对应的是外部事物的现实对象，他也还是希望，外部事物的直观形式并不依附这些对象，而是仅仅依附我们的心灵。

5〔15〕 导论：一种实践理性批判的理念

理性的理论应用关注的是纯然认识能力的对象，而关于这种应用的理性批判真正说来所涉及的只是**纯粹的**认识能力，因为这种能力激发了以后也得以证实的怀疑，即它很容易越过自己的界限，迷失在无法达到的对象，或者甚至是相互冲突的概念中间。理性的实践应用则已经是另外一种情况。在这种应用中，理性关注的是意志的规定根据，意志是一种要么产生出与表象相符合的对象、要么规定自己本身去造成对象（无论自然能力是否充足）亦即规定自己的因果性的能力。因为在这里，理性至少能够达到对意志的规定，并且就事情仅仅取决于意愿而言，总是具有客观的实在性。因此，这里的第一个问题是：是纯粹理性独自就足以对意志作出规定，还是它惟有作为经验性上有条件的理性才能是意志的规定根据。如今，这里出现了一个由纯粹理性的批判作出辩护的、虽然不能作出任何经验性描述的因果性概念，亦即**自由**的概念，而且如果我们现在能够找到根据去证明，这种属性事实上应归于人的意志（而且也应归于一切有理性的存在者的意志），那么，由此就不仅说明了纯粹理性能够是实践的，而且说明了惟有纯粹理性，而不是经验性上受限制的理性，才是无条件地实践的。因此，我们将要探讨的，就不是一种**纯粹实践**理性的批判，而只是一般**实践**理性的批判。因为只要阐明了有纯粹
5〔16〕 理性，纯粹理性就不需要任何批判。纯粹理性自身就包含着对它的一切应用进行批判的准绳。因此，一般实践理性的批判有责任去阻止经验性上有条件的理性以排他的方式想要独自提供意志的规定根据的僭妄。纯粹理性的应用，惟有当确定无疑有这样一种理性的时候，才是内在的；与此相反，自以为能够独裁的经验性的有条件的应用则是超验的，它表现在完全超出自己的领域的要求和命令中。这与关于思辨的应用中的纯粹理性所能说的东西恰恰是颠倒过来的关系。

然而，既然总还是纯粹理性的知识在这里为实践的应用奠定基础，所以，一种实践理性的批判的划分在总的纲要上还必须按照思辨理性的批判来安排。因此，我们将必须有一个实践理性的**要素论**和一个实践理

性的**方法论**，在作为第一部分的要素论中有一个**分析论**来作为真理规则，并有一个**辩证论**来作为实践理性判断中的幻相的描述和解决。不过，分析论的再划分的次序又将与纯粹思辨理性批判中的次序相反。因为在目前的批判中，我们将从**原理**开始前进到**概念**，而从概念出发才在可能的情况下前进到感觉；与此相反，在思辨理性那里我们必须从感觉开始并在原理那里结束。这里的根据又是在于：我们现在必须探讨的是一种意志，而且必须不是在与对象的关系中、而是在与这种意志及其因果性的关系中来考虑理性，因为必须是经验性上无条件的因果性的原理来开头，然后才能去尝试确立我们关于这样一种意志的规定根据、关于上述原理在对象上的应用、最后关于它们在主体及其感性上的应用的概念。出自自由的因果性的法则，亦即任何一个纯粹实践的原理，在这里都不可避免地成为开端，并规定着惟有它才能涉及的那些对象。

第一部分
纯粹实践理性的要素论

第一卷 纯粹实践理性的分析论 5〔19〕

第一章 纯粹实践理性的诸原理

第1节

解说

实践的**诸原理**是那些包含着意志的一个普遍规定的命题，这个规定在自身之下有更多的实践规则。如果条件仅仅被主体视为对他自己的意志有效的，那么，这些原理就是主观的，或者是一些**准则**；但如果条件被认识为客观的，亦即对每一个有理性的存在者的意志都是有效的，那么，这些原理就是客观的，或者是一些实践的法则。

附释

如果人们假定，**纯粹**理性能够在自身中包含着一个实践的、亦即足以规定意志的根据，那么，就存在着实践的法则；但如果不是这样，那么，一切实践的原理都将是纯然的准则。在一个理性存在者以病理学的方式受到刺激的意志中，可以发现有种种准则与他自己认识到的实践法则的一种冲突。例如，某人可以把有眚必报当做自己的准则，但同时又看出这并不是实践的法则，而仅仅是他的准则，与此相反，作为对每一个理性存在者的意志来说的规则就会在同一个准则中与自己本身不一致。在自然知识中，所发生的事情的原则（例如在运动的传递中作用与反作用相等的原则）同时就是自然的法则；因为理性的应用在那里是理论的，是由客体的性状规定的。在实践的知识中，亦即在仅仅涉及意志的规定 5〔20〕

根据的知识中，人们为自己制定的那些原理还并不因此就是他不可避免地服从的法则，因为理性在实践事务中所涉及的是主体，亦即欲求能力，而规则会以多种多样的方式来遵从欲求能力的特殊性状。——实践的规则在任何时候都是理性的一个产物，因为它以结果为目的，把行动规定为达到结果的手段。但是，对于一个不完全仅仅以理性为意志的规定根据的存在者来说，这种规则就是一个**命令式**，亦即以一个表示行动的客观必要性的应当为标志的规则，并且意味着，如果理性完全规定着意志，则行动就会不可避免地按照这个规则发生。因此，这些命令式被视为客观的，并且完全不同于作为主观原理的准则。但是，这些命令式要么仅仅就结果和达成结果的充足性而言来规定理性存在者的作为作用因的因果性的条件，要么只规定意志，不管它是否足以达成结果。前一些命令式将会是假言命令式，仅仅包含技巧的规范；与此相反，后一些命令式将会是定言的，惟有它们是实践的法则。因此，准则虽然是**原理**，但却不是**命令式**。但是，如果命令式本身是有条件的，亦即不是把意志完全当做意志来规定，而是就一种被欲求的结果而言来规定，也就是说，是一些假言命令式，那么，它们虽然是实践的**规范**，但却不是**法则**。法则必须在我问自己是否在根本上具有达成一个被欲求的结果所要求的能力，或者为了产生这一结果我必须做什么之前，就足以把意志当做意志来规定，因而是定言的，否则就不成其为法则：因为它们没有这样一种必然性，这种必然性要想是实践的，就必须不依赖于病理学的、从而偶然地附着于意志的条件。例如，如果有人说，他在年轻时必须工作和节俭，以免年老时受穷，那么，这就是意志的一条正确的、同时又是重要的实践规范。但是，人们很容易看出，意志在这里被指向了某种**别的东西**，即人们预设它在欲求的某种东西，而人们不必过问他这个行动者本人的这一欲求，是他在他自己挣来的财产之外还指望有别的资助来源，还是他根本不希望活到老，或者是想在将来处于困境时可以对付着过。惟一能够从中产生出应当包含着必然性的一切规则的那种理性，虽然也把必然性置于它的这个规范之中（因为若不然，它就会不是命令式了），但这种必然性却只是主观上有条件的，而且人们不可以在所有的主体里面以同样的程度来预设这种必然性。但是，理性的立法所要求的却是它只需
5〔21〕要以它**自己本身**为前提条件，因为规则惟有在它无须把一个理性存在者

与别的理性存在者区分开来的偶然的、主观的条件有效时，才是客观的和普遍有效的。现在，如果告诉某人他决不应当用谎言来承诺，那么，这就是一个仅仅涉及他的意志的规则；不管此人可能怀有的意图是否能够通过这个意志来达到，纯然的意愿就是应当通过那个规则完全先天地予以规定的东西。如果现在发现这个规则在实践上是正确的，那么，它就是一个法则，因为它是一个定言命令式。所以，实践的法则仅仅与意志相关，而不管通过意志的因果性做到了什么，而且为了纯粹地拥有法则，人们可以把那种因果性（作为属于感官世界的东西）抽掉。

第2节

定理一

凡是把欲求能力的一个**客体**（质料）预设为意志的规定根据的实践原则，全都是经验性的，不能充当任何实践法则。

我把欲求能力的质料理解为一个其现实性被欲求的对象。现在，如果对这个对象的欲求先行于实践的规则，并且是使实践的规则成为自己的原则的条件，那么我就说（**第一**）：这个原则在这种情况下任何时候都是经验性的。因为这样一来，任性的这一规定根据就是一个个体的表象和这个表象与主体的一种关系，通过这种关系，欲求能力被规定去实现这个客体。但是，与主体的这样一种关系就叫做对一个对象的现实性感到的**愉快**。因此，这种愉快必然被预设为对任性作出规定的可能性的条件。但是，对于任何一个对象的表象，无论它是什么样的，都不能先天地认识到，它是与**愉快**相结合还是与**不快**相结合，或者它是**不相干的**。因此，在这样一种情况下，任性的规定根据在任何时候都必然是经验性的，从而把这个规定根据预设为条件的那个实践的质料原则也必然是经验性的。

现在，既然（**第二**）一个仅仅建立在一种愉快或者不快（它在任何时候都能够被经验性地认识，而不能对一切有理性的存在者都以同样的方式有效）的易感性的主观条件之上的原则，虽然对于拥有这种愉快或者不快的主体来说可以充当**准则**，但却不可以也对这种愉快或者不快本

5 〔22〕 身来说（因为这原则缺乏必须被先天地认识到的客观必然性）充当**法则**，所以，这样一个原则绝不能充当一个实践的法则。

第 3 节

定理二

一切质料的实践原则，本身全都具有同一种性质，都隶属于自爱或者自己的幸福的普遍原则之下。

出自一个事物的实存的表象的愉快，就它应当是对这个事物的欲求的规定根据而言，建立在主体的**易感性**之上，因为它**依赖于**一个对象的存在；所以，它属于感官（情感），而不属于知性，知性按照概念来表达表象与**一个客体**的关系，而不是按照情感来表达表象与主体的关系。因此，只有当主体从对象的现实性那里所期待的惬意的感受规定着欲求能力的时候，愉快才是实践的。但现在，一个有理性的存在者对于不断地伴随着他的整个存在的那种生活惬意的意识，就是**幸福**，而使幸福成为任性的最高规定根据的原则，就是自爱的原则。所以，一切把任性的规定根据设定在从某一个对象的现实性那里可以感受到的愉快或者不快之中的质料原则，就此而言完全具有**同一种性质**，即它们全都属于自爱或者自己的幸福的原则。

推论

一切**质料的**实践规则都把意志的规定根据设定在**低级的欲求能力**之中，而且，假如根本没有充分规定意志的**纯然形式的**法则，那么，也就**没有任何高级的欲求能力**能够得到承认了。

附释一

5 〔23〕 人们必然会觉得奇怪，何以一些通常很机敏的人士会相信，从与愉快的情感相结合的**诸表象**是起源自**感官**还是起源自**知性**，就可以找到**低级欲求能力**和**高级欲求能力**之间的一种区别。因为当人们追问欲求能力的规定根据，并将这些规定根据设定在从某种东西那里期待的惬意之中的时候，事情根本不取决于这个令人快乐的对象的**表象**来自何处，而是仅仅取决于它**令人快乐**到何种程度。如果一个表象，即使它无论如何也在知性中有其位置和起源，也只能通过以主体中的一种愉快的情感为前提条件来规定任性，那么，它要成为任性的规定根据，就完全依赖于内部感官的如下性状，即内部感官能够由此而受到惬意的刺激。对象的表象尽可以归属如此不同的类别，尽可以是与感官的表象相对立的知性的表象，甚至是理性的表象，但它们真正说来构成意志的规定根据所凭借的愉快情感（惬意、人们从推动着创造客体的活动的东西中所期待的快乐），却具有同一种性质，这不仅是就它在任何时候都只能被经验性地认识而言的，而且也是就它刺激起表现在欲求能力中的同一种生命力，并在这一关系中除了在程度上之外，与任何别的规定根据都不可能有任何差异而言的。若不然，人们将如何能够在两个就表现方式而言完全不同的规定根据之间依照大小作出比较，来更喜欢那最能刺激起欲求能力的规定根据呢？同一个人，可以把他只到手一次的一本对他富有教益的书未经阅读就退还，以免耽误打猎；可以在一场精彩的讲演的中途就退场，以免进餐时迟到；可以抛开由他通常很看重的理性交谈而来的消遣，为的是坐到牌桌旁；甚至可以拒绝他通常很乐意周济的一个穷人，因为他现在口袋里剩下的钱，刚好够买一张喜剧门票所用。如果意志的规定所依据的是从某一个原因所期待的惬意或者不惬意的情感，那么，他通过哪一种表象方式受到刺激，这对他来说是完全无所谓的。惟有这种惬意有多么强烈、多么持久、多么容易获得且经常重复，才是他为了决定作出选择而关心的。就像对于为了支出而需要金钱的人来说，只要这金钱到处都以同样的价值被接受，则这金钱的材料亦即金子是从山里挖出来的还是从沙里淘出来的，是完全无所谓的一样，如果一个人仅仅关心生活的惬意，他就不会问是知性表象还是感官表象给他带来快乐，而是只问这些表象在最长的时间里给他带来**多少和多大的快乐**。惟有想要否认纯粹理性有能力无须以任何一种情感为前提条件就规定意志的那些人， 5〔24〕
才会如此远离他们自己的解释而误入歧途，把他们自己在此前归为同一种原则的东西在后来却解释为完全不同类的。例如可以发现，人们也能够仅仅由于**力量的运用**、由于在克服与我们的决心相对立的障碍时对自己的精神力量的意识、由于对精神天赋的陶冶等感到快乐，而且我们有理由把这称为**更高尚的**乐趣和愉悦，因为它们比其他乐趣和愉悦更为我们所控制而不致耗损，毋宁说强化着还要更多地享受它们的情感，并且在使其愉悦的同时也陶冶它。然而，由于它们毕竟曾为了那些快乐的可能性而把我们里面的一种关注于此的情感预设为这种满意的首要条件，把它们冒充为与仅仅通过感官而不同的规定意志的方式，就恰如那些热衷于在形而上学中敷衍了事的无知之徒，他们设想物质如此精细，如此过于精细，以至于他们自己都要对此感到眩晕，于是就相信自己以这种方式臆想出了一种**精神的**、但却有广延的存在者。如果我们和**伊壁鸠鲁**一起，在德性上仅仅听凭它所许诺的快乐来规定意志，那么，我们就不能此后又指责他，说他把这种快乐与那些最粗劣的感官的快乐看做是完全同样的；因为人们根本没有理由诿过于他，说他把我们心中的这种情感被激发起来所凭借的那些表象仅仅归于肉体感官了。就人们所能猜到的而言，他同样曾在更高的认识能力的应用中来为这些表象中的许多寻找来源；但是，这并不妨碍、也不能妨碍他按照上述原则把那些或许是理智的表象提供给我们的、而这些表象亦惟有借此才能够是意志的规定根据的那种快乐本身完全看做是同样的。**一以贯之**是一个哲学家的最大责任，但这却鲜有发现。古代希腊各学派在这方面给我们提供的实例，比我们在我们这个**折中主义的**时代所发现的更多；在这个时代，各种互相矛盾的原理的某个**联盟体系**被极其虚伪和肤浅地做作出来，因为它更适合于一个满足于对一切都知道一点儿、对整体一无所知、但却对一切都能应付自如的公众。自身幸福的原则，无论在它那里使用了多少知性和理性，对于意志来说毕竟只包含有与**低级的**欲求能力相适合的规定根据，因而要么根本不存在高级的欲求能力，要么**纯粹理性**必须单就自身而言就是实践的，也就是说，仅仅通过实践规则的形式就能够规定意志，无须以任何一种情感为前提条件，因而无须惬意或者不惬意的表象，惬意或者不惬意是欲求能力的质料，这种质料在任何时候都是原则的一种
5〔25〕 经验性的条件。然而在这种情况下，理性惟有为自己本身来规定意志（不是为偏好效力），才是在病理学上可规定的欲求能力所从属的一种真正的**高级**欲求能力，并且现实地、甚至在**种类上**与前一种欲求能力有别，以至于哪怕与偏好的冲动有丝毫的混杂，都会损害理性的强大和优越，就像把丝毫经验性的东西当做数学证明的条件就会降低和消除这一证明的尊严和坚定性一样。理性在一个实践法则中直接规定意志，并不借助

参与其间的愉快和不快的情感，哪怕是对这一法则的愉快和不快的情感，而是惟有它作为纯粹理性就能够是实践的这一点，才使它有可能是**立法的**。

附释二

成为幸福的，这必然是每一个有理性但却有限的存在者的要求，因而也是他的欲求能力的一个不可避免的规定根据。因为他对自己的整个存在的满意绝不是一种源始的财产，不是以他的独立自足性的意识为前提条件的永福，而是一个由他的有限本性本身强加给他的问题，因为他有需要，而且这种需要涉及他的欲求能力的质料，亦即与一种主观上作为基础的愉快或者不快的情感相关的东西，由此他为了对自己的状态感到满意而需要的东西就得到了规定。但正是由于这个质料性的规定根据只能被主体经验性地认识，所以就不可能把这项任务视为一个法则，因为法则在一切场合、对一切有理性的存在者都是客观的，必然包含着意志的**同一个规定根据**。因为尽管幸福的概念到处都是**客体**与欲求能力的实践关系的基础，但它却毕竟只是主观的规定根据的普遍称号，并不特别地规定任何东西，而这却是在这一实践的任务中惟一涉及的东西，而且没有这样的规定，这个实践的任务就根本不能得到解决。也就是说，每个人要把自己的幸福设定在何处，取决于每个人自己特殊的愉快和不快的情感，甚至在同一个主体里面也取决于根据这种情感的变化而各不相同的需要，因此一个**主观上必然的**法则（作为自然法则）**在客观上**就是一个极其**偶然的**实践原则，它在不同的主体中可以而且必然是很不同的，所以永远不能充当一个法则，因为就对幸福的欲望来说，事情并不取决于合法则性的形式，而是仅仅取决于质料，亦即我在遵循法则时是否可以期望得到快乐，以及可以期望得到多少快乐。自爱的原则虽然能够包含技巧（为意图找到手段）的普遍规则，但在这种情况下它们就只 5〔26〕
是一些理论的原则①（例如想吃面包的人就必须想出一副磨子来）。然而，

① 一些命题在数学或者**自然学说**中被称为**实践的**，真正说来它们应当叫做**技术的**。因为这些学说根本不与意志规定相关；它们只是表明可能行动的那种足以产生某种结果的杂多而已，因而与所有那些表述原因与一个结果的联结的命题一样，都是理论的。谁愿意有结果，他也就必须容忍有原因。

基于这些原则的实践规范绝不可能是普遍的，因为欲求能力的规定根据是基于愉快和不快的情感的，这种情感绝不能被当做普遍地指向同一些对象的。

但是，即便假定有限的理性存在者也就他们必须当做他们的快乐或者痛苦的情感的客体的东西而言，同样甚至就他们为了达到快乐和防止痛苦而必须利用的手段而言，都想得完全一样，**自爱的原则**也仍将完全不能被他们冒充为**任何实践的法则**；因为这种一致本身毕竟只是偶然的。这个规定根据一直还会只是主观有效的和纯然经验性的，并不会具有在每一个法则中所设想的那种必然性，亦即出自先天根据的客观必然性；除非人们根本不把这种必然性冒充为实践的，而是冒充为纯然物理的，亦即这行动是由我们的偏好不可避免地强加给我们的，就如同我们看到别人打哈欠时打哈欠一样。人们宁可主张根本就不存在实践的法则，而是只有为了我们的欲望起见的**建议**，也不能主张把纯然主观的原则提升到实践法则的等级，后者拥有完全客观的、并非仅仅主观的必然性，并且必须通过理性先天地来认识，而不是通过经验来认识（无论这种经验在经验性上如何普遍）。甚至那些一致的现象的规则被称为自然法则（例如力学法则），也只是当人们要么实际上先天地认识它们，要么毕竟（如对于化学法则来说）假定如果我们的洞识更加深刻就会先天地从客观根据出发认识它们的时候。不过，对于那些纯然主观的实践原则来说，被明确地当做条件的是，必须被当做它们的基础的，不是任性的客观条件，而是任性的主观条件；因此，它们在任何时候都只能被当做纯然的准则、但绝不能当做实践的法则来说明。这后一个附释乍一看显得是纯然的咬文嚼字；但它却是对惟有在实践的研究中才能予以考察的极为重要的区别的语词规定。

5〔27〕 **第 4 节**

定理三

如果一个有理性的存在者应当把他的准则设想为实践的普遍法则，那么，他就只能把这些准则设想为这样一些原则，它们不是按照质料，而是仅仅按照形式包含着意志的规定根据。

一个实践原则的质料是意志的对象。这个对象要么是意志的规定根据，要么不是。如果它是意志的规定根据，那么，意志的规则就会服从一个经验性的条件（服从作出规定的表象与愉快和不快的情感的关系），从而就会不是实践的法则。如今，如果人们抽掉一切质料，亦即意志的任何对象（作为规定根据），那么，除了一种普遍的立法的纯然形式之外，一个法则就不剩下什么东西了。因此，一个有理性的存在者要么根本不能把**他的**主观实践的原则亦即准则同时设想为普遍的法则，要么必须假定，这些准则的纯然形式，即它们**适宜于普遍立法**所依据的形式，独自就使它们成为实践的法则。

附释

准则中的哪种形式适宜于普遍的立法，哪种形式不适宜于普遍的立法，普通的知性无须指导也能够作出分辨。例如，我把用一切可靠的手段扩大我的财产当做我的准则。现在，我手头有一件**寄存物**，它的所有者已经去世，而且没有留下这方面的任何字据。这当然就是我的准则所喜欢的。现在我想知道的只是，那条准则是否也可以被视为普遍的实践法则。因此，我把那条准则运用于当前的事例，并且问，它是否能够取得一条法则的形式，因而我是否能够通过我的准则给出这样一条**法则**：每个人都可以否认一件无人能够证明是存放在他这里的寄存物。我马上就发觉，这样一条原则作为法则将会取消自己本身，因为它将会使得根本不存在寄存物。我为此所认识的实践法则必须获得普遍立法的资格；这是一个同一命题，因而是自明的。如果我现在说：我的意志服从一条实践法则，那么，我就不能援引我的偏好（例如在当前事例中我的占有欲）来作为意志的适合做一条普遍的实践法则的规定根据；因为这种偏 5〔28〕
好远不能适宜于某种普遍的立法，毋宁说它必定在一条普遍的法则的形式中耗尽自身。

因此奇怪的是，一些明理的人士怎么会由于对幸福的欲望，因而还有每个人把幸福设定为自己的意志的规定根据所凭借的**准则**是普遍的，就想到由此把它冒充为一条普遍的**实践法则**。因为既然一条普遍的自然法则通常都使一切相一致，所以在这里，如果人们要赋予准则以一条法则的普遍性，就恰恰会导致与一致性的极端对立，导致准则本身与其意图的严重冲突和完全毁灭。因为在这种情况下，所有人的意志并不具有同一个客体，而是每一个人都有他自己的客体（他自己的福利），这个客体虽然也能够与其他人的同样是针对其自身的意图偶然相合，但还远不足以成为法则，因为人们有权偶尔作出的例外是无穷无尽的，根本不能被确定地包含在一条普遍的规则中。以这种方式，就出现了一种和谐，它类似于某首讽刺诗关于一对自杀夫妇的情投意合所描述的和谐：**啊，美妙的和谐！他想要的，亦是她想要的**，等等；或者人们关于国王**弗兰西斯**一世面对皇帝**查理**五世的自命自许所讲述的：我的兄弟查理所想要的（米兰），亦是我想要的。经验性的规定根据不适宜于任何普遍的外部立法，但也同样不适宜于内部的立法，因为每个人都以自己的主体作为偏好的根据，而另一个人则以另一个主体作为偏好的根据，而在每一个主体本身中时而是这个偏好，时而是另一个偏好占有影响的优势。要找出一条法则把这些偏好全都统辖在这个条件下，亦即所有各方面都协调一致，那是绝对不可能的。

第 5 节

课题一

假设惟有准则的纯然立法形式才是一个意志的充足规定根据，课题是找到惟有因此才能被规定的意志的性状。

既然法则的纯然形式只能由理性来表现，因此不是感官的对象，故而也不属于显象，所以，它的表象作为意志的规定根据就不同于按照因
5〔29〕果性法则的自然中的种种事件的一切规定根据，因为在这些事件那里，进行规定的根据自身必须是显象。但如果没有意志的任何别的规定根据，而只有那个普遍的立法形式能够对于意志来说充当法则，那么，这样一个意志就必须被设想为完全独立于显象的自然法则，亦即独立于因果性法则，进一步说独立于前后相继法则。但这样一种独立性在最严格的，亦即先验的意义上就叫做**自由**。因此，惟有准则的纯然立法形式才能够充当其法则的意志，就是一个自由意志。

第 6 节

课题二

假设一个意志是自由的，课题是找出惟一适宜于必然规定意志的法则。

既然实践法则的质料，亦即准则的一个客体，永远只能经验性地被给予，但自由意志作为独立于经验性的（亦即属于感官世界的）条件的，却仍然必须是可规定的，所以，一个自由意志，独立于法则的**质料**，却仍然必须在法则中找到一个规定根据。但是，除了法则的质料之外，在法则中所包含的就无非是立法的形式了。因此，立法的形式只要包含在准则中，它就是惟一能够构成意志的一个规定根据的东西。

附释

因此，自由和无条件的法则是彼此相互回溯的。我在这里现在并不问：它们是否也在事实上各不相同，不是毋宁说，一个无条件的法则纯然是一个纯粹实践理性的自我意识，而纯粹实践理性则与自由的积极概念完全是一回事；而是要问：我们对无条件实践的东西的**认识**是从哪里**开始**的，是从自由开始，还是从实践法则开始。从自由开始是不可能的；原因在于，我们既不能直接地意识到自由，因为它的最初概念是消极的，也不能从经验推论到自由，因为经验给予我们供认识的只是显象的法则，从而只是自然的机械作用，这恰恰是自由的对立面。因此，正是我们（一旦我们为自己拟定意志的准则就）直接意识到的**道德法则**，才**最先**呈现给我们，并且由于理性把它表现为一个不能被任何感性条件胜过的，甚至完全不依赖于这些条件的规定根据，而恰好导向自由概念。但是， 5〔30〕
对那个道德法则的意识又是如何可能的呢？我们能够意识到纯粹的实践法则，就像我们意识到纯粹的理论原理一样，因为我们注意到理性给我们规定它们所用的必然性，而且注意到理性向我们指出的对一切经验性条件的隔离。一个纯粹意志的概念源自前者，如同一个纯粹知性的意识源自后者一样。至于说这就是我们这些概念的真正的隶属关系，而道德首先向我们揭示自由的概念，从而**实践理性**首先以这个概念向思辨理性提出了最无法解决的问题，通过这个概念使思辨理性陷入最大的困境，这一点已经由如下情况得到说明：既然从自由概念出发在显象中没有任何东西能够得到解释，相反在这里永远必须是自然机械作用构成导线，此外当纯粹理性要上升到原因系列中的无条件者的时候，它的二论背反也就在这一方和另一方同样地卷入到不可理解的东西之中，然而后者（机械作用）毕竟至少在解释显象时有可用性，所以如果不是道德法则以及实践理性与它一起参与进来，并把这个概念强加给我们的话，人们是永远也不会冒险把自由引入科学的。但是，就连经验也证实了我们心中的这种概念秩序。假设某人为自己淫欲的偏好找借口说，如果所爱的对象和机会都来到他面前，那么这偏好对他来说是完全不可抗拒的：如果在他遇到这种机会的房子前面竖起一个绞架，在他享受过淫欲之后马上把他吊在上面，他在这种情况下是否还会不克制自己的偏好呢？人们可以很快猜出他会怎样回答。但如果问他，如果他的君王以同一种毫不拖延的死刑相威胁，无理要求他对于君王想以莫须有的罪名来诋毁的一个清白人提供伪证，此时无论他对生命的热爱有多大，他是否会认为有可能克服这种热爱呢？他是会这样做还是不会这样做，这是他也许不敢作出保证的；但他必定毫不犹豫地承认，这样做对他来说是可能的。因此他作出判断，他能够做某事乃是因为他意识到他应当做某事，并在自身中认识到通常没有道德法则就会依然不为他所知的自由。

第 7 节

纯粹实践理性的基本法则

要这样行动，使得你的意志的准则在任何时候都能同时被视为一种普遍的立法的原则。

5〔31〕 附释

纯粹几何学有一些作为实践命题的公设，但它们所包含的无非是这样一个预设，即人们如果被要求应当做某事就**能够**做某事，而这些命题就是纯粹几何学仅有的涉及一个存在的那些命题。因此，这就是一些在意志的一种或然条件下的实践规则。但在这里规则却说：人们应当绝对地以某种方式行事。所以实践规则是无条件的，因而被表现为定言的先天实践命题，意志由此绝对地和直接地（通过实践规则本身，因而这规则在此就是法则）在客观上得到规定。因为**纯粹的、就自身而言实践的理性**在这里是直接立法的。意志作为独立于经验性条件的，作为纯粹意志，被设想为**被法则的纯然形式**所规定的，而这个规定根据则被视为一切准则的最高条件。这件事情是足够令人惊讶的，而且在全部其他实践知识中都没有同样的东西。因为关于一种可能的普遍立法的，因而仅仅是或然的先天思想，不从经验或者任何一个外在意志借取某种东西，就被无条件地要求作为法则。但这也不是一个行动应当发生，从而使一个被欲求的结果成为可能所依据的一个规范（因为那样的话，这规则就会永远在物理上有条件了），而是一个仅仅就意志的准则形式而言来先天地规定意志的规则，而这时至少设想一个仅仅用于种种原理的**主观**形式的法则，作为凭借一般法则的**客观**形式的规定根据，就不是不可能了。人们可以把这条基本法则的意识称为理性的一个事实，这不是因为人们能够从理性的先行资料出发，例如从自由的意识出发（因为这个意识不是被预先给予我们的）玄想出这一法则，而是因为它独立地作为先天综合命题把自己强加给我们，这个先天综合命题不是基于任何直观，既不是基于纯粹的直观也不是基于经验性的直观，尽管当人们预设意志的自由时它会是分析的，但这种意志自由作为积极的概念，就会要求有人们在这里根本不可以假定的一种理智直观。不过，为了把这条法则准确无误地视为**被给予的**，人们还必须注意：它不是任何经验性的事实，而是纯粹理性的惟一事实，纯粹理性借此宣布自己是源始地立法的（sic volo, sic jubeo［我如何想，便如何吩咐］）。①

推论

纯粹理性单凭自身就是实践的，并给予（人）一条我们称之为**道德法则**的普遍法则。

附释 5〔32〕

前面所说的事实是不可否认的。人们可以只是分析一下众人关于自

① 尤维纳利斯：《讽刺诗集》，Ⅵ，223；不过原文是：Hoc volo，sic iubeo，sit pro ratione voluntas［我如此想，便如此吩咐，无需理由，而是意志］。——科学院版编者注

己的行动的合法则性所作的判断，于是人们在任何时候都将发现，无论偏好在这中间会说什么，他们的理性却仍然坚定不移地和自我强制地把采取一个行动时意志的准则保持在纯粹意志上，亦即保持在自己身上，因为它把自己看做先天地实践的。如今，正是为了不顾意志的一切主观差异而使这条道德原则成为意志形式上的最高规定根据的那种立法的普遍性，理性才把这条道德原则同时宣布为一条对于一切有理性的存在者的法则，只要他们一般而言具有意志，亦即具有通过规则的表象来规定自己的因果性的一种能力，因而只要他们有能力按照原理，从而也按照先天的实践原则（因为惟有这些原则才具有理性为原理所要求的那种必然性）来行动。因此，这条原则并不仅仅局限于人，而是涉及一切具有理性和意志的有限存在者，甚至也包括作为最高理智的无限存在者在内。但在前一种场合，法则具有一种命令式的形式，因为人们虽然能够在作为有理性的存在者的人身上预设一个**纯粹的**意志，但在作为用需要和感性动因来刺激的存在者的人身上却不能预设任何**神圣的**意志，亦即这样一种意志，它不能有任何与道德法则相冲突的准则。因此，道德法则在人这里是一个**命令式**，它以定言的方式发布命令，因为这法则是无条件的；这样一个意志与这条法则的关系就是**依赖性**，名之为责任，它意味着对采取某个行动的一种**强制**，虽然只是通过理性及其客观法则来强制的，所以它叫做**义务**，因为一种在病理学上刺激起来的（虽然并不由此被规定，从而也永远是自由的）任性带有一种愿望，这愿望产生自**主观**的原因，因而也可能经常与纯粹的客观规定根据相悖，从而需要实践理性的某种抵抗来作为道德上的强制，这种抵抗可以被称为内部的，但却是理智的强制。在最为充足的理智中，任性就正当地被表现为不可能有任何不同时能够在客观上是法则的准则，而因此之故应当归于它的那个**神圣性**概念，虽然并没有使任性超越一切实践法则，但却使它超越一切实践上能限制的法则，从而超越责任和义务。意志的这种神圣性仍然是一个必须不可避免地用做原型的实践理念，无限地接近这个原型是一切有限的理性存在者有权利去做的惟一事情，而这个实践理念则经常地和正确地向他们指明纯粹的、因而自身也是神圣的道德法则，保证道德法
5〔33〕则的种种准则的这种无限发展的进程和这些准则在不断的前进中的始终不渝，亦即德性，这是有限的实践理性所能达成的最高的东西，这种德

性本身又至少作为自然获得的能力是永远不能完成的，因为这种保证在这样的场合里不会成为无可置疑的确定性，而且作为臆信是很危险的。

第 8 节

定理四

意志的**自律**是一切道德法则和符合这些法则的义务的惟一原则；与此相反，任性的一切**他律**不仅根本不建立任何责任，而且毋宁说与责任的原则和意志的道德性相悖。因为道德性的惟一原则就在于对法则的一切质料（亦即一个被欲求的客体）有独立性，同时又通过一个准则必须能够有的纯然普遍立法形式来规定任性。但是，那种**独立性**是**消极**意义上的自由，而纯粹的理性、且作为纯粹的而是实践的理性的这种**自己立法**却是**积极**意义上的自由。因此，道德法则所表达的，无非是纯粹实践理性的**自律**，亦即自由的自律，而这种自律本身是一切准则的形式条件，惟有在这条件下它们才能够与最高的实践法则相一致。因此，如果只能是与法则相结合的某种欲求的客体的意欲质料进入实践法则**作为它的可能性的条件**，那么，由此就形成任性的他律，亦即对遵从某种冲动或者偏好的自然法则的依赖性，而意志就不是自己给自己提供法则，而只是提供合理地遵循病理学法则的规范；但是，以这样的方式永远不能在自身包含普遍立法形式的那种准则，就不仅不能以这种方式确立任何责任，而且本身是与一种**纯粹的**实践理性的原则，因而由此与道德意向相悖的，即使从中产生的行动是合乎法则的。

附释一 5〔34〕

因此，一个带有质料性的（因而经验性的）条件的实践规范必须永远不被归为实践法则。因为纯粹意志是自由的，它的法则把意志置于一个与经验性领域完全不同的领域中，而它所表达的必然性，由于不应当是任何自然的必然性，所以只能在于一般法则的可能性的形式条件。实践规则的一切质料所依据的永远是主观的条件，这些条件使实践规则获得的不是对有理性的存在者的普遍性，而仅仅是有条件的普遍性（在我**欲求**这件或者那件我为了使它成为现实就必须去做的事情的情况下），而且它们全都围绕着**自身幸福**的原则转。如今，当然不可否认的是，一切意欲也都必须有一个对象，从而有一种质料；但这质料却并不因此就正好是准则的规定根据和条件；因为如果它是这样，那么，这个准则就不能以普遍立法的形式展示出来了，因为对于对象的实存的期待在这种情况下就会是任性的规定原因，而欲求能力对某一个事物的实存的依赖就必然被当做意欲的基础，这种实存永远只能在经验性的条件中来寻找，因而永远不能充当一个必然的和普遍的规则的根据。这样，别的存在者的幸福将可能是一个有理性的存在者的意志的客体。但是，如果这种幸福是准则的规定根据，那么，人们就会必须预设，我们在别人的福利中不仅发现一种自然的快乐，而且还发现一种需要，就像富有同情的气质在人身上所造成的那样。但是，我不能在任何一个有理性的存在者那里都预设这种需要（在上帝那里就根本不能）。因此，虽然准则的质料还可以保留，但它必须不是准则的条件，因为若不然，这准则就不适宜于做法则。因此，一个限制质料的法则的纯然形式，必须同时是把这质料附加给意志的根据，但并不以质料为前提条件。例如，这质料可以是我自己的幸福。如果我把这种幸福赋予每个人（就像我实际上在有限的存在者那里可以做的那样），那么，它就惟有在我把别人的幸福也一并包含在它里面的情况下，才能够成为一个**客观的**实践法则。因此，"促进他人幸福"的法则并不是产生自"这对每个人自己的任性来说都是一个客体"这个预设，而是产生自：理性当做给自爱准则提供一个法则的客观有效性的条件所需要的普遍性的形式，成为意志的规定根据，因而客体（别人的幸福）并不是纯粹意志的规定根据，相反，惟有纯然的法则形式，才是我用来限制我的基于偏好的准则，以便使它获得一个法则的普遍性，
5〔35〕并使它这样适合纯粹的实践理性；惟有从这种限制中，而不是从一个外在的动机的附加中，才能产生出把我的自爱准则也扩展到别人的幸福上去的责任的概念。

附释二

如果**自身**幸福的原则被当做意志的规定根据，那么，这恰好就是道德原则的对立面；就像我上面已指明的那样，一般来说凡是不把应当用为法则的规定根据设定在准则的立法形式中，而是设定在别的什么地方

的，都必须归于此列。但是，这种冲突并不像经验性地有条件的、但人们却想将之提升为必然的知识原则的规则之间的冲突那样，纯然是逻辑上的，而是实践的，并且如果理性与意志相关的呼声不是如此清晰，如此不可盖过，甚至对于最普通的人也如此可以听清，这种冲突就会完全毁掉道德；但是，这种呼声却只能还保持在各学派的搅乱头脑的思辨中，这些学派足够胆大包天，为了维护一种不值得伤脑筋的理论而对那种上天的呼声充耳不闻。

如果你平时喜欢的一位朋友以为可以这样在你那里为作出的一项伪证进行辩护：他首先借口自身幸福是依他所说的神圣义务，然后列举他由此所赢得的一切好处，举出他为防止任何人发现，甚至也防止你本人这方面的发现而遵循的聪明，他之所以向你透露这个秘密，只是因为他任何时候都能够否认这一秘密；此后他极为严肃地伪称，他已经履行了一项真正的人类义务；那么，你会要么当面取笑他，要么对此厌恶地退避三舍，即使你在有人仅仅依据自己的好处来操纵自己的原理时不能提出丝毫的东西来反对这种规则。或者假定有人向你们推荐一个人做管家，说你们可以不加考虑地把自己的事务都托付给他，而且为了引起你们的信赖，他称赞此人是一个聪明人，很会关照自己的利益，他又是一个不知疲倦地做事的人，不让这方面的机会未加利用就溜走，最后，为了不让对此人粗鄙的自私自利的顾虑有妨碍，他称赞此人如何懂得正直地生活，不是在聚敛钱财或者毫无顾忌的享乐中，而是在自己的知识的扩展中，在精心选择的富有教益的交往中，甚至在对穷人的行善中，寻求自己的快乐，但除此之外不会由于手段（手段有无价值毕竟只来自目的）而有所顾虑，而且别人的钱财用于此处，只要他知道自己可以不被发现 5〔36〕
且不受阻碍地这样做，对他来说就像是他自己的钱财一样：那么，你们会要么相信，推荐人是在戏弄你们，要么就是他失去理智了。——道德和自爱的界限如此截然分明，以至于连最平庸的眼睛也根本不会错过某事是属于道德还是属于自爱这种区别的。以下几点说明对于一个如此明显的真理来说虽然可能显得是多余的，但它们毕竟至少可以用来使普通人类理性的判断获得更多一些清晰性。

幸福的原则虽然能够充当准则，但永远不能充当适宜于做意志法则的那样一些准则，哪怕是人们把**普遍的**幸福当做自己的客体。这是因为，由于对幸福来说，它的知识是基于纯粹的经验材料的，由于对此的每一个判断都极为依赖每个人自己的经验，而这种经验本身又还是极易变化的，所以，这判断也许能够给出**一般性的**规则，但永远不能给出**普遍性的**规则，亦即也许能够给出平时极经常地适用的规则，但却不能给出必须在任何时候都必然有效的规则，因而没有任何实践**法则**能够建立在这上面。正是由于在这里任性的客体为任性的规则提供了基础，因而必然先行于任性，所以这种规则就不能与别的什么东西，而只能与人们所推荐的东西，因而与经验相关，并建立在它上面，而且在这里，判断的差异必然是无穷无尽的。因此，这个原则并不给一切有理性的存在者规定同样一些实践规则，哪怕这些规则都处于一个共同的名目，亦即幸福的名目之下。但是，道德法则之所以被设想为客观必然的，只是因为它应当对每一个具有理性和意志的人都有效。

自爱的准则（聪明）只是**建议**，道德的法则却是**命令**。但是，在人们**建议**给我们的事情和我们**负有责任**的事情之间，毕竟有一种巨大的区别。

按照任性的自律原则要做的事情，对于最普通的知性来说是极容易、不加考虑就可以看出的；而在任性的他律的前提条件下要做的事情，则很难看出，要求有世间知识；也就是说，是义务的东西，自行呈现给每一个人；但带来真正的、持久的好处的东西，则每当要把这好处扩展到整个人生的时候，它就被笼罩在无法穿透的黑暗中，要求有诸多聪明，来使与之相称的实践规则通过机敏的例外，哪怕差强人意地与人生的目的相适合。然而，道德法则却命令每个人遵守，而且是一丝不苟地遵守。因此，要判断按照道德法则应当做的事情，必定不是很难，最普通、最未经训练的知性哪怕没有处世经验也会知道如何对待。

遵守道德的定言命令，这任何时候都在每个人的控制之中，而遵守
5〔37〕经验性上有条件的幸福规范，则很少如此，而且远远不是对每个人都可能的，哪怕只是就一个惟一的意图而言。原因在于，事情在前者那里仅仅取决于必须是真正的和纯粹的准则，在后者那里却还取决于使一个所欲求的对象成为现实的力量和自然能力。每一个人都应当力求使自己幸福，这个命令是愚蠢的；因为人们从不命令某人做他已经不可避免地自行要做的事情。人们必须只命令他规则，或者毋宁说告诉他规则，因为

他不可能做到他想做的一切。但是，以义务的名义命令有道德，则是完全合乎理性的；因为德性的规范首先恰恰不是每个人都乐意服从的，如果它与偏好相冲突的话，至于他如何能够遵守这条法则的做法，在这里是无须教导的；因为他在这方面想做的事情，他也能够去做。

在赌博中**输**了的人，也许会对自己和自己的不聪明感到**恼火**。但如果他意识到自己在赌博中曾经**使诈**（哪怕他因此赢了），那么，只要他用道德法则对照一下自己，他就必定**蔑视**自己。因此，道德法则必定是与自身幸福的原则有所不同的东西。因为不得不对自己说：尽管我充实了自己的钱袋，我却是一个**卑鄙小人**，这与赞许自己说：我是一个**聪明**人，因为我充实了自己的钱袋相比，毕竟还必须有一条不同的判断准绳。

最后，在我们的实践理性的理念中，还有某种东西伴随着对一条道德法则的逾越，亦即这种逾越的**该受惩罚**。现在，享受幸福是根本不能与一种惩罚本身的概念结合在一起的。因为尽管如此作出惩罚的人可能怀有善良的意图，即使这种惩罚也指向幸福目的，但惩罚毕竟必须事先作为惩罚，亦即作为纯然的坏事，才就自身而言是理由充足的，以至于受罚者即便情况依旧，即便他看不出在这种严厉背后隐藏有任何好意，也不得不自己承认，这对于他来说是做得公正的，而且他的命运是与他的作为完全相符的。在任何惩罚本身中，都必须首先有正义，而正义就构成惩罚概念的本质。与正义相结合的虽然也可能有善意，但该受惩罚者根据自己的行为却没有丝毫理由去指望这种善意。因此，惩罚是一种物理上的坏事，它即使不会作为**自然的**后果而与道德上的恶相结合，但却必定会作为按照一种道德立法的原则的后果而与之相结合。现在，如果一切犯罪，哪怕不看就犯罪而言的物理学后果，自身就是可惩罚的，亦即（至少部分地）失去了幸福，那么，说犯罪恰恰在于他由于损害了他自身的幸福（按照自爱原则，一切犯罪的本真概念必定都会是这样） 5〔38〕
而招致了一种惩罚，这就显然会是无稽之谈了。以这种方式，惩罚就会是把某事称为犯罪的根据了，而正义反倒必定会在于放弃一切惩罚，甚至阻止自然的惩罚；原因在于，在这种情况下，行动中就会不再有恶，因为通常继之而起的、仅仅为此行动才叫做恶的那种坏事，从现在起就被拦住了。但尤其是，把一切惩罚和奖赏都仅仅视为一个更高的权力手中的设备，它仅仅应当用来借此使有理性的存在者为自己的终极意图

（幸福）而活动，这极为明显的是他们的意志的一种取消一切自由的机械作用，我们在此没有必要多说。

尽管同样不真实、但却更为精巧的是，那些假定某种特殊的道德感官的人的托词。据说是这种感官，而不是理性，在规定着道德法则，按照这种感官，德性的意识是直接与满足和快乐相结合，而罪恶的意识则是与灵魂的不安和痛苦相结合的，这样他们就把一切都推到对自身幸福的要求上了。我不想把上面所说的东西拉扯到这里，而只想说明这里所发生的欺骗。为了把有罪之人表现为因意识到自己的犯罪而受心灵不安的折磨的，他们就必须根据他的品质的最主要基础已经事先把他表现为至少某种程度上是道德上善的，就像把意识到合乎义务的行动就感到快活的人事先已经表现为有道德的一样。因此，道德性和义务的概念毕竟必须先行于对这种满足的考虑，而根本不能从这种满足中派生出来。但现在，为了感受意识到自己符合义务时的那种满足和人们能够责备自己逾越道德法则时的严厉斥责，人们必须预先估量我们称为义务的东西的重要性、道德法则的威望和遵循道德法则使个人亲眼看到的直接价值。所以，人们不可能先于对责任的认识而感到这种满足或者灵魂的不安，并把它们作为这种认识的基础。为了能对那些感觉哪怕只是形成一个表象，人们必须至少大半已经是一个正直的人。此外，就像人的意志凭借自由可以由道德法则直接规定一样，符合这种规定根据的经常履践在主观上最终也能造成一种对自己本身的满足感，这一点我是根本不否认的；毋宁说，确立并培植真正说来惟一值得被称为道德感的情感，这本身就属于义务；但是，义务的概念并不能由此派生出来，若不然，我们就会不得不去设想对一个法则本身的某种情感，并把只能通过理性来设想的
5〔39〕东西当做感觉的对象；这即使不应当成为十足的矛盾，也会完全取消义务的一切概念，而仅仅代之以更精巧的、时而与更粗俗的偏好陷入纷争的偏好的机械游戏。

如果我们现在把我们的实践理性（作为意志的一种自律）的形式上的最高原理与道德的一切迄今的质料上的原则进行比较，那么，我们就可以在一个表格中把其余一切原理都表现为这样的原理，通过它们，实际上除惟一的一个形式上的场合之外，同时穷尽了其他所有可能的场合，而且这样就显而易见地证明，寻找一条与现在讲述的原则不同的原则，

乃是白费力气。——也就是说，意志的一切可能的规定根据或者是纯然**主观的**，因而是经验性的，或者也是**客观的**和合理的；但这二者都或者是**外部的**，或者是**内部的**。

道德原则中实践的质料规定根据 5〔40〕

<table>
<tr><td colspan="3">主观的</td><td colspan="3">客观的</td></tr>
<tr><td colspan="2">外部的</td><td colspan="2">内部的</td><td>内部的</td><td>外部的</td></tr>
<tr><td>教育
（据蒙台涅）</td><td>公民宪法
（据曼德维尔）</td><td>自然情感
（据伊壁鸠鲁）</td><td>道德情感
（据哈奇森）</td><td>完善
（据沃尔夫和斯多亚学派）</td><td>上帝意志
（据克鲁修斯①和其他神学道德主义者）</td></tr>
</table>

处于左边的原则全都是经验性的，显然根本不适宜做道德的普遍原 5〔41〕
则。但右边的原则则是建立在理性之上的（因为作为事物的**性状**的完善和在**实体**中表现出来的最高的完善，亦即上帝，二者都惟有通过理性概念才可以设想）。不过前一个概念，亦即**完善**的概念，要么可以在**理论**意义上来采用，此时它无非意味着每一个事物在其种类中的完备性（先验的完备性），要么它意味着一个事物仅仅作为一般事物的完备性（形而上学的完备性），对此这里不能论及。但是，**实践**意义上的完善概念是一个事物对各种各样的目的的适用性和充足性。这种完善作为人的**性状**，因而作为内部的完善，无非就是**天赋**，而加强或者补充天赋的东西则是**技巧**。**实体**中的最高完善，亦即上帝，因而外部的**完善**（在实践的意图来看），就是这一存在者对一切一般目的的充足性。因此，如果现在必须预先把目的给予我们，惟有与它们相关完善（我们自身的一种内部的完善或者上帝那里的完善）的概念才能够成为意志的规定根据，但一个目的的作为必须先行于通过实践规则对意志的规定、并包含着这样一种规定的可能性的根据的**客体**，因而意志的**质料**作为意志的规定根据来看，在任何时候都是经验性的，从而能够用做**伊壁鸠鲁**的幸福论原则，但永远不能用做道德论和义务的纯粹理性原则（如同天赋和对天赋的促进只是由于它们对生活的好处有贡献，或者上帝的意志在与其相一致无须先行的、

① 莱比锡神学教授，参见《必然的理性真理大纲》，第 283、284、286 节，第 2 版，1753。——科学院版编者注

不依赖于其理念的实践原则就被当做意志的客体时，只能通过我们从中期待的**幸福**来成为意志的动因一样），那么结果就是：**第一**，在此提出的一切原则都是**质料的**；**第二**，它们包括一切可能的质料原则；而最后由此得出的结论是：由于质料原则完全不适宜做最高的道德法则（如已经证明的），纯粹理性的**形式上的实践原则**，即通过我们而可能的普遍立法的纯然形式构成意志的最高的和直接的规定根据所必须依据的原则，就是适宜于在规定意志时用做定言命令式亦即实践法则（这些法则使行动成为义务），并一般而言既在评判中又在应用于人类意志时用做道德原则的**惟一可能的**原则。

5〔42〕 **一、纯粹实践理性诸原理的演绎**

这个分析论阐明，纯粹理性能够是实践的，亦即能够独立地、不依赖于一切经验性的东西来规定意志——虽然这是通过一个事实，在其中纯粹理性在我们这里表明自己实际上是实践的，亦即是通过理性规定意志去行动所借助的道德原理中的自律。——这个分析论同时指出，上述事实与意志自由的意识是不可分割地结合在一起的，甚至与它就是一回事；通过这种意识，一个属于感官世界并认识到自己与服从其他起作用的原因一样必须服从因果性法则的理性存在者，其意志却在实践的东西中同时在另一方面，亦即作为存在者本身，意识到自己在事物的理知秩序中可以被规定的存在，虽然不是按照对它自己的某种特殊的直观，而是按照某些能够在感官世界中规定它的因果性的动力学法则；因为自由既然被赋予我们，就把我们置于事物的一种理知秩序之中，这在别的地方已得到充分的证明。

现在，如果我们把纯粹思辨理性批判的分析论部分与此进行比较，那么，就表现出两者相互之间的一种值得注意的对照。在那里，并非原理，而是纯粹的感性直观（空间和时间），才是使知识先天地、并且仅仅对于感官对象成为可能的最初材料。——原理仅仅出自概念而没有直观是不可能的，毋宁说，原理惟有与感性的直观相关，从而也惟有与可能经验的对象相关才能发生，因为知性的概念惟有与这种直观相结合，才使我们称之为经验的那种知识成为可能。——超出经验对象之外，因而关于作为本体的事物，思辨理性就被完全正当地剥夺了一种**知识**的一切积极的东西。——不过，思辨理性所做的事情就是这些，它保全了本体的概念，亦即保全了思维这种本体的可能性，乃至必要性，而且举例来说，它从消极方面来看针对一切责难拯救了自由，亦即假定与纯粹理论理性的那些原理和限制完全相容的自由，却对于这样的对象没有提供任 5〔43〕
何确定的东西供认识，因为它毋宁说完全切断了这方面的一切希望。

与此相反，道德法则尽管没有提供**希望**，但却仍然提供了一种从感官世界的一切材料和我们的理论理性应用的整个范围出发都绝对无法解释的事实，这个事实指示着一个纯粹的知性世界，甚至**积极地规定着**这个世界，使我们对它有所认识，亦即认识到一种法则。

这种法则应当使感官世界作为一个**感性自然**（就有理性的存在者来说）获得一个知性世界，亦即一个**超感性自然的**形式，却并不损害感官世界自身的机械作用。现在，最普遍意义上的自然就是事物在法则之下的实存。一般理性存在者的感性自然就是他们在经验性上有条件的法则之下的实存，因而对于理性来说就是**他律**。与此相反，同样这些存在者的超感性自然就是他们按照独立于一切经验性条件，因而属于纯粹理性的**自律**的那些法则的实存。而且既然这些法则是实践的，按照这些法则，事物的存在依赖于知识，所以，超感性自然就我们对它能够形成一个概念而言，无非就是**一个在纯粹实践理性的自律之下的自然**。但是，这种自律法则就是道德法则，因而它就是一个超感性自然和一个纯粹知性世界的基本法则，这个世界的倒影应当实存于感官世界中，但同时并不损害感官世界的法则。人们可以把前者称为我们仅仅在理性中才认识的**原本的**世界（natura archetypa［原本的自然］），而后者由于包含着前一个世界的理念作为意志的规定根据可能有的结果，可以称为摹本的世界（natura ectypa［摹本的自然］）。因为事实上，道德法则按照理念把我们置于这样一个自然中，在它里面，纯粹理性如果伴有与它相适合的物理能力，就会产生出至善来，而且道德法则还规定着我们的意志，去把这种形式赋予作为理性存在者之整体的感官世界。

对自己本身加以最普通的注意，就可以证实，这个理念确实像作出示范一般，是我们的意志规定的榜样。

如果我打算作证所依据的准则由实践理性来审核，我总是要看一看， 5〔44〕
倘若它被视为普遍的自然法则，它会是什么样子。显而易见，普遍的自然法则将会以这种方式迫使每个人讲真话。因为承认陈述是作证明的，尽管如此却又故意说假话，这与一个自然法则的普遍性是不能共存的。同样，我在自由处置自己的生命方面所采取的准则，如果我问一问自己，它必须怎样才能使一个自然按照它的一种法则维持下去，也就马上得到了规定。显然，没有人能够在这样一个自然中**任意地**结束自己的生命，因为这样一种状况不会是持久的自然秩序，在所有其他场合也都是这样。但现在，在现实的自然中，如它是经验的一个对象一样，自由意志并不是由自己而被规定有这样一些准则，它们按照普遍的法则独自就能够建立一个自然，或者哪怕是自动地与这样一个按照普遍的法则安排的自然相适应；毋宁说，这是一些私人偏好，它们虽然按照病理学的（物理学的）法则构成了一个自然整体，但却并不构成一个惟有通过我们的意志，按照纯粹的实践法则才有可能的自然。尽管如此，我们仍然通过理性意识到一条法则，我们的一切准则都服从它，就好像通过我们的意志必然会同时产生出一种自然秩序似的。因此，这条法则必定是一个并非经验性地被给予的、尽管如此却通过自由而可能的、从而超感性的自然的理念，我们至少在实践的关系中给予它以客观实在性，因为我们把它视为我们作为纯粹的理性存在者的意志的客体。

因此，在**意志所服从的**一个自然的法则与一个服从（就具有意志与其自由行动的关系的东西而言）**某个意志**的**自然**的法则之间，其区别乃是基于，对于前者来说，客体必须是规定意志的那些表象的原因，而对于后者来说，意志则应当是客体的原因，以至于意志的因果性只是在纯粹的理性能力中才有自己的规定根据，所以这种能力也可以被称为一种纯粹实践理性。

因此，这两个课题是很不相同的：**一方面**，纯粹理性如何能够先天地**认识**客体；**另一方面**，它如何能够直接地（仅仅通过它自己的准则作为法则的普遍有效性的思想）就是意志的规定根据，亦即有理性的存在者在客体的现实性方面的因果性的规定根据。
5〔45〕

第一个课题，属于纯粹思辨理性的批判，要求首先解释：没有直观，在任何地方就都没有任何客体能够被给予我们，因而也没有任何东西能够被综合地认识，但直观是如何先天地可能的呢？这个课题的解决将导致：直观全都只是感性的，因而也不允许任何比可能经验所及走得更远的思辨知识成为可能，因此，那种纯粹思辨理性的一切原理所建树的，无非就是使经验成为可能，这经验要么是关于被给予的对象的，要么是关于可以无限地被给予，但却永远不能被完全给予的对象的。

第二个课题，属于实践理性的**批判**，不要求解释欲求能力的客体是如何可能的，因为这仍然作为理论的自然知识的课题被托付给了思辨理性的批判，而是仅仅要求解释：理性如何能够规定意志的准则，这种规定是仅仅凭借作为规定根据的经验性表象而发生的，还是就连纯粹理性也是实践的，是一种可能的、根本不能经验性地认识的自然秩序的法则呢？这样一个超感性的自然，其概念同时就能够是其凭借我们的自由意志而有的现实性的根据，它的可能性并不需要任何先天直观（对一个理知世界的先天直观），这种直观在这一场合，作为超感性的，对于我们来说也必定会是不可能的。因为事情仅仅取决于意愿在其准则中的规定根据，取决于那个规定根据是经验性的，还是纯粹理性的一个概念（关于一般准则的合法则性的概念），以及它如何可能是后一种情况。意志的因果性对于客体的现实性来说是充足还是不充足，这仍然被托付给理性的理论原则去评判，是对意愿的客体的可能性的研究，因而对这些客体的直观在实践的课题中根本不构成其要素。事情在这里仅仅取决于意志的规定和意愿作为一个自由意志的准则的规定根据，而不取决于后果。因为只要**意志**对于纯粹理性来说是合乎法则的，那么，意志在履行时的**能** 5〔46〕
力就可以随便如何了，按照一个可能的自然之立法的这些准则可以现实地从中产生出这样一个自然，也可以不产生，批判根本不关心这一点，它在此研究纯粹理性是否以及如何能够是实践的，亦即直接地规定意志的。

因此，在这项工作中，批判可以无可指摘地从纯粹实践法则及其现实性开始，而且它必须由此开始。但是，它不是把直观，而是把这些法则在理知世界中的存在的概念，亦即自由的概念，当做这些法则的基础。因为这个概念并不意味着别的任何东西，而那些法则惟有与意志的自由相关才有可能，在意志自由的前提条件下则是必然的，或者反过来说，意志的自由是必然的，因为那些法则作为实践的公设是必然的。现在，对道德法则的这种意识，或者换句话说也一样，对自由的这种意识是如何可能的，就不能进一步解释了，惟有它们的可允许性才在理论批判中完全可以得到辩护。

对实践理性的最高原理的**阐述**现在已经作出了，也就是说，首先指明了它包含什么，即它是完全先天地、不依赖于经验性原则而独立存在的，其次指明了它在什么地方与其他一切实践原理区别开来。至于这个原理的客观的和普遍的有效性的**演绎**，亦即对这种有效性的辩护，以及对这样一个先天综合命题的可能性的洞识，人们就不能希望像在涉及纯粹理论知性的原理时那样顺利进行了。因为后者与可能经验的对象相关，亦即与显象相关，而且人们能够证明，惟有通过把这些显象按照那些法则的标准置于范畴之下，这些显象才能作为经验的对象被**认识**，因而一切可能的经验都必须与这些法则相适合。但是，我不能对道德法则的演绎采取这样一种进路。因为道德法则所涉及的不是关于可以在别的地方以某种方式给予理性的那些对象的性状的知识，而是这样的知识，即它本身能够成为对象实存的根据，而且理性通过这种实存就具有一个有理性的存在者中的因果性，亦即能够被视为一种直接规定意志的能力的纯粹理性。

但如今，一旦我们达到了基本的力量或者基本的能力，一切人类的
5〔47〕洞识就都到头了；因为这些力量或者能力的可能性是不能通过任何东西来理解的，但也同样不可以任意地来虚构和假定。因此，惟有经验使我们有权在理性的理论应用中假定它们。但是，就纯粹实践理性能力而言，这种取代从先天知识源泉出发进行演绎的代用品，即列举经验性的证据，也被从我们这里夺走了。因为凡是需要从经验中取得自己的现实性之证据的东西，按照其可能性的根据都必然依赖于经验原则，但纯粹而又实践的理性由于其概念就已经不可能被视为这样的东西。就连道德法则也仿佛是作为纯粹理性的一个事实而被给予的，这个事实是我们先天地意识到的，而且是无可置疑地确定的，即使人们在经验中找不到严格遵守道德法则的实例。因此，道德法则的客观实在性不能由任何演绎，由理论的、思辨的或者得到经验性支持的理性的任何努力来证明，所以即使人们要放弃无可置疑的确定性，也不能由经验来证实并这样后天地得到证明，尽管如此它仍是自身确定无疑的。

取代徒劳地寻求对道德原则的这种演绎的，是某种别的东西，而且是完全荒谬的东西，因为它反过来自己充当一种玄妙莫测的能力的演绎

原则。任何经验都不必证明这种能力，但思辨理性却（为了在它自己的宇宙论理念之下按照这能力的因果性找到无条件者，以免它自己与自己相矛盾）必须至少把它假定为可能的，这就是自由的能力。自身不需要任何辩护理由的道德法则不仅证明了自由的可能性，而且在认识到这一法则对自己有约束力的存在者身上证明了它的现实性。道德法则实际上就是因自由而有的因果性的法则，所以是一个超感性的自然的可能性的法则，就像感官世界中的种种事件的形而上学法则是感性自然的因果性的法则一样。因此，道德法则所规定的是思辨哲学不得不任其不被规定的东西，亦即其概念在思辨哲学中只具有消极性的因果性的法则，并因此而首先使这条法则获得了客观的实在性。

既然道德法则本身是作为自由这种纯粹理性的因果性的演绎原则而 5〔48〕
被提出来的，由于理论理性曾被迫至少**假定**一种自由的可能性，道德法则的这种信誉就完全足以取代一切先天的辩护来补偿理论理性的一种需要。因为道德法则以如下方式证明了自己的实在性，即使对于思辨理性的批判来说也是令人满意的，这就是它给一个曾经仅仅被消极地设想的、思辨理性批判无法理解但却不得不假定其可能性的因果性添加了积极的规定，亦即一个直接地（通过意志准则的普遍合法则的形式的条件）规定意志的理性的概念，而且这样一来就第一次能够赋予那在想要思辨地行事时总是以其理念越界的理性以客观的、虽然只是实践的实在性，并把理性的**超验的**应用转化为一种**内在的**应用（在经验的领域中通过理念本身就是作用因）。

感官世界作为这样一个世界，对它里面的存在者的因果性的规定就绝不能是无条件的，但对于这些条件的全部序列来说，却仍然必须有某种无条件者，因而也必须有一种完全由自身规定自己的因果性。所以，自由作为一种绝对自发性的能力，其理念曾经不是一种需要，而是**就其可能性而言**是纯粹思辨理性的一个分析原理。然而，既然绝不可能根据它而在某一个经验中给出一个实例，因为在作为显象的事物的原因中间不可能找到任何对这种绝对无条件的因果性的规定，所以，我们只有在把关于一种自由行动的原因的这个**思想**运用到感官世界的一个存在者——即使这个存在者在另一方面也被视为本体——身上时，才能为这一思想作**辩护**，因为我们指出过，就该存在者的一切行动都是显象而言

把它们视为物理上有条件的，同时却又就这个行动着的存在者是一个知
性存在者而言把这些行动的因果性视为物理上无条件的，并如此使自由
的概念成为理性的范导性原则，这并不自相矛盾。由此我虽然根本没有
认出被赋予这样一种因果性的那个对象是什么东西，但毕竟扫除了如下
事情上的障碍，即我一方面在解释世界上的事情，因而也解释有理性的
5〔49〕存在者的行动时，公正地对待从有条件者无限回溯到条件这种自然必然
性的机械作用；另一方面却给思辨理性保留下为它空出的位置，亦即理
知的东西，以便把无条件者置放到那里。但是，我不能把这个**思想变成**
实在的，亦即不能把它转化为对一个如此行动的存在者的**知识**，哪怕是
仅仅就其可能性而言。现在，纯粹实践理性通过理知世界中的一种确定
的因果性的法则（通过自由），亦即道德法则，填补了这个空出的位置。
这样一来，虽然现在对于思辨理性来说，在其洞识方面没有任何增添，
但毕竟在它或然的自由概念的**保障**方面有所增添。自由概念在这里获得
了**客观的**、虽然只是实践的、但却是无可怀疑的**实在性**。甚至因果性概
念，它的应用、因而还有它的意义，本来只是与显象相关，为了把显象
联结成为经验才出现的（如同《纯粹理性批判》所证明的那样），纯粹实
践理性也没有把它扩展到使它把自己的应用延伸到上述界限之外的程度。
因为如果纯粹实践理性旨在于此，那它就会必然想指出，根据与后果的
逻辑关系如何能够在与感性直观不同的另一类直观那里得到综合的应用，
亦即 causa noumenon［作为本体的原因］是如何可能的；这是它根本不
能提供的，但它作为实践理性也根本不考虑这件事，因为它仅仅把作为
感性存在者的人的因果性（这已经被给予）的**规定根据**设定**在纯粹理性**
中（这理性因此而叫做实践的），因而能够在这里完全抽掉原因概念为了
理论知识而在客体上的应用（因为这个概念总是在知性中，也独立于一
切经验，而被先天地发现），不是为了认识对象，而是为了就一般对象而
言规定因果性，因而不在别的意图上，仅仅在实践的意图上使用原因概
念，所以就能够把意志的规定根据置于事物的理知秩序之中，因为它同
时乐于承认，根本不理解原因概念对于认识这些事物能够有什么规定。
它当然也必须以某种方式来认识意志在感官世界中的行动方面的因果性，
因为若不然，实践理性就会不能现实地产生任何行为。但是，它并不需
5〔50〕要在理论上为了认识它自己作为本体的因果性的超感性实存而去规定它

关于这种因果性形成的概念，因而不需要就此而言能够赋予这概念以意义。因为这概念本来就获得了意义，虽然只是为了实践的应用，亦即通过道德法则获得的。即便在理论上看，这概念也仍然是一个纯粹的、先天被给予的知性概念，它可以被运用于对象上，无论这些对象是感性地还是非感性地被给予的；尽管它在后一种场合里不具有任何确定的理论意义和理论应用，而仅仅是知性关于一个一般客体的一个形式上的思想，但毕竟是根本的思想。理性通过道德法则使它获得的意义仅仅是实践的，因为一个因果性（意志）的法则，其理念本身就具有因果性，或者本身就是因果性的规定根据。

二、实践理性在实践应用中作出一种它在思辨应用中本身不可能作出的扩展的权限

根据道德原则，我们提出了一条把因果性的规定根据置于感官世界的一切条件之上的因果性法则，并且**思考**了意志，看它作为属于一个理知世界的，而如何是可以被规定的，因而把这个意志的主体（人）不仅作为属于一个纯粹知性世界的、尽管在这种关系中不为我们所知的而加以思考（就像根据纯粹思辨理性的批判就能够做到的那样），而且借助于一条根本不可能被列为感官世界的自然法则的法则，对这个意志就其因果性而言作出了**规定**，因而就把我们的知识**扩展**到了感官世界的界限之外，而《纯粹理性批判》毕竟曾宣布这种僭妄在一切思辨中都毫无意义。如今在这里，纯粹理性的实践应用与它的理论应用就其能力的界限规定而言如何能够一致起来呢？

关于**大卫·休谟**，人们可以说他真正开始了对一种纯粹理性的种种权利的一切反驳，这些反驳使对纯粹理性的全部研究成为必要的。他是这样推论的：**原因**概念是一个包含着把不同的东西的实存联结起来，而 5〔51〕 且是就其不同而言联结起来的**必然性**的概念，以至于如果设定了 A，我就认识到也必须有某种与它完全不同的东西亦即 B 必然地实存。但必然性惟有在一种联结先天地被认识的时候才能被赋予该联结；因为经验关于一种结合提供出来供认识的只会是它存在，却不会是它如此必然地存在。如今，他说道，一个事物和**另一个**事物之间（或者一个规定与另一个与它完全不同的规定之间）的结合，如果没有在知觉中被给予的话，

先天地认识它并把它认识为必然的，这是不可能的。因此，一个原因的概念本身就是捏造的和骗人的，最客气地说是一种在这方面尚可原谅的错觉，因为把经常相互并存或者相互继存的某些事物或者它们的规定感知为相互伴随的，这种**习惯**（一种**主观**必然性）不知不觉地被当成一种在对象本身中设定这样一种联结的**客观**必然性了，这样一来，一个原因的概念就被骗取了，但它不是合法地获得的，甚至绝不可能被获得或者被认证，因为它要求的是一种就自身而言毫无意义的、幻想出来的、在任何理性面前都站不住脚的联结，根本不可能有任何客体某个时候与这种联结相符合。——这样，首先就涉及事物实存的一切知识而言（因而数学还是被排除在外），**经验论**就被当做种种原则的惟一来源而引入了，但与它同时引入的还有就（作为哲学的）整个自然科学而言的最严厉的**怀疑论**本身。因为我们永远不能按照这样的原理从事物根据其实存被给予的规定**推论**到一个后果（因为这样就会要求一个原因的概念，该概念包含着这样一种联结的必然性），而是只能按照想象力的规则期望与通常类似的情况，但这样的期望绝不是可靠的，即使它也还如此经常地应验。甚至对任何事件人们都不能说：**必定**有某种东西先行于它，它**必然地**跟随其后，也就是说，它必定有一个原因，因而即使人们也还知道有这样的东西先行的情况如此经常发生，以至于能够从中抽出一个规则来，人们也不能由此就假定它总是并且必然地以这种方式发生，而这样，人们就必须也为盲目偶然的事件保留其权利，在它这里一切理性应用都终止
5〔52〕了。这就在从结果上升到原因的推论方面牢固地确立了怀疑论，使它变得无法反驳。

数学此时还安然无恙地置身事外，因为休谟认为数学的命题全都是分析的，亦即为了同一性的缘故，从而按照矛盾律从一个规定推进到另一个规定（但这是错误的，因为数学命题毋宁说全都是综合的，而且即使例如几何学并不涉及事物的实存，而是仅仅涉及事物在一个可能直观中的先天规定，它也像通过因果概念那样从一个规定 A 过渡到一个完全不同的、但仍与它必然联结起来的规定 B）。但最终，这门由于其无可置疑的确定性而被如此高度赞扬的科学，也必定出自休谟用习惯来取代原因概念中的客观必然性的同一个理由而败给原理上的经验论，而且无论它如何骄傲，它也不得不忍声吞气地降低它那大胆的、要求先天地赞同

的权利，并指望观察者的厚爱会赞许其命题的普遍有效性，这些观察者作为证人毕竟不会拒绝承认，他们在任何时候也都是这样感知到几何学家所讲述的东西的，因而即便这种东西刚好不是必然的，也毕竟是今后会允许人们可以这样期待的。以这种方式，休谟的原理上的经验论也就不可避免地导向了甚至在数学方面，因而在理性的一切**科学的**理论应用方面的怀疑论（因为这种应用要么属于哲学，要么属于数学）。普通的理性应用（在人们发现知识的这些首领都遭遇到这样可怕的颠覆的时候）是否必定更好地脱险，而不是更加不可挽回地卷入一切知识的同样的毁灭之中，从而并不从这样的原理中产生出一种**普遍的**怀疑论（它当然只涉及学者们），我想把这留给每一个人自己去判断。

现在，就我在《纯粹理性批判》中所做的探讨而言，它虽然是由休谟的那种怀疑学说引起的，但却走得远得多，包括纯粹理论理性在综合应用中的全部领域，因而也包括人们一般而言称为形而上学的东西，所 5〔53〕
以，我对于这位苏格兰哲学家涉及因果性概念的怀疑是以如下方式行事的。休谟在（如同几乎到处也都在发生的那样）把经验的对象当成了**物自身**，把原因概念宣布为骗人的和虚假的幻觉时，做得完全正确；因为关于物自身及其规定本身，是无法看出何以由于某物 A 被设定，另一个某物 B 就也必须被必然地设定的，因而他根本不可能承认这样一种关于物自身的先天知识。这个机敏的人物更不可能允许这个概念有一个经验性的起源，因为这种起源完全与联结的必然性相矛盾，而必然性则构成了因果性概念的本质；因此，这个概念遭到了排斥，取而代之的是在遵循知觉的进程时的习惯。

但是，从我的研究中却得出，我们在经验中所涉及的对象绝不是物自身，而仅仅是显象，并且即使在物自身那里根本看不出，甚至也不可能看出，何以如果设定 A，不设定与 A 完全不同的 B（作为原因的 A 与作为结果的 B 之间的联结的必然性）就应当是**矛盾的**，但毕竟完全可以设想，它们作为显象必定**在一个经验**中以某种方式（例如就时间关系而言）必然地结合在一起，而且不能被分开而不与这个经验得以可能所凭借的那种结合**相矛盾**，它们惟有在这个经验中才是对象，是我们可以认识的。而实际上也是这样：以至于我不仅能够对原因概念按照其就经验对象而言的客观实在性作出证明，而且还能够由于它所带有的联结的必然性而把它当做先天概念来加以**演绎**，也就是说，从纯粹知性出发不用经验性来源而阐明它的可能性，而且这样在除去它的起源的经验论之后，就能够首先在自然科学方面，然后由于十分完美地从同样的根据得出的东西而在数学方面，即在这两门与可能经验的对象相关的科学方面，从根本上铲除这种经验论的后果亦即怀疑论，并由此而从根本上铲除对理
5〔54〕论理性号称洞察的一切东西的全部怀疑。

但是，这个因果性范畴（其余一切范畴亦复如是；因为没有它们，就不能实现关于实存者的任何知识）在不是可能经验的对象，而是超越于可能经验的界限之外的事物上的运用情况是怎样的呢？因为我只能就**可能经验的对象**而言演绎这些概念的客观实在性。但正是这一点，即我仅仅在这一场合拯救了这种客观实在性，我指出毕竟可以由此思维一些客体，虽然不是先天地规定它们，这就给这些概念在纯粹知性中提供了一个位置，它们由此出发就能够与一般而言的客体（感性的或者非感性的客体）相关联。如果还缺少什么东西，那就是这些范畴，特别是因果性范畴**运用**于对象的条件，亦即直观；在它没有被给予的地方，它都使得以作为本体的对象的**理论知识为目的**的运用成为不可能的，因而这种理论知识如果有人敢于冒险去做，就将（如在《纯粹理性批判》中也发生的那样）遭到禁止；然而，这个概念的客观实在性毕竟始终还存在，也能够被运用于本体，但在理论上却丝毫不能规定这个概念并由此来产生知识。因为这个概念即便与一个客体相关也不包含任何不可能的东西，这是以如下方式得到证明的，即这个概念无论如何运用于感官的对象，都在纯粹知性中保有自己的位置，而且即使它在此之后与物自身（不可能是经验对象的物自身）相关，不能为了一种理论知识的目的而被规定去表象**一个确定的对象**，它也毕竟总还能够为了一个别的目的（也许是实践的目的）而被规定去运用自己；如果按照休谟的看法，这个因果性概念包含着在任何地方都不可能被思维的对象，就不会是上述情况了。

现在，为了找出把上述概念运用于本体的条件，我们只须回顾一下，**为什么我们并不满足于上述概念在经验对象上的运用**，而是也想把它运用于物自身。因为在这里马上就表现出，使这种情况对我们成为必然性
5〔55〕的，并不是一个理论的意图，而是一个实践的意图。为了思辨，即使我们做得到，我们也不会在自然知识中和一般而言在不能以任何方式被给

予我们的对象方面有任何真正的收获，而是至多从感性有条件者（停留在这里并努力遍历这个原因链条已足够我们去做了）向超感性者迈出一大步，以便从根据方面完成我们的知识，并为它划定界限，然而，在那个界限和我们所认识的东西之间永远会留下一条无限的鸿沟填不满，而我们所听从的与其说是一种彻底的求知欲，倒不如说是一种虚荣的提问癖。

但是，除了**知性**与对象（在理论知识中）所处的那种关系之外，知性也有一种与欲求能力的关系，欲求能力由此而叫做意志，而就纯粹知性（它在这样的情况下叫做理性）仅仅通过一个法则的表象就是实践的而言，则叫做纯粹意志。一个纯粹意志的客观实在性，或者这样说也一样，一个纯粹实践理性的客观实在性，是在先天的道德法则中仿佛通过一个事实而被给予的；因为人们可以这样称呼一个不可避免的意志规定，尽管这个意志规定并不基于经验性的原则。但在一个意志的概念中，已经包含着因果性概念，因而在一个纯粹意志的概念中，也包含着一种具有自由的因果性的概念，也就是说，这种因果性不能按照自然法则来规定，因而不能有任何经验性的直观来作为这概念的客观实在性的证明，但仍然在先天的纯粹实践法则中完全地为它的客观实在性作了辩护，却不是（就像很容易看出的那样）为了理性的理论应用，而是仅仅为了其实践的应用。现在，一个具有自由意志的存在者的概念就是一个 causa noumenon［作为本体的原因］的概念，至于这个概念并不自相矛盾，人们已经以如下方式作了保障，即一个原因的概念，作为完全出自纯粹知性的，同时它在一般对象方面的客观实在性也通过演绎得到保障的，此时按照它的起源独立于一切感性条件的，因而本身不被限制在现象上的（除非是在对此要作一种理论的确定应用的地方），当然能够被运用于作为纯粹的知性存在者的事物上面。但是，由于这种应用不可能被配上任何直观，因为直观在任何时候都只能是感性的，所以 causa noumenon［作为本体的原因］就理性的理论应用而言虽然是一个可能的、可以设想的概念，但却是一个空洞的概念。 5〔56〕 但现在，我也并不要求由此**在理论上认识**一个存在者就其具有一个**纯粹**意志**而言**的性状；对我来说，只要由此把它描述为这样一个存在者，从而只要把因果性概念与自由概念（以及与此不可分割地，与作为自由的规定根据的道德法则）结合起来就够了；由于原因概念的纯粹的、并非经验性的起源，我当然应当得到这样的权利，因为我对它除了与规定它的客观实在性的道德法则相关，亦即仅仅作一种实践的应用之外，并不认为自己有权作任何别的应用。

如果我和休谟一样，不仅就事物自身（超感性的东西）而言，而且也就感官对象而言，剥夺了因果性概念在理论应用中的客观实在性，那么，这个概念就会丧失一切意义，并作为一个理论上不可能的概念被宣布为完全无用的，而且由于对不存在的东西不能作任何应用，所以一个**理论上没有意义的**概念的实践应用也就会完全是无稽之谈。但现在，一种经验性上无条件的因果性的概念在理论上虽然是空的（没有适合于它的直观），但毕竟总还是可能的，并且是与一个不确定的客体相关的，而取而代之的则是在道德法则上，因而在实践关系中赋予它意义，所以，我虽然没有任何直观来规定这概念的客观的理论实在性，但它仍然有可以在意向和准则中具体地表现出来的现实运用，亦即有能够被告知的实践实在性；这对于它甚至在本体方面的资格来说也是充分的。

但是，一个纯粹知性概念在超感性事物的领域中的客观实在性一旦被引入，从此就给其余一切范畴提供出也是客观的、只不过仅仅是可以在实践上运用的实在性，尽管总是仅仅就此而言，这些范畴才与纯粹意志的规定根据（道德法则）处于**必然的**结合之中；然而，这种客观实在性对于这些对象的理论知识，即对于通过纯粹理性对这些对象的本性的洞识，却没有丝毫的影响使其得以扩展。如同我们后面也将发现的那样，这些范畴永远只与作为**理智**的存在者相关，而且在这些存在者身上也只
5〔57〕与**理性**和**意志**的关系相关，因而始终只与**实践的东西**相关，并不超出这一点进一步自诩对这些存在者有任何知识；但是，与这些范畴相结合，无论还想牵强附会地举出属于这样一些超感性事物的理论表象方式的何种属性，它们在这种情况下也全都不被算做知识，而是仅仅被算做假定和预设这些存在者的权利（但在实践的意图中却完全被算做必然性），甚至在人们按照一种类比，亦即按照我们就感性存在者而言实践上所使用的那种纯粹理性关系来假定和预设超感性的存在者（如上帝）的时候，也是如此这般；这样，就丝毫不会助长纯粹理论理性由于运用于超感性的东西——但仅仅在实践意图上——而游荡到越界的东西中去。

第二章
纯粹实践理性的对象的概念

我把实践理性的对象的概念理解为一个作为因自由而有的可能结果的客体之表象。因此，是实践知识的一个对象本身，这只不过意味着意志与使这对象或者它的对立面成为现实所借助的那个行动的关系，而对某物是不是**纯粹**实践理性的一个对象的评判，则只不过是对**愿意**有这样一个行动的可能性和不可能性的辨别，借助这个行动，假如我们有这方面的能力（对此必须由经验来判断），某个客体就会成为现实的。如果这客体被假定为我们的欲求能力的规定根据，那么，该客体由于我们的力量的自由应用而来的**物理可能性**就必定先行于它是不是实践理性的一个对象的评判。与此相反，如果先天法则能够被视为行动的规定根据，因而这个行动能够被视为由纯粹实践理性所规定的，那么，关于某物是不是纯粹实践理性的一个对象的判断，就完全不依赖于与我们的物理能力的比较，而问题就仅仅是：假如事情由我们控制的话，我们是否会**愿意** 5〔58〕
有一个指向某个客体的实存的行动，因而这行动在**道德上的可能性**就必须先行；因为在这里，并非对象，而是意志的法则才是这行动的规定根据。

因此，一个实践理性的惟一客体就是善和恶的客体。因为人们通过前者来理解欲求能力的一个必然对象，通过后者来理解厌恶能力的一个必然对象，但二者都依据理性的一个原则。

如果善的概念不是从一个先行的实践法则推导出来的，而是毋宁说应当充任这个法则的根据，那么，它就只能是这样一种东西的概念，这种东西的实存预示着愉快，并这样规定着主体的因果性去产生它，也就是说，规定着欲求能力。由于现在不可能先天地看出哪种表象伴随着**愉快**，反之哪种表象伴随着**不快**，所以，要识别直接地是善或者恶的那种东西，就仅仅取决于经验了。这种经验惟有与之相关才能进行的那种主体属性，就是愉快和不快的**情感**，即一种属于内部感官的接受性；而这样，关于直接是善的东西的概念就会必然仅仅关涉**快乐**的感觉直接与之结合的东西，而关于绝对恶的概念就会必然仅仅与直接激起**痛苦**的东西相关。但由于这已经违背习惯用语，习惯用语把**惬意**与**善**区别开来，把

不惬意与**恶**区别开来，并要求在任何时候都由理性，因而由能够普遍地传达的概念，而不是由局限于个别主体及其感受性上的纯然感觉来评判善和恶，但一种愉快或者不快就自身而言仍然不能先天地与一个客体的任何表象直接结合起来，所以，相信不得不把一种愉快的情感当做自己的实践评判的根据的哲学家，就会把是达到惬意的一种**手段**的东西称为**善的**，而把是不惬意和痛苦的原因的东西称为**恶**；因为对手段与目的的关系的评判当然是理性的事情。但是，尽管惟有理性才有能力看出手段
5〔59〕与其意图的联结（以至于人们也可以用目的的能力来定义意志，因为目的在任何时候都是按照原则来规定欲求能力的根据），但从上述善的概念中仅仅作为手段而产生的那些实践准则，却绝不包含某种单凭自身就是善的东西，而是始终只包含**对于某种目的**是善的东西来作为意志的对象：这善在任何时候都只会是有用的东西，而它对之有用的东西则会必定是在意志之外处于感觉之中的。现在，如果这种感觉作为惬意的感觉必须与善的概念区分开来，那么，在任何地方都不会有任何直接善的东西，而是必须仅仅在达到某种别的东西，亦即达到某种惬意的手段中去寻找善。

各学派的一个古老的语式是：nihil appetimus，nisi sub ratione boni；nihil aversamur，nisi sub ratione mali［我们不欲求任何东西，除非考虑到善；我们不拒绝任何东西，除非考虑到恶］；而它有一种经常是正确的，但也对哲学经常是很不利的应用，因为 boni［善］和 mali［恶］这两个表述包含着一种歧义，对此应负责的是语言的局限；根据这种歧义，它们能够有双重的意义，因而不可避免地使实践法则盘桓不定，并迫使在使用这两个表述时固然完全觉察到在同一词那里的概念差异，但却不能为此找到任何专门表述的哲学作出细腻的区分，而人们在事后亦无法对这些区分达成一致，因为这种区别并没有能够用任何适当的表述直接表示出来。①

① 此外，sub ratione boni［考虑到善］这个表述也是有歧义的。因为它说的可能只是：如果并且**由于我们欲求**（意欲）某种东西，我们就把它想象为善的；但也可能是：我们之所以欲求某种东西，乃是**因为**我们把它**想象为善**的，以至于或者欲求是作为一种善的客体之概念的根据，或者善的概念是欲求（意志）的规定根据；因为 sub ratione boni［考虑到善］在第一个场合会意味着我们**在善的理念下**而意欲某种东西，在第二个场合会意味着我们**根据这个**必须作为意欲的规定根据先行于意欲的**理念**而意欲某种东西。

德语有幸拥有一些不使这种差异被忽视的表述。对于用拉丁语的人借助惟一的语词 bonum［善］来称谓的东西，德语有两个很不同的概念，而且也有很不同的表述：对于 bonum 来说就是**善**和**福**，对于 malum［恶］来说则是**恶**和**祸**（或者苦），以至于我们对于一个行动来说所考虑的是它的**善**和**恶**，还是我们的**福**和**苦**（祸），这是两种完全不同的评判。 5〔60〕
由此已经得出，如果上述心理学命题被这样翻译：我们不欲求任何东西，除非考虑到我们的**福**或者**苦**，那么，它至少还是很不确定的；与此相反，如果人们这样给出它：按照理性的指示，我们不意欲任何东西，除非我们认为它是善的或者恶的，那么，这个命题就是无可置疑地确定的，同时是表达得完全清楚的。

福或者**祸**总是仅仅意味着与我们的**惬意**或者**不惬意**、快乐和痛苦状态的一种关系，而如果我们因此而欲求或者厌恶一个客体，那么，这只有在与我们的感性和该客体所造成的愉快和不快的情感相关时才会发生。但是，**善**或者**恶**在任何时候都意味着与**意志**的一种关系，只要这意志由**理性法则**规定，去使某种东西成为自己的客体；就像意志绝不直接由客体及其表象来规定，而是一种使理性的规则成为自己的行动动因（这样一个客体就能够成为现实的）的能力一样。因此，善或者恶真正说来与行动相关，而不与个人的感觉状态相关，而且如果某种东西应当是绝对（在一切意图中并且无须进一步的条件）善的或者恶的，或者应当被认为如此，那么，它就会仅仅是行动方式，是意志的准则，从而是作为善人或者恶人的行动着的个人本身，而不是一件可以被如此称谓的事情。

因此，人们总是要嘲笑那个斯多亚主义者①，他在痛风极剧烈地发作时喊道：疼痛，你尽管还这样折磨我吧，但我永远不承认你是某种恶的东西（κακου，malum）！他毕竟是有道理的。他所感到的是一种祸，而这是他的喊叫所透露的；但是，他身上由此就有一种恶，这却是他根本没有理由去承认的；因为疼痛丝毫也不减少他的人格的价值，而只是减少他的状态的价值。哪怕他只意识到自己说过一次谎，这谎言就必定打消他的勇气；但是，如果他意识到，他并没有因为任何不正当的行动而招致疼痛，并由此使自己该受惩罚，那么，疼痛则只是用来作为使他高尚

① 西塞罗：《图斯库勒论辩》，Ⅱ，25，61。——科学院版编者注

起来的诱因。

我们应当称为善的东西，必须在每一个有理性的人的判断中都是欲
5〔61〕求能力的一个对象，而恶则必须在每一个人的眼中都是厌恶的一个对象；因而要作出这种评判，除了感官之外还需要理性。与谎言相反的真诚、与强暴相反的正义等，都是这种情况。但是，我们可以把某种东西称为一种祸，但同时每一个人都必须把这种祸解释为善的，有时是间接善的，有时干脆是直接善的。让人给自己做一次外科手术的人，毫无疑问觉得这手术是一种祸；但通过理性，他和每一个人都把这手术解释为善的。但如果有人喜欢戏弄和打扰爱好宁静的人们，终于有一次碰了钉子，并遭到一顿痛揍，那么，这当然是一种祸，但每个人都会为此鼓掌叫好，认为这本身是善的，即使从中并不会进一步产生什么东西；甚至那遭到痛揍的人，也必定在他的理性中认识到，这对他来说是公正的，因为他看到理性不可避免地向他规劝的安适与行为得体之间的相称在这里精确地实现了。

当然，在我们的实践理性的评判中，**绝对有很多东西**取决于我们的福和苦，而且就我们作为感性存在者的本性而言，**一切**都取决于我们的**幸福**，如果这幸福像理性首先所要求的那样，不是按照瞬息即逝的感觉，而是按照这种偶然性对我们的全部实存以及对这种实存的心满意足的影响来评判的话；但并不是**在根本上一切**都取决于此。就人属于感官世界而言，他是一个有需要的存在者，而且就此而言，他的理性当然在感性方面有一个不可拒绝的使命，即照顾感性的利益，并给自己制定实践的准则，哪怕是为了此生的幸福，可能的话也为了来生的幸福。但是，人毕竟不完全是动物，对理性自言自语所说的一切都无所谓，把理性仅仅当做满足他作为感官存在者的需要的工具来使用。因为如果理性仅仅为了本能在动物那里所建树的东西而为人效劳的话，那么，人具有理性这一点，就根本没有在价值上把人提高到纯然动物性之上；理性在这种情况下就会只是自然利用来装备人以达到它给动物所规定的同一个目的的一种特殊手法，而没有给人规定一个更高的目的。因此，人按照这种曾
5〔62〕经对他作出的自然部署当然需要理性，以便在任何时候都考察他的福和苦，但他拥有理性除此之外还为了一个更高的目的，也就是说，不仅也考虑就自身而言善或者恶的东西，亦即纯粹的、感性上根本不感兴趣的

理性只是独自能够作出判断的东西，而且要把这种评判与前一种评判完全区别开来，使它成为前一种评判的最高条件。

对就自身而言善或者恶的东西的这种评判，与只是同福或者苦相关才被如此称谓的东西不同，取决于以下几点。要么一个理性原则就自身而言已经被设想为意志的规定根据，不考虑欲求能力的可能客体（因而仅仅凭借准则的合法则形式），在这种情况下，那个原则就是先天的实践法则，纯粹理性就被看做自身是实践的。法则在这种情况下**直接**规定着意志，符合法则的行动是**就自己本身而言善的**，一个意志的准则在任何时候都符合这法则，这意志就是**绝对地、在一切意图中都善的**，并且是**一切善的至上条件**。要么欲求能力的一个规定根据先行于意志的准则，意志以愉快和不快的一个客体，因而以某种使人**快乐**或者**痛苦**的东西为前提，而促进前者避免后者的理性准则规定着行动，如同这些行动与我们的偏好相关，因而仅仅间接地（考虑到一个另外的目的，作为该目的的手段）是善的一样，而这些准则在这种情况下就永远不能叫做法则，但仍然可以叫做合理性的实践规范。这目的本身，即我们所寻求的快乐，在后一种情况中不是**善**，而是**福**，不是一个理性概念，而是关于感觉对象的一个经验性概念；不过，使用手段来达成这个目的，亦即那个行动（由于为此需要理性的思考）仍然是善的，但不是绝对善的，而是仅仅与我们的感性相关，就它的愉快和不快的情感而言是善的；但意志的准则由此刺激出来，这意志就不是一个纯粹的意志，纯粹的意志仅仅关涉这样的东西，对这东西来说纯粹理性自身就能够是实践的。

这里正是解释一种实践理性批判中的方法的悖论的地方：**也就是说，善和恶的概念必须不是先行于道德法则（表面上必须是这概念为道德法则提供根据），而是仅仅（如同这里也发生的那样）在道德法则之后并由道德法则来规定**。因为即使我们并不知道道德的原则是一个纯粹的、先天地规定意志的法则，但为了不完全徒劳地（gratis）假定一些原理，我们也必须在开始的时候，至少让意志是仅有经验性的规定根据还是也有纯粹的先天规定根据这一点悬而未决；因为把人们应当首先去决定的东西事先假定为已决定的，这是违背哲学程序的一切基本规则的。假设我们现在要从善的概念开始，为的是从中推导出意志的法则来，那么，关于一个对象（作为一个善的对象）的这一概念就会同时把这个对象说成

5〔63〕

是意志的惟一规定根据。现在，由于这个概念并不以任何先天实践法则作为它的准绳，所以善或者恶的试金石就不能被设定在任何东西中，只能设定在对象与我们的愉快或者不快的情感的一致中，而理性的应用就只能在于，有时在与我的存在的一切感觉的整个联系中去规定这种愉快或者不快，有时去规定使我获得这种愉快或者不快的对象的种种手段。现在，既然什么东西是符合愉快的情感的，这惟有通过经验才能够澄清，而实践法则据说应当建立在作为条件的这种东西上面，所以，先天实践法则的可能性就会被直截了当地排除了：因为人们指的是认为事先有必要为意志找出一个对象来，关于它的概念作为一个善的概念就必定会构成普遍的、尽管是经验性的规定根据。但是，毕竟有必要事先研究的是，是否也会有意志的一种先天的规定根据（这个根据绝不会在别的什么地方，只会在一个纯粹的实践法则中被发现，而且是就这法则不考虑某个对象而给准则规定纯然合法则的形式而言的）。但是，由于人们已经把一个对象按照善和恶的概念当做一切实践法则的根据，而那个对象没有先行的法则就只能按照经验性的概念来设想，所以人们已经预先取消哪怕只是设想一个纯粹实践法则的可能性；因为与此相反，如果人们事先分
5〔64〕析地探究过纯粹实践法则的话，就会发现不是作为一个对象的善的概念规定道德法则并使之成为可能，而是反过来，道德法则首先对善的概念就善完全配得上这一名称而言予以规定并使之成为可能。

这个仅仅涉及至上的道德研究的方法的说明，是很重要的。它一下子就解释了哲学家们在道德的至上原则方面的一切失误的诱发根据。因为他们寻找意志的一个对象，以便使它成为一个法则的质料和根据（这样一来，这个法则就不应当是直接地，而是借助于被交给愉快或者不快的情感的那个对象而成为意志的规定根据），而他们本应当首先探究一个先天地直接规定意志、并按照这意志才来规定对象的法则。这时，他们想把这个愉快的对象，即据说提供善的至上概念的对象，设定在幸福中，设定在完善中，设定在道德情感中，或者设定在上帝的意志中，这样他们的原理就总是他律，他们就必定不可避免地遭遇到一个道德法则的诸经验性条件：因为他们惟有按照意志对永远都是经验性的情感的直接态度，才能把他们的作为意志的直接规定根据的对象称为善的或者恶的。惟有一个形式的法则，亦即仅仅将理性的普遍立法形式规定给理性作为

各准则的至上条件的这样一个法则，才能够先天地是实践理性的一个规定根据。古人们在这方面毫不掩饰地暴露出这种错误，因为他们把自己的道德研究完全建立在对**至善**概念的规定上，因而建立在对一个对象的规定上，然后他们又想使这对象在道德法则中成为意志的规定根据：这是在道德法则首先自己得到证明并作为意志的直接规定根据得到辩护以后很久、才能对从此在其形式上先天地得到规定的意志表现为对象的一个客体，这件事我们要在纯粹实践理性的辩证论中放胆去做。在近代人这里，关于至善的问题看来已经过时，至少已经仅仅是次要的问题，他们把上述错误（如同在许多别的场合里那样）隐藏在一些未经规定的语词后面，然而人们仍然发现这错误从他们的体系中显露出来，因为在这 5〔65〕
种情况下，这种错误到处都暴露出实践理性的他律，从中永远也不可能产生出一个先天普遍地颁布命令的道德法则。

现在，既然善和恶的概念作为对意志的先天规定的结果也是以一个纯粹的实践原则，因而以纯粹理性的一种因果性为前提的，所以，它们原初并不像纯粹的知性概念或者作理论应用的理性的范畴那样（例如作为被给予的直观的杂多在一个意识中的综合统一的种种规定）与客体相关，毋宁说，这些概念或者范畴是把客体预设为被给予的；相反，善和恶的概念全都是一个惟一的范畴亦即因果性范畴的模态，只要它们的规定根据在于一个因果性法则的理性表象，理性把这法则作为自由的法则立给自己，并由此先天地证明自己是实践的。然而，既然行动**一方面**虽然在一个本身并不是自然法则，而是自由法则的法则之下，因而属于理知的存在者的行为，但**另一方面**却也作为感官世界中的事件而属于显象，所以一个实践理性的种种规定将惟有与感官世界相关才能够发生，因而虽然是符合知性范畴的，但却不是为了知性的一种理论应用，以便把（感性）**直观**的杂多置于一个先天的意识之下，而是仅仅为了使**欲求**的杂多服从一个在道德法则中颁布命令的实践理性或者一个纯粹的先天意志的意识的统一性。

这些**自由范畴**，因为我们要这样称谓的是它们，而不是那些作为自然范畴的理论概念，它们就对后者具有明显的优越性，即由于后者只是一些仅仅不确定地通过普遍概念为任何对我们来说可能的直观表明一般客体的思想形式，前者却与此相反，关涉的是一种**自由的任性**的规定

(虽然不能完全相应地给予这种规定以任何直观，但这种规定却先天地以一个纯粹实践法则为基础，这是在我们的认识能力的理论应用的任何概念那里都不曾出现的)，所以作为实践的要素概念，就不以并不存在于理性本身中，必须从别的地方亦即从感性中得来的直观形式（空间和时间）
5〔66〕为基础，而是以在理性中，因而在思维能力本身中作为被给予的**某种纯粹意志的形式**为基础；由此就发生了如下情况，即由于在纯粹实践理性的一切规范中所涉及的只是**意志的规定**，而不是**实现意志的意图**的（实践能力的）自然条件，所以先天的实践概念在与自由的至上原则相关时立刻就成为知识，可以不为了获得意义而期待直观，而且是出自这一值得注意的理由，即它们是自己产生出它们与之相关的东西的现实性（意志的意向）的，而这根本不是理论概念的事情。只不过人们千万要注意，这些范畴所关涉的只是一般的实践理性，并这样在它们的秩序中从道德上尚未规定的和以感性为条件的范畴前进到不以感性为条件的，仅仅由道德法则来规定的范畴。

善与恶的概念方面的自由范畴表

1.
量
主观的、按照准则的（**个人的意志意见**）
客观的、按照原则的（**规范**）
先天地既是客观的又是主观的自由原则（**法则**）

2.
质
践行的实践规则
（praeceptivae［指令性的］）
舍弃的实践规则
（prohibitivae［禁止性的］）
例外的实践规则
（exceptivae［除外性的］）

3.
关系
与**人格**的关系
与个人**状态**的关系
个人与其他个人的状态的**交互**关系

4.
模态
允许的事情和**不允许的事情**
义务和**违背义务**的事情
完全的义务和**不完全的义务**

人们在这里很快就将察觉，在这个表中自由就通过它而可能的那些作为感官世界中的显象的行动而言，被视为一种并不服从经验性的规定根据的因果性，因而与这些行动的自然可能性的诸范畴相关，然而，每个范畴都被看做是如此普遍的，以至于那个因果性的规定根据也能够被认定是外在于感官世界而处在作为一个理知存在者的属性的自由之中的，直到诸模态范畴引入从一般的实践原则向道德原则的过渡，但这种引入只是**或然的**，然后道德原则才能够通过道德法则被**独断地**展示出来。 5〔67〕

我在这里对目前这个表的解释不再附加任何东西，因为它自身就是足够明晰的。这样的按照原则拟定的划分无论是在它的彻底性上还是在明晰性上都是很有助于一切科学的。例如，人们从上表及其第一栏马上就知道，我们在实践的考虑中必须从哪里开始：从每个人建立在他的偏好之上的准则开始，从有理性的存在者就其在某些偏好上相一致而言对它们的类都有效的规范开始，最后是从对一切人都有效而不管它们的偏好的法则开始，等等。以这种方式，人们就概览了我们应当做的事情的整个计划，甚至概览了实践哲学的每一个必须回答的问题，同时概览了必须遵循的次序。

纯粹实践判断力的模型论

善和恶的概念首先为意志规定一个客体。但它们自身却服从理性的一条实践规则，如果理性是纯粹理性的话，这条规则就先天地在意志的对象方面规定意志。现在，一个在感性中对我们来说可能的行动是不是服从这条规则的情况，对此就需要实践的判断力了，通过实践的判断力，在规则中被普遍地（抽象地）说出的东西就被具体地应用到一个行动上。但是，由于纯粹理性的一条实践规则，**第一**，作为**实践的**而涉及一个客体的实存；**第二**，作为纯粹理性的**实践规则**而带有就行动的存在而言的必然性，因而是实践的法则，而且不是通过经验性的规定根据而来的自然法则，而是一个自由法则，按照这法则，意志应当是能够独立于一切 5〔68〕
经验性的东西（仅仅通过一个一般法则及其形式的表象）而得到规定的，但对于可能行动来说所出现的一切情况却都只能是经验性的，亦即属于经验和自然。所以，看起来荒唐的是，要在感官世界发现一种情况，它既然就此而言永远仅仅服从自然法则，却又允许一条自由法则运用于其上，而且应当在其中具体地展示出来的道德上的善的超感性理念也能够运用于其上。因此，纯粹实践理性的判断力承受着与纯粹理论理性的判断力同样的一些困难，但后者手中仍然有走出这些困难的一种手段，也就是说，因为就理论应用而言，事情取决于纯粹知性概念能够运用于其上的直观，这些直观（尽管只是关于感官对象的）毕竟能够先天地，从而就杂多在其中的联结而言先天地按照纯粹知性概念（作为**图型**）被给予出来。与此相反，道德上的善是某种按照客体来说超感性的东西，因而不可能为它在感性直观中找到某种相应的东西，所以，从属于纯粹实践理性的法则的判断力看来就承受着一些特殊的困难，这些困难乃是基于，一条自由法则应当被运用于作为事件的行动，而这些事件却是在感官世界中发生的，因而就此来说属于自然。

然而，这里却又给纯粹的实践判断力展开了一个有利的前景。在把一个在感官世界中对我来说可能的行动归摄在一个**纯粹实践法则**之下时，并不涉及该**行动**作为感官世界中的一个事件的可能性；因为这可能性应当由理性的理论应用按照因果性法则来评判，因果性是一个纯粹知性概念，理性在感性直观中对这一概念有一个**图型**。物理的因果性或者它的发生所服从的条件隶属于自然概念，这些概念的图型是先验的想象力所拟定的。但这里所涉及的不是一种按照法则的情况的图型，而是一个法则本身的图型（如果这个词在这里合适的话），因为**意志规定**（不是与其
5〔69〕 后果相关的行动）仅仅通过法则而无须一个别的规定根据，就把因果性概念与完全不同于构成自然联结的那些条件的种种条件结合起来了。

自然法则作为感性直观的对象本身所服从的法则，必须有一个图型，亦即想象力的一种普遍的程序（把法则所规定的纯粹知性概念先天地展示给感官）与之相应。但对于自由法则（作为一种根本不是感性上有条件的因果性），因而甚至对于无条件的善的概念，却不能为了其运用而具体地加上任何直观，从而加上任何图型。所以，道德法则除了知性（不是想象力）之外，就没有别的促成其在自然对象上的运用的认识能力了，而知性能加给一个理性理念的并不是一个感性**图型**，而是一个法则，但却是这样一个能够在感官对象上具体得到展示的法则，因而是一个自然法则，但只是就其形式而言，是为了判断力的法则，因此我们可以把这

法则称为道德法则的**模型**。

纯粹实践理性的诸法则之下的判断力的规则就是这条规则：问一问你自己，你打算采取的行动如果应当按照你自己也是其一部分的自然的一条法则发生的话，你是否能够把它视为通过你的意志而可能的。实际上，每个人都在按照这条规则来评判行动在道德上是善的还是恶的。于是人们说：如果**每一个人**在他相信设法得到自己的好处时都允许自己去行骗，或者一旦他产生对生活的完全厌倦就认为有权缩短自己的生命，或者对别人的急难视若无睹，而你却一起置身于事物的这样一种秩序中，那么，你会怎样对待你的意志的赞同呢？现在，每一个人都知道：如果他允许自己暗中行骗，并不是每一个人都会因此而这样做，或者如果他不被察觉地心肠硬，并不是每一个人都会马上也这样对待他；因此，他的行动的准则与一条普遍的自然法则的这种比较也并不是他的意志的规定根据。但是，自然法则毕竟是评判他的行动的准则的一个**模型**。如果行动的准则不是这样的性状，使它经受一般自然法则的形式的检验，它在道德上就是不可能的。甚至最普通的知性也是这样作判断的；因为自 5〔70〕
然法则永远是知性的一切最平常的判断，甚至经验判断的基础。因此，知性在任何时候都持有自然法则，只是在应当对出自自由的因果性作出评判的那些场合里，它仅仅使那个**自然法则**成为**自由法则**的模型罢了，因为知性如果不持有某种它能够使之成为经验场合中的实例的东西，就不能使一个纯粹实践理性的法则在运用时获得应用。

因此，把**感官世界的自然**用做一个**理知的自然的模型**，这也是允许的，只要我不把直观和依赖于直观的东西转用到后一种自然上，而是仅仅把一般**合法则性的形式**（其概念甚至出现在最普通的理性应用中，但并不是在于别的任何意图，而仅仅是为了理性的纯粹实践应用才能够先天确定地被认识）与之相联系。因为法则本身就此而言是一样的，不管它们会从何处取得自己的规定根据。

此外，既然在一切理知的东西中，绝对只有（凭借道德法则的）自由，而且自由也只是就它是一个与道德法则不可分割的预设而言，此外还有自由按照那个法则的指导会把我们导向的所有那些理知对象，才又对我们来说不具有别的任何实在性，而仅仅具有为了同一个道德法则和纯粹实践理性的应用的实在性，但纯粹实践理性有权利，亦有必要把自然（根据其纯粹知性形式）用做判断力的模型：所以，目前这个说明乃是用来防止把仅仅属于概念的**模型论**的东西算做概念本身。因此，这个模型论作为判断力的模型论，保护人免受实践理性的**经验论**的危害，这种经验论把善和恶的实践概念仅仅设定在经验后果（所谓的幸福）之中，尽管幸福和一个由自爱规定的意志的那些极为有用的后果在这个意志同时使自己成为普遍的自然法则时当然可以用做道德上的善的完全合适的模型，但与这个模型毕竟不是一回事。这同一个模型论也保护人免受实践理性的**神秘主义**的危害，这种神秘主义把只是用做**象征**的东西当做**图**
5〔71〕**型**，也就是把现实的但却非感性的直观（对一个不可见的上帝之国的直观）加给道德概念的运用，而漫游到越界的东西里面。惟有判断力的**理性论**才适合道德概念的应用，它除了理性自己也能够思维的东西，亦即合法则性之外，不再从感性自然中索取任何东西，而且除了反过来通过感官世界中的行动按照一般自然法则的形式规则现实地得以展示的东西之外，不把任何东西带进超感性的自然。然而，对实践理性的**经验论**的防范却更为重要和更为值得推荐得多，因为**神秘主义**毕竟还是与道德法则的纯粹性和崇高性共容的，此外，把道德法则的想象力拔高到超感性的直观，这也是不那么自然，不那么适合普通的思维方式的，因而在这方面危险并不是那么普遍；与此相反，经验论则在意向中（人类能够和应当通过行动使自己获得的高尚价值毕竟在于意向，而不仅在于行动）把道德连根拔除，并将某种完全不同的东西，亦即诸偏好一般而言在自己中间推动交往所凭借的一种经验性的利益，来取代义务而加给意向，此外，也正因为如此而连同一切如果被提高到一个至上的实践原则的尊严就将贬低人类的偏好（不管它们被剪裁成什么样子），并由于这些偏好仍然如此有利于一切人的性情，出自这一原因而比所有的狂热都更为危险，后者绝不能构成许多人的一种持久状态。

第三章
纯粹实践理性的动机

行动的一切道德价值的本质取决于**道德法则直接规定意志**。如果对意志的规定虽然是按照道德法则发生的，但却是借助于一种情感，不管为了使道德法则成为意志的充足规定根据而必须预设的这种情感是什么性质的，因而不是**为了这法则**而发生的，那么，这行动就将虽然包含**合法性**，却不包含**道德性**。现在，如果**动机**（elater animi［灵魂的激动］） 5〔72〕
被理解为一个存在者的意志的主观规定根据，这个存在者的理性并不是已经由于它的本性就必然符合客观法则的，那么，由此将首先得出：人们根本不能赋予属神的意志以任何动机，但属人的意志（以及任何被造的有理性存在者的意志）的动机绝不能是某种别的东西，只能是道德法则，因而客观的规定根据在任何时候都必须是，并且惟有它才同时必须是行动的主观上充分的规定根据，如果这行动不是仅仅应当实现法则的**字句**，却不包含法则的**精神**①的话。

因此，既然人们为了道德法则的缘故，并且为了使它获得对意志的影响，必须不寻求任何另外的、有可能缺乏道德法则的动机，因为这一切会造成不能持久的十足伪善，甚至哪怕只是除道德法则**之外**还让一切别的动机（作为好处的动机）一起发挥作用，这也是**令人忧虑的**；所以，剩下来的就无非是审慎地去规定，道德法则以何种方式成为动机，以及由于动机是道德法则，对于人的欲求能力来说，将发生什么事情来作为那个规定根据对人的欲求能力的作用。因为一条法则如何能够独自并且直接成为意志的规定根据（这毕竟是一切道德性的本质），这是一个对于人的理性来说无法解决的问题，而且与一个自由意志如何可能的问题是一回事。因此，我们将要先天地指出的，不是道德法则在自身中充当一个动机由以出发的根据，而是就道德法则是这样的动机而言，这动机在

① 对于任何合乎法则但却不是为了法则而发生的行动，人们都可以说：它仅仅按照**字句**、但并非按照**精神**（意向）是道德上善的。

心灵中所起的（更准确地说，必然起的）作用。

由道德法则对意志所作的一切规定的本质就是：意志作为自由的意志，因而并不仅仅是没有感性冲动的参与，而且是甚至拒绝一切感性冲动，并在一切偏好可能违背那个法则时就中止这些偏好，这意志是仅仅由法则来规定的。所以就此而言，道德法则作为动机的作用仅仅是否定的，而且作为这样的动机，这动机是能够被先天地认识的。因为一切偏
5〔73〕好以及任何感性冲动都是基于情感的，而对情感（通过偏好所遭到的中止）的否定作用本身也是情感。所以我们可以先天地看出，道德法则作为意志的规定根据，由于它损害我们的一切偏好，就必定会造成一种可以被称为痛苦的情感，而且在这里我们就有了第一个实例，也许还是惟一的实例，在其中我们有可能从概念出发先天地规定一种知识（在这里就是一种纯粹实践理性的知识）与愉快或者不快的情感的关系。所有的偏好一起（它们当然也可以被归入一个尚可忍受的体系，而它们的满足在这种情况下就叫做自己的幸福）构成了**自私**（solipsismus［唯我主义］）。这种自私要么是**自爱**的，即对自己本身的一种超出一切的**宠爱**的自私（Philautia［爱己］），要么是对自己感到**满意**的自私（Arrogantia［自负］）。前者特别叫做**自重**，后者特别叫做**自大**。纯粹实践理性对自重所做的仅仅是**中止**，因为它把这样一种自然的、且在道德法则之前就在我们心中活跃的自重仅仅限制在与这个法则相一致的条件上；然后这自重就被称为**有理性的自爱**。但纯粹实践理性却干脆**击毁**自大，因为在与道德法则相一致之前发生的对自我赏识的一切要求都是一钱不值的和没有资格的，因为恰恰与这个法则相一致的一个意向的确定性乃是人格的一切价值的第一条件（如我们马上就将说明的那样），而一切先于这个条件的妄求都是错误的和违背法则的。现在，就自我赏识仅仅基于感性而言，这种癖好也属于道德法则所中止的偏好之列。所以道德法则击毁自大。但既然这个法则毕竟还是某种就自身而言肯定的东西，也就是一种理智的因果性的形式，亦即自由的形式，所以，由于它与主观上的对立物，亦即我们心中的偏好相反在**削弱**自大，它同时就是**敬重**的一个对象，而且由于它甚至**击毁**自大，亦即使之谦卑，它就是最大的**敬重**的对象，因而也是一种肯定的情感的根据，这种情感没有经验性的起源，是被先天地认识的。因此，对道德法则的敬重是一种通过一个理智根据造成的

情感，而这种情感是惟一我们能够完全先天地认识，我们能够看出其必然性的情感。

我们在上一章已经看到：凡是**先于**道德法则作为意志的客体呈现出 5〔74〕
来的东西，都通过这个作为实践理性的至上条件的法则本身，被以无条件的善的名义从意志的规定根据中排除了，而且，存在于准则对普遍立法的适用性之中的纯然实践形式首先规定着就自身而言且绝对地善的东西，并建立起一个纯粹意志的准则，惟有这个纯粹意志才在一切意图中都是善的。但这时，我们发现我们作为感性存在者的本性具有这样的性状，即欲求能力的质料（偏好的对象，无论这偏好是希望还是恐惧）首先情不自禁地产生，而我们的在病理学上可规定的自我虽然通过自己的准则是完全不适用于普遍的立法的，但仍然致力于预先提出自己的要求，并把这些要求当做最先的和源始的要求提出，就好像这自我构成了我们的整个自我一样。人们可以把这种按照其任性的主观规定根据使自己成为一般意志的客观规定根据的癖好称为**自爱**，这种自爱如果使自己成为立法者、成为无条件的实践原则，就可以叫做**自大**。现在，惟有道德法则才真正（亦即在一切意图中）是客观的，它完全排除自爱对至上的实践原则的影响，并无限地中止把自爱的主观条件指定为法则的自大。如今，在我们自己的判断中中止我们的自大的东西，就是使人谦卑的东西。因此，道德法则不可避免地使每一个人谦卑，因为每一个人都把自己的本性的感性癖好与道德法则作比较。其表象**作为我们的意志的规定根据**而在我们的自我意识中使我们谦卑的东西，就其是肯定的、是规定根据而言，独自就唤起**敬重**。因此，道德法则即便在主观上也是敬重的一个根据。既然在自爱中遇到的一切东西都属于偏好，而一切偏好都基于情感，因而在自爱中将一切偏好全都中止的东西恰恰因此而必然对情感有影响，所以我们就领会到，如何可能先天地看出，道德法则通过排除偏好和使这些偏好成为至上的实践条件的癖好，亦即自爱对至上的立法的任何参与，就能够对情感发挥作用，这种作用一方面是纯然**否定的**；另 5〔75〕
一方面，确切地说在纯粹实践理性的限制性根据方面，则是**肯定的**，以及为什么根本不可以把任何特殊种类的情感以一种实践情感或者道德情感的名义假定为先行于道德法则并为之奠定基础的。

对情感（麻烦的情感）的否定性作用，如同对情感的一切影响以及如同任何一般情感一样，是**病理学的**。但作为道德法则的意识的作用，因而在与一种理知的原因，亦即作为至上立法者的纯粹实践理性的主体的关系中，一个有理性的被偏好所刺激的主体的这种情感虽然叫做谦卑（理智的轻视），但在与这种谦卑的肯定的根据亦即法则的关系中，同时又叫做对法则的敬重，对于这种法则来说根本没有任何情感发生，而是在理性的判断中，由于扫清了道路上的阻力，对一个障碍的清除就被等同于对这因果性的一种肯定的促进。因此，这种情感也可以被称为对道德法则的一种敬重的情感，而共同出自这两个理由，它也可以被称为一种**道德情感**。

因此，道德法则就像它通过实践的纯粹理性而是行动的形式上的规定根据一样，就像它以善和恶的名义也是行动对象的质料上的、但却只是客观的规定根据一样，它也是这个行动的主观规定根据，亦即动机，因为它对主体的感性有影响，并造成一种能够促进法则对意志的影响的情感。在这里，主体中没有任何与道德性相配的情感**预先**发生。这本是不可能的，因为一切情感都是感性的；但道德意向的动机却必须是没有任何感性条件的。毋宁说，为我们的一切偏好奠定基础的感性情感虽然是我们称为敬重的那种感觉的条件，但规定这情感的原因却在纯粹实践理性里面，因此这种感觉由于其起源就不能叫做病理学的，而必须是**实践地造成的**；因为道德法则的表象剥夺了自爱的影响和自大的妄念，这
5〔76〕 就减少了纯粹实践理性的障碍，并产生出其客观法则对感性冲动的优势的表象，因而在理性的判断中相对地（就一个被感性冲动所刺激的意志而言）通过除去对立的重量而产生出其法则的重量。而这样一来，对法则的敬重就不是道德的动机，相反，它就是主观上作为动机来看的道德本身，因为纯粹实践理性由于与自爱相对立而拒绝了自爱的一切要求，从而使现在惟一有影响的法则获得了威严。在此要注意的是：就像敬重是对情感，从而是对一个有理性的存在者的感性的一种作用一样，这种情感也以这种感性，从而以道德法则使其担负起敬重的这样一些存在者的有限性为前提条件，而对于一个最高的、或者甚至摆脱了一切感性的、因而感性也不可能是其实践理性的障碍的存在者来说，是不能赋予它对**法则**的敬重的。

因此，这种情感（以道德情感的名义）是仅仅由理性造成的。它并

不用来评判行动，或者干脆去建立客观的道德法则本身，而是仅仅用做动机，以便使道德法则在自身中成为准则。但是，人们能够给这种特殊的、不能与任何病理学的情感相比较的情感更恰当地配上一个什么样的名称呢？它具有如此独特的性质，即它仅仅受理性，确切地说受实践的纯粹理性的支配。

敬重在任何时候都仅仅关涉人，而绝不关涉事物。后者能够在我们心中唤起**偏好**，而且如果是动物（例如马、狗等）的话，甚至能够唤起**爱**，或者还唤起**恐惧**，例如大海、一座火山、一头猛兽，但绝不能唤起**敬重**。某种已经接近于这种情感的东西就是**惊赞**，而惊赞作为情绪，亦即惊奇，也能够关涉事物，例如参天的山峰，天体的巨大、繁多和遥远，一些动物的强壮和速度，等等。但这一切都不是敬重。一个人对我来说也能够是一个爱的对象、恐惧的对象，或者惊赞的对象，甚至达到惊奇，但并不能因此就是敬重的对象。他的风趣的性情、他的勇气和强壮、他的力量，通过他在别人中间具有的地位，都能够引起我的这样一些感觉，但总是还缺乏对他的内在敬重。**封德耐尔**说：**在一个贵人面前我鞠躬，但我的精神不鞠躬**。我可以补充说：在一个身份低微的普通市民面前， 5〔77〕
如果我在他身上察觉到我在自己本人身上没有意识到的某种程度的品格正直的话，**我的精神鞠躬**，不管我愿意还是不愿意，哪怕我依然昂首挺胸，以免他忽视我的优越地位。这是为什么呢？他的榜样给我出示了一条法则，当我把它与我的举止相比较，并亲眼看到事实证明了对这条法则的遵循，从而证明了这条法则的**可行性**时，它就击毁了我的自大。此时我也可能意识到一种同等程度的正直，而敬重也依然如故。因为既然在人身上一切善都总是有缺陷的，所以，法则通过一个实例而直观化，就总是击毁我的骄傲，对此，我亲眼看到的这位人士就充当着一个尺度，他总还是可能带有的不纯洁性对我来说并不像我自己的不纯洁性那样为我所熟知，因而他对我来说就显得更纯粹。**敬重**是我们无论愿意或者不愿意，都不会拒绝给予功德的一种**称赞**；我们顶多可以在表面上不露声色，但我们却不能防止在内心中感到这种敬重。

很难说敬重是一种**愉快**的情感，以至于人们就一个人而言只是不情愿地听任自己敬重。人们试图找出某种东西能够减轻我们敬重的负担，找出某种瑕疵，以便补偿由于这样一个榜样使我们产生的谦卑所造成的损失。就连死去的人，尤其是当他们的榜样显得无法效仿时，也并不总是幸免于这种批判。甚至道德法则，即使其**庄重威严**，也蒙受着这样一种抵制对它的敬重的努力。人们难道认为，除了人们想要摆脱如此严厉地责备我们自己的不配的这种令人害怕的敬重之外，人们之所以喜欢把道德法则贬低成为我们亲切的偏好，可以归咎于某种别的原因吗？难道为了使道德法则成为我们自己应当注意的好处的可爱规范，所作出的这一切努力都是出自别的原因吗？尽管如此，这里面毕竟也又**很难说有什么不快**：人们一旦放弃了自大并允许那种敬重有实践的影响，就又能够对这个法则的壮丽百看不厌，而且灵魂在看到这个神圣的法则高踞于自己和自己的脆弱本性之上时，就相信在同样的程度上提高了自己。虽然
5〔78〕伟大的天才们和与他们相称的活动也可以造成敬重或者一种与敬重类似的情感，而且把这种情感献给他们也是完全合适的，而此时看起来就好像惊赞与那种感觉是一回事。然而，人们如果更仔细地观察，就将注意到，既然在这种技巧上生而具有的天才占多大份额，通过自己的勤奋而来的修养占多大份额，这永远还是不确定的，所以理性就以揣测的方式把这种技巧向我们表现为修养的结果，因而表现为功德，这明显地降低了我们的自大，并且要么在这方面责备我们，要么责成我们以适合于我们的方式来追随这样一个榜样。因此，它并不是纯然的惊赞，它是我们对这样一个人物（真正说来是对他的榜样向我们出示的法则）表示的敬重；这一点也由此得到证实，即成群平庸的倾慕者在相信从别的什么地方打听到了这样一个人物（如伏尔泰）品性上的劣迹时，就放弃了对他的所有敬重，但真正的学者却至少着眼于他的天才，还总是感到这种敬重，因为他本人卷入一种事务和职业中，这就使他在某种程度上把效仿此人当成他的法则。

因此，对道德法则的敬重是惟一的、同时无可怀疑的道德动机，就像这种情感也不指向任何别的客体，而只指向出自这个根据的客体一样。首先，道德法则客观地和直接地在理性的判断中规定着意志；但其因果性惟有通过法则才能得到规定的自由却正是在于，它把一切偏好，因而把对人格本身的赏识都限制在对其纯粹法则的遵循这个条件上。现在，这种限制就对情感发生作用，并产生出从道德法则出发能够先天地认识到的不快的情感。但是，既然这种限制仅仅就此而言是一种**否定性的**作

用，它作为从一个纯粹的实践理性的影响中产生出来的作用，尤其在偏好是主体的规定根据时中止主体的活动，从而中止对他的个人价值（这种价值不与道德法则相一致就被贬为一钱不值）的意见，所以，法则对情感的这种作用就仅仅是使之谦卑，因为我们虽然能够先天地看出这种使之谦卑，但在它这里却不能认识到作为动机的纯粹实践法则的力量，而只能认识到对感性动机的阻抗。但是，既然同一个法则毕竟在客观上、 5〔79〕
亦即在纯粹理性的表象中是意志的一个直接的规定根据，因而这种使之谦卑只是相对于法则的纯粹性才发生，所以，在感性方面对道德上的自我赏识的要求的贬低，亦即使之谦卑，就是在理智方面对法则本身的道德赏识、亦即实践赏识的提高，一言以蔽之，就是对法则的敬重，因而也是一种就其理智原因而言的肯定性情感，这种情感是被先天地认识到的。因为对一个活动的障碍的任何一种减少都是对这个活动本身的促进。但是，对道德法则的承认就是对实践理性出自客观根据的一个活动的意识，这个活动只是由于主观原因（病理学的原因）对它的阻碍才没有在行动中表现出它的作用。所以，对道德法则的敬重也必须被看做这法则对情感的肯定的、但却间接的作用，只要这法则通过使自大变得谦卑而削弱各种偏好的阻碍性影响，因而也必须被看做活动的主观根据，亦即被看做遵循这法则的**动机**，以及被看做一种符合这法则的生活风格的种种准则的根据。从动机的概念中产生出一种**兴趣**的概念，这兴趣永远只能赋予一个有理性的存在者，并且指的是意志的**动机**，只要这动机**通过理性被表现出来**。既然法则本身在一个道德上善的意志中必须是动机，所以**道德上的兴趣**就是纯然实践理性的一个纯粹的、摆脱感官的兴趣。在兴趣的概念之上，也建立起一个**准则**的概念。因此，准则也只有在它基于人们对遵循法则所怀有的纯然兴趣时，才在道德上是纯正的。但所有这三个概念，即**动机**概念、**兴趣**概念和**准则**概念，都只能被运用于有限的存在者。因为它们全都以一个存在者的本性的一种受限制性为前提条件，原因在于该存在者的任性的主观性状与一个实践理性的客观法则并不是自动地协调一致的；这就有一种通过推动某种东西而活动的需要，因为某种内在的障碍是与这种活动相对立的。因此，这些概念不能运用于属神的意志。

在对纯粹的、被去除了一切利益的道德法则的无限尊崇中，有某种 5〔80〕

如此特别的东西，就像实践理性把它表现给我们来遵循那样，而实践理性的声音甚至使最大胆的恶徒也感到战栗，并迫使他躲避这法则的目光一样，以至于不必为发现纯然理智的理念对情感的这种影响对于思辨理性来说无法解释，不得不满足于毕竟还能先天地看出这样一种情感不可分割地与每个有限的理性存在者心中的道德法则的表象结合在一起，而感到奇怪。假如这种敬重的情感是病理学的，因而是一种基于内部**感官**的愉快情感，那么，要揭示这敬重与某个先天理念的结合就会是白费力气了。但现在，它是一种仅仅关涉实践的东西的情感，而且这种情感仅仅按照法则的形式，而不是由于法则的某个客体而与法则的表象相联系的，因而既不能被算做快乐，也不能被算做痛苦，尽管如此却产生出对遵循法则的一种**兴趣**，我们把这兴趣称为**道德**兴趣；就像对法则有这样一种兴趣的能力（或者对道德法则本身的敬重）真正说来也是**道德情感**一样。

意志对法则的一种**自由的**服从是与一种不可避免的、但仅仅由自己的理性施之于一切偏好的强制结合在一起的，这种意识就是对法则的敬重。要求并且也引起这种敬重的法则，如人们看到的那样，不是别的法则，而只是道德法则（因为没有任何别的法则排除一切偏好对意志的影响的直接性）。行动按照这一法则借排除一切出自偏好的规定根据而在客观上是实践的，就叫做**义务**，义务因这种排除之故而在其概念中如此**不情愿地**包含着实践上的**强迫**，亦即去行动的规定，不论这些行动如何发生。从这种强迫的意识产生的情感不是病理学的，不是作为这样一种由感官的一个对象引起的情感，而是仅仅实践上的，亦即通过一个先行的（客观的）意志规定和理性的因果性才可能的。因此，作为对一个法则的**服从**，亦即作为命令（它对受到感性刺激的主体宣布强制），这种情感并不包含任何愉快，而是就此而言毋宁说在自身中包含着对行动的不快。但相反，既然这种强制只是通过**自己的**理性的立法而实施的，这情感也
〔81〕包含着**提升**，因而对情感的主观作用，就纯粹的实践理性是其惟一的原因而言，可以叫做只是纯粹实践理性方面的**自我批准**，因为人们认识到自己是没有任何兴趣而仅仅通过法则被规定为这样的，并从此意识到一种完全不同的、由此而在主观上产生出来的兴趣，这兴趣是纯粹实践的和**自由的**，对一个合乎法则的行动有这种兴趣，绝不是一种偏好建议的，

而是理性通过实践法则绝对地命令以及现实地产生的，但因此也就带有一个完全独特的名称，即敬重这个名称。

因此，义务的概念**在客观上**要求行动与法则一致，但在主观上则要求行动的准则对法则的敬重，作为法则对意志的惟一规定方式。**合乎法则地**行动的意识和**出自义务**，亦即出自对法则的敬重而行动的意识之间的区别就基于这一点，其中前者（合法性）即便在仅仅偏好是意志的规定根据的时候也是可能的，但后者（道德性），即道德价值，则必须仅仅被设定在这一点上，即行动乃是出自义务而发生的，亦即仅仅为了法则的缘故而发生的。①

在一切道德评判中极为仔细地注意一切准则的主观原则，以便把行动的一切道德性设定在行动出自**义务**和出自对法则的敬重，而不是出自对这些行动应当产生的东西的喜爱和好感的必然性上，这是极为重要的。对于人以及一切被创造的理性存在者来说，道德的必然性都是强迫，亦即责任，而基于责任的行动都必须被表现为义务，而不是被表现为一种已经被自己所喜爱，或者能够被自己所喜爱的做法。就好像我们在某个时候能够做到，无须与对逾越的恐惧或者至少是担忧相结合的那种对法则的敬重，我们就能够像那超越一切依赖性的神祇那样自发地仿佛是通 5〔82〕
过意志与道德法则的一种已经成了我们的本性的、永远不可更移的一致（因此，既然我们绝不可能被诱惑去背弃道德法则，道德法则最终也就有可能根本不再对我们来说是命令），在某个时候拥有意志的一种**神圣性**似的。

也就是说，道德法则对于一个极完善的存在者的意志来说是一个**神圣性**的法则，但对于每个有限的理性存在者的意志来说则是一个**义务**的法则，是道德强迫的法则，是通过对这法则的**敬重**并出自对他的义务的敬畏来规定他的行动的法则。必须不把一个别的主观原则假定为动机，因为若不然，行动的结果虽然能够像法则指定它的那样，但由于这行动尽管是合乎义务的，但却不是出自义务发生的，对此的意向就不是道德

① 如果仔细地斟酌对人格的敬重这个概念，就像它在前面已被阐明的那样，那么，人们就将察觉到，它总是基于一种给我们出示一个实例的义务的意识，所以敬重绝不能有一个别的根据，而只能有一个道德上的根据，而在我们使用这一表述的地方，处处都注意人在他的评判中对道德法则持有的那种隐秘的和值得惊叹的、但在此也经常出现的顾忌，这是很好的，甚至在心理学方面对人的知识也是很有用的。

的，而在这种立法中真正说来关键就是意向。

出自对人们的爱和同情的好意而对他们行善，或者出自对秩序的爱而处事公正，这是很美好的，但这还不是我们行为的真正的、与我们在**作为人**的理性存在者中间的立场相适合的道德准则，如果我们自以为能够仿佛作为见习生以骄傲的自负置义务的思想于不顾，并且不依赖于命令，要从自己的愉快出发去做我们不需要任何命令就会去做的事情的话。我们置身于理性的**纪律**之下，并且在我们顺从这一纪律的一切准则时都不得忘记，不要从它去除任何东西，或者由于我们虽然符合法则地设定我们意志的规定根据，但却把它设定在不同于法则本身和对法则的敬重的地方而通过自重的妄念对法则的威望有所减损（尽管它是我们自己的理性所立的法）。义务和本分是我们必须仅仅给予我们与道德法则的关系的称谓。我们虽然是一个通过自由而可能的、由实践理性介绍给我们去敬重的道德之国的立法成员，但毕竟同时是这个国的臣民，而不是它的元首，而错认我们作为受造者的地位等级并对神圣法则的威望作出自大
5〔83〕的拒斥，这已经是在精神上对这法则的背弃了，哪怕这法则的字句得到了履行。

但是，与此完全协调一致的是如下这样一条诫命的可能性：**爱上帝甚于一切，并爱你的邻人如爱你自己**①。因为它毕竟是作为命令而要求对**指示人去爱**的法则加以敬重，而不是把使这爱成为自己的原则这件事托付给随意的选择。但是，对上帝的爱作为偏好（病理学的爱）是不可能的；因为上帝不是感官的对象。这样一种爱对人来说虽然是可能的，但却不能被命令；因为仅仅遵命去爱某个人，这是任何人都没有能力做到的。因此，这仅仅是在一切法则的那个核心中被理解的**实践的爱**。爱上帝，在这种意义上就叫做**乐意**执行上帝的诫命；爱邻人，就叫做**乐意**履行对邻人的一切义务。但是，使这成为规则的命令却也不能命令人在合乎义务的行动中**具有**这种意向，而是只能命令人朝这一点**努力**。原因在于，一个要人们乐意做某事的命令是自相矛盾的，因为如果我们已经自发地知道我们有责任去做什么，如果我们除此之外也意识到自己乐意去做此事，这方面的一个命令就是完全不必要的，而且如果我们虽然做了

① 与这法则构成了一种奇特的对比的，是一些人想使之成为道德的至上原理的自身幸福的原则；它可以这样来表述：**爱你自己甚于一切，但爱上帝和你的邻人则是为你自己的缘故**。

此事，但恰恰不是**乐意**的，而是仅仅出自对法则的敬重，那么，一个使这种敬重正好成为准则的动机的命令所起的作用就会恰恰与所命令的意向背道而驰。因此，那条一切法则的法则与福音书的一切道德规范一样，是把道德意向在其全部完善性中展示出来，就像它作为一个神圣性理想是任何受造者都达不到的，但仍然是我们应当努力去接近，并在一个不断的但却无限的进程中与之相同的范型一样。也就是说，假如一个有理性的受造者在某个时候能够做到完全乐意去执行一切道德法则，那么，这就会等于是说：在他心中就连诱惑他背离这些道德法则的一种欲望的可能性也不会存在；因为要克服这样一种欲望就总是要求主体作出牺牲，因而需要自我强制，亦即内心强迫去做人们并不完全乐意去做的事情。但是，一个受造者永远不可能达到道德意向的这个等级。因为既然它是 5〔84〕
一个受造者，因而就它达到对自己的状况完全心满意足所要求的东西而言总是有依赖的，所以，它永远不能完全摆脱欲望和偏好，欲望和偏好由于以物理原因为依据，不会自发地与来源完全不同的道德法则相一致，因而它们在任何时候都使得有必要考虑到它们而把受造者的准则的意向建立在道德强迫上，即不是建立在心甘情愿的服从上，而是建立在对法则的哪怕是不乐意地发生的遵循所要求的敬重上，不是建立在那并不担心意志对法则的任何内在拒绝的爱上，但仍然使这种爱，亦即纯然对法则的爱（因为在这种情况下，法则就会不再是**命令**了，而主观上要转变为神圣性的道德性也会不再是**德性**），成为自己努力的不懈目标，哪怕是无法达到的目标。因为对于我们所尊崇、但却（因为对我们的软弱的意识）畏惧的东西来说，由于更容易适应它，充满敬畏的畏惧就转变成好感，敬重就转变成爱；至少这会是一个致力于法则的意向的完成，如果一个受造者有朝一日有可能达到这种意向的话。

这一考察在这里的目的，并不仅仅是用清晰的概念来表达前述福音书的诫命，以便遏制或者尽可能预防在对上帝的爱方面的**宗教狂热**，而是也要直接在对人的义务方面精确地规定道德意向，并遏制或者尽可能预防那感染着许多人头脑的**纯然道德的**狂热。人（按照我们的一切洞识，也包括任何有理性的受造者）所处的道德等级就是对道德法则的敬重。使人有责任遵循道德法则的那种意向就是：出自义务，而不是出自自愿的好感，也不是出自至多不经命令的、自发乐意作出的努力，去遵循道德法则，而人一向都能够处于其中的那种道德状态就是**德性**，亦即**在斗争中**的道德意向，而不是**在**自以为拥有意志的意向的一种完全的**纯洁性时的神圣性**。这完全是道德上的狂热和自大的升级，为此人们通过鼓励
5〔85〕去行动而使心灵更为高贵、更为崇高和更为大度，由此而把心灵置入妄念中，就好像构成他们的行动的规定根据，并一再使他们通过遵循法则（**服从**法则）而变得谦卑的不是义务，亦即对他们即便不乐意也必须承受其轭具（尽管如此，这轭具由于是理性本身给我们架上的，所以是柔和的）的法则的敬重；反倒那些行动不是出自义务，而是作为纯粹的功德而期待于他们似的。因为不仅他们通过对这样的行为，亦即出自这样的原则的行为的模仿，丝毫也没有符合法则的精神，这精神在于服从法则的意向，而不在于行动的合法则性（不管原则是什么样的原则），而且他们是**在病理学上**（在同情中或者也在爱己中）、不是在道德上（在法则中）设定动机的，这样，他们就以这种方式产生了一种轻浮的、浮光掠影的、幻想的思维方式，即自以为自己的心灵有一种自愿的驯顺，这心灵既不需要鞭策也不需要管束，对它来说甚至一个命令也是没有必要的，而且在这方面忘掉了他们本应先于功德予以考虑的职责。别人的那些以巨大的牺牲，而且纯然为了义务所发生的行动，当然可以在**高贵的**和**崇高的**行为的名义下得到赞扬，但也惟有在存在着使人猜测这些行动完全是出自对他的义务的敬重，而不是出自心血来潮所发生的迹象时才是这样。但是，如果人们要把这些行动当做仿效的榜样介绍给某人，那么，就绝对必须把对义务的敬重（作为惟一真正的道德情感）用做动机；这种严肃的、神圣的规范并不听任我们虚荣的自爱用病理学的冲动（就它们与道德性相类似而言）来戏耍，以及为**值得赞扬的**价值而沾沾自喜。只要我们好好搜索一下，我们就将在一切值得赞颂的行动上都已经发现一条义务法则，它在**颁布命令**，而不让事情取决于我们那可能让我们的癖好喜欢的心愿。这是惟一在道德上塑造灵魂的阐述方式，因为惟有它才能胜任稳定的和精确规定了的原理。

如果最一般意义上的**狂热**就是按照原理作出的对人类理性界限的一种逾越，那么，**道德上的狂热**就是这种对人类实践的纯粹理性所设定的界限的逾越，人类实践的纯粹理性通过这界限禁止把合乎义务的行动的
5〔86〕主观规定根据，亦即这些行动的道德动机设定在除法则本身之外的其他

任何地方，禁止把由此带入准则的意向建立在除对这法则的敬重之外的任何别的地方，从而命令使既消除一切**狂妄自大**也消除虚荣的**爱己**的义务思想在人心中成为一切道德性的最高**生活原则**。

因此，如果是这样，那么，不仅小说家或者敏感的教育家（尽管他们还如此竭力地反对敏感性），而且有时甚至哲学家，乃至于一切哲学家中最严格的斯多亚学派，都引入了**道德上的狂热**来取代冷静的、但却是睿智的道德训练，尽管后者的狂热更多地具有英雄气概，前者的狂热则具有陈腐和故作感伤的性状，而且人们可以用不着伪装而完全忠实地照着福音书的道德教诲说：福音书首先通过道德原则的纯粹性，但同时也通过这原则与有限存在者的局限的适合，而使人的一切正当行为都服从一种置于他们眼前的、不让他们在道德上所梦想的完善性之下狂热起来的义务的管教，并给喜欢错认自己的界限的自大和自重设定了谦卑（亦即自知）的限制。

义务！你这崇高的、伟大的名字！你在自身中不包容任何带有谄媚的讨好之物，而是要求服从，但也不为了打动意志而作出任何在心灵中激起自然的厌恶和使人害怕的威胁，而只是树立一条法则，这法则自动地在心灵中找到入口，但却甚至违背意志而为自己赢得崇敬（即使并不总是赢得遵循），面对这法则，一切偏好都哑口无言，尽管它们暗地里抵制它：你的可敬的起源是什么呢？人们在哪里找到你那高傲地拒绝了与偏好的一切亲缘关系的高贵出身的根呢？从哪条根生长出来，才是人们惟一能够自己给予自己的那种价值的不可缺少的条件呢？

这东西不可能逊于把人提升到自己本身（作为感官世界的一个部分）之上的东西，逊于把人与惟有知性才能思维的事物秩序联结起来的东西，而这事物秩序同时下辖整个感官世界，以及人在时间中的经验性上可规 5〔87〕
定的存在和一切目的的整体（惟有这整体才是与作为道德法则的这样一些无条件的实践法则相适合的）。这东西无非就是**人格性**，亦即对整个自然的机械作用的自由和独立，但同时被视为一个存在者的能力，这个存在者服从自己特有的，亦即由他自己的理性所立的纯粹实践法则，因而人格作为属于感官世界的，就其同时属于理知世界而言，服从于它自己的人格性；因为不必奇怪，人作为属于两个世界的，必须不是以别的方式，而是崇敬地在与他的第二个和最高的使命的关系中看待他自己的本质，并以最高的敬重看待这种使命的法则。

如今，在这个起源之上，建立起一些按照道德理念来标明对象的价值的表述。道德法则是**神圣的**（不可侵犯的）。人虽然够不神圣了，但在他的人格之中的**人性**对他来说却必须是神圣的。在整个创造中，人所想要并能够有所支配的一切都可以**仅仅作为手段**来使用；惟有人亦即每一个理性造物是**目的自身**。因为人凭借其自由的自律而是那本身神圣的道德法则的主体。正是由于自由的缘故，每个意志，甚至每个人格自己特有的、针对他自己的意志，都被限制在与理性存在者的**自律**相一致这个条件上，也就是说，不使理性存在者服从任何不按照一个能够从承受主体本身的意志中产生出来的法则而可能的意图；因此，这个存在者绝不可以仅仅被用做手段，而是同时本身也用做目的。就世界上作为上帝意志的造物的理性存在者而言，我们有理由甚至把这个条件赋予上帝的意志，因为这个条件基于理性存在者的**人格性**，惟有通过它，理性存在者才是目的自身。

这个把我们的本性（按照其使命）的崇高置于我们眼前的、唤起敬重的人格性理念，由于它同时使我们注意到我们的行为在这种崇高方面欠缺适合，并由此消除了自大，因而甚至对于最普通的人类理性来说也是自然的和容易发觉的。难道不是每个哪怕仅仅中等诚实的人也发现，
5〔88〕一个通常无害的谎言，他借此或者能够使自己摆脱一件烦人的事务，或者甚至为一个所爱的值得赞扬的朋友谋取利益，但他却放弃了，以免在他自己的眼中轻视他自己？一个正直的人，处身于生活的极大不幸之中，只要他能够漠视义务，就能够避免这种不幸，难道不还是这种意识支持了他，即他毕竟保持了他的人格中的人性的尊严并尊重了这种人性，他在他自己面前没有理由感到羞愧，没有理由畏惧自我反省的内在目光？这种慰藉不是幸福，也不是幸福的极小部分。因为没有人会期望自己有这种机会，也许甚至不期望有一种在这样的情景中的生活。但是他活着，并且不能忍受在他自己的眼中配不上这种生活。因此，这种内心的抚慰对于一切能够使生活舒适的对象来说都是纯然否定性的；也就是说，这种抚慰是在他完全放弃了自己的状态的价值之后，对在人格价值中沉沦这种危险的阻止。它是对某种完全不同于生活的东西的敬重的结果，与这种东西相比和相对照，生活连同其所有的惬意毋宁说都根本没有任何

价值。他只是还出自义务活着，并不是因为他对生活感到丝毫的兴趣。

纯粹实践理性的正直动机就是这样；它无非是纯粹的道德法则本身，只要这法则让我们觉察到我们自己的超感性实存的崇高，并主观上在同时意识到自己的感性存在和与此相结合的对其就此而言很受病理学上刺激的本性的依赖性的人们心中，造成对其更高的使命的敬重。于是，能够与这种动机相结合的就完全可能是生活的如此之多的魅力和惬意，以至于仅仅为了它们的缘故，一个理性的并且对生活的最大福祉反复思考的**伊壁鸠鲁主义者**的最聪明的选择就已经会表示赞同道德善举了，而把对生活的快乐享受的这种展望与那个至上的、独自就已经足以作出规定的动因结合起来，可能也是可取的；但如果谈到义务的话，这只是为了与恶习一定会在相反方面用来骗人的种种诱惑保持一种平衡，而不是为了在这里面设定真正的推动力，哪怕一丝一毫也不行。因为那样的话，
就恰恰是要在其源头上污染道德意向。义务的威严与生活享受毫不相干； 5〔89〕
它有自己特有的法则，而无论人们怎样把这二者搅和到一块，以便把它们混合起来，仿佛是作为药剂交给生病的灵魂，它们却也马上就彼此分离，而如果它们不分离，则前者就根本不起作用，即使自然的生活会在这里获得一些力量，道德生活也毕竟要无可救药地衰落下去。

对纯粹实践理性批判的分析论的批判性阐明

我把对一门科学或者它的独自构成一个体系的某个部分所作的批判性阐明，理解为当人们把它与另一个以类似的认识能力为基础的体系进行比较时，对它为什么必须恰好具有这种而不是别样的系统形式所作的研究和辩解。现在，就实践理性和思辨理性都是**纯粹理性**而言，它们都以同样的认识能力为基础。因此，一种理性与另一种理性的系统形式的区别将不得不通过二者的比较来规定，并给出这方面的根据。

纯粹理论理性的分析论讨论的是能够被给予知性的那些对象的知识，所以必须从**直观**、因而（由于直观在任何时候都是感性的）从感性开始，但从这里首先进展到概念（这直观的诸对象的概念），并且惟有在预先准备了这二者之后才可以以原理结束。与此相反，由于实践理性就对象而言所讨论的并不是**认识**它们，而是实践理性自己（根据对这些对象的认

识）实现这些对象的能力，也就是说，是一个**意志**，就理性包含着一种因果性的规定根据而言，这意志就是一种因果性，因而理性在这里不是要指明直观的客体，而是（由于因果性概念在任何时候都包含着与一个在相互关系中规定杂多之实存的法则的关系）作为实践理性只需要指明这种因果性的**一条法则**：这样，就这理性应当是一种实践理性而言，它
5〔90〕的分析论的一个批判（这是真正的任务）就必须从**先天的实践原理的可能性**开始。惟有从这里出发，它才能前进到实践理性的诸对象的**概念**，亦即绝对善和恶的概念，以便根据那些原理首先给出这些概念（因为这些对象根本不可能通过任何认识能力先于那些原理作为善和恶被给予），而且惟有在此之后，最后一章，亦即关于纯粹实践理性与感性的关系及其对感性的必然的、可先天认识的影响的一章，也就是关于**道德情感**的一章，才结束了这个部分。这样，实践的纯粹理性的分析论对其应用的一切条件的整个范围的划分就与理论的实践理性完全类似，但却次序相反。理论的纯粹理性的分析论被分为先验感性论和先验逻辑论，实践的纯粹理性的分析论则相反，分为纯粹的实践理性的逻辑论和感性论（如果允许我在这里仅仅出于类比而使用这些通常根本不适合的命名的话），逻辑论在前者那里又分为概念的分析论和原理的分析论，在后者这里则分为原理的分析论和概念的分析论。感性论在前者那里由于感性直观的双重性质还具有两个部分；在后者这里感性根本不被视为直观能力，而是仅仅被视为情感（它可以是欲求的一个主观根据），而就情感而言，纯粹的实践理性不允许任何进一步的划分。

甚至这种两部分的划分及其进一步的划分在这里并没有真的（如同人们开始时很可能受到前一种划分的榜样的诱惑而去尝试的那样）被实施，其理由也很容易就能够看出。由于是**纯粹理性**在这里就其实践应用而言，因而从先天原理出发而不是从经验性规定根据出发被考察的，所以纯粹实践理性的分析论的这种划分的结果就必定类似一个理性推理的划分，亦即从**大前提**中的普遍的东西（道德原则）出发，通过在**小前提**中实施的归摄，即把可能的行动（作为善的行动或者恶的行动）归摄到那些原理之下，而前进到**结论**，亦即主观的意志规定（一种对实践上可
5〔91〕能的善以及建立在它上面的准则的兴趣）。对于已经能够确信在分析论中出现的这些命题的人，这样一些比较将使其感到愉快；因为它们有理由

引起期望，即也许有朝一日能够一直达到对整个纯粹的理性能力（无论是理论的还是实践的理性能力）的统一性的洞识，并从一个原则中引申出一切来；这是人类理性的不可避免的需要，人类理性惟有在其知识的一种完备的系统统一中才能得到完全的满意。

但现在，如果我们也考察一番我们关于一种纯粹的实践理性并通过这种理性能够拥有的知识的内容，就像纯粹实践理性的分析论将它展示出来那样，那么，在实践理性和理论理性之间虽然有一种值得注意的类似，却也同样有值得注意的区别。就理论理性而言，**一种纯粹的理性认识的先天能力**可以通过出自各门科学的实例（由于这些科学以如此多种多样的方式通过有计划的应用来检验它们的原则，人们在它们这里不必像在普通知识中那样容易担心暗中掺杂经验性的认识根据）来轻而易举地和明晰地得到证明。但是，纯粹理性不掺杂任何经验性的规定根据，独自就也是实践的，这一点人们却必定能够从最普通的实践理性应用出发来阐明，因为人们把这个至上的实践原理认证为这样一个原理，任何自然的人类理性都认识到它作为完全先天的、不依赖于任何感性材料的原理而是其意志的至上法则。人们必须在科学能够掌握这个原理，以便利用它，就好像它是先行于关于它的可能性的玄想和一切可能从中得出的结论的事实似的之前，就首先按照其起源的纯粹性甚至**在这种普通理性的判断中**对它加以确证和辩护。但是，这种情况也可以从前面刚刚阐述的东西中得到很好的解释，因为实践的纯粹理性必须必然地从原理开始，因而这些原理必须作为最初的材料被奠定为一切科学的基础，而不能首先从科学中产生出来。但是，对作为一种纯粹理性的原理的道德原则的辩护也因此而能够很好地并且以足够的可靠性通过纯然援引普通人类知性的判断来进行，因为一切有可能作为意志的规定根据而混入我们的准则的经验性东西，通过在其激发起欲望时必然附着在意志上的快乐 5〔92〕
情感或者痛苦情感，马上就使自己成为**可以辨认的**，但那个纯粹实践理性却完全抵制这种情感，不把它作为条件接纳入自己的原则。这些（经验性的和理性的）规定根据的不同，通过一种实践上立法的理性对一切混合的偏好的抵制，通过一种特有的、但并不先行于实践理性的立法、而毋宁说是惟有通过这种立法并且作为一种强制产生出来的**感觉**方式，亦即通过一种敬重的情感——没有任何人对于偏好具有这样的情感，无论这偏好是什么类型的，但对于法则却可以有这样的情感——而变得如此可以辨认，如此突出和显著，以至于任何人类知性，哪怕是最普通的人类知性，都不会在一个呈现在眼前的榜样中瞬间注意到，他虽然会被意愿的经验性根据劝告去追随它们的诱惑，但却永远不能苛求他除了仅仅**遵从**纯粹的实践理性法则之外，还遵从别的一种法则。

在**幸福学说**中，经验性的原则构成了整个基础，但对于**道德学说**来说，它们却不构成其丝毫的附加，幸福学说与道德学说的区分在纯粹实践理性的分析论中是它的首要的和最重要的职责性工作，它在这件工作中必须像几何学家在自己的工作中那样**一丝不苟地**，甚至也可以说**吹毛求疵地**行事。但对于在这里（就像任何时候在通过纯然的概念、无须概念的构造而来的理性知识中那样）由于不能把任何直观作为（纯粹本体的）根据而必须与更大的困难作斗争的哲学家来说，毕竟也还有益处的是：他能够几乎像化学家一样，在任何时候都用每个人的实践理性来做试验，以便把道德的（纯粹的）规定根据与经验性的规定根据区别开来；也就是说，如果他把道德法则（作为规定根据）附加在被经验性地刺激起来的意志（例如因通过说谎有所获利而会热衷说谎的意志）之上的话。这就好像是化学家在盐晶中把碱加给石灰溶液似的；盐晶马上就脱离了钙而与碱结合，而钙则沉淀到底下。同样，道德法则持立于通常是一个老实人（或者哪怕这一次仅仅想把自己置于老实人的位置）的人面前，
5〔93〕 他凭这法则而认识到一个说谎者的卑劣，他的实践理性（在关于应当因他而发生的事情的判断中）马上就抛弃了好处，使自己与那为他保持着对他自己的人格的敬重的东西（诚实）相一致，而好处则被每一个人在摆脱和清洗掉理性（它仅仅完全站在义务一边）的附加物之后予以权衡，以便还可以在别的场合与理性建立联系，只是除了他有可能违背道德法则的场合，道德法则永远不离开理性，而是最密切地与理性结合在一起。

但是，幸福原则与道德原则的这一**区分**并不因此就马上是二者的对立，而且纯粹实践理性并不要求人们放弃对幸福的要求，而是仅仅要求只要谈到义务，就根本**不考虑**幸福。就某个方面来说，照管自己的幸福甚至也可以是义务，这部分地是因为幸福（技巧、健康、财富都属于此列）包含着履行他的义务的手段，部分地是因为幸福的缺乏（例如贫穷）包含着逾越他的义务的诱惑。只不过，促进自己的幸福，这永远不能直

接是义务，更不用说是一切义务的原则了。既然意志的一切规定根据除了统一的纯粹实践理性法则（道德的理性法则）之外全都是经验性的，因而作为这样的规定根据属于幸福原则，所以，它们必须全都从至上的道德原理中分离出来，绝不作为条件被归并给道德原理，因为这会取消一切道德价值，正如对几何学原理的经验性掺杂会取消一切数学的自明性这个（按照柏拉图的判断[1]）数学自身所拥有的最杰出的东西，而这种东西甚至比数学的一切用处都更重要。

但是，不对纯粹实践理性的至上原则作出演绎，亦即不对诸如此类的先天知识的可能性作出解释，所能够列举的就无非是：人们即使看出了一个作用因的自由的可能性，也绝不是仅仅看出了作为理性存在者的至上实践法则的道德法则的可能性，而是完全看出了其必然性，而人们是赋予了这些理性存在者以其意志的因果性的自由的；因为这两个概念是如此不可分割地结合在一起，以至于人们也可以通过意志对于惟独道 5〔94〕
德法则除外的任何其他东西的独立性来定义实践的自由。然而，一个作用因的自由，尤其是在感官世界里，按照其可能性是绝对不能看出的；只要我们能够充分相信不出现对自由的不可能性的任何证明，并由于要求有自由的道德法则而不得不假定自由，且正由于此而有权假定自由，那就是万幸了！然而，由于还有许多人还总是相信能够像解释任何别的自然能力那样，按照经验性的原则来解释这种自由，并且把它视为**心理学的**属性，其解释仅仅取决于对**灵魂的本性**和意志的动机的一种更仔细的研究，而不是视为一个属于感官世界的存在者的因果性的**先验**谓词（就像事情实际上仅仅取决于此那样），这样就取消了我们通过纯粹实践理性借助于道德法则所遇到的那个美妙的启示，亦即由于认识到自由的那个通常是超验的概念而对一个理知世界的启示，从而也就取消了绝对不假定任何经验性的规定根据的道德法则本身，所以，有必要在这里为了防止这种幻觉并且赤裸裸地展示经验主义的浅薄，而再作一些引证。

与作为自由的因果性不同的作为**自然必然性**的因果性的概念，仅仅涉及事物的实存，只要这实存是**在时间中可被规定的**，因而是作为显象而与其作为物自身的因果性相对立的。如今，如果人们把事物在时间中

[1] 《国家篇》，522 以下。——科学院版编者注

的实存的规定当做物自身的规定（这是最常见的表象方式），那么，因果关系中的必然性就不能以任何方式与自由一致；相反，它们相互矛盾对立。因为从前者得出的是：任何一个事件，因而任何在一个时间点上发生的行动，都必然以在此前时间里发生过的事情为条件。既然过去了的时间不再受我控制，所以，我所采取的任何行动都由于**不受我控制的**规定根据而是必然的，也就是说，我在我行动的那个时间点上绝不是自由的。
5〔95〕
的确，即便我假定我的全部存在都不依赖于任何一个外来的原因（如上帝），以至于我的因果性、甚至我的整个实存的规定根据，都完全不在我外面，这也毕竟丝毫不会把那种自然必然性转变成自由。因为在每个时间点上，我毕竟总是服从必然性的，即被**不受我控制的东西**所规定而去行动，我永远只会按照一个已经预先规定好的秩序来延续、却绝不会自行开始的那个来自以前的无限的事件序列，就会是一个连续不断的自然链条，因而我的因果性绝不会是自由。

因此，如果想赋予一个其存在在时间中被规定的存在者以自由，那么，人们在这方面至少不能把他当做他的实存中的一切事件，因而还有他的行动的自然必然性法则的例外；因为这就会等于把他交给了盲目的偶然。但是，既然这法则不可避免地涉及事物的一切因果性，只要它们的**存在**是**在时间中**可被规定的，所以，假如这法则是人们也能够表象**这些物自身的存在**所根据的方式，自由就必然会作为一个无意义的和不可能的概念被抛弃。因此，如果人们还要拯救自由，那么，除了把一个事物的存在就其在时间中可被规定而言，因而也把按照**自然必然性**法则的因果性**仅仅赋予显象**，而把**自由**赋予**作为物自身的同一个存在者**之外，就无路可走了。这样，如果人们想同时保持两个彼此反感的概念的话，上述做法就当然是不可避免的了；然而，如果人们想把它们解释为结合在同一个行动中，因而想解释这种结合本身的话，那么，在应用中就将出现种种巨大的困难，它们似乎使得这样一种结合变得不可行了。

如果我关于一个犯了偷窃行为的人说，这个行为按照因果性的自然法则从先行时间的规定根据出发是一个必然的后果，那么，这个行为本来可以不发生，就是不可能的了；按照道德法则所作的评判在这里究竟如何能够造成一种改变，并预设这个行为由于道德法则说它本来应当不做而本来可以不做呢？也就是说，这个人在同一时间点上，就同一行动而言，如何能够叫做完全自由的呢？他在该时间点上，就该行动而言，毕竟是服从一种不可避免的自然必然性的。在这里寻找一种托词，说人 5〔96〕
们只是使自己按照自然法则的因果性之规定根据的**方式**适合于自由的一个**比较性的**概念（据此，其进行规定的自然根据处在起作用的存在者**内部**的东西，有时就叫做自由的作用，例如，一个被抛出的物体当它在自由运动时所做的事情，人们在这里使用自由这个词，乃是因为它在飞行期间没有从外部受到某种推动，或者就像我们把一块表的运动也称为一种自由运动一样，因为它自己推动自己的指针，因而这指针可以不由外部来移动，同样，人的行动尽管由于它们在时间上先行的规定根据而是必然的，但却还是被称为自由的，因为这毕竟是一些内部的、通过我们自己的力量产生的表象，从而是按照种种诱发状况而产生的欲望，因而是按照我们自己的心愿造成的行动），这是一种可怜的借口，总还是有一些人让自己受这种借口拖累，认为这样稍加咬文嚼字就解决了那个困难的问题，数千年人们都在劳而无功地寻求那个问题的答案，因而这答案是很难这样完全在表面上找到的。因为在追问必须被当做一切道德法则和符合这些道德法则的归责的基础的那种自由时，事情根本不取决于按照一个自然法则来规定的因果性是由于处在主体**之中**的规定根据还是由于处在主体**之外**的规定根据而是必然的，在前一种场合，是由于本能还是由于用理性思考过的规定根据而是必然的；如果这些进行规定的表象按照这同一些人士自己所承认的，毕竟在时间中，确切地说在**先前的状态**中有自己实存的根据，但这个状态又在一个先行的状态中有自己实存的根据，如此等等，那么，尽管它们即这些规定可以始终是内在的，尽管它们可以有心理学的因果性，而不是有力学的因果性，也就是说，通过表象而不是通过身体的运动来产生行动，这也始终是一个存在者的因果性的**规定根据**，只要这个存在者的存在是在时间中可被规定的，从而处于过去时间的一些使之必然的条件之下，因而这些条件当主体应当行动时就**不再受它控制**，所以那些规定根据虽然具有心理学的自由（如果人们要把这个词用于灵魂诸表象的一种内在联结的话），但毕竟带有自然必然性，从而没有留下任何**先验的自由**，先验的自由必须被设想为对于 5〔97〕
一切经验性的东西，因而对于一般自然的独立性，无论这自然是被视为仅仅在时间中的内部感官对象，还是被视为同时在空间和时间中的外部感官对象，没有这种惟一是先天实践性的（在后面这种本真意义上的）自由，任何道德法则、任何按照道德法则的归责都是不可能的。正是因此缘故，人们也可以把时间中诸事件的一切必然性都按照因果性的自然法则称为自然的**机械作用**，即使人们所指的，并不是那些服从机械作为的事物必须是现实的物质性**机器**。在这里，所关注的只是在一个时间序列中诸事件的联结的必然性，如同它们按照自然法则发展那样，人们这时可以把这一过程发生于其中的主体称为 Automaton materiale［物质的自动机］①，此时这个机器是由物质推动的，或者赞同莱布尼茨，称之为 Automaton spirituale［精神的自动机］，此时它是由表象推动的，而且假如我们的意志的自由无非是后一种自由（例如心理学的和比较性的自由，并非同时是先验的亦即绝对的自由），那么，它在根本上一点儿也好不过一把自动烤肉铲的自由，后者一旦上紧了发条，就也会自行完成自己的运动。

现在，为了消除前述场合同一个行动中的自然机械作用和自由之间表面上的矛盾，人们必须回忆一番在《纯粹理性批判》中说过或者由此得出的东西：与主体的自由不能共存的自然必然性，仅仅与服从时间条件的那种事物的诸规定相联系，因而仅仅与作为显象的行动主体的诸规定相联系，所以就此而言，主体的每一个行动的规定根据都处在属于过去的时间而且**不再受它控制**的东西里面（必须归于此列的也有他的已经作出的行为，以及在他自己的眼中作为现象对他来说可以由此得到规定的性格）。但是，另一方面也意识到自己是物自身的同一个主体，却也把自己的存在本身**就其不服从时间条件而言**仅仅视为通过它凭借理性本身给自己立的法则可被规定的，而且在它的这种存在中，对它来说没有任〔98〕何东西先行于它的意志规定，相反，任何行动，而且一般来说它的存在的任何按照内部感官变更着的规定，甚至它作为感性存在者的实存的整个序列，在对它的理知存在的意识中都必须仅仅被看做后果，而绝不看做它作为**本体**的因果性的规定根据。在这方面，有理性的存在者对它所作出的每个违背法则的行动，哪怕它作为显象是在过去的东西中被充分

① 《神义论：论上帝的善》，52、403 页（《哲学著作集》，格哈德［Gerhardt］编，第Ⅵ卷，131、356 页）；类似的有与贝尔（Bayle）的争辩（《哲学著作集》，格哈德编，第Ⅳ卷，505 页以下、536 页以下、549 页）等等。——科学院版编者注

规定了的，并且就此而言是不可避免地必然的，它也有理由说，它本来是可以不如此行动的；因为这个行动连同规定它的一切过去的东西，都属于它使自己获得的那种性格的惟一现象，而按照这种性格，它作为一个独立于一切感性的原因把那些显象的因果性本身归责于自己。

与此完全相一致的，也有在我们里面我们称为良知的那种奇特能力的判决。一个人尽可以随意地矫揉造作，以便把他还记得起来的一个违法行为文饰为无意的过失，文饰为人们绝不可能完全避免的纯然不小心，因而文饰为他被自然必然性的急流卷入其中的东西，并宣称自己在这件事情上是无辜的，但他毕竟发现，如果他意识到，他在干这件不正当的事的时候毕竟是清醒的，亦即在运用自己的自由的话，那么，这位为他的利益说话的律师绝不可能使他心中的原告沉默不言，而且虽然他用某种由于逐渐地忽略对自己的留意而染上的坏习惯来**解释**自己的违法行为，直到他能够把这行为视为这种习惯的一个自然后果的程度，这却仍然不能使他免于自责和他自己对自己作出的训斥。建立在这上面的也还有对一件早已犯下的罪行在每次回忆起来的时候所怀有的悔恨；一种痛苦的、由道德意向引起的感受，就其不能用来使已经发生的事情不曾发生而言，在实践上是空洞的，甚至会是荒谬的（如同普里斯特利①作为一个真正的、一以贯之的**宿命论者**也宣称这种感受是荒谬的一样，而在坦诚方面，他比这样一些人更值得称赞，这些人由于实际上主张意志的机械作用，但在口头上却主张意志自由，就还总是想被认为他们在自己的调和主义体系中把意志自由一起包含进去了，但毕竟没有说明这样一种归责的可 5〔99〕
能性），但作为痛苦却是完全合法的，因为理性在事情取决于我们的理知实存的法则（道德法则）时不承认任何时间区别，只问这个事件作为行为是否属于我，但此后就总是把这种感受与这行为在道德上联结起来，不管这行为是现在发生的还是早就发生的。因为**感官生命**在对其存在的**理知**意识（自由）方面具有一个现象的绝对统一性，该现象就其仅仅包含着关涉道德法则的意向（性格）的显象而言，必须不是按照应当作为显象归于性格的自然必然性来评判，而是按照自由的绝对自发性来评判。因此，人们可以承认，假如对我们来说有可能对一个人的思维方式就其

① 《哲学必然性的学说》，86页以下，伦敦，1777。——科学院版编者注

通过内部的以及外部的行动表现出来而言具有如此深刻的洞识，以至于它的每一个哪怕是最微小的动机都为我们所知，此外还有所有对这动机起作用的外部诱因，那么，人们就能够确切地测算出一个人未来的行为举止，就像测算出一次月食或者日食那样，这时却仍然主张人是自由的。也就是说，假如我们对于同一个主体还能够有另外一种眼光（但这种眼光当然根本没有被赋予我们，我们所拥有的不是它，而只是理性概念），亦即一种理智直观的话，我们毕竟就会察觉，就总是只能关涉道德法则的东西而言，这整个显象链条都取决于作为物自身的主体的自发性，对这种自发性的规定是根本不能作出物理解释的。在缺乏这种直观的情况下，道德法则向我们保证了我们的作为显象的行动与我们的主体的感官存在者的关系和这个感官存在者本身与我们里面的理知基底相联系所借助的关系之间的这种区别。——在这种对于我们的理性来说自然而然的、虽然无法解释的考虑中，即便是那些极为认真地作出、但初看起来仍然显得与一切公道完全抵触的评判，也可以得到辩护。有一些情况，其中人们自幼甚至受到与他们的其他同龄人一样良好的教育，但仍然如此早地表现出恶意，并且一直强化到他们的成年时代，以至于人们把他们视为天生的恶棍，而且在思维方式上完全视为无可救药的，但仍然为了他
5〔100〕们的所作所为同样审判他们，同样指责他们的违法行为是罪过，甚至他们（幼童们）自己也认为这些指责是完全有根据的，就好像他们虽然有他们的心灵的那种被归于他们的毫无希望的自然性状，但却仍然要和每个其他人一样负责任似的。这本来是可以不发生的，如果人们不是预设凡是出自人的任意的事情（毫无疑问，每一个故意作出的行动都是如此）都以一个自由的因果性为根据的话，这种自由的因果性从少年时代就在他们的显象（行动）中表现着他们的性格，这些显象由于行为的形式相同而标明了一种自然联系，但这种自然联系却没有使意志的恶劣性状成为必然的，而毋宁说是自愿接受那些恶的和顽固不化的原理的后果，这些原理只会使意志变得更加卑鄙和更该受到惩罚。

但是，如果要在一个属于感官世界的存在者里面把自由与自然机械作用结合起来，自由就还面临着一个困难；一个即便在迄今的一切都得到赞同之后仍以使其完全覆灭威胁着自由的困难。但尽管有这种危险，有一种情况毕竟同时提供了对于自由的主张来说还有幸运的出路的希望，

这就是：同一个困难更强得多地（事实上如我们马上就将看到的，仅仅）压制着把时间和空间中可被规定的实存视为物自身的实存的体系，所以它并不迫使我们放弃我们关于作为感性直观的纯然形式，因而作为属于感官世界的主体所特有的纯然表象方式的时间之观念性的最重要的预设，故而只要求把这个预设与自由的理念统一起来。

也就是说，如果人们向我们承认，理知的主体就一个既定的行动来说，即使他作为也属于感官世界的主体就该行动而言是在力学上有条件的，但也还能够是自由的，那么看起来，一旦人们假定上帝作为普遍的元始存在者也是**实体实存的原因**（这是一个永远也不可以放弃的命题，除非把作为一切存在者的存在者的上帝概念，连同在神学中一切东西都依赖的**上帝**之充足性一起放弃掉），人们就必须也承认，人的行动在**完全不受它们控制的东西**中，亦即在一个与人不同的、人的存在及其因果性 5〔101〕
的全部规定所完全依赖的最高存在者的因果性中，有它们的规定根据。实际上，假如人的行动如其属于人在时间中的规定那样，不仅仅是人作为显象的规定，而且是他作为物自身的规定，那么，自由就无法拯救了。人就会是木偶或者一个沃康松式的自动机①，由一切工艺制品的那位至高的大师来制作和上紧发条，而自我意识虽然能使它成为一个能思维的自动机，但在其中当它的自发性被视为自由时，其自发性的意识就会是纯然的错觉，因为既然他的运动的最近规定原因以及这些规定原因上溯到自己的规定原因的一个长长的序列虽然都存在于内部，但最终的和最高的那个规定原因却毕竟被发现完全在一个外来的手中，所以那种自发性就只配被称为比较性的。因此，我看不出那些还总是坚持把时间和空间视为属于物自身的存在之规定的人们，在这里想如何避免行动的宿命，或者，如果他们如此直截了当地（如本来很精明的**门德尔松**②所做的那样）只承认时间和空间是必然属于有限的和派生的存在者的实存的条件，却不是必然属于无限的元始存在者的实存的条件，他们想如何为自己辩护，说明他们从何处取得这种权利来作出这样一种区分，甚至，他们想

① 沃康松的自动机（笛子吹奏者、吞食的鸭子等等），最初于1738年在巴黎展示，被18世纪的唯物主义者们（如拉美特利：《人是机器》，1748）常常援引来支持机械主义假说。朗格：《唯物主义史》，第2版，第Ⅰ卷，356页。——科学院版编者注

② 《晨课》（1785），第Ⅺ章。——科学院版编者注

如何避开当他们把时间中的存在视为必然与有限的物自身相联系的规定时所遇到的矛盾，因为上帝是这种存在的原因，但他却不能是时间（或空间）本身的原因（因为时间作为先天必然条件必须被置于事物的存在之前），因而上帝就这些事物的实存而言的因果性本身必须是在时间上有条件的，这时，不利于上帝的无限性和独立性这两个概念的一切矛盾就会不可避免地必然出现。与此相反，把独立于一切时间条件的、与一个感官世界的存在者的实存不同的属神实存的规定，当做**一个存在者自身的实存**而与一个**显象中的事物的实存**区别开来，对于我们来说是很容易
5〔102〕的。因此，如果人们不假定时间和空间的那种观念性，所剩下的就只有**斯宾诺莎主义**了，在斯宾诺莎主义中，空间和时间是元始存在者本身的本质规定，但依赖于元始存在者的事物（因而也包括我们自己）不是实体，而仅仅是依存于元始存在者的偶性；因为如果这些事物仅仅作为元始存在者的结果而在时间中实存，时间是它们的实存自身的条件，那么，就连这些存在者的行动也就会必然是元始存在者随时随地所做出的行为。因此，虽然斯宾诺莎主义的基本理念是荒谬的，但它的推论却比按照创世论有可能发生的远为令人信服，如果这些被假定为实体并自在地**在时间中实存的存在者**被视为一个至上的原因的结果，却并不同时被视为属于元始存在者及其行动的，而是独立地被视为实体的话。

上述困难的解决简明扼要地以如下方式进行：如果**在时间中**的实存是世界上的能思维的存在者的一种纯然的感性表象方式，因而并不涉及作为物自身的这些存在者，那么，对这些存在者的创造就是对物自身的创造，因为一种创造的概念并不属于实存的感性表象方式，不属于因果性，而只能与本体相关。所以，如果我关于感官世界中的存在者说：它们是被创造的，那么，就此而言我就把它们视为本体了。因此，就像说上帝是显象的创造者就会是一个矛盾一样，说上帝作为创造者是感官世界中的行动的原因，因而是作为显象的行动的原因，这也是一个矛盾，尽管上帝是行动着的存在者（作为本体）存在的原因。现在，如果有可能（只要我们假定时间中的存在是某种仅仅适用于显象，而不适用于存在自身的东西）主张自由而不损害作为显象的行动的自然机械作用，那么，行动着的存在者就是受造物，这一点在这里就不会造成丝毫改变，因为创造所涉及的是这些存在者的理知的实存，但不是它们的可感的实

存，因而不能被视为显象的规定根据；但如果世间存在者作为物自身在时间中实存，结果就完全不同了，因为实体的创造者就会同时是这个实体身上的全部机械装置的创造者了。

在纯粹思辨理性的批判中所完成的时间（以及空间）与物自身的实存的分离，就具有如此大的重要性。 5〔103〕

但是，人们将说，这里所陈述的对困难的解决毕竟自身还有诸多难点，是几乎无法得到明晰的描述的。不过，人们尝试过或者可能尝试的其他任何解决难道就更容易和更易于理解吗？人们毋宁可以说，形而上学的独断教师们在他们对这一难点尽可能视而不见，并希望假如他们闭口不谈也许就不会有人轻易想起这一难点的时候，所表现出的与其说是诚实，倒不如说是滑头。如果要帮助一门科学，那么，就必须把一切困难都**揭示**出来，甚至必须把还在暗中阻碍着它的那些困难**搜寻**出来；因为这些困难的每一种都召唤着一种援助手段，这种手段不可能被找到，却不使科学获得一种或者在范围上或者在确定性上的一种增长，因此这样一来，甚至障碍也成了科学的缜密性的促进手段。与此相反，如果故意地掩盖这些困难，或者仅仅用镇痛剂去消解，那么，它们迟早将爆发为无可挽回的灾难，这些灾难将使科学毁于一种彻底的怀疑主义。

※　　※　　※

既然真正说来正是自由概念，在纯粹思辨理性的一切理念中，惟一在超感性事物的领域里，即便仅仅就实践知识而言，取得了如此巨大的扩展，所以我问自己：**这个概念究竟是从何处独一无二地分获了如此巨大的能产性**，而其他概念虽然为纯粹的可能的知性存在者标明了空缺的位置，但却不能通过任何东西对这些存在者的概念作出规定。我很快就领会到，既然我离开范畴就不能思维任何东西，所以即便是在关于我所探讨的自由的理性理念中，也必须首先寻找范畴，它在这里就是**因果性**范畴，而且，即使自由的**理性概念**作为越界的概念，不可能给它加上任何相应的直观，但尽管如此，对于**自由的理性概念**为了其综合而要求无条件者的那个**知性概念**（因果性概念）来说，却必须事先被给予一个感性直观，用来首先保证它的客观实在性。现在，一切范畴都被划分为两类，即仅仅关涉客体表象中的综合统一的**数学性**范畴，以及关涉客体实 5〔104〕
存的表象中的综合统一的**力学性**范畴。第一类范畴（量和质的范畴）在任何时候都包含着**同类的东西**的一种综合，在这种综合中根本不可能为在感性直观中被给予的有条件者在空间和时间中找到无条件者，因为这个无条件者本身会必定又属于空间和时间，因而又总是有条件的；因此，即便在纯粹理论理性的辩证论中，为其找到无条件者和各种条件的总体的两种相互对立的方式也都是错误的。第二类范畴（一个事物的因果性和必然性的范畴）则根本不要求（有条件者和条件在综合中的）这种同类性，因为这里直观被表现，不是如同它由其中的杂多复合而成那样，而是仅仅如同与它相应的有条件的对象的实存附加在条件的实存上面（在知性中作为与之联结的）那样，这时就允许为感官世界中的普遍有条件者（无论是就因果性而言还是就事物的偶然存在而言）设定理知世界中的、尽管在其他方面并不确定的无条件者，并使综合成为超验的；因此，即便在纯粹思辨理性的辩证论中也发生如下情况，即为有条件者找到无条件者的两个表面上相互对立的方式，例如在因果性的综合中为感官世界的原因和结果序列中的有条件者设想不再有感性条件的因果性，实际上并不相互矛盾，而同一个行动，作为属于感官世界的，在任何时候都是有感性条件的，亦即机械必然的，却同时也作为属于行动着的存在者的因果性的，就该存在者属于理知世界而言，能够以一个无感性条件的因果性为根据，从而被设想为自由的。现在，事情仅仅取决于这个**能够**会转变为**是**，也就是说，人们能够在一个现实的场合仿佛是通过一个事实来证明，某些行动无论是现实的还是仅仅被命令的，亦即客观实践上必然的，都以这样一种因果性（理智的、无感性条件的因果性）为
5〔105〕前提条件。在现实地在经验中被给予的、作为感官世界的事件的行动上，我们不能指望发现这种联结，因为凭借自由的因果性总是必须到感官世界之外在理知的东西中去寻找。但是，除了感官存在者之外，其他事物并不被给予我们供感知和观察。因此，剩下来的就无非是，也许将找到一条不矛盾的、确切地说是客观的因果性原理，它从因果性的规定中排除一切感性的条件，也就是说，在这样一条原理中，理性不再援引某种**别的东西**来做因果性方面的规定根据，而是通过那个原理已经本身包含着这个规定根据，因而它作为**纯粹理性**自身就是实践的。但是，这个原理不需要寻找和发明；它早就存在于所有人的理性中，被归并入他们的本质，而且就是**道德**的原理。因此，那个无条件的因果性及其能力，即

自由，但连同自由还有一个属于感官世界的存在者（我本人），毕竟同时不仅仅是被不确定地和或然地**设想**为属于理知世界的（思辨理性就已经能够查明这是可行的），而且是甚至就自由的因果性的**法则而言**被**确定地**和实然地**认识**到，理知世界的现实性就这样，确切地说在实践的考虑中**确定地**被给予我们，而这种规定在理论的意图中会是**超验的**（越界的），在实践的意图中却是**内在的**。但是，我们在第二个力学性的理念方面，亦即在一个**必然的存在者**的理念方面，却不能迈出同样的一步。不以第一个力学性的理念为中介，我们就不可能从感官世界出发上升到这个必然的存在者。因为假如我们想试一试，我们就必须大胆地跳跃，离开被给予我们的一切，飞跃到甚至丝毫没有被给予我们的东西那里，由此我们才能促成这样一个理知的存在者与感官世界的联结（因为必然的存在者应当被认识为**在我们之外**被给予的）；与此相反，在**我们自己的**主体方面，就它一方面通过道德法则（借助自由）把自己规定成为理知的存在者，**另一方面**认识到自己是按照这种规定在感官世界中如同现在亲眼所见的那样活动的而言，上述情况倒是完全可能的。惟有自由的概念允许我们可以不超出我们之外去为有条件的东西和感性的东西找到无条件的东西和理知的东西。因为正是我们的理性本身，通过最高的和无条件的 5〔106〕
实践法则和意识到这法则的存在者（我们自己的人格），认识到自己是属于纯粹的知性世界的，确切地说，认识到自己甚至负有这个存在者本身能够如何活动的那种方式的使命。这样就可以领会，为什么在全部理性能力中**惟有实践的**理性能力才可能是帮助我们超出感官世界，并使我们获得关于一种超感性的秩序和联结的知识的理性能力，但也正因为此，这些知识当然就只能够在对于纯粹的实践意图有必要的范围内得到扩展。

请允许我借此机会再提请注意一点，即人们凭借纯粹理性所迈出的每一步，哪怕是在人们根本不考虑微妙的思辨的实践领域里，都仍然如此精确地、确切地说自行地与理论理性批判的一切要素相衔接，就好像每一步都以深思熟虑的审慎想好，仅仅是为了使这一批判获得证实似的。实践理性的最重要的命题与思辨理性批判的经常显得过于微妙和不必要的说明的这样一种不以任何方式被寻求，而是（就像人们只要愿意把道德研究一直推进到它的原则就能够相信的那样）自行出现的精确印证，令人惊喜和惊奇，且加强了那条已经被其他人认识到并赞扬过的准则，即在每一种科学研究中都以一切可能的精确性和开放性不受干扰地继续自己的进程，不把这研究在自己的领域之外也许会违背的东西放在心上，而是尽可能将它独立地加以真实完备的完成。频频的观察使我确信，如果人们完成了这件工作，那在这件工作的半途中，在我之外的其他学说看来有时显得很可疑的东西，只要我直到这件工作完成之前对这种疑虑视而不见，并仅仅关注我的工作，最终就以出人意料的方式与丝毫不顾及那些学说、不偏袒和偏爱它们而自行产生出来的东西完全吻合。作者们只要能够以更多一些的开放性从事工作，就会省去许多错误，省去许多徒劳的辛苦（因为这辛苦是花费在幻觉之上的）。

第二卷 5〔107〕
纯粹实践理性的辩证论

第一章
纯粹实践理性的一般辩证论

纯粹理性在任何时候都有它的辩证论，不管人们是在它的思辨应用中还是在它的实践应用中考察它；因为它为一个被给予的有条件者要求诸条件的绝对总体，而这个总体惟有在物自身中才能找到。但是，既然事物的一切概念都必须与直观相关，而直观在我们人这里永远只能是感性的，从而对象不能被认识做物自身，而只能被认识做显象，在显象的有条件者和条件的序列中永远不可能找到无条件者，所以，从诸条件的总体（因而无条件者）这个理性理念在显象上的应用中就产生出一个不可避免的幻相，就好像这些显象就是事物自身似的（因为在缺乏一种告诫性的批判时它们在任何时候都被认为是这样的），但是，如果这个幻相不是在把理性为一切有条件者预设无条件者的原理应用到显象上时通过理性与自己本身的**冲突**而自己暴露出来，它就永远不会被发觉是骗人的。但是，理性由此就被迫去探究这个幻相，看它是从何处产生的，以及如何才能消除它，而这惟有通过对全部纯粹理性能力进行一种完备的批判才能做到；以至于纯粹理性在其辩证论中显露出来的二论背反，事实上是人类理性历来可能曾陷入的最有利的迷误，因为它最终推动我们去寻找走出这个迷宫的钥匙，这个钥匙如果被找到，它还将揭示人们不曾寻找却毕竟需要的东西，亦即对事物的一种更高的、不变的秩序的展望，我们现在已经处身于这种秩序中，而且我们从现在起就可以由确定的规 5〔108〕
范来指导，按照最高的理性规定在这个秩序中去继续我们的存在。

在纯粹理性的思辨应用中如何能够解决那种自然的辩证关系，以及如何防止出自一个除此之外也是自然的幻相的错误，人们可以在那种能力的批判中详细得知。但是，理性在其实践应用中的情况一点也不更好。它作为纯粹的实践理性，同样为实践上的有条件者（基于偏好和自然需要的东西）寻找无条件者，而且不是作为意志的规定根据，而是即便这个规定根据（在道德法则中）已经被给予，也以**至善**的名义寻找的纯粹实践理性**对象**的无条件总体。

在实践上、亦即为了我们的合理性的行为的准则而充分规定这个理念，这也就是**智慧学**，而智慧学作为科学又是古人理解这个词的意义上的**哲学**，在古人那里，哲学曾是对至善必须在其中设立的那个概念和至善必须借以获得的那个行为的指示。如果我们让这个词保留它的古代意义，即作为一种**至善的学说**，那就好了，只要理性致力于在其中使至善成为**科学**。因为一方面，这个附带的限制条件将会符合这个希腊术语（它意味着爱智慧），同时又毕竟足以把爱**科学**，因而爱理性的一切思辨知识，就其既为了那个概念而有助于理性，也有助于实践的规定根据而言，一并包括在哲学的名义之下，却又不会让惟有它能被称为智慧学所因之的那个主要目的从视野中消失。另一方面，对于胆敢以一个哲学家的头衔来自居的人，一旦人们通过定义而把将大大降低他的资格的自我评估尺度摆在他面前，就会吓退他的自大，这也不是坏事；因为做一位**智慧教师**，比起一个还一直没有达到足以用对一个如此高尚的目的的可靠期待来指导自己，更不用说指导别人的学生来说，也许要意味着更多的东西；它会意味着一个**了解智慧的大师**，它要说的将超过一个谦虚的人所自命的，而哲学将会和智慧本身一样，还一直保持为一个理想，这
5〔109〕 理想客观上惟有在理性中才被表现出来，但主观上对人格来说却只是他不断努力的目标，而且惟有能够把这种努力的不容置疑的结果（在对他自己的克制和他对普遍的善首先抱有的无可怀疑的兴趣中）在自己的人格上作为榜样树立起来的人，才有资格声称以一个哲学家的自命名义达到了这个目标，这也是古人为了能够配得上那个荣誉称号所要求的。

就纯粹实践理性的辩证关系而言，在对**至善**的概念进行规定这一点上（如果纯粹实践理性的辩证关系得以解决，这种辩证关系就与理论理性的辩证关系一样，让人期待最有利的结果，因为坦诚地处理而不是隐瞒纯粹实践理性与它自己的矛盾，将迫使对它自己的能力进行完备的批

判)，我们只想再预先作一个提醒。

道德法则是纯粹意志的惟一规定根据。但由于这个法则是纯然形式的（也就是说，仅仅要求准则的形式是普遍立法的），所以它作为规定根据就抽掉了一切质料，因而抽掉了意欲的一切客体。所以，尽管至善是一个纯粹实践理性，亦即一个纯粹意志的全部**客体**，但它却并不因此就能被视为纯粹意志的**规定根据**，而惟有道德法则才必须被视为使至善和至善的造就或者促成成为自己的客体的根据。这个提醒在一个像对道德原则进行规定这样的棘手场合具有重要的意义，在此即使最小的误解都会歪曲意向。因为人们从分析论中就已经看出，如果人们在道德法则之前把某一个客体以一种善的名义假定为意志的规定根据，然后从它派生出至上的实践原则，在这种情况下，这种原则任何时候都会带来他律，并排斥道德原则。

但不言而喻的是，如果在至上的概念中道德法则作为至上的条件已经一起包含在内了，那么，至善就不仅仅是**客体**，而且是就连它的概念以及它通过我们的实践理性而可能的实存的表象，也同时会是纯粹意志 5〔110〕
的**规定根据**了；因为在这种情况下，实际上是在这个概念中已经包含着并同时被想到的道德法则，而不是任何别的对象在按照自律的原则规定着意志。关于意志规定的各概念的这种秩序不可受到忽视，因为若不然，人们就将误解自己，以为自己在自相矛盾，其实一切都处在彼此之间最完满的和谐之中。

第二章
纯粹理性在规定至善概念时的辩证论

至高的东西这个概念已经包含着一种歧义，如果人们忽视这种歧义，它就可能引起不必要的争执。至高的东西可以意味着至上的东西（supremum［最上面的东西］），也可以意味着完满的东西（consummatum［完成了的东西］）。前者是这样一种条件，它本身是无条件的，亦即不从属于任何别的条件（originarium［原初的东西］）；后者是这样一个整体，它不是某个同类的更大整体的一个部分（perfectissimum［最完备的东西］）。德性（作为配享幸福的条件）是一切在我们看来只要可能值得期望的东西，因而也是我们谋求幸福的一切努力的**至上条件**，所以是**至上的善**，这在分析论中已经证明。但是，它因此就还不是作为有理性的有限存在者的欲求能力之对象的完整的和完满的善；因为要作为这样的善，就还要求有幸福，而且不仅仅是在使自己成为目的的那种人格的偏颇目光中，而是甚至在把世界上的一般人格视为目的自身的一种无偏见的理性的判断中亦是如此。因为需要幸福，也配享幸福，尽管如此却没有分享幸福，这是与一个同时拥有一切权力的理性存在者的完善意愿根本不能共存的，哪怕我们只是尝试设想这样一个存在者。现在，如果德性和幸福在一个人格中共同构成对至善的拥有，但此处完全精确地与道德（作为人格的价值及其对幸福的配享）成正比来分配的幸福也构成一个可
5〔111〕能世界的**至善**，那么，这种至善就意味着整体，意味着完满的善，但德性在其中始终作为条件是至上的善，因为它不再有在自己之上的任何条件，幸福则始终是某种虽然使拥有它的人惬意、但却并非独自就绝对善并在一切考虑中都善的东西，而是在任何时候都以道德上的合乎法则的行为为前提条件。

必然地结合在一个概念之中的两个规定必须作为根据和后果联结起来，确切地说，这个**统一体**要么被视为**分析的**（逻辑的联结），要么被视为**综合的**，前者依据的是同一律，后者依据的是因果律。因此，德性与幸福的联结要么可以这样来理解，即努力成为有德性的和有理性地谋求

幸福，这并不是两个不同的行动，而是两个完全同一的行动，因为前者除去为了后者之外，不需要有别的任何准则被当做根据；要么那种联结被置于如此境地，即德性把幸福当做某种与德性意识不同的东西产生出来，就像原因产生出一个结果那样。

在古希腊各学派中，真正说来只有两个学派，虽然它们在规定至善概念时就它们不承认德性和幸福是至善的两个不同的要素，因而按照统一性的规则来寻求原则的统一性而言遵循着同样的方法；但就它们在二者中间以不同的方式选择基本概念而言，它们又分道扬镳了。**伊壁鸠鲁学派**说：意识到自己导向幸福的准则，这就是德性；**斯多亚学派**说：意识到自己的德性，这就是幸福。对于前者来说，**聪明**就等于道德；对于为德性选择了一个更高尚的称谓的后者来说，惟有**道德**才是真正的智慧。

人们不得不遗憾的是，这些人士的洞察力（人们毕竟不得不因此而对这种洞察力表示惊赞，即他们在如此早的时代就已经尝试哲学征服的一切可以想出来的道路）不幸被用来在两个极不同类的概念，即幸福概念和德性概念之间苦思冥想同一性。不过，这与他们的时代的辩证精神是相适合的，这甚至现在也还有时诱惑一些敏锐的头脑，通过力图把原则中的根本的和绝对无法统一的区别转化为词句之争，并如此在表面上装出仅仅称谓不同而概念统一的样子，来取消这些区别，而且这通常涉 5〔112〕
及这样一些场合，其中不同类的根据的结合如此高深，或者要求对通常在哲学体系中被接受的那些学说有一种如此彻底的转变，以至于人们不敢深入讨论实在的区别，而宁可把这区别当做纯然程序的不一致来对待。

当这两个学派力图苦思冥想德性和幸福这两个实践原则的等同性时，在它们想如何硬得出这种同一性这一点上，它们彼此并不一致，而是以无限的距离分道扬镳了，因为一派把自己的原则设定在感性方面，另一派则把它设定在逻辑方面；一派把它设定在感性需要的意识中，另一派则把它设定在实践理性对一切感性的规定根据的独立性中。在**伊壁鸠鲁学派**看来，德性的概念已经蕴涵在促进其自己的幸福这个准则之中；与此相反，在**斯多亚学派**看来，幸福的情感已经包含在自己的德性的意识之中。但是，包含在另一个概念之中的东西，虽然与包含者的一个部分相等，但却并不与整体相等。此外，两个整体虽然由同一种材料组成，但仍然可能在种类上彼此有别，也就是说，如果二者中的各个部分被以完全不同的方式结合在一个整体之中的话。斯多亚学派主张德性就是**整个至善**，幸福只不过是对拥有德性的意识，属于主体的状态。伊壁鸠鲁学派主张幸福就是**整个至善**，德性只不过是谋求幸福这个准则的形式，也就是说，在于有理性地使用达到幸福的手段。

但现在，从分析论中可以清楚，德性的准则和自己幸福的准则就其至上的实践原则而言是完全不同类的，而且它们尽管都属于一种至善，为的是使至善成为可能，但却远远不是一致的，它们在同一个主体中极力相互限制、相互损害。因此，**至善在实践上何以可能**，这个问题尽管有迄今作出的一切**联合尝试**，也还始终是一个未曾得到解决的课题。但是，使它成为一个难以解决的课题的东西，在分析论中已经给出了，亦即幸福和道德是至善的两个在种类上完全**不同的要素**，因而它们的结合
5〔113〕不能被**分析地**认识到（例如，如此寻求自己的幸福的人在他的这个行为中通过对其概念的纯然分解就会发现自己是有德性的，或者如此遵循德性的人在对这样一种行为的意识中就会发现自己已经实际上有福了），而是这两个概念的一种综合。但是，由于这种结合被认为是先天的，因而在实践上是必然的，从而不是从经验中派生出来的，而至善的可能性不基于任何经验性的原则，所以，这个概念的**演绎**就必须是**先验的**。**通过意志的自由产生出至善**，这是先天地（在道德上）必然的；因此，至善的可能性的条件也必须仅仅基于先天的知识根据。

一、实践理性的二论背反

在对我们来说实践的，亦即要通过我们的意志来使之实现的至善中，德性和幸福被设想为必然地结合在一起的，以至于一方若没有另一方也属于它，就不能被纯粹实践理性所接受。现在，这种结合（与任何一种结合一样）要么是**分析的**，要么是**综合的**。但既然这种被给予的结合如前面刚刚指出的那样，不可能是分析的，所以，它们必须被综合地、确切地说被当做原因与结果的联结来设想：因为它涉及一种实践的善，亦即通过行动而可能的东西。因此，要么对幸福的欲求是德性的准则的动因，要么德性的准则必须是幸福的作用因。前者是**绝对**不可能的：因为（如分析论中已经证明的）把意志的规定根据设定在对自己的幸福的要求之中的准则根本不是道德的，不能建立任何德性。但后者**也不可能**，因

为世界上的任何原因和结果的实践联结，作为意志规定的后果，都不是取决于意志的道德意向，而是取决于对自然法则的知识和为了自己的意图而利用这种知识的物理能力，因而不能在世界上通过一丝不苟地遵守道德法则来期望幸福与德性的任何一种必然的和足以达到至善的联结。5〔114〕
现在，既然对在自己的概念中包含着这种联结的至善的促进是我们的意志的一个先天必然的客体，而且与道德法则有不可分割的联系，所以，前者的不可能性必定也证明后者的谬误。因此，如果至善按照实践规则是不可能的，那么，要求促进至善的道德法则也必定是幻想的，是置于空的想象出来的目的之上的，因而自身就是错误的。

二、对实践理性的二论背反的批判性消除

在纯粹思辨理性的二论背反中，在世界上的各事件的因果性中自然必然性和自由之间发生了一种类似的冲突。由于已经证明，如果人们把各事件，甚至把各事件在其中发生的世界（如同人们也应当的那样）仅仅视为显象，那就不会有任何真正的冲突，所以，上述冲突已被消除；因为同一个行动着的存在者作为**显象**（甚至在他自己的内部感官面前），具有感官世界中的一种任何时候都符合自然机械作用的因果性，但就同一个事件而言，如果行动着的人格同时把自己视为**本体**（作为纯粹理智，在他不能按照时间来规定的存在中），那么，他就会能够包含着那种按照自然法则的因果性的一个甚至摆脱了一切自然法则的规定根据。

眼前的纯粹实践理性的二论背反正是这种情况。这两个命题中的第一个命题，即对幸福的追求产生出有德性的意向的一个根据，是**绝对错误的**；但第二个命题，即德性意向必然地产生幸福，则**并不是绝对**错误的，而是仅仅就德性意向被视为感官世界中的因果性的形式而言，因而当我把感官世界中的存在当做理性存在者的惟一实存方式时，才是错误的，因而只是**有条件**地错误的。但是，既然我不仅有权把我的存在也设想为一个知性世界中的本体，而且甚至在道德法则上拥有我的（感官世 5〔115〕
界中的）因果性的一个纯粹理智的规定根据，所以，意向的道德性作为原因，而与作为感官世界中的结果的幸福拥有一种即便不是直接的，但也毕竟是间接的（以自然的一个理知的创造者为中介），而且是必然的联系，这并非不可能，这种结合在一个仅仅是感官客体的自然中永远只是

偶然地发生的，而且不能达到至善。

因此，尽管一种实践理性与自己本身有这种表面上的冲突，至善仍是一个在道德上被规定的意志的必然的最高目的，是实践理性的一个真正客体；因为它是实践上可能的，而且意志的那些按照其质料与此相关的准则都具有客观实在性，这种客观实在性最初由于道德和幸福按照一条普遍的法则相结合时的二论背反而受到打击，但却是出自纯然的误解，因为人们把显象之间的关系当成了物自身与这些显象的关系。

如果我们发现自己被迫在这样的远距离上，亦即在与一个理知世界的联结中去寻找至善这个由理性告知一切理性存在者的其一切道德愿望的目标的可能性，那么，必定令人感到奇怪的是，无论是古代的哲学家还是近代的哲学家，都仍然能够已经**在此生中**（在感官世界中）发现了与德性有完全适当的比例的幸福，或者能够劝说人们，说意识到了这种幸福。因为无论是**伊壁鸠鲁**还是**斯多亚学派**，都把从生活里面的德性意识中产生的幸福提升到一切东西之上。前者在他的实践规范中并不那么思想卑鄙，就像人们可能从他的理论的那些他为了说明，而不是为了行动而使用的原则所推论出来的那样，或者像许多人被用淫乐这个表述替换满意所诱导，对这一理论所作的解释那样，相反，他把最不自私的善行也算做内心欢乐的享受方式，而且就像哪怕是最严格的道德哲学家所可能要求的那种知足和对偏好的节制，也都属于他对一种愉悦（他把这理解为持久喜悦的心情）的规划；在这方面，他与斯多亚学派的主要分歧仅仅在于，他把动因设定在这种愉悦里面，而斯多亚学派拒绝，确切
5〔116〕地说有理由拒绝这样做。因为一方面，有德性的伊壁鸠鲁，正像现在还有许多在道德上具有良好意向的、尽管对自己的原则没有足够地深入反思的人士那样，陷入了在他最初想要为之说明德性动机的那些人格身上已经预设有德性的**意向**的错误（而事实上，正直的人如果不是事先意识到自己的正直的话，是不可能感到幸福的；因为鉴于有德性的意向，他在逾越时会由于他自己的思维方式而被迫对自己作出的责备以及道德上的自我谴责，会剥夺他对他的状态通常可能包含的惬意的一切享受）。但问题是：评价自己的存在的价值这样一种意向和思维方式最初是通过什么才成为可能的，因为在它之前主体中还根本找不到对一般道德价值的任何情感？当然，如果人是有德性的，那么，他不在每个行动中意识到

自己的正直就感受不到生活的乐趣，哪怕在物理状态中的幸运对他是如此有利；但是，为了首先使他成为有德性的，因而还在他如此高度评估他的实存的道德价值之前，人们能够夸赞他具有从对一种正直的意识中产生的、而他毕竟对之没有任何意识的心灵平静吗？

但另一方面，这里总是有一种欺诈的错误（vitium subreptionis）的根据，仿佛是对与人们所**感**之事不同的人们所**做**之事的自我意识中的一种视幻觉的根据，这种视幻觉即便最经受过考验的人也不能完全避免。道德意向是与**直接通过法则**对意志进行规定的意识必然地结合在一起的。现在，对欲求能力进行规定的意识一直是对由此产生的行动感到心满意足的根据；但是这种愉快、这种对自身的心满意足，并不是行动的规定根据，相反，直接地、仅仅通过理性对意志进行的规定，才是愉快情感的根据，而那种规定依然是对欲求能力的一种纯粹的、实践的规定，而不是感性的规定。既然这种规定在内心中起着活动的一种推动的作用，如同从所欲求的行动中被期待的惬意情感会起的作用一样，所以，我们很容易把我们自己所做的事看做我们仅仅被动地感到的事，并且把道德
的动机当做感性的推动，如同这通常总是在感官（这里是内部感官）的 5〔117〕
所谓错觉中发生的那样。人类本性中的某种很崇高的东西，是直接被一个纯粹的理性法则规定而去行动，甚至是这种错觉，即把意志在理智上的可规定性之主观的东西视为某种感性的东西和一种特殊的感性情感（因为一种理智的情感会是一个矛盾）的作用。让人注意到我们的人格性的这种属性，并尽可能地培养理性对这种情感的作用，这也具有很大的重要性。但是，人们也必须小心提防，通过由于人们把特殊的快乐的情感作为根据（它们毕竟只是后果）加给这种作为动机的道德规定根据而对这种规定根据作出的不真实的高度评价，仿佛是由于一种错误的陪衬而贬低和丑化真正的、真实的动机，即法则本身。因此，敬重，而不是愉悦或者对幸福的享受，才是没有一种给理性提供根据的、先行的情感（因为这种情感在任何时候都会是感性的和病理学的）为之可能的某种东西，作为对通过法则直接强迫意志的意识，几乎说不上是愉快情感的类似物，因为它在与欲求能力的关系中所造成的恰恰是同样的东西，但却是出自另外的源泉；不过，人们惟有通过这种表象方式才能达到人们所寻找的东西，即行动不仅是合乎义务地（依照惬意的情感），而且是出自

义务而发生的，这必须是一切道德教育的真正目的。

但是，人们就没有一个不像幸福一词那样表示着一种享受、但却指示着对自己的实存的心满意足、指示着必须必然地伴随德性意识的幸福的一种类似物的词吗？有！这个词就是**自我满意**，它在其本真的意义上任何时候都仅仅暗示着对自己的实存的一种消极的心满意足，在这种心满意足中人们意识到自己不需要任何东西。自由和对自由是一种以占优势的意向来遵守道德法则的能力的意识，就是**对于偏好的独立性**，至少是对于作为我们的欲求的规定性（即使不是作为其**刺激性**）动因的那些偏好的独立性，而且就我在遵循我的道德准则时意识到这种独立性而言，它就是一种必然与之结合在一起的、不基于任何特殊的情感的、不可改
5〔118〕 变的满意的惟一来源，而这种满意就可以叫做理智的满意。基于对偏好的满足的感性的（非本真地如此称谓）满意，无论它是如何巧妙地挖空心思想出的，都永远不能适合人们对此所设想的东西。因为偏好是变易的，随着人们让它们受到的优待而增长，并且总是留下一个比人们想到去填满的还要更大的壑洞。因此，它们对于一个有理性的存在者来说在任何时候都是**累赘**，而且即使他不能甩掉它们，它们也迫使他期望摆脱它们。甚至对合乎义务之事（例如对善行）的偏好，虽然很能够使**道德**准则更容易发挥作用，但却不能产生任何道德准则。因为在道德准则中，如果行动应当不仅仅包含**合法性**，而且也包含**道德性**的话，一切都必须是为了表现作为规定根据的法则。偏好是盲目的和奴性的，无论它是不是良性的，而理性在事情取决于道德时不仅必须扮演偏好的监护人，而且必须不考虑偏好而作为纯粹实践理性完全只关照它自己的兴趣。甚至这种同情和好心肠的关心的情感，如果先行于什么是义务的思考并成为规定根据的话，对于好心的人格本身来说也是累赘，它将使他们深思熟虑的准则陷入混乱，并造成摆脱它们并仅仅服从立法的理性的愿望。

由此出发就可以理解：一个纯粹实践理性的这种能力的意识如何能够通过行为（德性）而产生出自己的偏好之上的高等力量的意识，由此就产生出对这些偏好，故而也对总是伴随着这些偏好的不满意的独立性的意识，因而就产生出对自己的状态的一种消极的心满意足，亦即**满意**，这种满意在其来源上就是对自己的人格的满意。自由本身以这样的方式（亦即间接地）将能够有一种享受，这种享受不能叫做幸福，因为它不依

赖于一种情感的积极参与，严格说来也不能叫做**永福**，因为它并不包含对偏好和需要的完全独立性，但它毕竟和永福相似，也就是说，只要至少它的意志规定能够保持不受这些偏好和需要的影响，因而至少按照其起源来说与人们只能赋予最高存在者的那种自足类似。

从实践的纯粹理性的二论背反的这种解决得出：在实践的原理中， 5〔119〕
道德意识和对作为道德的后果而与道德成比例的幸福的期待之间，一种
自然的和必然的结合至少是可以设想为可能的（但当然还并不因此就是
可以认识到和看出的）；与此相反，谋求幸福的原理却不可能产生出道
德；因此，**至上的**善（作为至善的第一个条件）构成道德，与此相反，
幸福虽然构成至善的第二个要素，但却是这样构成的，即幸福只不过是
前者的有道德条件的、但毕竟是必然的后果。惟有在这种隶属关系中，
至善才是纯粹实践理性的全部客体，纯粹实践理性必须把至善必然地表
现为可能的，因为它的一条命令就是为产生至善而作出一切可能的贡献。
但是，由于有条件者与其条件的这样一种结合的可能性完全属于事物的
超感性的关系，而且按照感官世界的法则是根本不能被给予的，即便这
个理念的实践后果亦即以使至善成为现实为目标的行动是属于感官世界
的，所以，我们将试图首先就直接受我们控制的东西而言，其次在理性
作为我们在至善的可能性上的无能的补偿而（按照实践原则必然地）呈
现给我们的、不受我们控制的东西中，展示那种可能性的各个根据。

三、纯粹实践理性在其与思辨理性相结合时的优先地位

我把两个或者多个通过理性结合起来的事物之间的优先地位理解为
某一个事物是与其余所有事物的结合的首要规定根据这种优势。在狭义
的实践意义上，它意味着某一个事物的兴趣的优势，只要其他事物的兴
趣都服从于它的兴趣（它的兴趣不能被置于其他兴趣之后）。对于心灵的
任何一种能力，人们都可以赋予一种**兴趣**，亦即一个原则，它包含着惟
有在其下这能力的实施才能得到促进的条件。理性作为诸原则的能力，
规定着一切心灵力量的兴趣，但它自己的兴趣却是自己规定自己的。它 5〔120〕
的思辨应用的兴趣在于**认识**客体，直到那些最高的先天原则，而实践应
用的兴趣则在于就最终的和完备的目的而言**规定**意志。一般理性应用的
可能性所要求的东西，亦即理性的各个原则和主张必须不相互矛盾，并

不构成理性的兴趣的任何部分，而是一般而言拥有理性的条件；惟有扩展，而不是仅仅与自己相一致，才被算做理性的兴趣。

如果实践理性除了**思辨**理性独自就能够从自己的洞识出发呈献给它的东西之外，不再可以假定任何东西并把它当做被给予的来思维，那么，思辨理性就占有优先地位。但假设实践理性独自就拥有源始的先天原则，与这些原则结合在一起的是某些理论的断定，而这些断定尽管如此却避开了思辨理性的一切可能的洞识（尽管它们也必须不与思辨理性相矛盾），那么问题就是，哪一种兴趣是至上的兴趣（而不是哪一种兴趣必须退出，因为一种兴趣并不必然与另一种兴趣相矛盾）：对于实践理性交给它去接受的一切东西一无所知的思辨理性，是否必须接受这些命题，并且即使这些命题对于思辨理性来说是越界的，思辨理性也必须把它们当做一笔外来的、被过账给它的财产而与自己的概念一致起来，或者思辨理性是否有权顽固地恪守它自己的被隔离开的兴趣，并按照**伊壁鸠鲁**的准则学把一切不能通过显而易见的、可以在经验中提出的实例来认证自己的客观实在性的东西都当做空洞的玄想而加以拒绝，即使这东西还如此与实践的（纯粹的）应用的兴趣交织在一起，自身也不与理论理性相矛盾，只是由于它就取消思辨理性为自己设定的界限，并使思辨理性经受想象力的一切胡闹或者妄念而言，确实损害着思辨理性的兴趣罢了。

实际上，如果实践理性作为有病理学条件的，亦即作为在幸福的感性原则下仅仅管理诸偏好的兴趣的，而被奠定为基础，那么，就根本不能对思辨理性作出这种苛求。**穆罕默德**的天堂，或者**通神论者**和**神秘主义者**们与神性的融为一体，如同每个人兴之所至那样，都会把他们的巨
5〔121〕大的怪物强加给理性，而完全没有理性，以及以这样的方式使理性经受一切梦幻，就会是同样的事情。然而，如果纯粹理性独自就能够是实践的，而且也确实如此，就像道德法则的意识所证明的那样，那么，就毕竟总是只有同一种理性，无论是在理论的意图中还是在实践的意图中，它都在按照先天原则作出判断，而且在这里很清楚，即使理性的能力在前一个意图中做不到肯定地确立某些命题，然而这些命题却也不与理性相矛盾，正是这些命题，只要它们**不可分割地**属于纯粹理性的**实践兴趣**，虽然是作为一种对纯粹理性来说外来的建议，这建议并不是在纯粹理性的地基上生长起来的，但毕竟得到了充分的认可，理性就必须接受它们，

并力图把它们与理性作为思辨理性所能控制的一切进行比较和联结；但要满足于：这并不是理性的洞识，然而却是理性的应用在某个别的、亦即实践的意图中的扩展，这与理性那本身在于限制思辨的违禁的兴趣是根本不相悖的。

因此，在纯粹思辨理性与纯粹实践理性结合成为一种知识时，后者占有**优先地位**，因为已经预设的是，这种结合绝不是**偶然的**和随意的，而是先天地基于理性本身的，因而是**必然的**。因为没有这种隶属关系，就会产生理性与自己本身的一种冲突；因为如果两者仅仅相互并列（并立），那么，前者就会独自紧紧地闭锁自己的边界，而不从后者接受任何东西到自己的疆域中来，但后者仍然会把自己的边界扩展到一切之外，并且在它的需要有要求时，力图把前者一起包括到自己的边界之内。但是，人们根本不能苛求纯粹实践理性隶属于思辨理性，从而把这种秩序颠倒过来，因为一切兴趣最终都是实践的，而且思辨理性的兴趣也只是有条件的，惟有在实践应用中才是完整的。

四、作为纯粹实践理性之公设的灵魂不死 5〔122〕

在尘世中造就至善，这是一个可以由道德法则规定的意志的必然客体。但在这个意志中，意向与道德法则的**完全适合**是至善的至上条件。因此，这种适合必须与其客体一样是可能的，因为它是包含在促进这个客体的诫命之中的。但是，意志与道德法则的完全适合就是**神圣性**，是没有一个感官世界的理性存在者在其存在的某一时刻能够达到的一种完善性。然而，既然这种完善性尽管如此仍然作为实践上必要的而被要求，所以它就惟有在向着完全适合的一种**无限**进展的进步中才能被发现，而且按照纯粹实践理性的各原则，把这样一种实践的进步假定为我们意志的实在客体，也是必要的。

但是，这种无限的进步惟有预设同一个理性存在者的一种**无限**绵延的**实存**和人格性（人们把这称为灵魂的不死）才是可能的。因此，至善在实践上惟有预设灵魂的不死才是可能的，因而灵魂不死与道德法则不可分离地结合在一起，是纯粹实践理性的一个公设（我把公设理解为一个**理论的**、但本身不可证明的命题，只要这个命题不可分离地依附于一个先天无条件地有效的**实践**法则）。

关于我们本性的道德规定的这一命题，即惟有在一种无限进展的进步中才能达到与道德法则的完全适合，具有极大的效用，这不仅是考虑到目前对思辨理性的无能的补偿，而且也是就宗教而言的。如果缺少这一命题，则道德法则要么就完全被贬值而失去其**神圣性**，因为人们把它矫饰为**宽纵的**（宽容的），从而适合我们的惬意的，要么就把自己的天职，同时也把自己的期待张大，使之成为一种无法达到的规定，即成为
5〔123〕所期冀的意志的神圣性的完全获得，并且迷失在狂热的、与自知之明完全相矛盾的**通神论的**梦幻中，而这两者都只会妨碍对准确而且完全地遵循一种严格的、不宽纵的、尽管如此也并非理想的、而是真正的理性诫命的不懈**追求**。对于一个理性的、但却有限的存在者来说，惟有从道德完善性的低级阶段向较高阶段的无限进步才是可能的。对于**无限者**来说，时间条件是无，他把这个对我们来说无穷无尽的序列看做与道德法则的那种适合性的整体，而且他的诫命为了在他给每一个人规定的至善份额上与它的公正相符而毫不含糊地要求的神圣性，惟有在对理性存在者的存在的一种理智直观中才可以完全发现。而就这种份额的希望而言惟一能够属于造物的东西，则是对他那经过考验的意向的意识，为的是从他迄今由比较恶到道德上比较善的进步中，从他由此得知的始终不渝的决心中，希望不论他的实存能够达到多久，甚至超出此生，这种进步今后都将坚持不懈地延续下去①，而且绝不是此时或者在他的存在的某个可以预见的未来时刻，而只是在他的存续的（惟有上帝才能综观的）无限性
5〔124〕中与上帝的意志完全契合（无须与公正不相称的宽纵和赦免）。

① 尽管如此，**确信**自己的意向在向善的进步中始终不渝，对于一个造物独自来说似乎是不可能的。因此缘故，基督教的宗教学说也仅仅让这种确信起源自圣灵，圣灵使人神圣，也就是说造成坚定的决心，并与此同时造成在道德进步中的不屈不挠的意识。但是，意识到自己毕生很长时间里直到生命终结都在坚持向着更善进步，并且是出自真正的道德动机的人，也自然而然地可以形成尽管还不是确知却令人慰藉的希望，即他在一种超出此生而继续的实存中还将坚守这些原理，而且尽管在他自己的眼中，他在这里绝没有充足的理由，也不可以凭着所期冀的他的自然完善性的未来增长——但与此同时他的义务也在增长——而在某个时候希望有一个**永福的**未来的前景，尽管如此却可以在这种虽然涉及一个无限推移的目标，但对于上帝来说却已属拥有的进步中希望这一点；因为永福是理性用来表示一种不依赖于尘世中一切偶然原因的完备**福祉**的术语，这种福祉与**神圣性**一样，是一个只能包含在一种无限的进步及其总体性之中的，因而永远不为造物完全达到的理念。

五、作为纯粹实践理性之公设的上帝存在

在前面的分析中，道德法则导致了无须感性动机的任何参与而仅仅由纯粹理性指定的实践任务，也就是至善的第一和主要的部分亦即**道德性**的必然完备性，而且既然这一任务惟有在一种永恒中才能完全得到解决，就导致了**不死**的公设。正是这一法则，也必然和前面一样无私地、仅仅从不偏不倚的理性出发，导致至善的第二个要素的可能性，亦即与那种道德性相适合的**幸福**的可能性，也就是说，导向一个与这种结果相符的原因的存在的预设，亦即把**上帝的实存**公设为必然属于至善（我们意志的这一客体是与纯粹理性的道德立法必然相结合的）的可能性的。我们要令人信服地阐述这一联系。

幸福是尘世中一个理性存在者的状态，对这个理性存在者来说，就他的实存的整体而言**一切都按照愿望和意志进行**，因而所依据的是自然与他的整个目的，此外与他的意志的本质性规定根据的协调一致。现在，道德法则作为一条自由的法则，是通过应当完全不依赖于自然及其与我们的欲求能力（作为动机）的协调一致的那些规定根据发布命令的；但是，在尘世中行动着的理性存在者毕竟并不同时是世界和自然本身的原因。因此，在道德法则中没有丝毫的根据，来使一个作为部分属于世界，因而依赖于世界的存在者的道德性和与之成比例的幸福之间有一种必然的联系，这个存在者正因此而不能通过自己的意志成为这个自然的原因，而且就他的幸福而言，也不能从自己的力量出发使这个自然与他的实践原理完全一致。尽管如此，在纯粹理性的实践任务中，也就是说，在对 5〔125〕
至善的必然探讨中，这样一种联系却被公设为必然的：我们**应当**力求促进至善（所以它毕竟必然是可能的）。因此，整个自然的一个与自然有别的原因的存在也就被**公设**了，这个原因包含着上述联系亦即幸福与道德性精确一致的根据。但是，这个至上的原因应当不仅包含自然与理性存在者的意志的一种法则一致的根据，而且还就这些理性存在者把这一法则给自己设定为**意志的至上规定根据**而言包含着自然与这一**法则**的表象一致的根据，从而不仅包含着自然与道德在形式上的一致，而且还包含着自然与道德在作为他们动机的他们的道德性上的一致，也就是说，与他们的道德意向的一致。因此，惟有假定自然的一个拥有与道德意向相符合的因果性的至上原因，尘世中的至善才是可能的。现在，一个能够

按照法则的表象采取行动的存在者就是一个**理智**（理性存在者），而且这样一个存在者按照法则的这种表象的因果性就是他的**意志**。因此，自然的至上原因，就其为至善而必须被预设而言，就是一个通过**知性**和**意志**而是自然的原因（因而是创造者）的存在者，亦即上帝。所以，**派生的至善**（最好的世界）的可能性的公设同时就是一个**源始的至善**的现实性的公设，亦即上帝的实存的公设。现在，对于我们来说，促进至善本就是义务，因而预设这种至善的可能性就不仅是权限，而且也是与作为需要的义务相结合的必然性；既然至善惟有在上帝存在的条件下才是成立的，所以上帝存在的预设就与义务不可分割地结合在一起，也就是说，假定上帝的存在，在道德上是必然的。

这里应当注意的是：这种道德上的必然性是**主观的**，亦即是需要，而不是**客观的**，亦即本身不是义务；因为根本不可能有一种假定某个事物实存的义务（因为这仅仅关涉理性的理论应用）。这也不被理解为，假定上帝的存在是**一切一般责任的一个根据**，乃是必然的（因为如已经充
5〔126〕分证明了的，这个根据所依据的仅仅是理性自身的自律）。在这里，属于义务的惟有对尘世中的至善的产生和促进所作的探讨；因此，这种至善的可能性是可以公设的，但是，我们的理性发现，只有预设一个最高的理智，这种可能性才是可思议的；因此，假定一个最高的理智的存在与我们的义务的意识是结合在一起的，尽管这种假定本身是属于理论理性的；仅仅就理论理性而言，这种假定作为解释根据来看可以叫做**假说**，但在与一个毕竟通过道德法则提交给我们的客体（至善）的关系中，因而在与一种实践的意图中的需要的关系中，它就可以叫做**信念**，而且是纯粹的理性信念，因为惟有纯粹的理性（不仅在其理论应用上，也在其实践应用上）才是这种信念由以产生的源泉。

从现在开始，从这一**演绎**出发就可以理解，为什么**希腊**各学派从来未能解决它们关于至善的实践可能性的问题，仅仅因为它们总是使人的意志应用自己的自由的规则成为这种可能性的惟一的和充足的根据，在它们看来为此并不需要上帝的存在。虽然它们不依赖于这一公设，仅仅从理性与意志的关系出发来确立道德的原则，从而使之成为至善的**至上**实践条件，这一点做得很对，但它却并不因此就是至善的可能性的**全部**条件。**伊壁鸠鲁学派**虽然把一个完全错误的道德原则，亦即幸福的原则，

假定为最高的原则，并且把依照每一个人自己的偏好进行任意选择的准则偷换成一条法则，但他们在这里的行事方式却毕竟是足够**前后一致的**，他们同样地、亦即与他们的原理的低下成正比地贬低了他们的至善，而且并不期望有比通过人的明智（节制和偏好的控制也属于明智）所获得的更大的幸福，而如人们所知，这种明智的结果必定是相当贫乏的，并且根据种种情况是极为不同的；就更不用说他们的准则必须不断地承认的、并且使得他们的准则不适合于用做法则的种种例外了。与此相反，**斯多亚学派**完全正确地选择他们至上的实践原则亦即德性来作为至善的条件，但由于他们把德性的纯粹法则所需要的德性程度想象为在此生完全可以达到的，所以他们不仅把人的道德能力以一个**智者**的名义扩张到 5〔127〕
超出人的本性的所有限制的高度，并假定某种与一切人类知识相矛盾的东西，而且尤其也根本不想让属于至善的第二个**成分**，亦即幸福，被视为人的欲求能力的一个特殊对象，而是使他们的**智者**宛如一个意识到自己人格的卓越性的神祇一般完全独立于自然（在他的满意方面），因为他们虽然使这位智者遭受生活的不幸，但却不使他屈服于这些不幸（同时也把他表现为摆脱了恶的），这样就实际上删除了至善的第二个要素，亦即自身的幸福，因为他们把这一要素仅仅设定在行动和对自己人格价值的满足中，从而将它包括在道德思维方式的意识中，但在这里，他们通过他们自己的本性的声音就已经能够被充分地驳倒了。

基督教的学说①，即便人们还不把它视为宗教学说，也在这一点上提

---

① 人们通常认为，基督教的道德规范就其纯粹性而言，并没有胜过斯多亚学派的道德概念之处；然而，二者的区别毕竟是十分明显的。斯多亚学派的体系使坚忍的意识成为一切道德意向应当绕之旋转的枢纽，而且尽管这一体系的追随者们谈到了义务，也十分清楚地规定了义务，但他们毕竟把动机和意志真正的规定根据置于思维方式超越低级的、仅仅通过懦弱来起决定作用的感官动机之上的升华中。因此，德性在他们那里就是超升于人的动物本性之上的**智者**的某种英雄气概；对于智者本人来说，英雄气概就够了，他虽然给别人讲义务，但自己却超脱了义务，不屈服于任何逾越道德法则的诱惑。但是，如果他们像福音书的规范所做的那样，纯粹且严格地表象这种法则，他们就做不到这一切了。如果我把一个**理念**理解为一种完善性，在经验中没有任何东西能够与它契合地被给予，那么，道德理念因此就不是什么过分的东西，也就是说，不是我们甚至连它的概念也不能充分规定的东西，或者是否某个地方有一个对象与之相应也不确定的东西，就像思辨理性的理念那样；相反，它们作为实践完善性的原型，充当着道德行为不可或缺的准绳，同时充当着**比较的尺度**。如果我从其哲学方面来考察**基督教道德**，那么，它与希腊各学派的理念相比就会表现如下：**犬儒学派、伊壁鸠鲁学派、斯多亚学派和基督徒们**的理念分别是：**素朴、明智、智慧和神圣**。至于达到它们的途径，希腊哲学家们则各不相同，犬儒学派认为**平常的**

5〔128〕供了一个至善（上帝之国）的概念，惟有这个概念才使实践理性的最严格的要求得到满足。道德法则是神圣的（不宽纵的），并且要求道德的神圣性，虽然人所能够达到的所有道德完善性都始终只不过是德性，亦即出自对法则的**敬重**的合乎法则的意向，因而是对于逾越，至少是遵循法则的动机不纯，亦即混杂许多不纯正的（非道德的）动机的一种持续的倾向的意识，所以是一种与谦卑相结合的自我欣赏，从而就基督教的法则所要求的神圣性而言，留存给造物的就只有无限的进步，但也正因为此，造物就有理由希望自己无限的存续。一种与道德法则完全适合的意向的**价值**是无限的，因为一切可能的幸福在一个智慧的和万能的幸福分配者的判断中，除了理性存在者对自己的义务缺乏适合之外，没有任何别的限制。但是，道德法则独自说来毕竟不应许幸福；因为按照关于一般自然秩序的概念，幸福并不与道德法则的遵循结合在一起。基督教的道德学说通过把理性存在者在其中尽心尽意地献身于道德法则的世界描绘为一个**上帝之国**而弥补了这一（至善的第二个不可或缺的成分的）欠缺，在上帝之国中，通过一位使派生的至善成为可能的神圣创造者，自然与道德达到了一种对二者中的每一个单独说来都不具有的和谐。道德
5〔129〕的**神圣性**已经被指定为他们此生的准绳，但与这种神圣性成正比的福祉，亦即**永福**，却仅仅被表象为在一种永恒中可达到的，因为**前者**在任何状况中都必须始终是他们的行为的原型，而且向它的进步即便在此生中也是可能的和必然的，而**后者**则在这个尘世中却是不能以幸福的名义达到的（就取决于我们的能力而言），因而仅仅被当做希望的对象。尽管如此，基督教的**道德**原则本身毕竟并不是神学的（因而不是他律的），而是纯粹实践理性独自说来的自律，因为这种道德并不使上帝及其意志的知识成为这些法则的根据，而是仅仅使之成为在遵循这些法则的条件下达到至善的根据，它甚至把遵循这些法则的真正**动机**不是置于所期望的遵循法则的后果中，而是仅仅置于义务的表象中；配得上获得这些后果，就在于忠实地遵循这种义务。

人类知性就够了，其他的认为只有**科学**的途径才可以，因此二者毕竟都认为单纯**应用自然力量**就足以做到。基督教的道德由于如此纯粹和不宽纵地确立自己的规范（也必须是这样），就剥夺了人至少在此生与它完全契合的自信，但毕竟又这样建立了自信，即如果我们尽我们**能力**所及地行为善良，我们就能够希望，非我们能力所及的东西，将在别的地方使我们受益，无论我们现在是否知道以何种方式。**亚里士多德**和**柏拉图**只是就我们道德概念的起源而言才彼此有别。

以这样的方式，道德法则就通过至善作为纯粹实践理性的客体和终极目的的概念导致了**宗教**，也就是说，导致了**一切义务是神的诫命的知识**，这些诫命**不是强迫命令，亦即不是一个外来意志的任意的、自身偶然的指令**，而是每一个自由意志自身的根本**法则**，但尽管如此却必须被视为最高存在者的诫命，因为我们惟有从一个道德上完善的（神圣的和仁慈的），同时也是全能的意志那里才能希望至善，从而通过与这个意志的一致才能希望达到至善，而把至善设定为我们追求的对象，则是道德法则使之成为我们的义务的。因此，即便在这里，一切也依然是无私的、仅仅以义务为根据的；不可以把恐惧或者希望作为动机当做基础，它们如果成为原则，就会毁掉行动的全部道德价值。道德法则命令，要使一个尘世中可能的至善成为我的一切行为的最终对象。但是，除非通过我的意志与一个神圣的和仁慈的世界创造者的意志一致，我就不能希望去造成这个至善；尽管在作为一个整体的至善概念中，最大的幸福与最大程度的道德的（在造物中可能的）完善性被表象为以最精确的比例结合在一起的，**我自己的幸福**就一并包含在其中，但毕竟不是幸福，而是道 5〔130〕
德法则（它毋宁说把我对幸福的无限度追求严格地限制在一些条件上），才是被指定去促进至善的那个意志的规定根据。

因此，即便道德，真正说来也不是我们如何**使得**自己幸福的学说，而是我们应当如何**配享**幸福的学说。惟有当宗教出现时，也才出现我们有朝一日按照我们曾关注不至于不配享幸福的程度来分享幸福的希望。

如果某人拥有一件事物或者一种状态，这与至善是一致的，那么，他就**配享**这种拥有。现在，人们很容易就可以看出，所有的配享都取决于道德行为，因为道德行为在至善的概念中构成了其余的（属于状态的）东西的条件，亦即分享幸福的条件。于是由此得出：人们必须永远不把道德当做**幸福学说**，亦即当做一种分享幸福的指南来对待；因为它只与幸福的理性条件（conditio sine qua non［必要条件］）相关，而与获得幸福的手段无关。但是，如果道德（它仅仅提出义务，但不给自私的愿望提供规则）得到完备的阐述，惟有在这种情况下，当此前没有一个自私的灵魂能够产生的促进至善（给我们带来上帝之国）的道德愿望被唤醒，并为了这个愿望迈出了走向宗教的步伐之后，这种道德学说才能够也被称为幸福学说，因为对幸福的**希望**是随着宗教才开始的。

人们由此就可以看出：如果就创造世界而言追问**上帝的终极目的**，则人们必须举出的不是世上理性存在者的**幸福**，而是**至善**，至善给这些存在者的那个愿望附加了一个条件，即配享幸福的条件，也就是这同一些理性存在者的**道德性**，惟有道德性才包含着他们据以能够希望凭借一位**智慧的创造者**之手分享幸福的惟一尺度。因为既然**智慧**在理论上来看
5〔131〕意味着**至善的知识**，而在实践上来看意味着**意志对至善的适合**，所以人们就不能把一种仅仅基于**仁慈**的目的赋予一个最高的独立智慧。因为只有在与创造者的意志的神圣性①相一致这个限制条件下，人们才能把仁慈的这种结果设想成与源始的至善相适合的。因此，那些把创造的目的设定在上帝的荣耀之中（前提条件是，人们不要以神人同形同性论的方式把这种荣耀设想成受称颂的偏好）的人们，也许就发现了最好的表述。因为再也没有比尘世中最宝贵的东西更能荣耀上帝了，这就是：敬重他的诫命，遵循他的法则交付给我们的神圣义务，如果他的壮丽的部署还要使这样一种美好的秩序配上相适合的幸福而得以圆满的话。如果后者（以人的方式来说）使上帝值得爱，那么，他就由于前者而是崇拜（朝拜）的对象。甚至人们虽然也能够通过行善而获得爱，但却永远不能仅仅通过行善就获得敬重，以至于最大的善行也只有通过按照配享来施行，才给他们带来荣耀。

在种种目的的秩序中，人（以及每一个理性存在者）就**是目的自身**，也就是说，人永远不能被某个人（甚至不被上帝）仅仅当做手段来使用，而不同时自身就是目的，因此，我们人格中的人性对我们自己来说必然是**神圣的**，这是从现在起自行得出的结论，因为人是**道德法则的主体**，
5〔132〕从而是那种就自身而言神圣的、一般来说某种东西只是因为它并且与它相一致才能够被称为神圣的东西的主体。因为这种道德法则乃是建立在

---

① 在这里，并且为了标明这些概念的独特之处，我还要说明的只是：当人们赋予上帝种种不同的属性时，人们发现这些属性的性质也适合造物，只不过它们在上帝那里被提升到最高的程度罢了，例如力量、知识、在场、善等，被称为全能、全知、全在、全善等；但毕竟有三种性质仅仅被赋予上帝，并且不带关于大小的附加语，而且它们全都是道德上的：上帝是**惟一神圣的**、**惟一永福的**、**惟一智慧的**；因为这些概念已经具有不受限制性。因此，按照它们的秩序，上帝在这种情况下也是**神圣的立法者**（和创造者）、**仁慈的统治者**（和维护者）、**公正的审判者**，这三个属性包含着上帝借以成为宗教对象的一切，而与它们相适合，种种形而上学的完善性就自行添加进理性中。

他的意志的自律之上的，作为一种自由的意志，他的意志按照自己的普遍法则必然能够同时与它应当**服从**的东西**协调一致**。

六、总论纯粹实践理性的公设

这些公设全都是从道德性的原理出发的，这个原理不是公设，而是理性用来直接规定意志的一个法则，这个意志正由于它被这样规定而作为纯粹意志要求着遵循它的规范的这些必要条件。这些公设不是理论的教义，而是在必然实践的考虑中的**前提条件**，因而虽然并不扩展思辨知识，但却**总的来说**（凭借它们与实践的东西的关系）给予思辨理性的理念以客观实在性，并使思辨理性对于它本来甚至不能自诩哪怕是仅仅主张其可能性的概念具有权利。

这些公设就是**不死**的公设、积极地来看（作为一个存在者就其属于理知世界而言的因果性）的**自由**的公设和**上帝存在**的公设。**第一个**公设产生自持存与道德法则的完整履践相适应这个实践上的必要条件；**第二个**公设产生自对感官世界的独立性和按照一个理知世界的法则规定其意志的能力，亦即自由这个必要的前提条件；**第三个**公设产生自通过预设独立的至善亦即上帝的存在来给这样一个理知世界为了成为至善提供条件的必要性。

因此，由于对道德法则的敬重而成为必要的针对至善的意图，亦即由此产生的对至善的客观实在性的预设，就通过实践理性的公设导向了思辨理性虽然能够作为课题提出、但却未能解决的几个概念。所以，1. 导向了这样一个课题，在它的解决中思辨理性只能犯下**谬误推理**（亦即不死的课题），因为它缺乏持久性的特征，不能把在自我意识中必然被 5〔133〕
赋予灵魂的那个最终主体的哲学概念补足成一个实体的实在表象，这一点，实践理性通过一种为在作为实践理性的全部目的的至善中与道德法则相适合所要求的持存的公设而做到了。2. 借助于自由的公设，它导向了这样一个概念，关于它思辨理性只包含有**二论背反**，思辨理性只能把这二论背反的解决建立在一个虽然可以或然地思维，但就其客观实在性而言却对思辨理性来说不能证明和规定的概念之上，这就是一个理知世界的**宇宙论**理念，以及对我们在这个理知世界中的存在的意识（至于自由的实在性，它是通过道德法则，与此同时通过一个理知世界的法则来阐明的，对这个理知世界思辨理性只能指出，但却不能规定它的概念）。3. 它使思辨理性虽然想到，但却不得不使之作为纯然的先验**理想**而不加规定的东西，即元始存在者的**神学**概念，获得了意义（在实践的意图中，亦即作为由那个法则所规定的意志的客体之可能性的条件），也就是在一个理知世界中通过在其中实行统治的道德立法使至善的至上原则获得意义。

但是，我们的知识以这样的方式就通过纯粹实践理性得到了现实的扩展，而对于思辨理性来说曾是**超验的**东西，在实践理性中就是**内在的**吗？当然，但**只是在实践的意图中**。因为我们虽然由此既没有对于我们灵魂的本性，也没有对于理知的世界，更没有对于最高的存在者，按照它们就自身而言之所是而有所认识，而只是把它们的概念在作为我们意志的客体的**至善这一实践**概念中结合起来了，而且是完全先天地通过纯粹理性来结合的，但却只是借助于道德法则，并且也仅仅与道德法则相关，就它所要求的客体而言才如此。但是，何以哪怕自由也仅仅是可能的，而且人们如何能够在理论上并积极地表现这个种类的因果性，这却没有由此而看出来，而是仅仅通过道德法则并为了道德法则而公设了有这样一种因果性存在。别的那些理念的情况亦复如是，永远没有任何人
5〔134〕类知性按照其可能性来探究它们，但它们不是真实的概念这一点，也将永远没有任何诡辩从哪怕最普通的人的确信中夺走。

七、如何可能设想纯粹理性在实践的意图中的扩展却不同时由此扩展其思辨的知识？

为了不致过于抽象，我们要马上在目前这个场合的应用中来回答这个问题。——为了**在实践上**扩展一种纯粹的知识，必须被先天地给予一个**意图**，亦即一个作为（意志之）客体的目的，这个客体独立于一切理论的原理，通过一个直接规定意志的（定言的）命令式，被表现为实践上必然的，而这在此处就是**至善**。但是，如果不预设三个理论概念（由于它们只是纯粹的理性概念，所以不可能为它们找到相应的直观，因而不可能沿着理论的途径为它们找到任何客观实在性），亦即自由、不死和上帝，至善就是不可能的。因此，通过要求在一个世界里可能的至善有实存的道德法则，纯粹思辨理性的那些客体的可能性，以及纯粹思辨理

性不能向这些客体保证的客观实在性，就被公设出来了；由此，纯粹理性的理论知识当然就获得了一种增长，但这种增长仅仅在于，那些通常对于纯粹理论来说或然的（仅仅可思维的）概念，现在就被实然地解释为应现实地把客体归于它们的概念了，因为实践理性为了自己的而且是实践上绝对必要的客体亦即至善的可能性，不可避免地需要它们的实存，而理论理性由此就被授权去预设它们。但是，理论理性的这种扩展并不是思辨的扩展，亦即不是为了**在理论的意图**中从现在起对它作出一种积极的应用。因为既然在这方面通过实践理性所提供的无非是：那些概念是实在的，而且现实地拥有自己的（可能的）客体，但同时关于这些客体的直观却没有任何东西被给予我们（这也是不可以要求的），所以，没有任何综合命题通过这些概念被承认的实在性而成为可能。因此，这种开放在思辨的意图中对我们没有丝毫帮助，但就纯粹理性的实践应用而言，倒是有助于扩展我们的这种知识。思辨理性的上述三个理念就自身 5〔135〕
而言还不是什么知识；但这毕竟是些（超验的）**思想**，在它们里面没有任何不可能的东西。现在，它们通过一个无可置疑的实践法则，作为这个法则要求当做客体的那种东西的可能性的必要条件，获得了客观实在性，也就是说，我们通过那个法则得到指示：**它们拥有客体**，但却毕竟不能指出它们的概念是如何与一个客体发生关系的，而这也就还不是对**这些客体**的知识；因为人们由此根本不可能作出任何综合的判断，也不可能对它们的运用在理论上作出规定，因而对它们根本不能做理性的任何理论应用，而理性的一切思辨知识真正说来就在于这种应用。但尽管如此，**虽然不是这些客体的**，但却是一般理性的理论知识却由此而在下述意义上得到了扩展，即通过这些实践的公设，毕竟把**客体给予了**那些理念，因为一个仅仅或然的思想首先借此获得了客观实在性。因此，这并不是**关于被给予的超感性对象**的知识的扩展，但毕竟是理论理性及其在一般超感性事物方面的知识的扩展，这是就理论理性被迫承认**有这样一些对象**而言的，但对于这些对象却不能作出更详细的规定，因而不能扩展关于这些客体（它们从现在起就出自实践的理由并且也只是为了实践的应用而被给予了理性）的知识本身，因此，纯粹理论理性必须把上述知识的增长仅仅归功于它的纯粹实践能力，而对它来说，所有那些理念都是超验的，都没有客体。在纯粹实践能力这里，它们都成为**内在的**

和**建构性的**，因为它们都是使纯粹实践理性的**必要客体**（至善）**成为现实**的那种可能性的根据，除此之外，它们就是**超验的**，是思辨理性的纯然**范导性**原则，这些原则责成思辨理性的事情，并不是超出经验之外去假定一个新的客体，而仅仅是使它在经验中的运用接近完备。但是，一旦理性具有了这种增长，那么，它作为思辨理性（真正说来只是为了保证它的实践应用）借助那些理念进行的工作就将是消极的，也就是说，不是在扩展，而是在澄清，以便一方面抵挡作为**迷信**之源泉的**神人同形**
5〔136〕**同性论**或者通过自以为的经验对那些概念所作的表面上的扩展，另一方面抵挡通过超感性的直观或者诸如此类的感觉应许那种扩展的**狂信**；这一切都是纯粹理性的实践应用的障碍，因此，对它们的防范当然属于我们的知识在实践的意图中的扩展，而同时承认理性在思辨的意图中丝毫也没有因此而有所收获，这与那种扩展并不矛盾。

对于理性就一个对象而言的任何应用，都要求有纯粹的知性概念（范畴），没有它们，就不能思维任何对象。这些纯粹的知性概念只能被运用于理性的理论应用，也就是说，被运用于同时配备有直观（直观在任何时候都是感性的）的那种知识，因而仅仅是为了通过它们来表现可能经验的一个客体。但现在，理性的这些根本不可能在任何经验中被给予出来的**理念**，在这里却是我必须通过范畴来思维以便认识的东西。不过，这里所说的也不是对这些理念的客体的理论知识，而只是说这些理念一般而言具有客体。纯粹实践理性获得了这种实在性，而在此理论理性所要做的无非是通过范畴仅仅**思维**那些客体，这正如我们在别的地方已经清楚地指出的那样，完全可以不需要直观（无论是感性直观还是超感性直观）来进行，因为范畴在独立于并且先于一切直观、仅仅作为思维能力的纯粹知性中拥有自己的位置和起源，而且它们永远只意味着一个一般客体，**无论它以哪一种方式被给予我们**。现在，就范畴应当被运用于那些理念而言，虽然不可能在直观中给予它们以任何客体；但是，它们毕竟是通过实践理性在至善的概念中毫无疑问地呈现出来的一个客体，通过为了至善的可能性所要求的**那些概念的实在性**，而充分地得到保证：**这样一个客体是现实的**，从而范畴作为一种纯然的思维方式在这里不是空洞的，而是有意义的，尽管如此，也并不由于这种增长而造成根据理论原理的知识的丝毫扩展。

※　　※　　※

除此之外，如果通过取自我们自己的本性的那些谓词来规定上帝、 5〔137〕
一个理知世界（上帝之国）和不死这些理念的话，那么，人们就既不可以把这种规定视为那些纯粹的理性理念的**感性化**（神人同形同性论），也不可以把它视为对**超感性的**对象的越界知识；因为这些谓词无非是知性和意志，确切地说是当它们在道德法则中被思维时在相对关系中这样看的，因而只是就对它们作一种纯粹的实践应用而言的。在这种情况下，其余一切在心理学上，亦即就我们对我们的这些能力**在它们实施时**进行经验性观察而言与这些概念有关联的东西（例如，人的知性是推论性的，因而它的表象是思想而不是直观，这些表象在时间中前后相继，人的意志总是带有满意对于其对象的实存的一种依赖性，如此等等，而在最高的存在者里面却不可能是这样），就都被抽掉了，这样，对于我们用来思维一个纯粹知性存在者的那些概念，所剩下的就无非是恰恰为了思维一个道德法则这种可能性所要求的东西了，因而虽然是对上帝的一种知识，但却是仅仅在实践的关系中，由此，如果我们试图把它扩展成为一种理论知识，我们就将得到一种并不思维但却**直观**的知性，一种指向对象而其满意丝毫也不依赖对象的实存的意志（我甚至不想提及那些先验的谓词，例如实存的某种量，亦即持存，但它并不出现在时间中，而时间是我们把存在表现为量的惟一对我们来说可能的手段），完全是些我们对之不能形成任何与对象的**知识**相适合的概念的属性，我们由此也就得知，它们永远不能被运用于关于超感性存在者的**理论**，因而也根本不能够在这方面建立起一种思辨的知识，而是把自己的应用仅仅限制在道德法则的履践上。

后面这一点是如此显而易见，并能够通过事实得到如此清晰的证明，以至于人们可以大胆放心地要求所有自以为的**自然的对神博学者**（一个
怪异的名称①），哪怕只举出一个（超出纯然本体论的谓词）规定他们的 5〔138〕
对象的属性，例如知性的属性或者意志的属性，让人们不能对之无可争

① **博学**真正说来只是各种**历史**科学的总和。因此，惟有启示神学的教师才能叫做**对神博学者**。但是，如果人们也想把那种拥有各种理性科学（数学和哲学）的人称为一个博学者，尽管这已经会与词义（即它在任何时候都仅仅把绝对必须被**教给**，因而不能通过理性自行发明的东西算做博学）相矛盾，那么，哲学家就完全可能以自己作为实证科学的上帝知识给人以太坏的印象，以至于因此不能被称为一个**博学者**。

议地表示，如果从中抽掉一切神人同形同性论的东西，给我们剩下的就是纯然的语词，不能把丝毫的概念与之相结合，借以可以希望对理论知识有一种扩展。但就实践的东西而言，从一个知性和意志的那些属性中毕竟还是给我们留下了一种关系的概念，实践法则（它恰恰先天地规定了知性与意志的这种关系）使这个概念获得了客观实在性。这种情况一旦发生，一个道德上受到规定的意志之客体的概念（至善的概念），以及与它一起这客体的可能性的条件亦即上帝、自由和不死的理念，也都被给予了实在性，但永远只是在与道德法则的履践的关系中（不是为了任何思辨的目的）被给予的。

在作了这些提醒之后，现在也就可以很容易地找到这个重要的问题的答案了：**上帝的概念是一个属于物理学**（因而当形而上学只包含物理学在普遍意义上的那些纯粹先天原则时，也属于形而上学）**的概念还是一个属于道德的概念**？对自然安排或者其变化作出**解释**，如果人们乞灵于作为一切事物的创造者的上帝，那么这至少不是一种物理学的解释，而到处都是在承认自己的哲学完结了：因为人们为了能够对自己眼前看到的东西形成一个概念而不得不假定自己对之本来没有任何概念的东西。但是，通过形而上学从对**这个**世界的知识出发**凭借可靠的推论**来达到上帝的概念及其实存的证明，这之所以是不可能的，乃是因为我们必须把这个世界当做最完满的可能整体来认识，从而为此目的而必须认识一切
5〔139〕可能的世界（以便能够把它们与这个世界进行比较），从而必须是全知的，以便说这个世界惟有通过一个**上帝**（就像我们必须思维这个概念那样）才是可能的。但是，完全从纯然的概念出发来认识这个存在者的实存，这是绝对不可能的，因为任何一个实存命题，亦即关于一个我对之形成一个概念的存在者说它实存着的命题，都是一个综合命题，也就是这样一个命题，通过它，我超出那个概念，关于这个存在者说出比在概念中所曾想到的更多的东西，亦即对于这个**知性之中**的概念来说，还要设定一个**知性之外**的对象与之相应，而这显然是通过任何一种推论都不可能得出的。因此，对于理性来说，就只剩下一种程序来达到这种知识了，这就是它作为纯粹理性，从它的纯粹实践应用的至上原则出发（因为这种应用本来就仅仅指向作为理性之后果的某物之**实存**）来规定自己的客体。而在这里，就不仅仅是在理性不可避免的任务，亦即使意志必

然指向至善的任务中显示出在世界上的这种善的可能性的关系中假定这样一个元始存在者的必要性，而且最值得注意的是，还显示出理性沿着自然道路的进程所完全缺乏的某种东西，即**这个元始存在者的一个得到精确规定的概念**。既然我们只认识这个世界的一个小部分，更不能把这个世界与一切可能的世界进行比较，所以，我们固然可以从这个世界的秩序、合目的性和巨大而推论出它的一个**智慧**、**善意**、**强大**等的创造者，但却不能推论出他的**全知**、**全善**、**全能**等。人们也完全可以承认：自己完全有权通过一个可以容许的、完全合理的假说来弥补这个不可避免的缺陷；也就是说，如果在我们较切近的知识所呈现出的如此之多的部分中都凸显出智慧、善意等，那么，在其余所有部分中就也会是这样，因而把一切可能的完善赋予世界的创造者就是合理的；但是，这并不是我们自以为有所洞识所凭借的什么**推论**，而只是人们能够迁就我们的一种许可，而这种许可为了能够得到应用毕竟还需要其他方面的推荐。因此，上帝的概念沿着经验性的途径（物理学的途径）就依然永远是关于第一存在者的完善的**一个不曾得到精确规定的概念**，不能把它视为与一个神祇的概念是相适合的（但凭借形而上学在其先验部分中却根本不可能有任何建树）。

现在，我试图把这个概念固定在实践理性的客体上，在这里我发现，5〔140〕
道德原理惟有在预设一个具有**最高完善性**的世界创造者的情况下才允许这个概念是可能的。这个世界创造者必须是**全知的**，以便在一切可能的场合和在一切未来都认识我的行为，直到我的意向的最深处；他必须是**全能的**，以便赋予我的行为以适当的后果；他同样必须是**全在的**、**永恒的**；等等。从而，道德法则就通过作为一种纯粹实践理性之对象的至善的概念规定着作为**最高存在者**的元始存在者的概念，这是理性的物理学进程（并更高地延伸到形而上学进程），因而其全部思辨进程所无法做到的。因此，上帝的概念是一个原初就不属于物理学的概念，亦即不是对思辨理性来说的概念，而是一个属于道德的概念，而且对于我们上面已经当做理性在其实践应用中的公设来对待的其他那些理性概念，人们也都可以说同样的话。

如果人们在**阿那克萨哥拉**之前的希腊哲学史中没有发现一种纯粹的理性神学的任何清晰的痕迹，那么，原因并不在于这些较早的哲学家们缺乏知性和洞识，以至于不能通过思辨的途径至少借助一种完全合理的假说来把自己提高到这一点；有什么能够比自行呈现给每个人的思想，即不假定不同的世界原因的不确定的完善程度，而是假定一个具有**一切完善性**的惟一理性的世界原因，要更为容易和更为自然呢？但是，世界上的灾祸似乎对他们来说是许多太重要的异议，以至于不能认为有权利作出这样一种假说。因而他们在这一点上表现出来的恰恰是知性和洞识，即他们并不冒昧地作出那种假说，反而在自然原因中去四处寻找，看自己是否能够在这些原因中遇到元始存在者所要求的那种性状和能力。但是，当这个思想敏锐的民族在探究中走过如此之远，甚至对其他民族从来也没有超出过空泛议论的那些道德对象也作了哲学上的探讨之后，他们这时才第一次发现了一种新的需要，即一种实践的需要，这种需要不会不给他们确定地指明元始存在者的概念，而此时思辨理性却袖手旁观，〔141〕至多还有这样的功劳，即对一个不是在自己的地基上成长起来的概念加以修饰，并且用现在才出现的一系列出自自然观察的证实，来与其说是提高这个概念的声望（这声望已经确立起来了），倒不如说只是用自以为的理论上的理性洞识大讲排场。

※　　　　※　　　　※

从这些提醒中，纯粹思辨理性批判的读者将完全确信，那个费力的范畴**演绎**对于神学和道德而言是如何极其必要、如何有益了。因为惟有通过这种演绎才能防止，当人们把这些范畴设定在纯粹知性中时与**柏拉图**一起把它们看做天生的，并在这上面用人们无法预见其结局的超感性事物的理论建立起越界的僭妄，却由此使神学成为充满幻影的魔灯；而当人们把这些范畴视为获得的时，则防止人们与**伊壁鸠鲁**一起把它们所有的和每一种应用，甚至是实践的意图中的应用，都仅仅限制在感官的对象和规定根据之上。但现在，批判在那个演绎中证明了，**第一**，这些范畴并没有经验性的起源，而是先天地在纯粹知性中有自己的位置和来源；还有**第二**，既然它们不依赖于对象的直观而与**一般对象**发生关系，它们虽然惟有在运用于通过纯粹实践理性而被给予的对象时也充当对**超感性的东西**的**确定的思维**，但却仅仅是就这种超感性的东西只是通过这样一些必然属于纯粹的、被先天地给予的**实践意图**及其可能性的谓词来规定而言的。对纯粹理性在思辨上的限制和对它在实践上的扩展就第一次把纯粹理性带入了一般理性在其中可以得到合目的的运用的**平等关系**之中，而这个例子就比别的例子更好地证明，通过**智慧**的道路如果应当是可靠的而不是不可通行的或者引入歧途的，那么它在我们人这里就不可避免地必须经过科学，但人们惟有在这科学完成之后，才能够确信它是导向那个目标的。

八、出自纯粹理性的一种需要的视之为真 5〔142〕

纯粹理性在其思辨应用中的一种**需要**仅仅导向**假说**，但纯粹实践理性的需要却导向**公设**；因为在前一种场合，我从派生的东西出发在根据的序列中上升到**如我所愿**的高度，并且需要一个元始根据，不是为了给予那种派生的东西（例如世界上的事物和变化的因果结合）以客观实在性，而只是为了就派生的东西而言完全满足我的研究的理性。这样，我就在我面前的自然中看到了秩序和合目的性，而且并不为了确信它们的**现实性**而需要着手去进行思辨，而只是为了**解释**它们而需要**预设一个神祇**来作为它们的原因；这样，由于从一个结果向一个确定的原因，尤其是像我们必须想到上帝时那样严格一样完全地确定的原因所作的推论永远是不可靠的和困难的，所以这样一个预设就不能超过对我们人来说最合理的意见的程度。① 与此相反，纯粹**实践**理性的一种需要乃是基于一种**义务**的，即是使某种东西（至善）成为我的意志的对象，以便尽我的一切力量去促成它；但我在这里必须预设它的可能性，从而也预设这种可能性的条件，亦即上帝、自由和不死，因为我通过我的思辨理性不能证明它们，尽管也不能反驳它们。这个义务建立在一个当然完全不依赖于后面这些预设的、独自就是无可置疑地确定的法则亦即道德法则之上，因而就此来说并不需要通过关于事物的内部性状、世界秩序或者一个主 5〔143〕
管世界秩序的统治者的隐秘目的的理论意见来获得其他方面的支持，以便约束我们最完善地作出无条件地合乎法则的行动。但是，这个法则的

① 但即便在这里，倘若不是有一个或然的，但毕竟不可避免的理性概念，即一个绝对必然的存在者的概念摆在我们眼前的话，我们也就不可能借口**理性**有一种需要了。现在要使这个概念得到规定，而这一点，在对此加以扩展的冲动出现时，就是思辨理性的一种需要的客观根据，即对应当用做其他存在者的元始根据的一个必然存在者的概念进一步作出规定，因而使这个存在者成为可识别的。没有这样一些先行的必要问题，也就没有任何**需要**，至少是没有任何**纯粹理性**的需要；其余的就都是**偏好**的需要了。

主观效果，即与它相适合并且通过它也是必然的那个促成实践上可能的至善的**意向**，毕竟至少预设这种至善是**可能的**，否则的话，竭力追求一个其实空洞和没有客体的概念的客体，就会是实践上不可能的。现在，上述公设仅仅涉及至善之**可能性**的那些物理学的或者形而上学的、一言以蔽之处于事物的本性之中的条件，但不是为了一个随意的思辨意图，而是为了纯粹的理性意志的一个实践上必然的目的，纯粹的理性意志在这里并不**选择**，而是**服从**一个严谨的理性命令，这个命令**客观上**在事物的性状中有其根据，只要事物必须由纯粹理性来进行普遍的判断，而且这个命令绝不是建立在**偏好**之上的，偏好为了我们出自纯然**主观的**根据而**期望**的东西，绝对没有权利马上就假定达到这种东西的手段是可能的，或者甚至假定这对象是现实的。因此，这是一个**在绝对必然的意图中的需要**，它并不是把自己的预设仅仅当做允许的假说，而且是当做实践意图中的公设来辩解；而且如果承认道德法则作为命令（而不是作为明智规则）严谨地约束着每一个人，正直的人就完全可以说：**我愿意**有一个上帝，我在这个世界中的存在也要在自然联结之外还是一个纯粹的知性世界中的存在，最后还有我的持存要是无限的，我坚持这些并且非要有这种信仰不可；因为这是惟一的东西，在其中由于我丝毫不可以忽视我的兴趣，我的兴趣就不可避免地规定着我的判断，而不去注意一些玄想，哪怕我对这些玄想可能会多么难以回答，或者多么难以做到以更加虚假的玄想去对抗它们。①

※　　　　※　　　　※

① 在1787年2月号的《德意志博物馆》上，有一篇论文出自一位非常敏锐和清醒的人物，即可惜早逝的**魏岑曼**，他在其中否认有从需要推论到该需要的对象的客观实在性的权限，并用一个**热恋者**的例子来阐明他的观点，这个热恋者由于迷恋于本来只是他的幻影的美的理念，就想推论这样一个客体是现实地在某个地方实存着的。在需要基于**偏好**的一切场合里，我承认他在这一点上是完全有道理的，偏好就连对受到其诱惑的人也不是必然能够公设其客体的实存的，更不用说包含对每一个人都有效的要求了，因而是种种期望的一个**主观的**根据。但在这里，需要是一种产生自意志的一个**客观的**规定根据的，亦即产生自道德法则的**理性需要**，道德法则必然地约束着每一个有理性的存在者，因而先天地有权利预设自然中与它相适合的条件，并使得这些条件与理性的完全的实践应用不可分割。义务就是尽我们最大的能力使至善成为现实；因此，至善毕竟也必须是可能的；所以，对于世界上的每一个有理性的存在者来说，预设对至善的客观可能性来说必要的东西，这也是不可避免的。这个预设与道德法则一样是必要的，它也惟有与道德法则相关才是有效的。

为了在使用像一种纯粹的实践的理性信念这样一个还是如此不习惯的概念时防止误解，请允许我再附上一个说明。——事情应当看起来差不多是，好像这个理性信念在这里甚至被宣布为**命令**，即把至善假定为可能的。但是，一种被命令的信念是一件荒唐无稽的事情。不过，人们可以回忆一下上面对于被要求在至善的概念中假定的东西所作的辨析，人们将注意到，假定这种可能性，这是根本不可以被命令的，它也不要求有**承认**这种可能性的任何实践意向，相反，思辨理性无须申请就必须承认这种可能性；因为毕竟不可能有任何人愿意主张，世界上的有理性存在者与道德法则相适合的配享幸福，与对这种幸福的一种与上述配享成正比的占有相结合，本身是**不可能的**。现在，就至善的前一部分，即涉及道德的东西而言，道德法则仅仅给予我们一个命令，而怀疑那个组成部分的可能性，也就等于对道德法则本身提出质疑。但就那个客体的第二部分，亦即与那个资格完全适合的幸福而言，虽然一般来说承认幸福的可能性根本不需要一个命令，因为理论理性自身丝毫不反对这一点：只是我们应当**如何**设想自然法则与自由法则的这样一种和谐的方式，本身却具有要由我们作出一种**选择**的某种东西，因为理论理性对此不能以无可置疑的确定性作出任何决定，而就这种确定性而言，可以有一种道德的兴趣来起决定性的作用。 5〔144〕 5〔145〕

我在上面曾经说过，按照世界上的一种纯然的自然进程，精确地与道德价值相适合的幸福是不可指望的，必须被视为不可能的，因此，至善的可能性从这方面惟有在预设一个道德的世界创造者的情况下才能被承认。我曾有意地克制着不把这个判断限制在我们理性的**主观**条件之上，以便惟有在应当对理性的视之为真的方式作出进一步的规定时才使用这种限制。实际上，上述不可能性**仅仅是主观的**，也就是说，我们的理性发现**它不可能**使自己根据一个纯然的自然进程来理解两种按照如此不同的法则而发生的世界事件之间如此精确地适合并完全合目的的联系，尽管就像在所有通常在自然中是合目的的东西那里一样，理性毕竟也不能根据普遍的自然法则来证明，亦即出自客观的理由来充分阐明这种联系的不可能性。

不过，现在有一种不同类型的决定根据加入了游戏，要在思辨理性动摇不定时起决定性的作用。促成至善这个命令在客观上（在实践理性中）是有根据的，至善的一般可能性同样在客观上（在对此不加丝毫反对的理论理性中）是有根据的。然而，我们应当如何表现这种可能性的方式，是按照普遍的自然法则而无须一个主管自然的智慧创造者，还是仅仅在预设这个创造者的情况下来表现，这是理性不能客观地决定的。现在，这里出现了理性的一种**主观的**条件：惟一在理论上对理性可能的、同时对道德性（它是服从理性的一个**客观的**法则的）只有益处的方式，即把自然王国与道德王国的精确一致设想为至善的可能性的条件。现在，既然促成至善，因而预设它的可能性**在客观上**（但仅仅按照实践理性来说）是必要的，但同时我们要怎样把至善设想为可能的那种方式却是由
5〔146〕我们选择的，但在这种选择中纯粹实践理性的一种自由的兴趣却决定要假定一个智慧的世界创造者，所以，在这里规定我们的判断的那个原则虽然作为需要是**主观的**，但同时作为**客观上**（实践上）必要的东西的促成手段，却也是在道德意图中视之为真的一条**准则**的根据，亦即是一种**纯粹的实践的理性信念**。因此，这种信念不是被命令的，而是作为对我们的判断的自愿的、有益于道德的（被命令的）意图的、此外还与理性的理论需要一致的规定，即预设那种实存，此外把那种实存作为理性应用的基础，其本身是产生自道德意向的；因此，即便在有良好意向的人那里，它也经常可能有时动摇不定，但却永远不会陷入无信念。

九、人的认识能力与人的实践规定明智地相适合的比例

如果人的本性注定要追求至善，那么，他的各种认识能力的程度，尤其是这些认识能力彼此之间的比例关系，也必须被假定为是适合于这一目的的。但现在，对纯粹**思辨**理性的批判证明理性有极大的不足，不能与这个目的相适合地解决提交给它的最重要的任务，尽管这个批判也没有低估这同一个理性的自然的和不可忽视的提示，同样也没有低估它为了接近这个给它标出的伟大目标而能够迈出的巨大步伐，但它毕竟不能单凭自己在某个时候达到这个目标，甚至借助于最大的自然知识也不行。因此，自然在这里显得只是**继母般地**为我们提供了达到我们的目的所必需的能力。

现在，假如自然在这里顺从了我们的愿望，赋予了我们这样一种我们乐意具有，或者一些人干脆误以为自己已经现实地具有的洞识能力或

者光照，那么，从一切迹象来看这会有什么样的后果呢？只要我们的全部本性没有同时得到改变，那么，毕竟总是第一个发言的**偏好**就会首先
要求自己的满足，而且与理性的考虑相结合，就会以**幸福**的名义要求自 5〔147〕
己最大可能的和持久的满足；道德法则在此之后会说话，为的是把那些偏好保持在与它们相称的限制之中，甚至使它们全都服从一个更高的、不考虑任何偏好的目的。但是，不是现在道德意向必须与偏好进行的那场几经失败之后毕竟可以在其中赢得灵魂的道德力量的争斗，而会是**上帝**和**永恒**以其**可怕的威严**持续不断地处于我们**眼前**（因为我们完全能够证明的东西，就确定性而言对我们来说是等于我们因亲眼目睹而确信的东西的）。对法则的违反当然会被避免，被命令的东西会被执行；但由于行动应当从中发生的那种**意向**不可能通过任何命令一起灌输进来，对活动的刺激在这里却是立刻就在手边的，并且是**外部的**，因此，理性不可以首先努力向上，以便通过法则之尊严的活生生的表象来聚集抵抗偏好的力量，那样的话，绝大多数合乎法则的行动的发生就会是出自恐惧，只有少数会出自希望，而根本没有一个会出自义务了，但这些行动的道德价值也就会荡然无存了，而人格的价值，甚至世界的价值在最高智慧的眼中却毕竟仅仅取决于这种道德价值。因此，只要人们的本性还保持像它现在这样，那么，人们的行为就将会变成一种纯然的机械作用，其中就像是在木偶戏中一样一切都**姿势**对路，但在人物形象中却不会看到**任何生命**。现在，既然在我们这里完全是另一种情况，既然我们凭借我们的理性的一切努力对未来也只有一种极为模糊不清的眺望，世界的统治者只让我们猜测而不是看到或者清晰地证明他的存在及其壮丽，与此相反，我们心中的道德法则并不向我们肯定地有所应许或者有所威胁，而是要求我们无私的敬重，但除此之外，当这种敬重成为主动的和占统治地位的时，它在这种情况下并仅仅由此才允许眺望超感性事物的王国，但也只是以微弱的目光眺望；所以，真正的道德的、直接被奉献给法则的意向是能够发生的，有理性的造物是能够配得上与他的人格的道德价
值相适合、而不是仅仅与他的行动相适合的至善份额的。因此，即便在 5〔148〕
这里，对自然和人的研究通常充分地教给我们的东西，即我们借以实存的那个不可探究的智慧，在它拒绝给予我们的东西中比在它让我们分享的东西中并不更少值得崇敬，也可以由此而是很正确的。

第二部分
纯粹实践理性的方法论

人们不能把纯粹**实践**理性的**方法论**理解为（无论是在反思中还是在 5〔151〕
陈述中）就其科学知识而言对待纯粹实践原理的方式，这种知识人们通常本来只在**理论的东西**中才称为方法（因为通俗的知识需要一种**风格**，但科学却需要一种**方法**，也就是说，需要一种**按照**理性的原则的程序，一种知识的杂多惟有借助这种程序才能成为一个**体系**）。毋宁说，这种方法论被理解为人们如何能够使纯粹实践理性的法则**进入**人的心灵并**影响**其准则，亦即使客观的实践理性也**在主观上**成为实践的那种方式。

现在虽然很清楚，意志的那些惟一使准则真正成为道德的并赋予它们以一种道德价值的规定根据，法则的直接表象和作为义务的对法则的客观必然的遵守，都必须被表现为行动的真正动机，因为若不然，虽然会造就出行动的**合法性**，但却造就不出意向的**道德性**。但不是那么清楚的、毋宁说初看起来必定对每个人来说都显得难以置信的是，对纯粹德性的那种描述即便在主观上，也能够比由娱乐和一般而言人们可以归为幸福的一切东西的哄骗所可能造成的一切诱惑，或者还有由痛苦和灾祸 5〔152〕
某个时候所可能造成的一切威胁，都对人的心灵拥有**更多的力量**，并能够提供一种强有力得多的动机去自己造就行动的那种合法性，产生出一些更有力的、出自对法则的敬重把法则置于任何别的考虑之前的决断。尽管如此，事情确实就是这样，而且假如人的本性不是这种性状，那么，也就不会有法则的任何表现方式在某个时候转弯抹角地以劝说的手段来产生意向的道德性了。一切都会是全然的伪善；法则会遭到憎恨乃至于轻视，但为了自己的好处仍然得到遵守。法则的字句（合法性）将会能够在我们的行动中找到，但法则的精神却在我们的意向中根本找不到，而既然我们用尽了自己的一切努力也毕竟在我们的判断中不能完全摆脱理性，所以我们会不可避免地必定在我们自己的眼中显得是毫无价值的、卑鄙的人，即使我们试图以如下方式来补偿在内心的法庭面前受到的屈辱，即我们借助娱乐来使自己轻松愉快，按照我们的妄念，有一个我们所假定的自然的或者属神的法则把这些娱乐与它们的警察机器结合在一起，这警察仅仅关注人们所做之事，对于人们为什么做这件事却不关心。

虽然人们不能否认，为了把一个或者尚无教养或者粗野化了的心灵首次带到道德上的善的轨道上来，需要一些准备性的指导，通过他自己的好处来引诱这心灵，或者通过害处来恐吓它；然而，一旦这种机制、这个襻带起到了一些作用，纯粹的道德动因就绝对必须被带给灵魂，这动因不仅由于它是惟一建立起一种性格（按照不变的准则的实践上一以贯之的思维方式）的动因，而且也由于它教人感到他自己的尊严，而给心灵提供了一种对它自己来说出乎意料的力量，从一切想要占据统治地位的感性依赖性中挣脱出来，并在他的理知本性的独立性和他发现自己被规定要达到的崇高思想中为他所奉献的牺牲找到丰厚的补偿。因此，我们要通过任何一个人都能够进行的观察，把我们心灵的这种属性，把对一个纯粹的道德兴趣的这种感受性，因而把纯粹的德性表象的这种推动力，在它被恰如其分地带给人心的时候证明为最强有力的向善动机，
5〔153〕在对道德准则的遵守中关键在于持久性和严格性的时候证明为惟一的向善动机；此际必须同时记住，如果这些观察只是证明了这样一种情感的现实性，却没有证明由此而完成的道德改善，那么，这并不会对仅仅通过义务的纯粹表象就使纯粹理性的客观上实践的法则成为主观上实践的那个惟一的方法造成任何损害，就好像这方法是一种空洞的幻想似的。因为既然这种方法还不曾被实行过，所以，就连经验也还不能关于它的成果展示出任何东西，相反，人们只能要求有对这样一些动机的感受性的证据，我现在想简明扼要地展示这些证据，然后再稍微勾画一下建立和培养真正的道德意向的方法。

如果注意一下不仅由学者和玄想家而且也由商人和家庭妇女组成的那些混杂的社交聚会的交谈进程，那么，人们就会发现，除了讲故事和戏谑之外，还有闲聊亦即闲谈在其中也占有一席之地；因为讲故事如果应当本身带有新奇同时有趣味的话，很快就会耗尽，而戏谑则很容易走味。在所有的闲谈中，没有什么比关于应当用来确定某个人的性格的这个或者那个行动的**道德价值**的闲谈，更多地激起那些通常在所有的玄想中很快会感到无聊的人们的参与，并把某种生气带入社交聚会了。那些通常对理论问题中的一切玄妙的和苦思冥想的东西都感到枯燥和伤脑筋的人，当事情取决于确定一个被讲述的好行动或者坏行动的道德内涵时，马上就会参加进来，并且像人们在任何思辨客体那里都不可能期待于他们的那样精细、那样苦思冥想、那样玄妙地，把一切能够使意图的纯洁性和意图中的德性的程度减低，或者哪怕只是使其变得可疑的东西都想出来。人们在这些评判中经常看到对别人作判断的人士自己的性格闪现

出来，他们中的一些人在他们主要对已死之人行使法官职务时，显得特别倾向于为关于这些人的这个或者那个行为所讲述出来的善作辩护，以反驳一切不正派的伤害性非议，最终为人格的全部道德价值辩护，以反驳虚伪和阴毒的指责，与此相反，另一些人更多盘算的是控告和谴责，不承认这种价值。但人们毕竟不能总是赋予后一种人以如下意图，即想 5〔154〕
通过玄想从人类的一切榜样中完全去除德性，以便由此使德性成为一个空洞的名称，相反，这常常只不过是在按照一个毫不容情的法则来规定真正的道德内涵时的善意严格罢了，与这个法则作比较，而不是与榜样做比较，道德事务上的自大就大为降低，而谦恭绝不纯然是教出来的，而是在严厉的自我拷问中被每个人所感到的。尽管如此，人们还是常常能够从为被给予的榜样的意图的纯洁性做辩护的人那里看出，在他们对正直有自己的猜想时，他们也乐意为这些榜样擦去最微小的污点，其动因乃是为了当一切榜样都被怀疑其真实性、一切人类德性都被否认其纯洁性时，德性不会最终被完全视为一种纯然的幻影，从而趋向德性的一切努力都被当做虚荣的做作和骗人的自大而遭到蔑视。

我不知道，为什么青年的教育者们没有早就已经利用理性很乐意在被提出来的实践问题本身中作出审查这种倾向，而且在他们把一种纯然道德的教义问答作为基础之后，却不怀着这种意图搜遍古代和近代的人物传记，以便手中握有所提出的那些义务的凭据，根据这些凭据，他们尤其是通过对不同情况下的类似行动进行比较，而使他们的学生的评判运作起来，以便觉察这些行动的较小或者较大的道德内涵，他们将在这里发现，甚至本来对任何思辨都还不成熟的少年，马上就变得很敏锐，并由于感到自己的判断力的进步而对此产生不小的兴趣，但最重要的是，他们能够有把握地希望，经常练习在其全部纯洁性中去认识和赞许正派的行为，与此相反则惋惜或者轻蔑地去觉察对这种纯洁性的哪怕最小的偏离，即便这直到此时还仅仅是作为小孩子们能够在其中相互比赛的判断力游戏来进行的，但却会留下在一方面作出高度评价并在另一方面表示憎恶的一种持久的印象，它们仅仅通过把这些行动经常地看做值得赞许的或者值得谴责的这种习惯，就会为未来的生活方式中的正直构成一 5〔155〕
个良好的基础。只不过，我希望别用我们那些多愁善感的作品如此滥用的所谓**高尚的**（过誉的）行动的榜样来打扰这种练习，并把一切都转移到义务和一个人在他自己眼中通过没有违背义务的意识而能够和必须给予自己的价值上，因为凡是导致对高不可攀的完善性的空洞期望和渴求的东西，所产生的全然是小说中的人物，这些人物由于自己对这种夸张的伟大而自鸣得意，为此就宣布自己可以不遵守平常的和通行的职责，这种职责在这种情况下对他们来说显得微不足道地渺小。①

但如果有人问，真正说来究竟什么是人们必须当做试金石来检验任何行动的道德内涵的**纯粹道德**，那么，我就必须承认，惟有哲学家才能够使这个问题的裁断成为可疑的；因为在平常的人类理性中，这个问题虽然不是通过抽象的普遍公式，但却通过日常的应用而仿佛是左手和右手之间的区别那样早已得到裁断了。因此，我们要首先用一个例子来指出纯粹德性的检验标志，并且通过我们设想它例如被交给一个十岁的小男孩去评判，来看一看他是否无须由老师来指导，自己也必定这样来判断。且讲一个正派人的故事，有人想鼓动他加入一个无辜的、此外没有任何权能的人（例如被英国的亨利八世控告的安妮·博林）的诽谤者的行列。人们提供出好处，亦即重礼或者高位，他都予以拒绝。这在听众
5〔156〕的心中将引起的全然是赞许和认同，因为那是好处。现在人们开始以损失相威胁。在这些诽谤者中有他的一些最好的朋友，他们现在声称与他绝交，有他的一些近亲，他们威胁要剥夺他的继承权（他没有财产），有一些权贵，他们能够在任何地点和任何情况下迫害他和羞辱他，有一位君王，他威胁他将失去自己的自由乃至生命。但是，为了让他也感受到惟有道德上善良的心才能相当真切地感受到的那种痛苦，以便苦难忍无可忍，人们可以设想他的受到极度的困苦和匮乏威胁的家庭**恳求**他**顺从**，他自己虽然正直，但毕竟对于同情和对于自己的困苦并不具有坚定的、无动于衷的感官，在他期望自己永远不过那种使他遭受一种如此难以言说的痛苦的日子的时刻，他却依然忠于自己的正直的决心，毫不动摇或者哪怕是怀疑：于是，我这位年轻的听众就将逐步地被从纯然的认同提

① 赞扬那些从中辐射出伟大的、无私的、关切的意向和人性的行动，这是完全可取的。但是，人们在这里必须注意的，与其说是**灵魂的提升**，倒不如说是对**义务**的**由衷的服从**，前者是转瞬即逝的和暂时的，对后者却可以期待有一个更长久的印象，因为它带有原理（但前者却仅仅带有激动）。人们只要稍作一点反思，就总是会发现他以某种方式就人类而言所承担的一种债务（哪怕只是这样一种债务，即有人通过公民状态中人们的不平等而享受好处，为此缘故别的人就必然更加匮乏），以免通过**值得赞扬**这种虚荣的自负来排挤**义务**的思想。

升到惊赞，从惊赞提升到惊奇，最后一直提升到极大的崇敬，提升到自己能够成为这样一个人（尽管当然不是在他那种情况下）的强烈愿望；而在这里，德性之所以仍然具有如此之多的价值，只是因为它付出了如此之多，而不是因为它带来了某种东西。整个惊赞，甚至要与这种性格相似的努力，在这里都完全基于道德原理的纯粹性，这种纯粹性惟有通过把人们只要能够归给幸福的一切都从行动的动机中除去，才能够被相当引人注目地表现出来。因此，道德越是被纯粹地展现出来，就越是必定对于人心有更多的力量。由此得出，如果道德法则和圣洁与德性的形象到处都应当对我们的灵魂施加一些影响的话，那么，道德能够施加这种影响，只是就它不混杂对自己的福祉的意图，纯粹地作为动机得到细心照料而言的，因为它在苦难中才最庄严地表现出来。但是，其被清除将加强一种推动力的作用的东西，必定曾是一个障碍。所以，从自己的幸福取得的动机的任何混杂，都对道德法则获得对人心的影响是一个障碍。——此外我主张，甚至在那种受到惊赞的行动中，如果该行动由以发生的动因是对自己的义务的尊重，那么，正是这种对法则的敬重，而 5〔157〕
绝不是对慷慨大度和高尚可嘉的思维方式的那种内心意见的要求，恰恰会对观众的心灵拥有极大的力量，所以是义务，而不是功德，才必定对心灵有不仅最确定的影响，而且如果它在自己的不可侵犯性的正当光辉中被表现出来，也必定对心灵有最具渗透力的影响。

在我们的时代，比起通过义务那与人类的不完善和在善中的进步相适应的枯燥严肃的表象来，人们更希望借助于温存的、心肠软的情感或者雄心勃勃的、头脑膨胀的、与其说使人心强健倒不如说使人心萎缩的僭妄，来对心灵产生更多的效果，在这样的时代对这种方法予以提示，就比任何时候都更为必要了。为儿童们树立一些行动，作为高尚的、慷慨的和可嘉的行动使之成为典范，以为通过灌输某种热忱就可以引起他们对这些行动的好感，这完全是违背目的的。因为既然他们在遵守最平常的义务上，甚至在正确地评判这些义务上还如此远远滞后，那么，这就等于要使他们及时地成为幻想家。但即便是在更有学问、更有经验的那部分人那里，这种臆想的动机对人心如果不是具有有害的作用的话，至少也不具有任何真正的道德作用，而人们本来却是想借此达成这种作用的。

一切**情感**，尤其是应当造成如此非同寻常的努力的情感，都必须在它们正猛烈的时刻而且在衰退之前发挥它们的作用，若不然，它们就做不出任何事情；因为人心将自然而然地退回到它的自然的、适度的生命运动，然后沉入到它此前特有的疲惫中去，因为被带给它的虽然是某种刺激它的东西，但却绝不是使它精力充沛的东西。**原理**必须被建立在概念上，在一切别的基础上都只能形成一些心血来潮，它们不能使人格获得任何道德价值，甚至也不能获得对自己本身的信心，而没有这种信心，对自己的道德意向和这样一种性格的意识，即人里面的至善，就根本不可能发生。现在，这些概念如果应当成为主观上实践的，就必须不再停留在道德的客观法则那里，以便惊赞并在与人性的关系中尊重这些法则，
5〔158〕而是必须在与人和与人的个体的关系中来考察它们的表象；因为那个法则显现在一个虽然极其值得敬重，但却不那么讨人喜欢的形象中，并不是好像属于他自然而然地习惯了的要素似的，反而是像要迫使他经常不是没有自我克制地放弃这一要素，而投身于一个更高的要素，在其中他惟有怀着对退步的不断忧虑才能费力地维持下去。一言以蔽之，道德法则要求出自义务；而不是出自偏爱来遵守，人们根本不能也不应当把偏爱当做前提条件。

现在，让我们在一个例子中看一看，在把一个行动表现为高尚的和慷慨的行动时，比起这个行动在与严肃的道德法则的关系中仅仅被表现为义务时，是否有一种动机的更多主观上的推动力。某人冒着极大的生命危险力图从沉船中救人，如果他最终在做这件事时丧失了自己的生命，那么，这行动虽然一方面被算做义务，但另一方面，而且绝大多数情况下也被算做可嘉的行动，然而，我们对这个行动的尊重就由于在这里显得受到某种损害的对自己的义务的概念而受到很大削弱。更具决定性的是为保卫祖国而慷慨捐躯，然而，自行地、不等命令就献身于这种意图，这是否也是如此完善的义务，对此却留有一些疑虑，而且该行动自身并不具有一个典范和推动人去仿效的全部力量。但如果这是不可免除的义务，对它的违反就自身而言并且不考虑人类的福祉就损害了道德法则，仿佛是践踏了道德法则的神圣性（这类义务人们通常称为对上帝的义务，因为我们在上帝里面所想的是实体中的神圣性的理想），那么，对于牺牲一切只会永远对我们的所有偏好中最深切的偏好具有价值的东西来遵守

道德法则，我们就献上最完善不过的敬重，而且如果我们凭借这样一个例子能够确信，人的本性有能力超越自然只会永远在相反的动机上具有的一切而达到一个如此大的高度，那么，我们就发现自己的灵魂通过这样一个例子得到了加强和提升。**尤维纳利斯**在一种使读者鲜明地感受到在义务之为义务的纯粹法则中所蕴涵的动机之力量的强调中，表现了这样一个例子：

> Esto bonus miles，tutor bonus，arbiter idem
> Integer；ambiguae si quando citabere testis
> Incertaeque rei，Phalaris licet imperet，ut sis 〔159〕
> Falsus，et admoto dicet periuria tauro，
> Summum crede nefas animam praeferre pudori
> Et propter vitam vivendi perdere causas.
> [要做一个好士兵，做一个好监护人，做仲裁者同样要
> 不偏不倚；一旦你被召来做证人
> 以决疑案，即使法拉里斯命令你
> 说假话，并拖来铜牛向你口授伪证，
> 你也深信罪孽就是舍荣誉而求生，
> 以及为活命而败坏生存的理由。]①

如果我们可以把任何一种讨人喜欢的东西从可嘉的东西中带入我们的行动，那么，动机就已经与自重有所混淆了，因而就从感性方面获得了一些赞助。但惟有把一切都置于义务的神圣性的后面，并意识到人们**能够**这样做，乃是因为我们自己的理性承认这是它的命令，并且宣布人们**应当**这样做，这才叫做仿佛把自己完全提升到感官世界之上，而且在对法则的这同一种意识中也作为一种**控制感性的**能力的动机而与效果不可分割地相结合，尽管并不总是相结合，但通过经常关注这

① 《讽刺诗集》，Ⅲ，8，79～84；康德在《纯然理性界限内的宗教》（《康德全集》，第Ⅵ卷，49页。[参见李秋零主编：《康德著作全集》，第6卷，50页，北京，中国人民大学出版社，2007。——译者注]）和《道德形而上学》（《康德全集》，第Ⅵ卷，334页。[参见《康德著作全集》，第6卷，345页。——译者注]）中也曾同样引用。——科学院版编者注

动机并对其应用作最初较小的尝试，效果毕竟也给自己的造就提供希望，以便在我们心中逐渐地产生对这动机的最大的，但却是纯粹的道德兴趣。

因此，这种方法采取如下的进程。**首先**，事情所涉及的仅仅是，使按照道德法则作出评判成为一件自然的，既伴随着我们自己的自由行动也伴随着对他人的自由行动的观察的工作，并使之仿佛成为习惯，并通过人们首先追问行动是否客观上符合**道德法则**以及符合哪种道德法则，来磨砺这种评判；此际，人们把对仅仅给约束力提供一个**根据**的法则的注意与事实上本身就**有约束力**的法则（leges obligandi a legibus obligantibus［作出约束的法则与被约束的法则］）区别开来（例如，人们的**需要**所要求我的那种东西的法则，与人们的**权利**所要求我的那种东西的法则相对立，其中后者指定的是本质性的义务，前者指定的则是非本质性的义务），并教人把汇集在一个行动中的不同义务区别开来。注意力应当指向的另一点，是如下问题：行动是否也是（在主观上）**为了道德法则**而发生的，因而它不仅仅拥有作为行为的道德正确性，而且也拥有作为意向、按照准则的道德价值。现在毫无疑问，这种练习和由此产生的培养我们仅仅对实践事务作出判断的理性的意识，必定会逐渐地产生甚至对
5〔160〕 理性的法则，因而对道德上善的行动的某种兴趣。因为我们最终将慢慢喜欢上这样一种东西，对它的考察使我们感到我们认识能力的扩展了的应用，而尤其促成这种应用的是我们在其中发现道德正确性的东西；因为理性惟有在事物的这样一种秩序中，才能很好地适应自己先天地按照原则来规定什么事情应当发生的那种能力。然而，一个自然观察者最终会慢慢喜欢上起初令他的感官反感的对象，如果他在这些对象上揭示出它们的组织的重大合目的性，并如此使他的理性在观察这些对象方面得到享受的话，而莱布尼茨则爱惜地把他用显微镜仔细观察过的一只昆虫重新放回它的叶子上，因为他认为自己通过观看获得了教益，仿佛是从它身上享受了一件善行。

但是，判断力的这种让我们感觉到我们自己的认识能力的工作，还不是对行动及其道德性本身的兴趣。这种工作只是使得人们乐意以这样一种评判来消遣，并给予德性和按照道德法则的思维方式以一种美的形式，这种形式令人惊赞，但还并不因此而被人寻求（laudatur et alget

[他受到赞扬却感到发冷][1]）；就像所有那些东西一样，我们对它们的观察在主观上造就了对我们的各种表象能力的和谐的意识，而且在它们那里我们感觉到我们的全部认识能力（知性和想象力）都得到了加强，它们就产生出一种也能传达给别人的愉悦，此时客体的实存仍对我们来说是无所谓的，因为它只被视为觉察到我们心中那些才能的超出动物性之上的禀赋的诱因。但现在，**第二种**练习开始了自己的工作，亦即在借助例子生动地展示道德意向时使人注意到意志的纯洁性，首先只是作为意志的消极的完善性，是就一个出自义务的行动中根本没有任何偏好的动机作为规定根据对意志发生影响而言的；但这毕竟使初学者对自己的**自由**的意识保持注意，并且虽然这种放弃激起了最初的痛苦感觉，但却由于它使那个初学者摆脱了甚至真实的需要的强制，同时也就向他通报了对所有这些需要把他纠缠在其中的各种各样不满意的一种解放，并使心灵对于来自其他源泉的满意感也易于接受。如果在相关例子已被摆出来 5〔161〕
的那些纯粹道德决定上，给人揭示出一种内部的，甚至通常根本不为他正确知道的能力，即**内在的自由**，也就是如此挣脱偏好的剧烈纠缠，以至于根本没有任何偏好，哪怕是最喜爱的偏好对我们现在应当利用我们的理性作出的决定产生影响，那么，人心就毕竟从任何时候都暗中压在它上面的重负中得到解放和减轻了。如果**只有我一个人**知道错误在我这一方，而且，尽管坦率地承认错误、提议作出赔礼道歉因虚荣心、自私、甚至对被我侵权的人通常并非不公正的反感而遇到如此巨大的反对，我还仍然能够把所有这些疑虑置之度外，那么在这一种情况中，就毕竟包含着对偏好、对机遇的一种独立性和对自我满足的可能性的意识，即便是在别的意图中，这种可能性对我来说也是处处有益的。而现在，义务的法则通过对它的遵守使我们感到的那种积极的价值，通过在对我们的自由的意识中**对我们自己的敬重**而找到了更方便的门路。如果这种敬重完全被建立起来了，如果没有任何东西比在内部的反省中在人自己的眼中觉得自己是可鄙的和下流的更强烈地使人感到害怕，那么，任何善良的道德意向都能够被嫁接在这种敬重上；因为这是防止心灵受不高尚的和堕落的冲动入侵的最好的，甚至是惟一的守卫者。

[1] probitas laudatur et alget［诚实受到赞扬却感到发冷］，尤维纳利斯：《讽刺诗集》，第Ⅰ卷，1，74。——科学院版编者注

我借此只是想指出一种道德教养和练习的方法论的最普遍准则。既然义务的多样性为其每一个种类还要求特殊的规定，且这样就会构成一项广泛的工作，所以如果我在像这样一部只是预备性练习的作品中仅限于讨论这些基本特征，人们将认为我是有情可原的。

结束语

有两样东西，越是经常而持久地对它们进行反复思考，它们就越是使心灵充满常新而日益增长的惊赞和敬畏：**我头上的星空和我心中的道**
5〔162〕**德法则**。我不可以把这二者当做遮蔽在黑暗中的或者在越界的东西中的，而在我的视野之外去寻求和纯然猜测它们；我看到它们在我眼前，并把它们直接与对我的实存的意识联结起来。前者从我在外部感官世界中所占有的位置开始，并把我处于其中的联结扩展到具有世界之上的世界、星系组成的星系的无垠范围，此外还扩展到它们的周期性运动及其开始和延续的无限时间。后者从我不可见的自我、我的人格性开始，把我展现在这样一个世界中，这个世界具有真正的无限性，但惟有对于知性来说才是可以察觉的，而且我认识到我与这个世界（但由此也就同时与所有那些可见世界）不是像在前者那里一样处于只是偶然的联结中，而是处于普遍的和必然的联结中。前面那个无数世界之集合的景象仿佛根除了我作为一个**动物性的造物**的重要性，这种造物在它短时间内（人们不知道是怎样）被配备了生命力之后，又不得不把它曾由以生成的物质归还给行星（宇宙中的一个纯然的点）。与此相反，后面这种景象则通过我的人格性无限地提升了我作为一个**理智**的价值，在这种人格性中，道德法则向我启示了一种不依赖于动物性，甚至不依赖于整个感官世界的生活，至少是从凭借这个法则对我的存在的合目的的规定中可以得出的，这种规定并不局限于此生的条件和界限，而是无限延续的。

然而，惊赞和敬重虽然能够诱人去探索，但却不能弥补探索的缺陷。现在，为了以有用的和与对象的崇高相适合的方式来着手进行这种探索，应该做些什么呢？在这里，例子可以用做警告，但也可以用做效仿。对世界的考察曾经从人类的感官只能永远呈现、我们的知性则只能永远忍受在感官的广袤范围里去追踪的那种最壮丽的景象开始，而终止于——

占星学。道德曾经是从人类本性中其发展和培养可望有无限好处的那种最高尚的属性开始，而终止于——狂热或者迷信。一切尚属粗糙的尝试情况都是这样，在这些尝试中，工作的最主要的部分都取决于理性的应用，这种应用并不像双脚的应用那样凭借经常的练习就将自行产生，尤其是当它涉及不能如此直接地在平常经验中展现的那些属性的时候。但 5〔163〕
是，无论多么迟，在对理性打算采取的一切步骤都事先周密思考，并只让这些步骤在一种事先深思熟虑的方法的轨道上运行这一准则流行开来之后，对世界大厦的评判就获得了一个完全不同的方向，同时与这个方向一起获得了一个无比幸运的出发点。一块石头的降落、一个投石器的运动，在它们被分解成它们的各个要素和在此表现出来的力并经过数学处理之后，最终就产生出对世界结构的那种清晰的、对一切未来都不可改变的洞识，这个洞识在进一步的考察中可以希望永远只是扩展自身，但绝对不用担心不得不倒退回去。

上述例子能够建议我们在对待我们的本性的道德禀赋时同样选择这条道路，并给予我们达到类似的良好成果的希望。我们手头毕竟有在道德上作出判断的理性的一些例子。现在把这些例子分解成它们的要素概念，在缺乏**数学**时采用一种类似于**化学**的**离析**程序，即在对平常人类知性反复进行的实验中把可能存在于这些概念中的经验性的东西和理性的东西离析开来，这就能够使我们**纯粹地**辨识二者，并确定无疑地辨识每一个单独就能够提供的东西，这样就能够一方面预防一种尚属**粗糙的**、未经练习的评判的失误，另一方面（这更为必要得多）预防天才亢奋，由于这种**天才亢奋**，就像哲人之石的炼金术士们习惯于做的那样，不用任何方法上的研究和对自然的知识，就被许诺了梦想中的宝藏，但真正的宝藏却被挥霍掉了。一言以蔽之：科学（经过批判的寻求和方法上的引导）是导向**智慧学**的窄门，如果这种智慧学不仅被理解为人们应当**做**的事情，而且被理解为应当用做**教师们**的准绳的东西，以便妥善而明确地开辟那条每个人都应当走的通向智慧的道路，并保护别人不走歧路的话；这门科学，哲学在任何时候都必须依然是它的保管者，公众对它的玄妙的研究不感兴趣，但却对按照这样一种研究才能使他们真正恍然大悟的**学说**大感兴趣。

原文收入李秋零主编《康德著作全集》第5卷，作于1788年。

纯然理性界限内的宗教

科学院版编者导言

格奥尔格·沃博民（Georg Wobbermin）

一、在把《纯然理性界限内的宗教》的一个样本寄给格廷根神学教授卡尔·弗里德里希·司徒林（Carl Friedrich Stäudlin）时的附信中，康德自己说明了这部著作在他的体系中注定占有的位置。那里说道：**“很久以来，在纯粹哲学的领域里，我给自己提出的研究计划，就是要解决以下3个问题：1．我能够知道什么？（形而上学）2．我应该做什么？（道德）3．我可以希望什么？（宗教）接着是第4个、也是最后一个问题：人是什么？（人类学）——在现在给您的著作中，我试图实现我的计划的第3部分。在这一著作中，严格认真的精神和对基督宗教的真诚敬意，当然还有恰如其分地直言不讳这个基本原则，使我没有隐瞒什么东西，而是像我相信的那样，我已经认识到，基督教与最纯粹的实践理性的结合是可能的，我要开诚布公地发表自己的意见。”**①

康德的这部在韦尔纳（Wöllner）宗教敕令和由韦尔纳在1791年4月任命为教会和教育事务最高审查当局的三人团（赫尔墨斯［Hermes］、沃尔特斯多夫［Woltersdorf］、希尔默［Hillmer］）的统治下撰写和发表的宗教哲学代表作②，其出版史是与普鲁士授课管理给哲学家造成的审查困难极为紧密地联结在一起的。

康德如他在1793年5月4日致司徒林的信中所说③，原初打算把**整部著作分4个部分**让人在比斯特尔（Biester）编的**《柏林月刊》**上发表。现在，《月刊》的编者和出版商在1791年年底就已经决定，让人不是在柏林、而是在耶拿照料排印；因为“让人在外地印刷，绝不在这里被禁止”④。这样，他们就避开了必须把《月刊》的文章送交柏林审查机构的

---

① 1793年5月4日致司徒林的信；《康德全集》，第Ⅺ卷，414页。［参见李秋零编译：《康德书信百封》，199页，上海，上海人民出版社，2006。——译者注］

② 参见《学科之争》前言，《康德全集》，第Ⅶ卷，5～6页。［参见李秋零主编：《康德著作全集》，第7卷，5～6页，北京，中国人民大学出版社，2008。——译者注］

③ 《康德全集》，第Ⅺ卷，415页。［参见李秋零编译：《康德书信百封》，200页。——译者注］

④ 约翰·埃里希·比斯特尔致康德，1792年3月6日；《康德全集》，第Ⅺ卷，315页（也请参见第Ⅺ卷，451页）。

必要性。因此，当康德给1792年的3月刊寄去他的文章《论人性中的根本恶》（因为原初的标题就只是这样叫的）时，这一点就自身而言也不是必要的。然而，在致比斯特尔的一封特别的、遗憾的是已遗失的信[①]中，康德明确地请求把他的手稿呈交柏林审查机构。如在鲍罗夫斯基（Borowski）关于康德的“审查苦难”的（就这些话而言大概是可信的）报告[②]中所说，康德“**根本不想造成假象，就好像他喜欢走文字上的秘密途径，只是在有意回避时才向严格的柏林审查机构表达所谓大胆的见解似的**”[③]。当然，康德已经担心，他听说更换印刷地点太迟了，他的稿件已经寄往耶拿了。但“由于一个偶然”，它还在比斯特尔那里，因为比斯特尔想只是在4月刊才发表这篇文章。因此，比斯特尔——尽管明显地不乐意——满足了康德的愿望，并且在几天之后从——由于道德内容——应对此作出评判的希尔默那里收到了稿件，连同印刷许可和决定，“他在仔细的通读之后，［认为］这部作品与其余的康德作品一样，只是对于反复思考的、有能力研究和辨别的学者来说，但并非对于所有一般读者来说，是确定的和可享用的。”[④]

但是，第二篇就不是同样幸运了。[⑤] 康德又“坚决地”催逼送交柏林的审查当局。[⑥] 这一次希尔默答复说：“由于它完全进入了圣经神学，按照他的指令，他与自己的同事赫尔墨斯先生共同通读了它，而由于这位先生**拒绝**准予付印，他也赞同这位先生。”[⑦] 比斯特尔立刻求助赫尔墨斯，

---

① 参见上页注④所说的信；《康德全集》，第Ⅺ卷，316页。

② 被鲍罗夫斯基作为第4个附录附给他的《伊·康德生平和性格描述》，并有开场白说：“由康德告知我的，作为对我在他的传记方面搜集的杂记的赞助，这里是从手稿中摘录的。”参见上书233～234页和《康德全集》，第Ⅺ卷，336页。

③ 关于评判，参见埃米尔·阿诺尔德（Emil Arnoldt）：《与康德的宗教学说及康德与普鲁士政府的冲突相关联论康德生平和作家活动的历史材料论文集》，载《老普鲁士月刊》，第XXXIV期，346页，1898。

④ 《康德全集》，第Ⅺ卷，316页。

⑤ 《康德全集》，第Ⅺ卷，415页。［参见李秋零编译：《康德书信百封》，200页。——译者注］

⑥ 参见比斯特尔1792年6月18日的信，《康德全集》，第Ⅺ卷，329页。在1792年7月30日（《康德全集》，第Ⅺ卷，336页［参见李秋零编译：《康德书信百封》，185～186页。——译者注］），康德对比斯特尔论证了自己的立场。

⑦ 比斯特尔1792年6月18日的信，《康德全集》，第Ⅺ卷，329～330页。参见康德致司徒林的信，《康德全集》，第Ⅺ卷，415页。［参见李秋零编译：《康德书信百封》，200页。——译者注］

但却仅仅得到答复说："宗教敕令在这一点上是他的准绳，他不能对此做进一步的解释。"[①] 就连比斯特尔在6月20日致国王的直接呈文也依然毫无成效。该部6月2日告知比斯特尔，"他的申诉被认为没有根据，它坚持拒绝准予他付印。"[②]

于是，康德在1792年7月30日从比斯特尔那里索回稿件，因为他打算把它另作他用，确切地说是马上；由于前面的文章没有后续的部分必然会在《月刊》上造成一种令人诧异的印象，但三个信仰法官的判决似乎是不可违背的，这样做就更为必要了。[③] 此后附上了第三篇和第四篇，这三篇应当与《柏林月刊》上的那篇文章以著名的总标题并明确地进一步规定为**哲学宗教学**而构成一个整体的**哲学文章**[④]，被呈交一家本地的[⑤]大学——可能是哥尼斯贝格——的神学院[⑥]，**不是为了请审查，而是为了请评判，神学院是否认为自己有权审查这部作品，以便哲学院能够根据这部作品的标题毫不迟疑地行使它对这部作品的权利。**[⑦] 此后，裁定也是在康德的意思上做出的[⑧]，而且他把这部著作亦即它的第二至四篇呈送耶拿哲学院供真正地审查，并从哲学院，确切地说是从其院长亨宁斯（Justus Christian Hennings）获得准予付印，这在收到的第二、三、四篇的

---

① 《康德全集》，第Ⅺ卷，330页。详细的参见弗洛姆（E. Fromm）：《伊·康德和普鲁士审查制度》，26～27页，莱比锡，1894。

② 参见E.弗洛姆：《伊·康德和普鲁士审查制度》，28页以下。

③ 《康德全集》，第Ⅺ卷，336页。[参见李秋零编译：《康德书信百封》，185页。——译者注] 参见鲍罗夫斯基：《伊·康德生平和性格描述》，79页。

④ 《康德全集》，第Ⅺ卷，344页。[参见李秋零编译：《康德书信百封》，187页。——译者注]

⑤ 亦即一家普鲁士的。

⑥ 《康德全集》，第Ⅺ卷，415页。[参见李秋零编译：《康德书信百封》，200页。——译者注]

⑦ 《康德全集》，第Ⅺ卷，344页。[参见李秋零编译：《康德书信百封》，187页。——译者注] 致一个神学院的院长的信的这个草稿首次由狄尔泰（W. Dilthey）在《哲学史资料集》（第Ⅲ卷，429页以下，1890）与整部作品的前言的两个草稿一起发表。——此外参见致司徒林的信，《康德全集》，第Ⅺ卷，415页。[参见李秋零编译：《康德书信百封》，200页。——译者注] 至于康德求助哥尼斯贝格神学院，这是一个最先想到的假定，没有证据与它相矛盾；但它迄今没有被直接证明。不过，鲍罗夫斯基和舒伯特（Schubert，在其《康德传》中，1842）的——在细节上当然相当不精确的——阐述很支持这种假定。

⑧ 《康德全集》，第Ⅺ卷，415页。[参见李秋零编译：《康德书信百封》，200页。——译者注]

稿件印张上还可以看到。康德如可以轻易地理解的那样，不想打扰自己的——哥尼斯贝格的——学院，而转向耶拿，可能是如下情况参与决定的，即如这部著作的第一篇已经在那里印刷一样，其他三篇也都是由出版商尼科罗维（Nicolovius）如今送到耶拿印刷的。早在1792年12月21日，他就向耶拿的莱因霍尔德（C. L. Reinhold）宣告在下一次复活节博览会上的这本书，但没有向他透露书名。① 1793年2月28日，印刷过半②，3月20日，出现在复活节博览会上已确定无疑。③

还在这一年期间，柏林的格里洛（Grillo）教授，“一位60岁的人，让人印［康德著作的］一个摘要”，但被赫尔墨斯阻止，赫尔墨斯对他“像对一个小学生那样在手稿页边打了叉”④。此外，参见康德《学科之争》的前言和导论。⑤

二、稿件和印刷。且不说在第四篇中的一些当然并非不重要的空白，这部著作是以手写的方式保存下来的，确切地说——与出版史相应——分为两个部分。

对于第一篇来说，布拉格的“波希米亚德国人历史协会”拥有手稿，它是用作《柏林月刊》上的第一次发表的印刷稿样。它是7.5张四开本双面纸（连同给第三张双面纸的仅单面写字的附件），在最后一张的结尾，有亲笔签名I. Kant；左边是Königsberg［哥尼斯贝格］。正文不是康德自己写的，但出自他手的有各种各样的改正和附加。至于这个手稿是《月刊》的印刷稿样，有如下要素证明：整篇文章都被加上数码2；标题简单地是**“论人性中的根本恶”**；除了标题之外，还有希尔默的审查评语；《月刊》的分页标记标在页边。

第一版的第二至四篇的手稿不久前由莱克（R. Reicke）的遗产转入哥尼斯贝格大学图书馆的财产。它包括66张对开本，其中前20张为第二

① 《康德全集》，第Ⅺ卷，385页。

② 参见席勒（Schiller）给克尔讷（G. Körner）的消息：《席勒书信》（约纳斯［F. Jonas］编），第Ⅲ卷，287页。

③ 席勒致菲舍尼希（Fischenich）：《席勒书信》，第Ⅲ卷，305～306页。

④ 基塞维特尔（Carl Christian Kiesewetter）1793年11月23日致康德；《康德全集》，第Ⅺ卷，451页。

⑤ 《康德全集》，第Ⅶ卷，5～20页。［参见李秋零主编：《康德著作全集》，第7卷，5～16页。——译者注］

篇，接下来的30张包含着第三篇。最后的16张对开本提供了第四篇的两个残篇，亦即从第四篇的开端到“**毋宁说，……这对于他们来说是有利的**”①，然后是从“**逐渐地与人的道德教化**”到“总的附释”的第6段，手稿在“**(4) ……维护这个团体**”② 处中断。——稿纸上有亨宁斯的“已阅”签章；它们也是经他人之手写的（第三篇与第二篇和第四篇不是同一个人），但都由康德仔细地修改过。

编者可以通过其拥有者的友好协商来利用这两部手稿。

印刷：Ⅰ.《论人性中的根本恶》，载《柏林月刊》四月号。——1792年曾出版一个翻印本，没有说明地点和出版社。

Ⅱ.（1）《纯然理性界限内的宗教》，伊·康德著，XX页和296页，哥尼斯贝格，弗里德里希·尼科罗维出版，1793。

（2）……第2增订版，XXVI页和314页，1794。有两次印刷，因在“勘误表”所说的23页的印刷错误Anmuth在一些样书中已经改正而可以辨认。我们的印刷以一本在这个地方未改正的样书为基础。③

翻印出版：

1. ……法兰克福和莱比锡，1793。
2. ……诺伊维德，1793。
3. ……新版，法兰克福和莱比锡，1974。

一部**摘要**以如下书名出版：《康德的纯粹道德宗教：兼及纯粹的基督教》，简述，里加，哈尔特诺赫出版社，1796。

---

① 《康德全集》，第Ⅵ卷，157页。［参见李秋零主编：《康德著作全集》，第6卷，159页，北京，中国人民大学出版社，2007。——译者注］

② 《康德全集》，第Ⅵ卷，176～193页。［参见李秋零主编：《康德著作全集》，第6卷，179～198页。——译者注］

③ 关于第2版的出版时间，席勒在1794年5月18日致克尔讷（Körner）的信提供了说明。

6〔3〕 第一版序言

既然道德是建立在人这种自由的存在者的概念之上的，人这种存在者又正因为自由而通过自己的理性使自己受无条件的法则制约，那么，道德也就既不为了认识人的义务而需要另一种在人之上的存在者的理念，也不为了遵循人的义务而需要不同于法则自身的另一种动机。至少，倘若人有了这样一种需要，而且在这种情况下又不能借助别的什么东西来满足这种需要，那么，这就是人自己的过错；因为不是产生自人自身和人的自由的东西，也就不能为人缺乏道德性提供补偿。——因此，道德为了自身起见，（无论是在客观上就意愿而言，还是在主观上就能够而言）绝对不需要宗教，相反，借助于纯粹的实践理性，道德是自给自足的。——因为既然道德的各种法则是通过依照它们所采纳的、作为一切目的的最高（本身是无条件的）条件的准则的普遍合法则性的纯然形式，而使人负有义务，所以它根本不需要自由任性的一种质料性的规定根据。① 也就是说，无论是为了认识什么是义务，还是为了敦促人们去履行
6〔4〕 义务，都不需要一个目的；相反，既然问题取决于义务，那么，道德完全能够而且应该不考虑任何目的。举例来说．为了知道我在法庭上是否应该（或者也能够）在作出证词时真实可靠，或者在索取委托给我的他人财产时保持忠诚，根本不需要询问我在作出说明时想为自己规定要达到的目的。因为无论这是一个什么样的目的，都是完全无所谓的。毋宁

① 那些认为一般来说（合法则性的）纯然形式上的规定根据在义务概念中不足以作为规定根据的人，毕竟承认这种规定根据并不能在以自己的**享乐**为目标的**自爱**中找到。但这样一来，就只剩下了两种规定根据；一种是理性的，也就是自己的**完善**，另一种是经验的，即他人的**幸福**。——倘若他们并非已经把前者理解为只能是独一无二的道德上的完善（即一种无条件地服从法则的意志），从而陷入循环论证，那么，他们所指的必然是人的自然完善，如果人的自然完善能够被提高的话；这种自然完善可以有许多种（精通各种艺术和科学、鉴赏力、灵敏的身体等诸如此类的东西）。但是，这在任何时候都只是在一定的条件下才是善的，即只是在它们的运用不违背道德法则（只有道德法则才是无条件地颁布命令的）的条件下才是善的。因此，它虽然被当做目的，但却不能是义务概念的原则。同样的道理也适用于以其他人的幸福为目标的目的。因为一个行动在它以他人的幸福为目标之前，必须首先就自身而言按照道德法则加以权衡。因此，该行动对他人幸福的促进，仅仅在一定的条件下才是义务，不能用来作为道德法则的最高原则。

说，如果一个人在依法要求他作出供词时，还认为有必要寻求某种目的，那么，他就是一个卑鄙无耻的人。

但是，即使道德为了自己本身起见，并不需要必须先行于意志规定的目的观念，它也很可能与这样的目的有一种必然的关系，也就是说，它不是把这样一种目的当做依照法则所采用的准则的根据，而是把它当做它的必然结果。——原因在于，倘若不与目的发生任何关系，人就根本不能作出任何意志规定，因为意志规定不可能没有任何结果，而结果的观念必然能够被接受，虽然不是作为任性的规定根据和在意图中先行的目的，但却是作为它被法则规定为一个目的而产生的结果（finis in consequentiam veniens［目的转化为结果］）被接受。没有这一目的，任性就不能满足自己本身。因为这样的任性加给有计划的行动的对象（它所具有的或者应该具有的对象），并不是无论在客观上还是在主观上都确定的。虽然它规定了该行动应该**如何**产生效果，但并不规定该行动应该**朝哪个方向**产生效果。这样，虽然就道德来说，为了正当地行动并不需要一个目的，相反，从根本上来说，包含着运用自由的形式条件的法则
对它来说就足够了。但是，从道德中毕竟产生出一种目的，因为对于理 6〔5〕
性而言，回答**“从我们的这种正当行为中究竟将产生出什么”**这个问题，将会导致怎样的结果，以及即使此事并不完全由我们掌握，但我们能够以什么作为一个目的来调整自己的所作所为，以便至少与它协调一致，这些都不可能是无关紧要的。因此，虽然这只是一个客体的理念，这个客体既把我们所应有的所有那些目的的形式条件（义务），同时又把我们所拥有的一切目的的所有与此协调一致的有条件的东西（与对义务的那种遵循相适应的幸福），结合在一起并包含在自身之中。也就是说，它是一种尘世上的至善的理念。为使这种至善可能，我们必须假定一个更高的、道德的、最圣洁的和全能的存在者，惟有这个存在者才能把至善的两种因素结合起来。但是，这个理念（从实践上来看）却不是空洞的，因为它满足了我们的自然需要，即为自己的所作所为在整体上设想某种可以由理性加以辩护的终极目的。否则，这种自然需要就会是道德决定的一种障碍。但是，这里最重要的是，这一理念产生自道德，而不是道德的基础；为自己确立一个目的，本身就已经以道德原理为前提。因此，对于道德而言，它是否为自己构成一个所有事物的终极目的的概念（与

这个终极目的协调一致，它虽然并不增加道德义务的数目，但却为它们造就了一个把所有的目的结合起来的特殊的关联点），这不可能是无关紧要的；因为只有这样，才能够在客观上赋予出自自由的合目的性与我们根本不能缺乏的自然合目的性的结合以实践的实在性。假定有一个人，他尊重道德法则并且赞同这样的思想（这是他很难避免的），即如果他能够的话，他会在实践理性的指导下为自己**创造**一个什么样的世界，而且他还要把自己作为一个成员置入这一世界，那么，他就会不仅恰好像至善的道德理念在选择纯然听凭至善时所造成的那样来选择世界，而且还会要求确实存在一个世界，因为道德法则要求实现通过我们而可能的至
6〔6〕 善，即使他按照这一理念发现自己有为了自己的人格而丧失幸福的危险，因为他很可能会不能符合以理性为条件的幸福的要求。因此，他会感到这一判断是完全公允的，如同由一位局外人作出的，但同时又会感到理性强迫他承认这一判断是他自己的判断。这样一来，人也就证明了自身中在道德上起作用的需要，即要为自己的义务设想一个终极目的，来作为义务的结果。

因此，道德不可避免地要导致宗教。这样一来，道德也就延伸到了人之外的一个有权威的道德立法者的理念。① 在这个立法者的意志中，

---

① 如果“存在着一个上帝，因而在尘世上也存在着一种至善”这个命题（作为信条）仅仅是从道德中产生的话，那么，这个命题就是一个先天综合命题。虽然这个命题仅仅是在实践关系中假定的，但是，它却超越了道德所包含的义务概念（而且义务概念不以任性的任何质料为前提，而是以其纯粹形式的法则为前提），因而不能以分析的方式从后者引申出来。**不过，这样一个先天命题是怎样可能的？**与所有人的一个道德上的立法者的这个纯然的理念协调一致，这虽然与一般义务的道德概念是同一的，而且就此来说，要求这种协调一致的命题也是分析的，但是，假定一个道德上的立法者的存在，其内涵却超出了这样一个对象的纯然可能性。在此，我只能就我相信自己所洞察的，来指出解决这一问题的关键，却不能详细阐述这一问题的解决。

目的在任何时候都是一种**偏好**的对象，也就是说，是一种直接欲求的对象，这种欲求要借助于自己的行动占有一个事物。这就如同**法则**（实践中颁布命令的法则）是**敬重**的对象一样。一个客观的目的（即我们应该具有的目的）就是由纯然的理性当做这样一个目的交给我们的目的。包含着其他所有目的的不可避免的、同时又是充足的条件的目的就是**终极目的**。自己的幸福是理性的尘世存在者的主观的终极目的（由于自己的依赖于感性对象的本性，每一个理性的尘世存在者都**具有**这种主观的终极目的，关于这种目的，说人们**应该**具有它，是愚蠢的），而所有以这种终极目的为根据的实践命题都是综合的，同时又是经验性的。不过，每一个人都应该使尘世上可能的**至善**成为自己的**终极目的**。这是一个实践的先天综合命题，而且是一个客观实践的、由纯粹理性提出的先天综合命题，因为它是一个超出了尘世上的义务概念、并附加上了义务的后果（一种效果）的命题，是一个不包含在道德法则之中、因而不能以分析的方式从道德法则中引申出来的

（创世的）终极目的也就是那种同时能够并且应该是人的终极目的的东西。

※　　※　　※

如果道德是根据其法则的圣洁性来认识极大的敬重的对象，那么，
它在宗教的层次上就是根据最高的、实施那些法则的原因来想象**崇拜**的 6〔7〕
对象，并以崇拜的庄严性表现出来的。但是，所有的东西，包括最崇高
的东西，只要人们把他们的理念用来满足自己的需要，就会在人们的手 6〔8〕
下变得渺小。凡是只有在被自由地敬重时才能确实受到崇敬的东西，都必须服从于只有借助强制性法则才能获得其威望的那些形式。而凡是主动地坦然接受每个人的公开批判的东西，则必须服从于一种拥有权力的批判，即服从于一种书报审查制度。

然而，由于“服从当局”这个诫命也是属于道德的，而且对这个诫命的遵循和对所有义务的遵循一样可以被引导到宗教，所以，对于一篇专门探讨宗教的明确概念的论文来说，自己作出这种服从的榜样，是应当的。但是，这种服从是不能仅凭重视国家的某项个别规定的法律，而

命题。也就是说，道德法则无论其结果是什么样的，只要问题在于一个特殊的行动，都绝对地要求甚至强迫我们完全不顾结果，并且由此使义务成为极大的敬重的对象，而不会给我们提出和交付一个必须构成对这些法则的举荐和促使我们履行义务的动力的目的（终极目的）。所有的人，如果他们（像他们应该的那样）只遵循法则中纯粹理性的规定，都能够在这方面得到满足。对于世事所造成的他们在道德上的所作所为的结局，他们需要知道什么呢？对于他们而言，履行自己的义务就够了；即使尘世人生的一切都告完结，甚至在尘世人生中幸福和配享幸福从未相遇过。但是，人及其（也许还包括所有尘世存在者的）实践理性能力的不可避免的局限性之一，就是无论采取什么行动，都要探寻行动所产生的结果，以便在这一结果中发现某种对自己来说可以当做目的、并且也能证明意图的纯粹性的东西。在实施（nexu effectivo［效果的联系］）中，目的是最后的东西，但在观念和意图（nexu finali［目的的联系］）中，它却是最先的东西。尽管这一目的是由纯然的理性提示给人的，但是，人却在这一目的中寻找某种他能够**喜爱**的东西；因此，仅仅引起人的**敬重**的法则虽然并不承认上述东西是需要，但却为了照顾它，而把自己扩展到接受理性在道德上的终极目的为自己的规定根据之一；也就是说，“要使尘世上可能的至善成为你的终极目的”这一命题，是一个先天综合命题。它是由道德法则自身引入的。而这样一来，实践理性仍然超出了道德法则，这种超出之所以可能，乃是由于把法则与人的那种必须在法则之外为一切行动设想一个目的的自然属性联系起来了（人的这种属性，使人成为经验的对象）；而这一先天综合命题（恰如理论的、同时也是先天综合的命题一样）之所以可能，乃是由于它在根本上包含了在经验中认识一种自由的任性的规定根据的先天原则，只要这种经验在人的目的中表现出道德性的效果，并作为尘世上的因果性，赋予德性的概念以客观的、即使只是实践的实在性。——但是，如果应该把最严格地遵循道德法则设想为造成至善（作为目的）的原因，那么，由于人的能力并不足以造成幸福与配享幸福的一致，因而必须假定一个全能的道德存在者来作为世界的统治者，使上述状况在他的关怀下发生。这也就是说，道德必然导致宗教。

无视任何别的规定来证明，而是只能凭对所有规定的总体表示敬重来证明。对书刊作出裁定的神学家，可以要么被委派为一个仅仅对灵魂的得救负责的神学家，要么被委派为一个同时为科学的福祉负责的神学家；前一种裁定者仅仅是神职人员，后一种裁定者同时还是学者。后者作为一个（以一所大学的名义）被委托为了文化和提防各种危害而照管所有科学的公共机构的成员，有责任把前者的过分要求限制在其书报审查不致在科学的领域里造成破坏的条件下；而且既然二者都是圣经神学家，那么，后者作为被委托探讨这种神学的那门科学的大学成员，拥有最高的审查权；因为就第一件事情（灵魂的得救）而言，二者负有同样的使命，就第二件事情（科学的福祉）而言，作为大学学者的神学家还要行使一种特殊的职能。倘若背离了这个规则，那么，最终必然导致通常已经出现过的那种状况（例如在**伽利略**时代），即圣经神学家为了折辱科学的骄傲并使自己免除从事科学研究的辛劳，悍然侵入天文学或者其他科
6〔9〕学，例如旧的地球史学，并且像那些发现自己既没有足够的能力也没有足够的危机感来抵御令人担忧的攻击、因而把自己周围的一切都变成不毛之地的民族一样，垄断人类知性的一切尝试。

但是，在科学的领域里，与圣经神学相对的是一种哲理神学，它是另一个学科的受委托照管的财产。如果这个学科仅仅停留在纯粹理性的范围之内，为了证明和阐述自己的命题而利用所有民族的历史、语言、著作乃至《圣经》，但只是为了自己而利用，并不把这些命题照搬到圣经神学中去，试图修改圣经神学的那些神职人员享有特权的公共学说，那么，它就必须有充分的自由去传播自己，直到自己的科学所达到的地方；虽然在哲理神学确实无疑地超越了自己的界限、侵犯了圣经神学的时候，不能否认神学家（仅仅作为神职人员来看）有审查的权利，但是，只要上述情况还存有疑问，因而出现了这样的问题，即它是通过哲学家的一部著作还是通过他的另一种公开的演讲所发生的，那就只有作为**自己那个学科的成员**的圣经神学家才能拥有最高的审查权，因为这种神学家还被委派负责公共事业的第二种利益，即科学的繁荣，并且同样可以充任前一种神学家。

更进一步说，在这样的场合，第一审查权属于圣经神学，而不属于哲理神学；因为惟有前者才对某些学说享有特权，而后者则是以它自己

的学说推进着一种公开的自由交往，因此只有前者才能够抱怨说，它独有的权利受到了损害。尽管两个学科的全部学说彼此接近，而且哲理神学方面逾越界限也令人忧虑，但只要考虑到，侵权这种不法行为并不是由于哲学家从圣经神学中借取某种东西用来实现自己的意图而发生的（因为圣经神学自己也不愿否认自己包含着许多与纯粹理性的学说共有的东西，此外还包含着一些属于历史学和语言学，应该由它们来审查的东西），即使他是在一种符合纯然理性的，但也许为圣经神学不满意的意义 6〔10〕
上使用他从圣经神学借取的东西，那么，由于侵权而发生的怀疑就很容易预防。除非他把某种东西**照搬**入圣经神学，并且由此使圣经神学致力于与它的机制所允许的不同的目的。——例如，自然法的教员从罗马法的典籍中，为自己的哲理法学借取了一些经典的术语和格式。即使他像经常发生的那样，并不完全在按照罗马法学的诠释者们的看法采用它们时应遵守的意义上使用它们，只要他并不要求真正的法学家，或者甚至法庭也这样使用它们，就不能说他侵犯了罗马法学。因为倘若他没有权利这样做，那么，也可以反过来指摘圣经神学家或者循规蹈矩的法学家，说他们无数次地侵犯了哲学的所有权。因为二者由于不能缺少理性，并且就科学方面来说不能缺少哲学，所以也必须经常地（尽管只是为了它们二者的目的），从哲学中借取东西。但是，假如在神学家看来，只要有可能，在宗教事物中就不与理性发生任何关系，那么，人们很容易就能预见到哪一方将会有所损失；因为一种贸然向理性宣战的宗教，是不能长久地与理性对立的。——我甚至冒昧地建议：在完成圣经神学的学术讲授之后，任何时候都要按照一种主导线索，例如像本书（或者另一本书，如果人们能有一本更好的同类的书的话），作为完善地教育学位候补生的必修课，再附加上一种关于纯粹**哲理的**宗教学说的特殊演讲作为结束，这是否会是个好办法？——这是因为，既然每一门科学都首先独自构成一个整体，而且只有在这种情况下才着手尝试把它们结合起来加以考察，那么，各门科学仅仅通过分化就会获得成就。在此，圣经神学家尽可以一听到哲学家的观点，就认为有必要对哲学家的观点表示同意或者加以驳斥。因为只有这样，神学家才能在事先就武装起来以对付哲学家可能给他制造的麻烦。但是，讳言这些麻烦，甚至把它们斥之为不敬神明，这是一个不能令人信服的蹩脚借口。不过，把这两种人混为一谈，

并且圣经神学家方面只是偶尔对此浮光掠影地一瞥，这是缺乏彻底性的
6〔11〕表现。由于这种缺乏，最终将没有人真正知道，应该如何在整体上看待宗教学说才好。

在以下的四篇论文中，为了使人们注意到宗教与人那部分带有善的禀赋、部分带有恶的禀赋的本性的关系，我把善的原则和恶的原则当做两个独立存在的、对人发生影响的动因，介绍了它们的关系。其中第一篇已经刊登在 1792 年 4 月的《柏林月刊》上。但是，由于这部作品的题材之间的密切联系，这里还不能把它省去。在现今增加的三篇论文中，包含着对这些题材的充分的阐述。

由于抄写稿件是由不同的人手完成的，而留给我通读的时间又太短，在第一印张上出现了与我自己不同的拼法，请读者原谅。

第二版序言 6〔12〕

在这一版中，除了纠正印刷错误和对少数几处表述作出改进外，没有任何改动。新附加的补充用一个“♀”符号标出，置于原文的下面。

关于这部著作的标题（因为已有人对隐在这个标题之下的意图表示过顾虑），我还要作出以下的说明：由于**启示**至少也能够把纯粹的**理性宗教**包容在自身之中，但不能反过来说后者包容着前者的历史性部分，因而我将能够把前者看做是信仰的一个**比较宽泛的**领域，它把后者作为一个**比较狭小的**领域包容在它自身之中（不是作为两个彼此外在的圆，而是作为两个同心圆）。在这两个圆的后一个圆内，哲学家必须保持作为纯粹的理性导师（从单纯的先天原则出发）的身份，因而在这一方面不考虑任何经验。从这一立场出发，我也可以进行第二种尝试，即从某种被视为经验的启示开始，并且，在我不考虑纯粹的理性宗教（如果它构成了一个独立存在的体系）的时候，也可以根据道德概念仅仅片面地把启示视为**历史性的体系**，并看一看这个体系是否能把人们引回到前面所说的宗教的纯粹的**理性体系**。后者虽然在理论的目的（授课方法作为一种**技巧学说**，其技术实践上的目的也必须计入此列）看来不是独立的，但在道德实践的目的看来却是独立的，并且对于作为先天的理性概念（在排除掉一切经验性的东西之后还剩下来的概念）只存在于这一关系之中的真正的宗教来说，也是足够的。如果这种做法是对的，那么，就可以 6〔13〕
说，在理性和《圣经》之间不仅可以发现和睦相处，而且可以发现亲如一体的状况，以至于谁遵循其中的一个（在道德概念的指导下），就不会不同另一个保持一致。假如这种做法不对，那么，就会或者一个人信奉两种宗教，而这是荒唐的，或者一个人既有一种**宗教**又有一种**崇拜**。在这种情况下，由于后者并不（像宗教那样）是自在的目的，而是仅仅作为手段才具有一种价值，因而二者必然经常为了短时间内的相互结合而被搅混在一起，但旋即又像油和水那样彼此分离，并且必然使纯粹道德的东西（理性宗教）浮在上面。

这种结合或者结合的尝试是哲学的宗教研究者全权拥有的工作，不是对圣经神学家的独有权利的侵犯，这一点我在第一版序言中就已经说明过了。从那时起，我已经发现这一论断在一位对这两个专业都颇为精通的人物，即已故的米夏埃利斯[①]的《论道德》（第一部分5～11页）中被援引，并由他的整个作品来加以贯彻，并没有发生较高的学科在其中发现自己的权利遭到僭越的事情。

对于那些可尊敬的、具名的和不具名的人士对这部作品的评判，由于它们（和所有国外的文献一样）很晚才到达我们这些地区，我在这第二版中就未能像我所期望的那样予以考虑了。尤其是对蒂宾根著名的施托尔博士先生[②]的 Annotationes quaedam theologicas etc. ［《对某种……神学的诠释》］来说，就更是如此了。施托尔博士先生以其惯常的洞察力，同时也以一种非常值得感谢的勤勉和公正态度审视了这部作品。我虽然打算对这种审视予以回答，但由于高龄尤其给处理抽象的理念这种工作造成的劳累，我未敢作出这种承诺。对于发表在《格赖夫斯瓦尔德新批判通讯》第29期[③]上的一篇评论，我可以像评论者自己对这部作品所做的那样简短地把它打发掉。因为按照这位评论者的评判，这部作品无非是对我自己给自己提出的“教会的教义体系在其概念和原理中，按照纯粹的（理论的和实践的）理性是如何可能的”这一问题的答复。——“因而这一尝试无论在任何地方，都与那些既不认识和理解他的（康德的）体系，也不要求能够做到这一点的人毫不相干，所以对于
6〔14〕 这些人来说，他的体系可以被看做是不存在的”。——对此我的答复是：为了在其本质内容上理解这部作品，只需要通常的道德，而不用研究实践理性批判，更不用研究理论理性批判。而且举例来说，在同一个德性作为合义务地（依照其合法性）**行动**的熟练技巧被称做 virtus phaenomenon ［作为现象的德性］，而作为对出自**义务**（由于其道德性）的这些行

① 参见《康德全集》，第Ⅶ卷，8页。［参见李秋零主编：《康德著作全集》，第7卷，8页。——译者注］——科学院版编者注

② 施托尔（Gottlob Christian Storr，1746—1805），自1775年任蒂宾根哲学编外教授，自1777年任蒂宾根神学编外教授，1786—1797年任教席教授，然后任蒂宾根高级宫廷布道人。他在南德是试图沿着历史学道路证明基督宗教的启示性质的“超自然主义者”的首领。他在1793年发表的反康德的《神学的诠释》也代表了这一立场，聚斯金德（Süßkind）于次年以德文出版。——科学院版编者注

③ 指《1793年最新批判通讯》，格赖夫斯瓦尔德，225～229页，1793。引文在226页。——科学院版编者注

动的坚定意念被称做 virtus noumenon［作为本体的德性］的时候，这些表述只不过是由于教学的缘故而采用的，但事情本身却是就包含在最通俗的儿童教育中，或者就包含在布道中（哪怕使用了别的术语），是很容易理解的。要是人们能够从关于上帝的本性的那些被归入宗教学说的秘密出发，来赞颂作为本体的德性就好了！这些秘密似乎是完全通俗的，它们被纳入教义问答手册，但后来，如果它们要成为对每个人都可以理解的，就必须首先转化为道德概念。

哥尼斯贝格

1794 年 1 月 26 日

第一篇

论恶的原则与善的原则的共居 或论人性中的根本恶

6〔19〕 “世界一片糟糕”，这是一种和历史记载同样古老的抱怨。它甚至和更为古老的诗歌创作，乃至和所有创作中最古老的创作，即祭司宗教同样古老。虽然上述这一切都认为世界的开端是善，是黄金时代，是天堂中的生活，或者是一种和天国中的存在者们同在的更幸福的生活，然而它们又都让这种幸福转眼之间就像梦幻一般消失掉，向恶（道德上的恶，但肉体上的恶一直是与它同步前进的）的堕落以加速度的方式，越来越严重地急速下滑。① 以至于我们如今（但这个“如今”是和历史记载同样古老的）就生活在最后的时代，最后审判的日子和世界的灭亡已即将来临。在印度斯坦的一些地区，世界的审判者和毁灭者**楼陀罗**（通常也称做湿婆）在世界的维持者**毗湿奴**对自己从世界的创造者**梵天**那里接受的职责感到厌倦，自若干个世纪以来就放弃了这一职责之后，已经被当做现今的统治之神受到崇拜。

与此相反的是英雄史诗的看法。这种观点比较晚近，但其传播却要小得多，仅仅在哲学家中间，而在我们这个时代尤其是在教育学家中间
6〔20〕 才有市场。这种看法就是：世界恰恰是在相反的方向上，即是从恶向比较善不停顿地（尽管是几乎不可察觉地）向前进步，至少可以在人的本性中发现这种进步的禀赋。但是，如果这里所说的是**道德上的**善或者恶

① Actas parentum peior avis tulit
Nos nequiores, mox daturos
Progeniem vitiosiorem
[比祖先还要恶劣的父母的时代
生育了更为恶劣的我们，
——而将来还会有更为败坏的后代。]
——贺拉斯*

* 《歌集》，Ⅲ，6。——科学院版编者注

（而不是说文明化），那么，这种看法肯定不是从经验中得出上述禀赋的，因为所有时代的历史都对它极为不利。相反，它很可能只是从**塞涅卡**到**卢梭**的道德主义者所作出的一种好心肠的假定。其目的在于，在还能够指望人心中有一种这方面的自然基础的情况下，孜孜不倦地催发也许潜在于我们心中的向善的胚芽。再加上，人们毕竟不得不相信人天生（即如同人通常生下来就是那样）在体质上是健康的，因而也就没有理由不相信人在灵魂上也是天生健康的、善的。因此，本性自身就会帮助我们来培植我们身上这种向善的道德禀赋。**塞涅卡**就说过：Sanabilibus aegrotamus malis，nosque in rectum genitos natura，si sanari velimus，adiuvat［我们患的是可以治愈的疾病，由于我们在本性上是生来向善的，所以，只要我们愿意被治愈，本性就会帮助我们］。①

但是，由于的确很有可能人们在上述两种经验中都出现了失误，所以就产生了如下的问题：是否至少可能有一种中间状态，即人就其族类来说可能既不是善的也不是恶的，或者也许既是善的也是恶的，部分是善的部分是恶的？——不过，人们之所以称一个人是恶的，并不是因为他所作出的行动是恶的（违背法则的），而是因为这些行动的性质使人推论出此人心中的恶的准则。人们虽然可以通过经验觉察到违背法则的行动，乃至（最起码在自己身上）觉察到它们是有意识地违背法则的，但是，人们却不能观察到准则，甚至在自己心中也并不总是能够观察到。因此，“行为者是一个恶的人”，这一判断并不能可靠地建立在经验之上。所以，为了称一个人是恶的，就必须能够从一些，甚至从惟一的一个有意为恶的行动出发，以先天的方式推论出一个作为基础的恶的准则，并从这个恶的准则出发，推论出所有特殊的道德上恶的准则的一个普遍地存在于主体中的根据，而这个根据自身又是一个准则。

如果**本性**这一术语（像通常那样）意味着出自**自由**的行动的根据的对立面，那么，它就与**道德上的**善或者恶这两个谓词是截然对立的。为 6〔21〕
了使人们不致马上对这一术语有反感，就必须说明，这里把人的本性仅仅理解为（遵从客观的道德法则）一般地运用人的自由的、先行于一切被察觉到的行为的主观根据，而不论这个主观的根据存在于什么地方。

---

① 塞涅卡：《论愤怒》，Ⅱ，13，1。——科学院版编者注

但是，这个主观的根据自身总又必须是一个自由行为（因为若不然，人的任性在道德法则方面的运用或者滥用，就不能归因于人，人心中的善或者恶也就不能叫做道德上的）。因此，恶的根据不可能存在于任何通过偏好来**规定**任性的客体中，不可能存在于任何自然冲动中，而是只能存在于任性为了运用自己的自由而为自己制定的规则中，即存在于一个准则中。关于这个准则，必然不能再继续追问，在人心中采纳它而不是采纳相反的准则的主观根据是什么。因为如果这个根据最终不再自身就是一个准则，而是一个纯粹的自然冲动，那么，自由的运用也就可以完全追溯到由自然原因造成的规定上，而这与自由是相悖的。因此，如果我们说，人天生是善的，或者说人天生是恶的，这无非是意味着：人，而且是一般地作为人，包含着采纳善的准则或者采纳恶的（违背法则的）准则的一个（对我们来说无法探究的）原初根据①，因此，他同时也就通过这种采纳表现了他的族类的特性。

因此，关于这些特性的其中之一（人与其他可能的理性存在者的区分），我们将说：它是**人生而具有的**。但是，我们又总是告诉自己，应为这种特性负咎（如果这种特性是恶的）或者邀功（如果这种特性是善的）的，并不是本性。相反，人自身就是这种特性的创造者。但是，由于采
6〔22〕纳我们的准则的原初根据本身又必须存在于自由的任性中，不可能是可以在经验中给定的事实，所以，人心中的善或者恶（作为就道德法则来说采纳这个或者那个准则的主观原初根据）就只是在**这样的**意义上才叫做生而具有的，即它被看做先于一切在经验中给定的自由运用（从孩童时代一直追溯到出生）而被奠定为基础的，是随着出生就同时存在于人心中的；而不是说出生是它的原因。

附　释

上述两种假说的争执基于这样一个选言命题：**人**（天生）**要么在道**

① 采纳道德准则的原初主观根据是无法探究的，这一点从以下情况就已经可以预先看出：由于这种采纳是自由的，因而必须不是在本性的一种动机中，而总是又要在一个准则中寻找这种采纳的根据（例如，我为什么采纳了一个恶的准则，而不是采纳一个善的准则）；又由于就连这个准则本身也必须有它的根据，但在准则之外却不应该也不能够提出自由任性的任何**规定**根据，因而人们就会在主观的规定根据的系列中越来越远地一直追溯到无限，不能达到原初的根据。

德上是善的，要么在道德上是恶的。但是，每一个人都很容易就会想到追问：这种选言方式是否正确？是否会有人断言，人天生不是这二者中的任何一个；而另一个人则断言，人同时是这二者，即在一些方面是善的，在另一些方面是恶的？经验似乎甚至证实了这两个极端之间的一种中间状态。

但是，对于一般道德学说来说，重要的是尽可能地不承认任何道德上的中间物，无论是就行动（adiaphora［中性的］）来说还是就人的特性来说都是如此。因为若是这样模棱两可，一切准则都将面临失去其确定性和稳定性的危险。人们通常把赞同这种严格的思维方式的人（用一个自身包含着某种责备，但事实上是一种赞扬的名称）称做**严峻主义者**，这样，也就可以把他们的对立面称做**宽容主义者**。于是，后者要么是中立的宽容主义者，可以称做**无所谓主义者**；要么是综合的宽容主义者，可以称做**折中主义者**。①

依据严峻主义的决定方式♀②，这一问题的答案基于这样一个对道德 6〔23〕

① 假如存在有善＝a，那么，它的矛盾对立面就是非善。后者要么是纯然缺乏善的一种根据的结果＝0，要么是善的对立面的一种积极的根据的结果＝－a。在后一种场合里，非善也可以叫做积极的恶。（对于快乐和痛苦来说，就存在着这样一种中间物，即快乐＝a，痛苦＝－a，而在其中不能发现快乐和痛苦这二者中的任何一个的那种状态则是无所谓状态＝0。）假如我们心中的道德法则不是任性的任何动机，那么，道德上的善（任性与法则一致）＝a，非善＝0，但后者纯然是缺乏一种道德动机的结果＝a×0。然而，我们心中现在确有动机＝a，因此，缺少任性与法则的一致（＝0），这只有作为一种对任性的事实上相反的规定的结果，即只有作为任性的一种**反抗**的结果＝－a，只有通过一种恶的任性才是可能的；而在判断行动的道德性所必须依据的一个恶的意念和一个善的意念（准则的内在原则）之间，并不存在任何中间物。♀一个在道德上无所谓善恶的行动（adiaphoron morale［道德上的中间物］）将是一个纯然产生自自然法则的行动，它与作为自由法则的道德法则毫无关系，因为它不是一种作为，对于它来说，无论是**指令**还是**禁令**还是**许可**（合法则的权限）都无法作出，或者都不是必要的。

② 席勒教授先生在他的以名家手笔撰写的一篇关于道德中的**优美与尊严**的论文（《塔利亚》，1793，第3期）中，不赞成对责任感的这样一种介绍方式，好像它会造成一种苦思冥想的情绪似的。但是，由于我们在最重要的原则上是一致的，只要我们能够相互理解，我也看不出在这一点上有什么不一致。——我很乐意承认，我不能把**优美**附加在**义务概念上**，这正是为了它的**尊严**起见，因为义务概念包含着无条件的强迫，而优美与它恰恰相反。法则的崇高（就像西乃山上的律法一样）产生出敬畏（不是使人退避三舍的畏惧，也不是诱使人产生亲近感的魅力），敬畏唤起子民对其主宰的**敬重**。但在这一场合里，由于这一主宰就在我们自己心中，敬畏唤起的就是对我们自己的使命的一种**崇高的感觉**，这对我们来说比所有的美都更有吸引力。——但是，**德性**，即严格履行自己的义务这种有坚实基础的意念，就其结果来说是**慈善的**，它比大自然或者这个世界上的艺术所能提供的一切还要多；而且人性的庄严形象，既然在它的这种形态之中被树立

来说很重要的说明：任性的自由具有一种极其独特的属性，它能够不为
6〔24〕任何导致一种行动的动机所规定，**除非人把这种动机采纳入自己的准则**（使它成为自己愿意遵循的普遍规则）；只有这样，一种动机，不管它是什么样的动机，才能与任性的绝对自发性（即自由）共存。但是，道德法则在理性的判断中自身就是动机，而且谁使它成为自己的准则，他**在道德上**就是善的。但是，假如法则并没有在一个与它相关的行动中规定某人的任性，那么，就必然会有一个与它相反的动机对此人的任性发生影响；而且由于这种情况在上述前提下只有通过此人把这一动机（因而也连同对道德法则的背离）纳入自己的准则（在这时他就是一个恶的人）才会发生，所以，此人的意念就道德法则而言绝不是中性的（决不会不是二者中的任何一个，既不是善的也不是恶的）。

但是，人在道德上也不能在一些方面是善的，同时在另一些方面又是恶的。因为如果他在某一方面是善的，他就已经把道德法则采纳入他的准则之中了；因此，假如他在另一方面同时又要是恶的，那么，由于遵循一般义务的道德法则仅仅是惟一的和普遍的，所以，与道德法则相关的准则就会既是普遍的，但同时又只是一个特殊的准则；而这是自相

了起来，也完全允许诸**美惠女神**的陪伴。然而，如果所说的还仅仅是义务，那么，美惠女神便要敬而远之了。不过，如果注意到德性一旦被普遍接受就会在世界上传播开来的那些优美的结果，那么，关注道德的理性在这种情况下，就会（通过想象力）把感性也召来一并发挥作用。赫拉克勒斯只是在制伏了各种怪物之后才成为**缪斯九女神的首领**，在这样的工作面前，那班善良的姐妹们将栗然而退。维纳斯·乌拉尼亚的这些女伴们一旦想插手规定义务的事务，并为此提供动机，就会成为追随维纳斯·狄俄涅的情姐妹。* ——如果人们要问：这种仿佛是**德性的气质**的**审美**属性是什么样的，是勇气十足，因而**兴高采烈**？还是胆怯卑躬，俯首屈就呢？这样的问题几乎是没有必要回答的。后一种奴性十足的情绪产生时，绝不可能不伴有对法则的一种暗中**仇恨**，而遵循自己的义务时的愉悦心情（不是在承认义务时的那种惬意），则是德性意念的纯正性的一种标志，即便在**虔诚**中也是如此。虔诚并不在于有忏悔心的罪人的自虐（自虐是很模棱两可的，通常只是对违背了智慧规则的内心责备），而是在于将来加以改善的坚定决心。这种决心受善的进程所鼓舞，必然产生一种愉悦的情绪。没有这样一种情绪，人们就决不会确信自己也**由衷地爱上**了善，也就是说，把善采纳进自己的准则。

* 在古希腊神话中，乌拉尼亚既是缪斯九女神之一，又是作为高尚纯粹爱情之体现的阿佛洛狄忒（即古罗马神话中的维纳斯）的别名。关于阿佛洛狄忒，一说她是由天神乌拉诺斯的肉体落入海中激起的浪花所生，故别名乌拉尼亚；一说她是宙斯和大洋神女狄俄涅的女儿，但有时又把她与狄俄涅混为一谈。于是，在流传的过程中就有了阿佛洛狄忒·乌拉尼亚［即上文的维纳斯·乌拉尼亚］和阿佛洛狄忒·狄俄涅［即上文的维纳斯·狄俄涅］之分。前者表现的是优美［爱情］，后者表现的是义务［婚姻］。——译者注

矛盾的。①

所谓天生具有这种或者那种意念，作为与生俱有的属性，在这里也并不就意味着，意念根本不是由怀有它的人获得的，即是说，人不是意念的造成者；而是意味着，它只不过不是在时间中获得的（即人**从幼年起就一直**是这样的或者那样的）罢了。意念，即采纳准则的原初主观根据，只能是一个惟一的意念，并且普遍地指向自由的全部应用。但是，它自身却必须由自由的任性来采纳。若不然，它就不能被考虑在内。关于这种采纳，不能再看出其主观的根据或者原因（尽管追问这种主观的根据或者原因是不可避免的；因为若不然，就必须再提出一个采纳这一意念的准则，而这个准则同样又必须有它的根据）。这样，由于我们不能从任性的任何一个最初的时间性行为中，引申出这一意念，或者毋宁说引申出它的最高根据，所以，我们称它为任性的一个属性，这个属性是任性天然地具有的（尽管它事实上是在自由中建立的）。但是，我们有权利把我们所说的人，无论他天生是善的还是恶的，都不是理解为单个的人（因为这样的话，就可以把一个人假定为天生就是善的，把另一个人假定为天生就是恶的），而是理解为整个族类；这一点，只有当人类学的研究表明，使我们有理由把这两种特性的中的一种，作为生而具有的东西，赋予一个人的那些根据，自身就具有这样的性质，以至于我们没有任何根据把一个人作为这种特性的例外，因而这种特性也适用于族类的时候，才能够进一步得到证明。 6〔25〕

① 古代的道德哲学家们几乎详尽地阐述了关于德性所能说的一切，他们也没有漏过上述两个问题。他们把第一个问题表述为：德性必须是学习来的（因而人对德性和罪恶来说天生就是中性的）吗？第二个问题则是：是否不仅仅只有一种德性（因而人岂不就可以在一些方面是善的，在另一些方面是恶的）？上述二者都被他们以严峻主义的明确性予以否定。这是有道理的；因为他们是在理性的理念（人应该是什么样的）中考察德性**自身**的。但是，如果要对道德的存在者，即**显象**中的人，亦即经验使我们认识到的人，就德性而言予以评价，那么，就可以给予上述两个问题以肯定的答复。因为在这种情况下，并不是在纯粹理性的天平上（在一个属神的法庭上），而是按照一种经验的尺度（由一个属人的审判者）来评判人的。关于这一点，后面还要予以讨论。

6〔26〕

第一章
论人的本性中向善的原初禀赋

我们有理由把这种原初禀赋与其目的相联系分为以下三类，来作为人的规定性的要素：

1. 作为一种**有生命的**存在者，人具有**动物性的**禀赋；

2. 作为一种有生命同时又**有理性的**存在者，人具有**人性的**禀赋；

3. 作为一种有理性同时又**能够负责任的**存在者，人具有**人格性的**禀赋。①

1. 人的**动物性**的禀赋可以归在自然的、纯然**机械性的**自爱的总名目下，这样一种自爱并不要求有理性。它又有三个方面：首先是保存自己本身；其次是借助性本能繁衍自己的族类，并保存那些由于和性本能相结合所产生出来的东西；其三是与其他人共同生活，即社会本能。——在这种禀赋之上，可以嫁接各种各样的恶习（但这些恶习却不是以这种
6〔27〕禀赋为根源，自动地从中滋长出来的）。这些恶习可以叫做本性**粗野**的恶习，并且在其极度背离自然目的时被称为**饕餮无厌**、**荒淫放荡**、（在与其他人的关系上）**野蛮的无法无天等性畜般的恶习**。

2. **人性**的禀赋可以归在虽然是自然的、但却是**比较而言的**自爱（为此就要求有理性）的总名目下；也就是说，只有与其他人相比较，才能断定自己是幸福的还是不幸的。由这种自爱产生出这样一种偏好，即**在其他人的看法中获得一种价值**，而且最初仅仅是平等的价值，即不允许

① 不能把人格性的禀赋看做是已包含在前一种禀赋的概念之中，而是必须把它看做是一种特殊的禀赋。因为从一个存在者具有理性这一点，根本不能推论说，理性包含着这样一种能力，即无条件地、通过确认自己的准则为普遍立法这样的纯然表象来规定任性，而且理性自身就是实践的；至少就我们所能认识到的来说是这样。然而，即便是最具有理性的尘世存在者，为了规定自己的任性，也可能总是需要某些自己从偏好的客体获得的动机；但为此，无论是就动机的最大总和而言，还是就达到由此规定的目的的手段而言，都要运用最具有理性的思考，而不是仅仅预感某物的可能性，即绝对地颁布命令的道德法则宣布自身，亦即宣布自身为最高的动机。假如这种法则并不是在我们心中给定的，我们借助理性也不能把它作为这样一种法则苦思冥想出来，或者附加给任性。然而，毕竟这种法则是惟一使我们意识到我们的任性独立于（我们的自由的）其他所有动机的规定，并由此而同时意识到对一切行动负责的能力的法则。

任何人对自己占有优势，总是担忧其他人会追求这种优势，最终由此产生出一种不正当的欲求，要为自己谋求对其他人的优势。——在这上面，即在**嫉贤妒能**和**争强好胜**之上，可以嫁接这样一些极大的恶习，即对所有被我们视为异己的人持有隐秘的和公开的敌意。不过，这些恶习本来毕竟不是以本性为其根源，自动地从中滋长出来的，而是由于担心其他人对我们谋得一种令我们憎恶的优势而产生的偏好，即为了安全起见而为自己谋得这种对其他人的优势来作为预防手段；因为大自然只不过是要把这种竞争（它本身并不排斥互爱）的理念当做促进文化的动力来利用罢了。因此，嫁接在这种偏好之上的恶习，也可以叫做**文化**的恶习，并且当它们达到最高程度的恶劣性（因为它们在这种情况下，就只是恶的一种超越了人性的极限的理念），例如**嫉妒成性、忘恩负义、幸灾乐祸**等等时，被称做**魔鬼般的恶习**。

3. **人格性**的禀赋是一种易于接受对道德法则的敬重、把道德法则当做**任性的自身充分的动机**的素质。这种易于接受对我们心中的道德法则的纯然敬重的素质，也就是道德情感。这种情感自身还没有构成自然禀赋的一个目的，而是仅仅当它是任性的动机时，才构成自然禀赋的一个目的。由于这种道德情感只有在自由的任性把它纳入自己的准则中的时候才是可能的，所以，这样一种任性的性质就是善的特性；善的特性一般与自由任性的任何特性一样，都是某种只能获得的东西。但尽管如此，要使它可能，就必须有一种禀赋存在于我们的本性中，在这种禀赋之上，绝对不能嫁接任何恶的东西。只不过，不能把道德法则的理念，连同与 6〔28〕
它不可分割的敬重，确切地称做一种人格性的禀赋，它就是人格性本身（完全在理知的意义上看，它就是人性的理念）。但是，我们把这种敬重作为动机纳入自己的准则，其主观根据显得就是人格性的一种附加物，因而理应被称做一种为了人格性的禀赋。

当我们依照其可能性的条件来考察上述三种禀赋时，我们发现，**第一种**禀赋不以理性为根源；**第二种**禀赋以虽然是实践的，但却只是隶属于其他动机的理性为根源；**第三种**禀赋则以自身就是实践的，即无条件地立法的理性为根源。人身上的所有这些禀赋都不仅仅（消极地）是**善的**（即它们与道德法则之间都没有冲突），而且都还是**向善的**禀赋（即它们都促使人们遵从道德法则）。它们都是**源始的**，因为它们都属于人的本性的可能性。人虽然可以与目的相违背地使用前两种禀赋，但却不能根除它们中的任何一个。我们把一个存在者的禀赋既理解为它所必需的成分，也理解为这些成分要成为这样一个存在者的结合形式。倘若它们必然地属于这样一个存在者的可能性，它们就是**源始的**；但是，假如该存在者即使没有它们也自身就是可能的，它们就是**偶然的**。还应该注意的是，这里所说的仅仅是那些与欲求能力和任性的使用直接相关的禀赋。

第二章
论人的本性中趋恶的倾向

我把**倾向**（propensio）理解为一种偏好（经常性的欲望，concupiscentia）的可能性的主观根据，这是就偏好对于一般人性完全是偶然的而言的。♀[1]倾向与一种禀赋的区别在于，它虽然也可能是与生俱有的，但却**不可以**被想象为与生俱有的，而是也能够被设想为**赢得的**（如果它是 6 〔29〕
善的），或者由人自己**招致的**（如果它是恶的）。——但是，这里所说的仅仅是那种本真恶或者道德上恶的倾向；由于这种恶只有作为对自由任性的规定，才是可能的，而自由任性又只有通过其准则，才能被判定为恶的或者善的，所以，这种恶必须存在于准则背离道德法则的可能性的主观根据中，而且如果可以把这种倾向设想为普遍地属于人的（因而被设想为属于人的族类的特性），那么，这种恶就将被称做人的一种趋恶的**自然**倾向。——还可以补充的一点是，从自然倾向中产生的任性把道德法则接纳或不接纳入自己的准则的能力或无能，将被称做是**善良之心或者恶劣之心**。

可以设想这种倾向有三个不同的层次。**第一**，人心在遵循已被接受的准则方面的软弱无力，或者说人的本性的**脆弱**；**第二**，把非道德的动机与道德的动机混为一谈的倾向（即使这可能是以善的意图并在善的准则之下发生的），即**不纯正**；**第三**，接受恶的准则的倾向，即人的本性或者人心的**恶劣**。

第一，人的本性的**脆弱**（fragilitas）早在一位使徒的抱怨中就已经得

---

① 倾向本来只是欲求一种享受的**先行气质**，一旦主体有过这种享受的经验，这就会导致人在这方面的**偏好**。如此说来，所有的野蛮人都对麻醉品有一种倾向，因为即使他们中的大多数人根本不知道麻醉是什么，因而对造成麻醉的东西也根本没有欲望，但只要让他们品尝一次这样的东西，就会使他们产生一种对这种东西的几乎无法戒除的欲望。——在倾向和以熟知欲求对象为前提的偏好之间还有**本能**。本能是一种被感受到的要做某事或者享受某物的需求，而对此，人还没有形成概念（就像动物的创作本能或者性本能一样）。从偏好出发，最后还有欲求能力的一个层次，即**激情**（不是**情绪**，因为情绪属于愉快和不愉快的情感），激情是一种排斥对自身的控制的偏好。

到了表述：我所愿意的，我并不做。[1] 这也就是说，我把善（法则）采纳入我的任性的准则之中，但是，善客观上在理念中（in thesi [在论题中]）虽然是一种不可战胜的动机，主观上（in hypothesi [在假设中]）如果要遵循准则的话，却（与偏好相比）是较为软弱的动机。

第二，人的心灵的**不纯正**（impuritas，improbitas）在于，准则虽然
6〔30〕就对象而言（就有意地遵循法则而言）是善的，并且也许还有足够的力量去实施，但并不是纯粹道德的；也就是说，并不是像应该的那样，**仅仅**把法则作为**充分的**动机纳入自身，而是在大多数情况下（也许在任何时候都如此），为了由此规定任性去做义务所要求的事情，还需要除此之外的其他动机，换句话说，合乎义务的行动，并不是纯粹从义务出发而作出的。

第三，人心的恶劣（vitiositas，pravitas），或者宁可说，人心的**败坏**（corruptio），是任性对各种准则的这样一种倾向，即把出自道德法则的动机置于其他（非道德的）动机之后。这种恶劣或者败坏也可以叫做人心的**颠倒**（perversitas），因为它就一种自由任性的动机而言，把道德次序弄颠倒了，而且即使如此也总还是可以有律法上善的（合法的）行动，但思维方式却毕竟由此而从其根本上（就道德意念而言）败坏了，人也就因此而被称做是恶的。

人们将注意到：在人这里，即使是在（就行动而言）最好的人这里，都提出了趋恶的倾向。如果要证明趋恶的倾向在人们中间的普遍性，或者换句话说也完全一样，如果要证明趋恶的倾向与人的本性的交织，上述情况也必然会发生。

但是，在一个具有善良德性的人（bene moratus）和一个道德上善良的人（moraliter bonus）之间，就行动与法则一致而言，是没有区别的（至少不可以有任何区别）。只是在前一种人那里，行动恰恰并不总是或者从来不曾以法则为惟一的和最高的动机，而在后一种人那里，行动**在任何时候**都以法则为惟一的和最高的动机。关于前一种人可以说，他是**凭着字句**遵循法则的（即，就法则所要求的行动而言）；关于第二种人则

① 参见《罗马书》，第7章，第15节。——译者注

可以说，他是**凭着精意**而遵循法则的①（道德法则的精意就在于，惟有它才足以成为动机）。**凡不是出自信心的都是罪**②（就思维方式而言）。因为如果为了规定任性去作出**合乎法则的**行动，除了法则自身之外，还必须有别的动机（例如功名欲、一般的自爱，甚至还有慷慨的本能，亦即同情），那么，这些行动之与法则相一致，就完全是偶然的了；因为这些动机同样可能造成越轨。评价一个人物的任何道德价值，都必须依据那个准则的善，但那个准则却是违背法则的；而人也虽然有纯粹善的行动，却依然是恶的。 6〔31〕

为了规定关于这种倾向的概念，还有必要作出以下的说明。任何倾向都要么是自然的，即它属于作为自然存在者的人的任性；要么是道德上的，即它属于作为道德存在者的人的任性。——在前一种意义上，不存在趋于道德上的恶的倾向，因为道德上的恶必须出自自由；而任何一种运用自由的自然倾向（自然倾向是建立在感性冲动之上的），无论它是为了善还是为了恶，都是一种自相矛盾。因此，一种趋恶的倾向只能附着于任性的道德能力。但是，除了我们自己的行为之外，不存在任何道德上的（即有负责能力的）恶。与此相反，我们把倾向的概念理解为任性的一种主观规定根据，它**先行于任何行为**，所以自身还不是行为；因为，如果这一表述不能在两种不同的、但都可以与自由的概念相结合的意义上使用，那么，在一种纯粹的趋恶倾向的概念中，就会有一种自相矛盾。但是，关于一种一般行为的表述，既能适用于最高准则（合乎法则地或者违背法则地）被纳入任性所借助的那种自由的运用，也能适用于行动自身（就其质料而言，也就是说就任性的对象而言）被按照那个准则来实施时所借助的那种自由的运用。于是，趋恶的倾向是在第一种意义上所说的行为（peccatum originarium［本原的罪］），同时又是在第二种意义上所说的所有违背法则的、就质料而言与法则相抵触的、被称为恶习（peccatum derivativum［派生的罪］）的行为的形式根据；尽管第二种（出自一些并非存在于法则自身之中的动机的）罪可以从多方面加以避免，但第一种罪却依然存在。第一种罪是理知的行为，仅仅通过理

① 参见《罗马书》，第 2 章，第 27 节；《哥林多后书》，第 3 章，第 6 节以下。——科学院版编者注

② 参见《罗马书》，第 14 章，第 23 节。——科学院版编者注

性就可以认识到，不受任何时间条件的制约；第二种罪是可感的、经验性的，是在时间中给定的（factum phaenomenon［造成的现象］）。第一种罪，尤其在与第二种罪的比较中，叫做纯然的倾向，并且是生而具有的，因为它是不能被根除的（否则，最高的准则就必须是善的准则，但
6〔32〕在那种倾向本身中，最高的准则已被假定为恶的）；但这尤其是因为，对于为什么在我们身上，恶虽然就是我们自己的行为，却败坏了最高的准则，我们并不能进一步说明原因，就像对于属于我们本性的某种基本性质不能进一步说明原因一样。——在现在所谈到的东西中，人们将会发现这样的理由，即为什么我们在本章一开始，就仅仅在按照自由法则激起采纳或者遵循我们的准则的最高根据的那种东西中，而不是在激起（作为感受性的）感性的东西中，去寻找道德上的恶的那三个泉源。

第三章
人天生是恶的

Vitiis nemo sine nascitur
[没有人生而无罪]。

——贺拉斯①

依据上文，“人是**恶的**”这一命题无非是要说，人意识到了道德法则，但又把偶尔对这一原则的背离纳入自己的准则。人**天生**是恶的，这无非是说，这一点就其族类而言是适用于人的。并不是说，好像这样的品性可以从人的类概念（人之为人的概念）中推论出来（因为那样的话，这种品性就会是必然的了），而是如同凭借经验对人的认识那样，只能据此来评价人。或者可以假定在每一个人身上，即便是在最好的人身上，这一点也都是主观上必然的。由于这种倾向自身必须被看做是道德上恶的，因而不是被看做自然禀赋，而是被看做某种可以归咎于人的东西，从而也必须存在于任性的违背法则的准则之中；由于这些准则出于自由的缘故，自身必须被看做是偶然的，但倘若不是所有准则的主观最高根据与人性自身——无论以什么方式——交织在一起，仿佛是植根于人性之中，上述情况就又与恶的普遍性无法协调，所以，我们也就可以把这种倾向称做是一种趋恶的自然倾向；并且由于它必然总是咎由自取的，也就可以把它甚至称做人的本性中的一种**根本的**、生而具有的（但尽管如此却是由我们自己给自己招致的）**恶**。

至于这样一种败坏了的倾向必然植根在人身上，我们由于有经验就人们的**行为**所昭示的大量显而易见的例证，也就可以省去迂腐的证明了。 6〔33〕
有些哲学家们曾特别希望从所谓的**自然状态**中发现人的本性的善良。倘若有人想从这种状态中获取上述例证，那么，他只需要把在**托富阿岛、新西兰岛和纳维加脱群岛**上发生灭绝人性的屠杀事件中的残酷场面，以

① 《讽刺诗》，Ⅰ，3，68。——科学院版编者注

及在美洲西北部的广阔荒原上所发生的永无休止的、甚至没有一个人从中得到丝毫好处♀[①]的屠杀事件[②]（希尼船长曾描述了那些事件），与哲学家们的假说加以比较就行了。无须尽数列举人们的野蛮恶习，就足以排除哲学家们的这种观点。但是，倘若有人赞成下面这种观点，即在文明状态中（在这种状态中，人们的禀赋可以更加充分地展开）可以更清楚地认识人的本性，那么，他必然会听到对于人性的一长串令人忧伤的抱怨。例如尔虞我诈，即使对最亲密的朋友亦是如此，以至在最好的朋友推诚相见时，掌握信任的分寸也被列为交往中通行的明智准则；又如恩将仇报的倾向，即使一个乐善好施的人也得随时对此有所提防；再如某种发自内心的友善，对它可以作出以下的说明："即使在我们最好的朋友的不幸中，也有某种我们并不完全反感的东西"[③]；此外，还有许多隐藏在德性的幌子下的其他恶习，更不用说那些对于大家来说根本不是秘密的恶习了。因为对我们来说，**一个一般意义上的恶人**，就已经是好人了；他会对**文化**和文明的恶习（所有恶习中最令人伤感的恶习）感到厌恶，
6〔34〕宁可把自己的目光从人们的所作所为移开，以免自己再犯另一种恶习，即对人类的仇视。但是，如果他对此还不满足，那么，他只消考察一番由二者以奇怪的方式复合而成的状态，即各民族的外部状态就够了。在这种状态中，文明化了的各民族在野蛮的自然状态（一种持久的战争体制状态）的关系中彼此对立，并且执意不肯走出这种状态；他将会发现被称做**国家**的那些巨大的团体的与公开的高调截然相反的，但从来也不

---

① 就像阿拉塔维斯考印第安人和多格里普印第安人之间持久的战争除了屠杀之外没有任何其他意图一样。在野蛮人看来，好勇斗狠是他们的最高美德。即使在文明状态中，它也是受赞赏的一个对象，是那个以它为惟一功勋的阶层要求受到特别敬重的一个根据，而这在理性中也不是完全没有理由的。因为人具有某种在他看来高于自己的生命的东西（荣誉），并把它当做自己的目的，为此他放弃了一切私利，这确实证明了他的禀赋中有某种崇高。但是，从胜利者夸耀自己的丰功伟绩（毫不留情的毁灭、破坏以及诸如此类的事情）时的惬意中却可以看到，惟有他们的优越感和他们不抱有任何其他目的而能够造成的破坏，才是他们真正乐在其中的东西。

② 希尼（Samuel Hearne，1745—1792）的游历结果的一个简短报告载：《J. 库克船长的第三次探险旅行》，福斯特尔译，1798 年，第Ⅰ卷，导论，51 页 A 以下。康德所暗示的叙述见 54 页以下。——科学院版编者注

③ 出自切斯特菲尔德（Chesterfield，1694—1773，英国政治家、作家。——译者注）的《致自己儿子的信》，第Ⅱ卷，148 页，莱比锡，德文译本 1774。——科学院版编者注

会放弃的基本原理。♀①还没有一个哲学家能够把它们与道德协调起来，也没有一个哲学家能够（这是令人痛心的）提出可以与人的本性一致的更好的基本原理。结果是，期待一种永恒的、建立在一个作为世界共和国的多民族联盟之上的、和平状态的、**哲学的千禧年说**，和期待全人类在道德上的改善完成的**神学的千禧年说**一样，普遍地被嘲笑为幻想。

首先，这种恶的根据不能像人们通常所说明的那样，被放在人的**感性**以及由此产生的自然偏好之中。因为不仅这些偏好与恶没有直接的关系（毋宁说，它们为能够证明道德意念的力量的东西，即为德性提供了机会），我们不应为它们的存在承担责任（我们也不能够这样做；因为它 6〔35〕
们作为造成的东西并不以我们为创造者），但我们要为趋恶的倾向承担责任。趋恶的倾向由于涉及主体的道德性，从而是在作为一个自由行动的存在者的主体中被发现的，所以作为咎由自取的东西，必须能够被归咎于主体，虽然这种倾向深深地植根于任性之中。由于这一点，人们必须说可以在人的天性中发现它。其次，这种恶的根据也不能被放在为道德立法的理性的**败坏**之中；就好像这种理性能在自身中清除法则本身的威望，并且否定出自法则的责任似的；因为这是绝对不可能的。设想自己是一个自由行动的存在者，同时却摆脱适合于这样一种存在者的法则（道德法则），这无非是设想出一个没有任何法则的作用因（因为依据自然法则作出的规定由于自由的缘故而被取消）；而这是自相矛盾的。——

① 如果把这些国家的历史纯然看做是人性的那些大部分对我们隐藏着的内在禀赋的现象，那么，就可以发现大自然的某种按照目的——不是它们（各民族）的目的，而是大自然的目的——的机械进程。每一个国家，只要它旁边有另一个它可以希望战胜的国家，都会追求通过这种征服来扩张自己，并由此成为世界帝国。在这样一种体制中，一切自由，并且连带（作为自由的结果的）一切德性、鉴赏力和科学都必然丧失殆尽。然而，这种巨型怪物（在它里面法则逐渐地丧失其力量）在它吞并了所有的邻国之后，最终又自行解体，通过叛乱和分裂分化为许多较小的国家。这些小国家不是去追求建立一个多国联合体（由各自由民族联合而成的共和国），而是每一个都又重新开始同样的游戏，根本不让战争（这种人类种族的灾难）停下来。虽然战争并不像普遍的独裁这坟墓（或者是一种为了不让专制制度在任何一个国家被放弃而建立的多民族联盟）那样不可救药地恶，但它毕竟像一位古人所说的那样，造出的恶人比它所消灭的恶人更多。*

* 也为康德在《论永久和平》的第二章第一条附论中引用（参见李秋零主编：《康德著作全集》，第 8 卷，371 页，北京，中国人民大学出版社，2010——译者注），引文在那里被称为“那个希腊人的格言”。惜不可考。——科学院版编者注

所以，为了说明人身上的道德上的恶的根据，**感性**所包含的东西太少了；因为它通过取消可能从自由中产生的动机，而把人变成了一种纯然**动物性的东西**；与此相反，摆脱了道德法则的、仿佛是**恶意的理性**（一种绝对恶的意志）所包含的东西又太多了，因为这样一来，与法则本身的冲突就会被提高为动机（因为倘若没有任何动机，任性就不能被规定），并且主体也会被变成为一种魔鬼般的存在者。——二者中没有一个可以运用到人身上。

但是，即使这种趋恶的倾向在人的本性中的存在，能够通过人的任性与法则在时间中发生现实冲突的经验证明而得到解释，这些经验证明却没有告诉我们这种倾向的真正性质和这种冲突的根据。相反，这种性质由于涉及自由任性（因而涉及这样一种任性，它的概念不是经验性的）与作为动机的道德法则（其概念同样是纯粹理智的）的关系，因而必须从恶的概念出发，就恶按照自由的法则（责任和负责能力）是可能的而言，而先天地被认识。下面就展开这个概念。

6〔36〕 无论以什么样的准则，人（即使是最邪恶的人）都不会以仿佛叛逆的方式（宣布不再服从）来放弃道德法则。毋宁说，道德法则是借助于人的道德禀赋，不可抗拒地强加给人的。而且，如果没有别的相反的动机起作用，人就也会把它当做任性的充分规定根据，纳入自己的最高准则，也就是说，人就会在道德上是善的。不过，人由于其同样无辜的自然禀赋，毕竟也依赖于感性的动机，并把它们（根据自爱的主观原则）也纳入自己的准则。但是，如果他把感性的动机作为**本身独立自足地**规定任性的东西纳入自己的准则，而不把道德法则（这是他在自身之中就拥有的）放在心上，那么，他就会在道德上是恶的。现在，由于他自然而然地把二者都纳入自己的准则，由于他也把每一个，假若它是独立的，都看做是自身足以规定意志的，所以，如果准则的区别仅仅在于动机（准则的质料）的区别，也就是说，仅仅取决于是法则还是感官冲动提供了这样一种动机，那么，他在道德上就会同时是既善又恶的；而这（根据本书序言）又是自相矛盾的。因此，人是善的还是恶的，其区别必然不在于他纳入自己准则的动机的区别（不在于准则的这些质料），而是**在于主从关系**（准则的形式），即**他把二者中的哪一个作为另一个的条件**。因此，人（即使是最好的人）之所以是恶的，乃是由于他虽然除了自爱的法则之外，还把道德法则纳入自己的准则，但在把各种动机纳入自己的准则时，却颠倒了它们的道德次序；他意识到一个并不能与另一个并列存在，而是必须一个把另一个当做最高的条件来服从，从而把自爱的动机及其偏好当做遵循道德法则的条件；而事实上，后者作为满足前者的**最高条件**，应该被纳入任性的普遍准则，来作为独一无二的动机。

尽管由于他的准则造成的这种动机的颠倒，违背了道德次序，然而，如果理性仅仅是为了以**幸福**的名义，而将偏好的动机通常所不可能具备 6〔37〕
的准则的统一性引入到偏好动机中去，而利用道德法则所特有的一般准则的统一性（例如，如果把真诚认定为原则，它就免除了我们对与自己的谎言保持一致，并且陷入到谎言的怪圈之中的忧虑），那么，行动就依然可以产生如此符合法则的结果，就好像它们产生自真正的原则似的。因为在这种情况下，经验性的性质是善的，而理知的性质却始终是恶的。

如果这种倾向是包含在人的本性之中，那么，在人身上就有一种趋恶的自然倾向，而且这种倾向自身，由于归根结底必须在一种自由的任性中来寻找，从而是能够归咎于人的，所以是道德上恶的。这种恶是**根本的**，因为它败坏了一切准则的根据，同时它作为自然倾向也是不能借助于人力**铲除**的，因为这只有借助于善的准则才会实现；而既然假定所有准则的最高主观根据都是败坏了的，这就是无法实现的了。但尽管如此，这种倾向必然是**能够克服**的，因为它毕竟是在作为自由行动的存在者的人身上发现的。

因此，人的本性的恶劣，不能那么确切地被称为**恶意**。就这个词的严格意义来说，它是指一种把恶**之为恶**作为动机纳入自己的准则（故而这准则是魔鬼般的）的意念（准则的主观**原则**）；而宁可把它称做心灵的**颠倒**，这个心灵就其后果而言又叫做**恶的心灵**。这种恶的心灵，能够与一个总的来说善的意志共存。它产生自人的本性的脆弱，即在遵循自己认定的原则时不够坚定；而且与不纯正性相结合，没有按照道德的准绳把各种动机（甚至包括有善良意图的行动的动机）互相区分开来。最后，至多只注意到行动与法则的符合，而没有注意到从法则中把它们引申出来，即没有注意到法则是独一无二的动机。尽管由此并不总是正好产生违背法则的行动及其倾向，即**恶习**，但是，把没有恶习就解释为**意念**与义务的法则相符合（解释为**德性**），这种思维方式本身（由于这里根本没有注意到准则中的动机，而是仅仅注意到了凭着字句遵循法则）就甚至已经可以被称做人的心灵中的一种根本性的颠倒了。

6〔38〕 这种**生而具有的**罪（reatus）——之所以这样称它，乃是因为一旦人表现出自由的运用，就会感知到它。但尽管如此，它又必须是出自自由的，从而是能够被归咎于人的——在其前两个层次（脆弱和不纯正）上可以被断定为无意的罪（culpa），但在其第三个层次上则可以被判定为蓄意的罪（dolus）；它以人心的某种**奸诈**（dolus malus）为特征，即由于自己特有的或善或恶的意念而欺骗自己，并且只要行动的后果不是按照其准则本来很可能造成的恶，就不会因为自己的意念而感到不安，反而认为自己在法则面前是清白的。由此出发，许多（自认为有良知的）人只要在没有诉诸法则，至少法则没有起主要作用的行动中侥幸地避免了恶的结果，就会感到心安理得，甚至会居功自傲，觉得自己不必为任何眼看其他人所犯的那些违背法则的行为负咎；却不深究这是否仅仅是侥幸的功绩，以及按照他们本来完全能够从自己的内心深处揭示出的思维方式，倘若不是无能、气质、教育、诱人一试的时间和地点条件（纯粹是些不能归因于我们的东西）使自己未能那样做的话，那么，只要自己愿意，是否自己就不会犯下同样的恶行呢？这种自我欺骗的，以及阻碍在我们心中建立真正的道德意念的不诚实，还向外扩张成为虚伪和欺骗他人；后者即使不应该称之为恶意，至少也应该叫做猥琐，它包含在人的本性的根本恶之中。这种恶（由于它在应当把一个人看做什么方面败坏了道德的判断力，使责任对内对外都变得不确定）构成了我们这个族类的污点，只要我们不清除掉这个污点，它就妨碍着善的幼芽，像其本来完全可能的那样发展起来。

英国国会的一位议员曾激动地断言："每一个人都有出卖他自己所要的身价"①。如果确实如此（这是每一个人都可以自己决定的），如果任何地方都没有一种德性，对于它来说不能德性找到某种程度的诱惑能使它
6〔39〕 堕落，如果不管是善的精神还是恶的精神在争取我们，关键仅仅在于谁

① 应是罗伯特·沃波尔（Robert Walpole）的名言（原话为：所有那些人［All those men］……，这显然不像康德所引用的那样绝对。译者据 T. M. Greene 英译本注）。——科学院版编者注

出价最高，并且能最迅速地付款，那么，对于人来说，使徒所说的话①就会是普遍正确的了："这里没有任何区别，他们全都是罪人，——没有人（凭着法则的精义）行善，就连一个也没有。"②

---

① 《罗马书》，第 3 章，第 9 节以下。——科学院版编者注

② 关于在道德上作出审判的理性的这种诅咒性判断，真正的证明不在本章，而是在前一章。本章只包含有借助经验对这一判断的证实，但经验绝对不能在自由任性与法则相联系的最高准则中揭示恶的根源，恶的根源作为**理知的行为**先行于一切经验。——由此出发，即由最高准则的统一性出发，鉴于与之相关的法则的统一性，也可以看出，为什么人的纯粹理智判断必须以善与恶之间的排中律为基础。不过，从**可感的行为**（现实的所作所为）出发的经验判断，却可以置于这样的原则之下，即在这两个极端之间存在着一个中间物，一方面是一种漠视一切教化的消极性的东西，另一方面是一种善恶参半的积极性的东西。但是，后者只是对显象中的人的道德性的判断，在终极判断中从属于前者。

第四章
论人的本性中恶的起源

所谓（最初的）**起源**，是指一个结果从其最初的原因产生，这样一个原因不再是另一个同类的原因的结果。它可以要么作为**理性上的起源**，要么作为**时间上的起源**而被考察。在第一种意义上，所考察的只不过是结果的**存在**；在第二种意义上，所考察的是结果的**发生**，从而也就是把它当做事件与其**在时间中的原因**联系起来。如果把结果与一个按照自由法则同它结合在一起的原因联系起来，就像对道德上的恶一样，那么，对任性进行规定，使它产生结果，就不是被设想为与它在时间中的规定根据相结合，而是被设想为仅仅与它在理性表象中的规定根据相结合，
6〔40〕并且不能被从任何一个**先行的**状态中推演出来；相反，如果恶的行动被当做世间的**事件**与其自然原因联系起来，则每一次都必然会发生上述情况。因此，为自由行动本身（完全当做自然结果）寻求时间上的起源，这是一种自相矛盾。所以，就人的道德属性被看做是偶然的而言，对它来说也是如此，因为这种道德属性意味着**运用**自由的根据，它（就像一般自由任性的规定根据一样）必须仅仅在理性表象中去寻找。

但是，无论人心中在道德上的恶的起源是什么性质，在关于恶通过我们族类的所有成员以及在所有的繁衍活动中传播和延续的种种表象方式中，最不适当的一种方式，就是把恶设想为是通过**遗传**从我们的始祖传给我们的。因为关于道德上的恶，人们完全可以说诗人关于善所说的同样的话①：genus et proavos，et **quae non fecimus ipsi**，vix ea nostra puto [族类、祖先以及**那些不是我们自己创造的东西**，我都不能把它们算做我们自己的]。② 还应该注意的是，当我们研讨恶的起源时，我们一开始

---

① 奥维德：《变形记》，XIII，140。——科学院版编者注

② 三个所谓的高级学科（在大学里）将会各以自己的方式来解释这种遗传：即**遗传病**、**遗传债务**或者**原罪**。**1. 医学学科**会把遗传的恶设想得像绦虫。关于绦虫，确实有一些自然科学家认为它必然早就存在于人类始祖的体内，因为它既不能在我们体外的某种元素中找到，也不能（就同一品种而言）在其他任何一种动物身上找到。**2. 法学学科**会视它为接受人类始祖遗留给我们的，但附带有一种重罪的**遗产**的合法结果（因为人被生下来，无非就是学会使用世间的财物，

还没有把趋恶的倾向（作为 peccatum in potentia［潜在的恶］）考虑在内，而是仅仅依照其内在的可能性，以及依照为了实施该行动必然集合在任性之中的东西，考虑了给定的行动的现实的恶。

每一种恶的行动，如果我们要寻求它在理性上的起源，都必须这样 6.〔41〕
看待它，就好像人是直接从天真无邪的状态陷入到它里面一样。因为无论人过去的行事方式如何，无论影响他的自然原因是什么样的，也无论这些自然原因是出现于他内部还是外部，他的行动都是自由的，是不受这些原因中的任何一个规定的，因而能够并且必须始终被判定为对他自己的任性的一种**原初的**运用。无论他处于什么样的时间条件和联系中，他本来都应该放弃这种恶的行动，因为世界上的任何原因都不能使他不再是一个自由的存在者。尽管人们有理由说，就连由人过去的自由的，但却违背法则的行动所产生的**结果**，也应由他负责。但这句话要说的无非是，没有必要求助于这个借口，也没有必要弄明白这些结果是自由的还是不自由的，因为在那作为其原因的公认自由的行动中，就已经现存着使他负责的充足根据了。但是，即使某人直到目前面临的自由行动，还一直为恶（以至于习惯成自然了），他也不仅过去有义务更善一些，而且现在也有义务改善自己：他必定也有能力这样做，而且如果他不这样做，他也同样有能力在行动的瞬间负起责任。而且责任也被归于他了，就好像是他本来赋有向善的自然禀赋（这种禀赋是与自由不可分割的），却从天真无邪的状态逾越到了恶似的。——因此，我们不能追问这种行为在时间上的起源，而是必须仅仅追问其理性上的起源，以便在此之后规定、并且尽可能地说明那个倾向，即把越轨纳入自己的准则的主观普遍根据，如果有这样一个根据的话。

以上所说，与《圣经》所使用的表象方式是完全一致的。《圣经》把恶的起源描绘为人的族类中恶的**开端**。它在一个故事中讲述了这一开端，在这个故事中，按照事物的本性（不考虑时间条件）必须被设想为第一

这些财物对我们的继续生存是不可缺少的)。因此，我们必须付出代价（赎买)，而最终（由于死亡）又被剥夺了这种占有权。这在法律上是多么合法啊！**3. 神学学科**会把这种恶视为我们的始祖亲自参与了一个邪恶的叛逆者的**堕落**；并认为我们或者当时（尽管现在意识不到这一点了）就参与了叛逆，或者只是现在，由于生而受那叛逆者（作为这个尘世的统治者）的支配，与天国主宰者的无上命令相比，更为贪恋尘世的财富，并且没有足够的诚意从这当中挣脱出来，但将来也难免与那叛逆者同一命运。

的东西，表现为时间上的第一。按照《圣经》的说法，恶并不是从作为基础的趋恶的倾向开始的。因为若不然，恶的开端就不是从自由产生的
6〔42〕了，而是从**罪**（罪被理解为对作为**上帝的诫命**的道德法则的逾越）开始的。但是，人在未具有任何趋恶倾向之前的状态，则叫做**天真无邪**的状态。道德法则如同它在人这种并不纯粹，而是被偏好所诱惑的存在者这里所必然的那样，最初是一种**禁令**（《创世记》，第 2 章，第 16—17 节）。然而，人并未径直把这一法则当做充足的动机（惟有这种动机才是无条件地善的，在这方面也是无可置疑的）来遵循，而是还去寻找其他只是在一定的条件下（即只有在由此不损害法则的情况下）才能够为善的动机（《创世记》，第 3 章，第 6 节），并且——如果把行动设想为有意识地由自由产生的——采纳了这样的准则，即，不是出自义务，而是充其量出自对其他意图的考虑，才去遵循义务法则。因此，他开始怀疑那排斥其他任何动机影响的诫命的严峻性，并自作聪明地把对那诫命的顺从降低为对一种手段的仅仅（在自爱原则之下）有条件的顺从①，由此出发，他最终把感官冲动对出自法则的动机的优越性纳入行动的准则，罪也就是这样发生的（《创世记》，第 3 章，第 6 节）。Mutato nomine de te fabula narratur [这故事说的就是你，只不过换了名字]。② 以上所说清楚地表明，我们每天都正是这样做的，因而"在亚当身上所有人都犯了罪"③，并且还在犯罪；只不过在我们身上，已经假定了一种作出越轨行为的生而具有的倾向。而在那第一个人身上，按照时间并没有假定这样的倾向，而是假定了天真无邪的状态，因而越轨在他那里叫做**堕入罪恶**，而在我们这里则不同，越轨被表象为从我们本性的已经生而具有的恶劣性产生出来。但是，这种倾向无非意味着，如果我们想按照其时间上的开端来**说明**恶，我们对于每一次蓄意的越轨都必须到我们人生的前一段时间追
6〔43〕溯其原因，一直追溯到理性的使用尚未发展的时间，因而一直追溯到一

① 如果不把道德法则当做自己准则中的自身充足的动机，赋予它在任性的其他所有规定根据之上的优越性，那么，对道德法则所表示的所有敬重都是弄虚作假，对此的倾向则是内心的虚伪，即是一种在解释道德法则时欺骗自己，以至于损害道德法则的倾向（《创世记》，第 3 章，第 5 节）。因此，就连《圣经》（基督教部分）一开始也称恶的始作俑者（它就存在于我们里面）为说谎者，并且鉴于恶表现在人心中的主要根据描绘人的特征。

② 贺拉斯：《讽刺诗》。Ⅰ，1，69～70。——科学院版编者注

③ 参见《罗马书》，第 5 章，第 12 节。——科学院版编者注

种因此而叫做生而具有的趋恶的倾向（作为自然的基础），即追溯恶的泉源。而这在已经被看做是具有运用理性的充分能力的第一个人那里，却是既不必要也不可行的，因为若不然，那种基础（恶的倾向）就会必然是造成的了。所以，他的罪直接被描述为从天真无邪中产生的。——但是，我们大可不必为一种应该由我们负责的道德属性寻找时间上的起源，即使这在要**说明**这种属性的偶然存在的时候是不可避免的（因此，《圣经》尽可以根据我们的弱点，这样描述恶的时间上的起源）。

但是，就我们的任性把从属的动机过度抬高、采纳入它的准则的方式而言，它的这种蜕化，即这种趋恶的倾向，其理性上的起源依然是我们所无法探究的，因为它本身必须被归咎于我们，从而那所有准则的最高根据又会要求假定一个恶的准则。恶本来只能产生自道德上的恶（不是产生自我们的本性的限制）；然而原初的禀赋（除了人自身之外，没有别的什么能够败坏这种禀赋，如果他应该为这种败坏负责的话）毕竟是一种向善的禀赋。这样，对于我们而言，就不存在可理解的根据来说明我们道德上的恶最初可能是从哪里来的。——这种不可理解性，连同对我们族类的恶劣性的进一步规定，《圣经》是以讲故事的方式表述出来的。[①] 它虽然把恶提前到世界的开端，但毕竟没有把它放在人里面，而是放在一个最初具有高贵规定性的**精灵**里面。这样一来，所有恶的**最初**开端，就被看做是我们所完全不能理解的了（因为对于那个精灵来说，恶又是从哪里来的?）；但是，人却被看做是通过**诱惑**陷入恶的，从而不是 6〔44〕
从根本上（甚至就向善的最初禀赋而言）败坏了的，而是还能够改善的，与那个引诱他的**精灵**截然不同。那精灵并不能指望借口肉体的诱惑来减免自己的罪孽。因此，对于虽然心灵败坏，但却总还是具有一个善的意志的人来说，还留存有希望，返回到他曾经背离的善。

---

① 这里所说的，切不可被看做是在阐释《圣经》，阐释《圣经》是在纯然理性的权利界限之外的。人们可以就如何在道德上利用一种历史记载的方式作出解释，而不必断定这究竟是作者的意思，还是仅仅由我们穿凿附会的意思，只要这个意思自身不需要任何历史证明就是真的，同时又是惟有按照它，我们才能从一段经文中引出对我们来说有助于改善的东西的意思。否则那经文只不过是我们的历史知识的一个不结果实的赘疣而已。如果某种东西，无论怎样理解它，都无助于成为一个更好的人，如果某种能够有助于此的东西即使没有历史证明就已被认识，甚至完全抛开历史证明来认识，那么，非不得已，切勿对它及其历史威望哓哓争辩。那种与此没有对每一个人都有效的内在关系的历史知识，属于每一个人都可以随其喜好来对待的中性物。

总的附释：论重建向善的原初禀赋的力量

人在道德的意义上是什么？以及，他应该成为什么？是善还是恶？这必须由他自己来造成，或者必定是他过去所造成的。善与恶必须是他的自由任性的结果。因为若不然，他就不能为这二者负责，从而他**在道德上**就既不能是善的也不能是恶的。如果这意味着，人被造就成为善的，那么，这意思无非是说，人被造就为向**善**的，人的原初**禀赋**是善的。但人还没有因此就已经是善的，而是在他把这种禀赋所包含的那些动机接纳或不接纳入自己的准则（这必须完全听任于他的自由选择）之后，他才使自己成为善的或者恶的。假定为了成为善的或者更加善的，还需要一种超自然的协助，无论这种协助是仅仅在于减少障碍，还是也作出积极的援助，人都必须事先就使自己配得上接受这种协助，并且必须**假定**有这种**援助**（这是非同小可的事情）。也就是说，把力量的积极增长纳入自己的准则。只有这样，善才能被归诸他，他才能被看做是一个善的人。

一个在自然情况下的恶人，怎么可能自己使自己成为善人？这超出了
6〔45〕我们的所有概念；因为一棵坏树怎么可能结出好果子呢？然而，根据我们前面所承认的，一棵原初（就禀赋而言）好的树确曾结出了坏的果子①，而从善到恶的堕落（如果考虑到这是出自自由的）也并不比那从恶重新升为善更易于理解。这样，后者的可能性也就是不容置疑的了。因为即使有那种堕落，“我们**应当**成为更善的人”这一命令，仍毫不减弱地回荡在我们的灵魂中，因而我们必定也**能够**这样做，即使我们所能够做的这件事单就其本身而言并不充分，我们由此而只是使自己能够接受一种我们所无法探究的更高的援助。——当然，我们在此必须假定，善的种子以其全部的纯洁性被保留下来了，不能被清除或者败坏。这种子毫无疑问不能是自爱②；自爱一旦被纳入我们所有准则的原则，就不折不扣

① 就禀赋而言的好树还不是事实上的好树；因为倘若这样，它当然就不能结出坏的果子了。只有当人把那为了道德法则置入他里面的动机纳入自己的准则时，他才被称做是一个善的人（树才被完全称做一棵好树）。

② 一些能够容纳两种截然不同的涵义的语词，往往长期妨碍人们从清晰的根据得出确信。例如一般所谓的**爱**，就连**自爱**也可以被分为对**善意**的爱和对**满意**的爱（bonevolentiae et complacentiae），并且二者必定（不言而喻）都是合乎理性的。把对善意的爱纳入自己的准则，是自然而然的事情（因为谁不想任何时候都心境舒畅呢?）。但是，就一方面鉴于目的要仅仅选择那能够

地是一切恶的泉源。

因此，在我们身上重建向善的原初禀赋，并不是获得一种**丧失了的**向善的动机；因为这种存在于对道德法则的敬重之中的动机，我们永远也不会丧失。要是会丧失的话，我们也就永远不能重新获得它了。因此，这种重建，仅仅是建立道德法则作为我们所有准则的最高根据的**纯粹性**。按照这种纯粹性，道德法则不是仅仅与其他动机结合在一起，或者甚至把这些动机（偏好）当做条件来服从，而是应该以其全然的纯粹性，作为规定任性的自身**充足的**动机，而被纳入准则。原初的善也就是在遵循自己的义务方面**准则的圣洁性**，因而是纯然出自义务的。这使那把这种纯粹性纳入自己的准则的人，虽然自身还并不由此就是圣洁的（因为在准则和行为之间还有很大距离），但却是已经踏上了在无限的进步中接近圣洁性的道路。在遵循自己的义务方面的这种已经运用自如的坚定决心，就作为其**经验性的特性**（virtus phaenomenon［作为现象的德性］）的合法性而言，也叫做**德性**。它具有**合乎法则的**行动的坚定准则；而任性为此所需要的动机，人们则可以随意从什么地方取来。因此，在这种意义

6〔46〕 6〔47〕

与最大的、最持久的福利共存的东西，另一方面在幸福的这些要素中，为每一种要选择最适宜的手段而言，对善意的爱又是理性的。理性在这里仅仅是作为自然偏好的婢女出现，但由此而采纳的准则却与道德毫无关系。不过，如果它被当做任性的无条件的原则，那么，它就是对道德的一种大得无法估量的反抗的泉源。——对**自我满意**的一种合乎理性的爱，也许可以这样理解，即我们在上面已经说到的那些以自然偏好的满足为目的的准则（如果通过遵循这些准则达到了那个目的的话）中，对自己感到满意；而在这里，它和爱那种对自己的善意是一回事。这种自我满意，就像是一位在投机买卖中大获成功的商人，鉴于所采纳的准则，对自己的远见卓识感到高兴一样。然而，**无条件的**（不取决于作为行动结果的得失）**自我满意**的自爱准则，将会是一种仅仅在我们的准则隶属于道德法则的条件下，我们才可能有的满足的内在原则。没有一个对道德并非漠不关心的人，在自觉到这样的准则与自己心中的道德法则并不一致的情况下，还对自己感到满意，甚至根本不对自己感到痛苦的不满。这种可以称做是对自己的**理性上的爱**，它防止把出自自己行动的结果的满意的其他原因（以一种由此而可以为自己争得的幸福的名义），与任性的动机作出任何混淆。既然后者被称做是对法则的无条件的敬重，那么，为什么人们还要用一种**合乎理性的**、但仅仅在后一种条件下才是**道德的自爱**这个术语，来毫无必要地给自己清晰地理解这一原则造成困难，使自己兜圈子呢（因为只有当自觉到，自己的准则就是把对法则的敬重当做自己任性的最高动机时，人们才能以道德的方式爱自己）？根据我们作为依赖于感性对象的存在者的本性，幸福对于我们来说是首要的，是我们无条件地欲求的东西。而根据我们作为赋有理性和自由的存在者的本性（如果人们愿意这样称呼我们生而具有的东西的话），幸福远远不是首要的东西，更不用说无条件地是我们的准则的对象了。毋宁说，这种首要的东西是**配享幸福**，即我们的所有准则与道德法则的一致。至于这种一致在客观上是幸福的愿望能够与立法的理性相和谐的惟一条件，这里包含着所有的道德规定。而在哪怕仅仅这样持有有条件的愿望这一意念中，就包含着道德的思维方式。

上，德性是**逐渐地**获得的，对一些人来说，叫做（在遵循法则方面的）长期的习惯。借助于它，人通过逐渐地改造自己的行事方式，坚定自己的准则，而从趋恶的倾向转到一种截然相反的倾向。为此并不需要一种**心灵的转变**，而是只需要**习俗**的转变。如果一个人感到自己在遵循自己的义务的准则方面是坚定的，他也就认为自己是有道德的，即使这不是出自所有准则的最高根据，即不是出自义务；而是例如，毫无节制的人为了健康的缘故而回到节制，说谎的人为了名誉的缘故而回到真理，不正义的人为了安宁或者获利的缘故而回到公民的诚实，等等。所有这些都是根据备受赞颂的幸福原则。但是，要某人不是仅仅成为一个**律法上的**善人，而是成为一个**道德上的**善人（为上帝所喜悦的善人），即根据理知的特性（virtus noumenon［作为本体的道德］）是有道德的，如果他把某种东西认作义务，那么，除了义务自身的这种观念之外，他就不再需要别的任何动机。这一点，只要准则的基础依然不纯，就不能通过逐渐的**改良**，而是必须通过人的意念中的一场**革命**（一种向意念的圣洁性准则的转变）来促成；他只有通过一种再生，就好像是通过一种重新创造（《约翰福音》，第 3 章，第 5 节，参见《创世记》，第 1 章，第 2 节），以及通过心灵的转变来成为一个新人。

但是，如果人在其准则的根据上败坏了，他怎么可能凭借自己的力量实现这一革命，靠自己成为一个善人呢？然而，义务命令我们做这件事，而义务也仅仅命令我们做自己力所能及的事情。把这两点结合起来，无非是说，对于思维方式来讲，革命必定是人所必要的，因而也是可能的；而对于感官方式（感官方式为革命设置了障碍）来讲，逐渐的改良必定是人所必要的，因而也是可能的。这就是说，如果他通过惟一的一次不可改变的决定，扭转了他曾是一个恶人所凭借的准则的最高根据
6〔48〕（并由此而穿上一个新人）①，那么，就原则和思维方式而言，他就是一个能够接纳善的主体；但仅仅就不断的践履和转变而言才是一个善人。也就是说，他能够希望，凭借他接纳为自己任性的最高准则的那个原则的纯粹性和坚定性，走上一条从恶到更善不断**进步**的美好的（尽管狭窄的）② 道路。对于能够看透心灵的（任性的所有准则的）理知根据、进步

① 参见《以弗所书》，第 4 章，第 24 节。——科学院版编者注

② 参见《马太福音》，第 7 章，第 14 节。——译者注

的无限性对他来说也就是统一性的那一位而言，即对于上帝而言，这件事就等于说他现实地是一个善人（上帝所喜悦的人）。在这种意义上，这种转变就可以被看做是革命。但是，对于只能按照其准则在时间中获得的对感性的优势来评价自己及其准则的力量的人的判断来说，这种改变就只能被看做是一种向更善的永不间断的努力，从而也就只能被看做是对作为颠倒了的思维方式的趋恶倾向的逐渐改良。

由此可知，人的道德修养必须不是从习俗的改善，而是从思维方式的转变和从一种性格的确立开始。虽然人们通常并不是这样行事，而是个别地与各种恶作斗争，却不触动它们的普遍根据。即使是一个最狭隘的人，也能造成敬重合乎义务的行动的印象，而他越是在思想中使行动摆脱通过自爱可能对行动的准则产生影响的其他动机，上述敬重就越大。就连儿童们也能够发现混杂有不纯正动机的极微小的痕迹。因为在这种情况下，行动在他们看来，马上就失去了所有的道德价值。通过援引善人们（就他们合乎法则而言）的**榜样**，让道德上的学习者从他们的行动的真实动机出发，去判断某些准则的不纯正性，可以无与伦比地培植这种向善的禀赋，并使它逐渐地转化为思维方式，以至**义务**纯粹为了自己本身开始在他们的心灵中获得明显的优势。然而，教人去**惊赞**有道德的行动，无论这样的行动要求作出多大的牺牲，都不是学习者的心灵对道德上的善所应保持的正当情调。因为无论一个人如何有道德，他所能够作出的一切善行，都毕竟仅仅是义务；而履行自己的义务，也无非就是 6〔49〕
做在通常的道德秩序之中的事情，从而也就是不值得惊赞的。[①] 毋宁说，这样的惊赞是我们的道德情感的一种变质，好像顺从义务是某种非同寻常的、有功劳的事情似的。

但是，在我们的灵魂中有一样东西，我们如果恰如其分地将它收入眼底，就禁不住要以极大的惊赞看待它。此时，惊赞是正当的，同时亦是振奋人心的。而这种东西就是我们里面的一般的原初道德禀赋。——我们这种由于如此多的需求而始终依赖于大自然的存在者，同时却在（我们里面的）一种原初禀赋的理念中，如此远远超出于这些需求之上，以至我们认为它们统统不值一提；而且如果我们违背自己的理性借以强

① 参见《路加福音》，第17章，第10节。

而有力地命令我们、但在此际却既不向我们许诺什么也不威胁我们的那种法则，而沉溺于惟一能使我们的人生值得追求的对那些需求的享受，我们就会认为自己是不值得生存的。我们这样做所凭借的这种在我们里面的东西（人们不妨扪心自问一下）究竟是什么呢？每一个事先被蕴涵在义务理念之中的圣洁性教导过、但却没有升华到探究最先从这个法则产生的自由概念①的人，哪怕是能力最一般的人，都会深切地感受到这个
6〔50〕 问题的分量。而这种宣示着一种圣洁起源的禀赋，即便是其不可理解性，也必然对心灵起着振奋的作用，鼓舞它作出只有对自己义务的敬重才能要求它作出的牺牲。经常激励自己的道德使命的崇高感，作为唤醒道德意念的手段，是特别值得称颂的，因为它正好抑制着把我们的任性的准则中的动机颠倒过来的那种生而具有的倾向，以便在作为所有可被采纳的准则的最高条件的对法则的无条件敬重中，重建各种动机中的原初的

① 任性自由的概念，并不是先行于对我们里面的道德法则的意识，而是仅仅从我们的任性可被作为一种无条件命令的道德法则所规定推论出来的。只要我们扪心自问，我们是否确定无疑地和直截了当地自觉到了一种能力，能够借助坚定的决心克服越轨的任何无论多么大的动机（Phalaris licet imperet，ut sis falsus，et admoto dictet periuria tauro［即使法拉里斯命令你说假话，并拖来铜牛向你口授伪证］*），就会马上信服上面这种说法。每一个人都将不得不承认，如果出现这样一种情况，他**并不知道**自己是否会决心动摇。但尽管如此，义务却无条件地命令他：他**应该**对自己的决心保持忠诚。他由此正当地**推论**出：他必须也**能够**这样做，因而他的任性是自由的。一些人佯称这种不可探究的性质是完全可以理解的。他们用**决定论**（任性由内部的充足理由规定的命题）这个词制造了一种假象，好像困难就在于把这一命题与自由结合起来似的。然而，并没有人想到这一点。相反，认为任意的行动作为事件、其规定性的根据**存在于先前的时间之中**（它连同自己所包含的东西已不为我们所支配）的**预定论**，如何能够同认为行动与否在发生的瞬间都必然为主体所支配的自由共存，这倒是人们期望看到却从未看到的东西。

♀要把自由的概念与作为一种**必然的**存在者的上帝的理念结合起来，这却是没有任何困难的。因为自由并不在于行动的偶然性（即它根本不为任何根据所规定），即并不在于非决定论（即便是对于上帝来说，为善或者为恶也必然同样是可能的，如果人们把他的行动称为自由的话），而是在于绝对的自发性。这种自发性只有在预定论那里才会遇到危险，因为对于预定论来说，行动的规定根据**存在于过去的时间之中**。因此，行动现在已不为我所支配，而是落到了大自然的手中，不可抗拒地规定着我；然而由于在上帝那里并不能设想时间的序列，所以这一困难也就除掉了。

* 法拉里斯（Phalaris），阿格里根特（Agrigent）城邦僭主，为酷刑目的让雅典工匠佩里尔（Perill）铸造一腹内中空的铜牛，铜牛因下面烧火而灼红。出自尤维纳利斯（《讽刺诗集》，Ⅲ，8，81～82）的引文，也为康德在《康德全集》第5卷159～160页（参见李秋零主编：《康德著作全集》，第5卷，166页，北京，中国人民大学出版社，2007——译者注）和第6卷334页（参见李秋零主编：《康德著作全集》，第6卷，345页。——译者注）所使用。——科学院版编者注

道德秩序，并由此而重建人心中向善禀赋的纯粹性。

但是，这种凭借运用自己的力量所做的重建，岂不是与关于人相对于一切善生而具有的腐败的那个命题截然对立吗？固然，就这种重建的可理解性，即就我们对其可能性的**洞察**而言，这和所有那些应被看做是在时间中发生的事件（变化）、从而按照自然规律被看做是必然的、其反面却同时又服从道德规律、被看做是由于自由而可能的东西是一样的；不过，那个命题与这种重建的可能性本身并不抵触。因为，如果道德法则命令我们现在**应该**是更善一些的人，那么，不可避免的结论就是，我们也必然**能够**这样做。在道德的**教义学**中，关于生而具有的恶的命题毫无用处；因为不管我们是否具有一种生而具有的越轨倾向，道德的教义学都包含着同样的义务，保持着同样的力量。但是，在道德的**修行法**中，
这一命题想要表达的就更多一些，但也无非是说，在从道义上培养我们 6〔51〕
那被造成的向善道德禀赋时，我们不能从一种对我们来说自然的天真无邪状态开始，而是必须从任性在违背原初的道德禀赋而采纳其准则时的恶劣性假定开始。而且由于这样一种倾向是无法根除的，我们还必须与这种倾向做不停顿的斗争。既然这仅仅导致从恶到更善的一种无限延伸的进步，其结论就是，一个恶人的意念之转变为一个善人的意念，必须建立在按照道德法则对采纳其所有准则的最高内在根据所作出的改变之中，而这个新的根据（新的心灵）本身是不再改变了的。然而，人要确信这一点，虽然并不能以自然的方式来达到，既不能通过直接的意识，也不能通过自己迄今所经历的人生的证明来达到，因为心灵的深处（他的准则最初的主观根据）对他来说本身是无法探究的。但是，他必须能够**希望**，凭借运用**自己的**力量来达到一条通向那里的、由在根本上改善了的意念为他指明了的道路。因为他应该成为一个善人，但是只有根据作为他自己所做出来的而被归诸于他的东西，他才能被判定为**道德上**善的。

与这种自我改善的要求相违背，那种从本性上对道德上的改进感到厌烦的理性借口自然的无能，提出了各种各样的不纯正的宗教观念（其中就有：把幸福原则附会在上帝身上，说成是他的诫命的最高条件）。不过，我们可以把所有的宗教划分为**祈求神恩**的（纯然崇拜的）宗教和**道德的，即良好的生活方式**的宗教。就前者而言，人或者谄媚上帝，认为

上帝能够（通过赦免他的罪责）使他永远幸福，而他自己却没有必要**成为一个更善的人**；或者，如果这在他看来不可能的话，认为**上帝**能够把他**变成为更善的人**，而他自己则除了为此而**祈祷**之外，没有必要为此再做什么。由于祈祷在一位洞悉一切的存在者眼中不外是**愿望**，所以，祈祷实际上是什么也没有做；因为倘若这单凭纯粹的愿望就可以办到，那么，每一个人就都可以是善的了。就道德的宗教而言（在迄今为止所存
6〔52〕在的所有公开的宗教中，惟有基督教才是这样的宗教），一条原理就是：每一个人都必须尽其力所能及去做，以便成为一个更善的人。只有当他不埋没自己天赋的才能（《路加福音》，第 19 章，第 12—16 节），利用自己向善的原初禀赋，以便成为一个更善的人时，他才能够希望出更高的协助补上他自己力所不能及的东西。人也完全没有必要知道这种协助存在于什么地方；也许根本不可避免的是，当它的发生方式在某个时间被启示出来时，不同的人却在别的时刻对它形成了不同的概念，而且全都是真诚的。不过在这种情况下，下面这个原理也是有效的："知道上帝为他的永福在做或已做了什么，并不是根本的，因而也不是对每个人都必要的"；但是知道为了配得上这种援助，**每个人自己必须做些什么**，却是根本的，因而对每个人都必要的。

♀本书每一篇都附有一个总的附释，这里的是四个总的附释中的第一个。四个总的附释本来也可以使用这样的标题：1. 论神恩的结果；2. 奇迹；3. 奥秘；4. 邀恩手段。——这些仿佛是纯粹理性界限内的宗教的**补遗**；它们并不属于纯粹理性的界限之内，但却与它接壤。理性意识到自己无能满足自己的道德需求，就扩张自己，一直扩展到似乎能够弥补那种缺陷的超越性理念，但它并不把这些理念当做扩展了的领土据为己有。它并不否认这些理念的对象的可能性或者现实性，它只是不能把它们接纳入自己的思维和行动的准则。它甚至指望，如果在无法探究的超自然物的领域，还有什么东西虽然超出了它能够说明的范围，但对于弥补道德上的无能却是必要的，那么，这种东西即使不可认识，也会对它的善良意志大有益处。这样的指望带有一种信仰，这种信仰可以被称之为（对那种东西的可能性）**进行反思的**信仰，因为它觉得那种宣称自己是一种**知识**的**独断的**信仰是不真诚的或者僭妄的。因为要清除掉（在实践上）自我肯定的东西的各种困难，当它们涉及超验问题时，就只

不过是附带的工作（补遗）。至于这些哪怕是**道德上的**超验理念，当我们 6〔53〕要将它们引入宗教时，从它们所产生的弊端，其结果依照上述的四个类别的顺序为：1. 被认为的内部经验（神恩的作用）的结果是**狂热**；2. 所谓外部的经验（奇迹）的结果是**迷信**；3. 妄称在超自然的事物方面（奥秘）有知性的顿悟，其结果是**顿悟说**，即术士们的幻觉；4. 对超自然事物施加影响的大胆试验（邀恩手段）的结果是**魔术**；这纯粹是一种超越自己界限的理性的迷误，而且是出于自以为道德上的（上帝喜悦的）意图。——但是，特别就本文第一篇的总的附释而言，对**神恩作用**的召唤就属于最后一种类型，如果理性坚守其界限，神恩作用就不会被接纳入理性的**准则**；正如它一般不会接纳任何超自然的事物一样，因为正是在超自然的事物这里，理性的一切运用都终止了。——**在理论上**说明这些作用的根据何在（即为何它们是神恩的作用，而不是内在的自然作用），是不可能的事情，因为我们对原因和结果概念的使用不能被扩展到经验的对象之外，因而也不能被扩展到自然之外。但是，假定**在实践上**运用这一理念，则是完全自相矛盾的。因为作为运用，它就需要假定一种规则，来规范我们为了达到某种东西而必须自己（出自某种意图）**造成**的善的东西；而期待神恩的作用，则恰恰意味着相反的东西，即善（道德上的善）不是我们的行为，而是另一种存在者的行为，因而我们只能通过**无所作为**来获得它；而这是自相矛盾的。所以，我们可以承认，它是某种不可理解的东西，但是，无论是为了理论上的使用，还是为了实践上的使用，我们都不能把它接纳入我们的准则。

第二篇

论善的原则与恶的原则围绕对人类的统治权所进行的斗争

6〔57〕 为了成为一个道德上善的人，仅仅让我们的族类所蕴涵的善的种子不受阻碍地发展是不够的，而且还必须同在我们里面起相反作用的恶的原因进行斗争；这一点，在所有古代的道德主义者中，尤其是斯多亚学派通过**德性**这个他们的特有术语给予了说明；这个术语（无论在希腊语中还是在拉丁语中都一样）标志着英勇无畏的精神，因而假定了一个敌人。鉴于此，**德性**这个名称是一个庄严的名称，至于它经常被滥用来吹牛自夸，并且（如同近代**启蒙**这个词一样）遭到嘲讽，则丝毫无损于它。——这是因为，要求勇敢，就已经足以有一半称得起德性了；与此相反，懒惰的、全然不信任自身的、等待外部帮助的、怯懦的思维方式（在道德和宗教中）松懈了人的所有力量，使人自身不配得到这种帮助。

但是，那些勇敢的人们却错认了他们的敌人。他们的敌人不应该在自然的、只不过是未受教化的、但却毫不掩饰地向每一个人的意识公开呈现的偏好中去寻找，而是一个似乎不可见的、隐藏在理性背后的敌人，因而也就更加危险。理性运用**智慧**去与仅仅是不小心而可能被偏好蒙骗的**愚蠢**进行斗争，却不召唤它去反对用败坏灵魂的基本原理而在暗中腐蚀着意念的（人的心灵的）**恶劣**。①

① 这些哲学家们从人的本性的尊严，即从自由（作为对偏好的势力的独立性）获取他们的普遍的道德原则。他们也不可能以一种更好、更高贵的原则为基础了。他们是直接从仅仅以这样的方式立法的、并且完全通过这样的方式发布命令的理性中汲取各种道德法则的，从而如果赋予人一种未被败坏的、毫不迟疑地把这些法则纳入自己的准则的意志的话，他们就规则来说在客观上，就动机来说在主观上，完全正确地说明了一切。但是，在后面这个假定中恰恰包含着错误。因为无论我们多么早就注意到我们的道德状况，我们都会发现，这种状况已不再是 res integra [一个质朴的东西]，而是我们必须以把已经占有位置的恶（但是，如果我们没有把恶接纳入我们的准则，恶本来是不能做到这一点的）从它的席位上驱逐出去作为开端；即是说，人们所能做的最初的真正的善，就是从恶走出来，而这种恶也不应该到偏好中去寻找，而是应该到颠倒了的准则中，因而也就是应该到自由自身中去寻找。偏好只是给**实施**相反的善的准则增加困难罢了。但是，真正的恶在于，当那些偏好诱惑人做出越轨行为时，我们却不**打算**反抗它们，其实，这种意念才是真正的敌人。偏好只不过是一般基本原理（无论它们是善的还是恶的）的敌人罢了。就此而言，道德性的那种高尚的原则作为预习（对偏好的教化）对于借助基本原理来引导主体是很有

自然的偏好**就其自身来看**是善的，也就是说，是不能拒斥的。企图根除偏好，不仅是徒劳的，而且也是有害的和应予谴责的。毋宁说，人们只需要抑制它们，以便它们互相之间不自相摩擦，而是能够被导向在一个整体中的被称做是幸福的和谐。不过，实现这种状况的理性叫做**明智**。只有道德上违背法则的东西才自身就是恶的，是绝对应予拒斥的、必须根除的；但是，以此来教导人的理性，即使是在它着手这项工作的时候，也只是配被称做**智慧**，尽管恶习与它相比也被称做是**愚蠢**，但也仅仅是在理性于自身之内感到有足够的力量来**鄙视**恶习（以及这方面的所有诱惑），而不只是把它当做一个可怕的存在者来**仇视**，并且武装起来对付恶习的情况下才是如此。 6〔58〕

因此，如果**斯多亚派**仅仅由于必须把偏好当做遵循人的义务的障碍来克服，而把人在道德上的斗争看做是与自己的（本身无辜的）偏好的争执的话，那么，由于他并不承认任何特殊积极的（本身恶的）原则，他可以把越轨行为的原因仅仅归于**忽视**了与偏好的斗争；但是，由于这种忽视自身就是违背义务（越轨行为），并不仅仅是自然错误，从而其原因不能再（没有循环论证地）到偏好中去寻找，而是只能在把任性规定为自由任性的东西中（在默许偏好的那个准则的内在最初根据中）去寻找。所以，这就可以理解，为什么那些哲学家认为一种永远被掩藏在黑暗之中的解释根据①，虽然是不可避免的，但却是不受欢迎的；为什么他 6〔59〕

益的。然而，如果这是**道德上的善**的特殊基本原理，但尽管如此却不是作为准则，那么，就还必须假定在主体中还有这些基本原理的另一个敌人，德性必须与它进行斗争。没有这种斗争，所有的德性尽管不会像那位教父*所想说的那样是显著的**恶习**，但却是**显著的可怜**。因为由此虽然经常平息了叛乱，但却从来不会战胜和清除掉反叛者。

* 指奥古斯丁，传统把这句在给我们保存下来的著作中当然不能证明、但与他的思想的一个方向相符的话归给了他：vritutes gentium splendida vitia［各民族的德性是显著的恶习］。——科学院版编者注

① 能够轻而易举地，而且是一方面从感性动机的强大出发，另一方面从理性动机（对法则的敬重）的无能出发，即从**软弱**出发，来解释人心中在道德上的恶的存在，这是道德哲学的一个很常见的假设。但是，这样一来，就必须能够更容易解释人身上的（在道德禀赋中的）道德上的善。因为一方的可理解性离开了另一方的可理解性是完全不可思议的。但是，理性仅仅凭借一个法则的理念成为所有朝相反方向努力的动机的主宰，这种能力是绝对无法解释的；因此，感性的这些动机如何能够成为如此有威望地发布命令的理性的主宰，这也是无法理解的。因为如果所有的世界都是按照法则的规定进行的，人们就会说，一切都是按照自然的秩序发生的，而没有人会想到哪怕是仅仅追问一下原因。

们对于自己相信正在与之进行斗争的善的真正敌人会认错对象。

因此，当一位**使徒**①把这个**不可见的**、仅仅由于其对我们的影响才是可认识的、败坏了基本原理的敌人，说成是在我们之外的，而且说成是恶的精灵时，这也就不值得奇怪了。他说道："我们并不是与属血气的争战（自然的偏好），乃是与那些执政的、掌权的、管辖这幽暗世界的，以及天空属灵气的恶魔争战"；这是一个并非为了把我们的知识扩展到感性世界之外，而似乎仅仅是为了使我们无法探究的东西的概念**对于实践的运用**变得鲜明生动而提出的表述。因为顺便说一下，如果是为了后者，那么，我们是把诱惑者纯然设定在我们内部，还是也把它设定在我们外
6〔60〕 部，对于我们来说是无所谓的。因为我们在后一种情况下所负的罪责一点也不比在前一种情况下所负的罪责小。在前一种情况下，假如我们没有默许诱惑者，我们本来是不会被他所诱惑的。② ——我们要把这整个考察分作两章。

---

① 指保罗，参见《以弗所书》，第6章，第11—12节。随后第13节以下的敦促证明了康德的解释的真理性因素。——科学院版编者注

② 并不把道德上的善与道德上的恶设想得像天与**地**那样彼此分离，而是把它们设想得像天国与**地狱**那样彼此分离，这是基督教道德的一种特性。这种观念虽然是形象化的，并且就其自身而言是令人反感的，但就其意义而言在哲学上仍然是正确的。——也就是说，它有助于防止，不要把善与恶、光明的王国与黑暗的王国设想为彼此接壤，通过渐进的阶段（或大或小的光明程度）彼此消融在对方之中，而是要把它们表象为被一条深不可测的鸿沟分离开来。人们有可能臣服于这两个王国中的这一个或者另一个，其所遵循的基本原理的截然不同性，以及与适宜于这一个或者另一个王国的那些特性具有接近的亲和性的想象相联系的危险，为这种表象方式提供了理由，即使这种表象方式在自身中包含了令人毛骨悚然的东西，同时却也是很崇高的。

第一章
论善的原则关于对人的统治权的律法要求

一、善的原则的拟人化了的理念

惟一能够使世界成为上帝意旨的对象和创世的目的的东西，就是**处于道德上的彻底完善状态的人性**（一般有理性的世俗存在者）。从这种作为最高条件的完善性出发，幸福就是在最高的存在者的意志中的直接结果。——但是，这个惟一使上帝所喜悦的人是“太初”就“与上帝同在的”；他的理念出自于上帝的本质；就此而言，他不是被创造的事物，而是上帝的独生子；是“道（生成!）”，“万物是藉着他造的。凡被造的，没有一样不是藉着他造的”①（因为正是为了他，即为了尘世上的有理性的存在者，正如按照其道德上的规定性能够被设想的那样，所有的一切才被创造）。——“他是上帝荣耀所发的光”②。“上帝爱他就是爱世人”③，只有在他身上，并且通过接受他的意念，我们才能够希望“作上帝的儿女”④，等等。 6〔61〕

把我们自己**提高**到这种道德上的完善性的理想，即提高到具有其全部纯洁性的道德意念的原型，乃是普遍的人类义务，为此，就连理性交付给我们、要我们仿效的这个理念，也能够给我们以力量。但是，正因为我们不是这个理念的创造者，相反，它已经在人身上取得了一席之地，而我们并未理解人的本性是如何哪怕仅仅能够接受它的，所以，人们也可以更正确地说，那个原型是从天国**降临**到我们这里来的，它接纳了人性（因为设想天生的**恶人**自动地放弃恶，并且把自己**提高**到圣洁性的理想，这并不像设想这种理想接纳**人性**——人性本来并不是恶的——并且**屈尊**于人性那么可能的）。因此，如果我们把那个有上帝的意向的人看做是我们的原型，正如他自己虽然是圣洁的，并且作为这样的人与忍受苦

① 参见《约翰福音》，第1章，第1节以下。——科学院版编者注

② 《希伯来书》，第1章，第3节。——科学院版编者注

③ 《约翰壹书》，第4章，第10节。——科学院版编者注

④ 《约翰福音》，第1章，第12节。——科学院版编者注

难无关，但仍然为了促进尘世的福祉而在最大的程度上承担了这种受难，那么，就可以把这种与我们的结合看做是上帝之子的一种**屈尊俯就**的状态①；相反，那尽管也接纳了这同样的意念，却永远不能摆脱罪恶的人，倒是可以把无论以什么方式降临到他头上的苦难看做是由他自己招致的，从而必然认为自己配不上把自己的意念与这样一种理念相结合，尽管这理念是他用做原型的。

我们只能在这样一个人的理念下设想上帝所喜悦的人性的理想（从而还设想一种道德上的完善性的理想，就像在一个依赖于需求和偏好的世俗存在者身上是可能的那样）。这个人不仅自己履行所有的人类义务，同时也通过教诲和榜样，在自己周围的尽可能大的范围里传播善。而且即使受到极大的诱惑，也甘愿为了尘世的福祉，甚至为了他的敌人而承受一切苦难，直至极屈辱的死亡。——这是因为，一种力量如果是一种道德意念的力量，那么，除非人设想这种力量与重重障碍作斗争，并且无论遇到多大的诱惑都能克服那些障碍，否则，他就不能对这种力量的程度和威力形成任何概念。

6〔62〕 于是，**在对上帝之子的实践上的信仰中**（就他被设想得好像他接纳了人的本性似的而言），人可以希望成为上帝所喜悦的（从而也可以得救）。也就是说，他自觉到这样一种道德意念，即他能够**信仰**并且确立以自己为基础的信赖，他将在类似的诱惑和苦难的情况下（正如把它们当做那个理念的试金石一样）对人性的原型忠贞不渝，并且以忠实的仿效保持与自己的榜样的相似，一个这样的人，并且只有一个这样的人，才有权利把自己看做是一个并非配不上上帝的喜悦的对象。

二、这一理念的客观实在性

从实践的观点来看，这一理念在自身之中完全拥有其实在性。因为这种实在性就在我们那在道德上立法的理性之中。我们**应当**符合它，因而我们也必定**能够**符合它。倘若人们必须事先就证明做一个符合这一原型的人的可能性，就像这对于自然概念是不可回避地必然的（以免我们陷入被空洞的概念所阻碍的危险）那样，那么，我们同样也必须容许考

① 教义学的基督论依据《腓立比书》第2章第6节以下区分了两种“状态”：屈尊俯就的状态和提升的状态（status wxinanitionis，status exaltationis）。——科学院版编者注

虑承认，就连道德法则也具有其威望，是我们的任性的无条件的，然而又是充足的规定根据。其原因在于，单是一种合法则性的理念如何可能是任性的这样一种动机，它比所有只要想得出来的、从利益取得的动机都更强而有力，这是既不能由理性来洞察，也不能由经验的榜样证明的。因为就前者而言，法则是无条件地发布命令的；就后者而言，即使从未有一个人对这一法则做出过无条件的顺从，做一个这样的人的客观必然性也是毫不减少的、不言而喻的。因此，为了使一个在道德上让上帝喜悦的人的理念成为我们的范本，并不需要什么经验的榜样；那理念作为这样一个范本已经蕴涵在我们的理性之中了。——但是，为了承认某个人是与那个理念一致的可供仿效的榜样，谁还要求有比他自己所看到的更多的东西，也就是说，谁还要求有比一个完全无可指摘的、甚至就人们所能要求的而言值得赞扬的品行更多的东西，谁除此之外还要求有通过他或者为了他而必然发生的奇迹来作证明，他同时也就由此承认了他在道德上的**无信仰**，即缺乏对德性的信仰。任何 6〔63〕
建立在由奇迹所作的证明之上的信仰（这样的信仰只能是历史性的）都不能弥补这种缺乏。因为只有对那个蕴涵在我们的理性（理性充其量也只能证明，奇迹是可能从善的原则产生的，但却不能从奇迹中获取它自己的证明）之中的理念在实践上的有效性的信仰才具有道德上的价值。

正因如此，提供这样一种人的榜样的经验也必定是可能的（就像人们也可以期望和要求一般地由一种外部经验提供内部的道德意念的证据一样）。因为按照法则，每一个人都完全应当在自己身上，为这一理念提供一个榜样；这样做的原型总还只是蕴涵在理性之中；因为没有任何外部经验中的榜样适合它。外部经验不能揭示意念的内在的东西，而是只能推论出它，尽管这种推论并没有严格的确定性（甚至人对自己本身的内部经验也不能使他如此看透自己心灵的深处，以至他能够通过自我观察，完全确定无疑地认识到自己所信奉的准则的根据及其纯粹性和坚定性）。

倘若这样一个确确实实具有上帝的意念的人，在某一个时刻仿佛从天国降临到地上，就人们对于外部经验所能要求的而言，通过教诲、生活方式和受难，在自己身上提供一个让上帝所喜悦的人的**榜样**（当然，这样一种人的**原型**毕竟在任何时候都不会以任何方式不同于在我们的理性中所能寻找的），倘若他借助这一切，通过在人的族类中发动一场革命，而在世界上造成了一种大得无法估量的道德上的善，那么，我们委实没有理由在他身上假定某种不同于一个自然出生的人的东西（因为一个自然出生的人也会感到有义务在自己身上提供一个这样的榜样），尽管由此也并没有绝对地否认说，他就不会也可能是一个超自然地出生的人。因为在实践的观点看来，假定后者对于我们并没有任何好处，因为我们加给这种显象的那个原型，永远还必须在我们自己（虽然是自然的人）
6〔64〕里面寻找。它在人的灵魂中的存在即使就其自身来说也就足以无法理解了，以至根本没有必要在他的超自然的起源之外，还在一个特殊的人身上假定他实体化了。毋宁说，把这样一个圣人提高到超出人的本性的所有软弱性之上，倒是会妨碍按照我们所能洞察的一切，把他的理念在实践上运用于我们的仿效。因为即使那个让上帝所喜悦的人的本性被设想为属人的，以至于他和我们一样具有同样的需求，从而也具有同样的苦难，具有同样的自然偏好，从而也被同样的越轨行为的诱惑所纠缠，但他的本性毕竟可以被设想为超人的，因为意志的那种并非获得的、而是天生的不可改变的纯洁性，使他绝对不可能做出越轨行为。这样一来，与自然的人的距离由此又变得如此无限大，以至那个神性的人对于自然的人来说，再也不能被当做**榜样**。自然的人会说：请给我一个完全圣洁的意志，那样，所有趋恶的诱惑在我这里就会自动地落空；请给我内在的最完善的确定性，确信在短暂的尘世人生之后，我（依照那种圣洁性）将立即分享天国的全部永恒的荣耀；那样，我将不仅甘愿、而且还会充满愉悦地承受一切苦难，不管它们有多么沉重，甚至包括最屈辱的死亡，因为我亲眼看到了美好的和临近的结局。虽然说，认为那个神性的人亘古以来，就现实地拥有这种高贵和幸福（而且并不是首先通过这样的苦难才可以有资格得到它们）；认为他为了全然不配享有的人，甚至是为了他的敌人而自愿地放弃了它们，以便把这些人从永恒的堕落中拯救出来；这样的思想必然引起我们的心灵对他的惊赞、爱和感激。同样，一种按照如此完善的道德规则行事的理念，对我们而言，固然也是必须遵循的有效规定；但是，他自身却**不会是作为**可供效仿的**榜样**，因而也不是作为一种对**我们**来说如此纯洁和高贵的、道德上的善之可行性和可达到性的证明，而能为我们所想象。①

尽管如此，这同一个具有属神意向的、但完全真正属人的导师，却 6〔65〕
可以同样真实无误地谈论自己，就好像善的理想在他身上被活生生地展
现出来（展现在教诲和周游之中）似的。因为他在这种情况下只会谈论 6〔66〕
他当做自己的行动规则的意念，但又由于他能够把自己的意念当做对他人的、而不是对自己的榜样展现出来，所以他只是通过他的教诲和行动来把这意念表现在众人眼前：“你们中间谁能指证我有罪呢?”② 但是，如果人们提不出反面的证明，那么，把一个导师为他所教诲的东西——如果这本来就对每一个人来说都是义务——所提供的无可指责的榜样，仅仅归诸他的最纯洁的意念，是公正合理的。这样一种带有为了尘世的福祉起见而承受的一切苦难的意念，就人类的理想而言，对所有时代和所有世界的所有的人来说，面对最高的公正是充分有效的，如果人使他自

① 当然，就一个人的行动而言，如果不同时以属人的方式想象它们或者它们的表现，我们就不能设想任何重要的道德价值，这是人的理性的一种须臾不能摆脱的局限性；尽管这并不是要主张，事情本来（χατ' αληθειαυ［就真理而言］）也就是这样的；这是因为我们为了理解超感性的性质，总是需要与自然存在者进行某种比较。因此，一位哲学诗人赋予人——如果他能够同自身之内的趋恶倾向进行斗争，甚至只要他知道应该克服这种倾向——以一种在存在者的道德阶梯上更高的等级，甚至比由于其本性的圣洁性而漠视一切可能的诱惑的天国居民还要高（具有各种缺陷的尘世要比没有意志的天使们的国度更好。——哈勒［《论灾祸的起源》，Ⅱ，33；参见李秋零主编：《康德著作全集》，第6卷，409页注。——译者注］）。——就连《圣经》也为了使我们按照其程度理解上帝对人类的爱而承认了这种表象方式，它赋予上帝以只有爱着的存在者才能做到的最高的牺牲精神，以便甚至使不配的人也幸福（因而“上帝爱世人”［《约翰福音》，第3章，第16节。——科学院版编者注］等等）；尽管我们通过理性并不能理解，何以一种极无所不足的存在者能够牺牲某种属于它的幸福的东西，放弃某种占有。这是我们不能缺少的（为了作出解释的）**类比的图型**。但是，把这种图式转化为一种（为了扩展我们的认识的）**规定客体的图型**，则是在道德的观点看来（在宗教中）具有极坏后果的**神人同形同性论**。——在这里，我只想再顺便说明，人们在从感性的东西向超感性的东西上升时虽然很可以**运用图型**（借助与某种感性的东西的类比），但绝对不能根据类比从应属于前者的东西**推论出**，这种东西也必须赋予后者（并这样来扩展自己的概念），虽然这是出自极简单的理由。因为这样一种推论是**违背**所有类比的，这个推论只是因为我们要使自己能够理解（通过一个榜样证明）一个概念，就必然要把一个图型来用于这个概念，于是它就想得出这样的结论，即这个图型也必定作为一个宾词应归于对象自身。因为我并不能说，正如我只能按照一个艺匠与他的作品（一只钟表）的关系的类比，来使自己**理解**一株植物（或者任何一个有机物，乃至合目的的世界）的原因，也就是说，通过我赋予这原因以理智来理解它，同样，这（植物、整个世界的）原因自身也就必然**具有**理智。也就是说，赋予它理智，这并不仅仅是我能够进行理解的条件，而是作为一个原因的可能性自身。但是，在这个图型与他的概念的关系和概念的这同一个图型与事物自身的关系之间，却根本没有任何类比，而是只有一种巨大的、正好导向神人同形同性论的飞跃（μεταβασιζ ειζαλλο γευοζ［过渡到另一个类］）。关于这一点，我在其他地方已经证明过了。

② 《约翰福音》，第8章，第46节。——科学院版编者注

己的公正像他应该做的那样与这样一种公正相似的话。当然，如果这种公正必须存在于一种完全并且无误地符合那个意念的生活方式之中，那么，它也就永远还不会是我们的公正。但是，如果我们的公正被与原型的意念结合起来，那么，为了我们的公正起见而吸取前一种公正，就必然是可能的，虽然使自己理解它要经受巨大的困难。我们现在就要谈到这些困难。

三、这一理念的实在性方面的困难及其解决

第一个困难使我们身上与立法者的**圣洁性**相联系的、上帝所喜悦的人性的那个理念的可实现性由于我们自己缺乏公正而变得可疑，它也就是下面这种困难。法则说："你们（在自己的生活方式中）要圣洁，就像你们的父在天国是圣洁的一样！"①；因为这是树立给我们作榜样的上帝之子的理想。但是，我们在自身中应该造成的善与我们作为出发点的恶的距离是无限的，而且就行为，即就生活方式对法则的圣洁性的符合而言，也是在任何时候都无法达到的。尽管如此，人的道德属性却应该与这种圣洁性保持一致。因此，这种圣洁性必须作为一切善从中发展出来的那个萌芽被确立在意念之中，确立在所作所为与法则相一致的普遍而又纯粹的准则之中，而这种一致又是从一个被人纳入自己的最高准则的圣洁
6〔67〕 原则出发的。这是一种观念的变革，它必然也是可能的，因为它就是义务。——于是困难就在于，意念如何能够对**在任何时候**（不是一般地，而是在任何一个时间点上）都有缺陷的行为有效。但是，解决这一困难的基础在于，作为从有缺陷的善向更善的永无止境的不断进步的行为，按照在因果关系概念方面不可避免地局限在时间条件上的我们的评价，永远还是有缺陷的；以至我们必须把显象中的，即就**行为**而言在我们里面的善，**在任何时候**都看做是对于一种圣洁的法则来说有欠缺的。但是却可以设想由一位具有纯粹理智直观的知人心者②，把它向适应这种圣洁

① 《利未记》，第 11 章，第 44 节；参见《彼得前书》，第 1 章，第 16 节。——科学院版编者注

② 指上帝。参见《使徒行传》，第 1 章 24—25 节；第 15 章，第 8 节；《路加福音》，第 16 章，第 15 节。在康德哲学的意义上，道德判断的依据是道德动机，但人心不可知，故人不能做出道德判断。惟有上帝是知人心者，故惟有上帝能够做出道德判断，并根据善分配相应的福。这也是康德提出上帝存在的"公设"的一个原因。——译者注

法则的永无止境的进步，根据派生这种进步的那种超感性的意念，在行为上也判定为一个完成了的整体。① 这样，人即使有其恒久的缺陷，也可以期望成为在**根本上**让上帝所喜悦的，无论他的存在在什么时刻被打断。

第二个困难是当人们把努力向善的人，就这种道德上的善本身而言，放在与上帝的**仁慈**的关系中来考察时出现的，它涉及**道德上的幸福**。这里，并不是把道德上的幸福理解为保证永远拥有作为**自然的幸福**的、对自己的**自然状况**的满足感（摆脱了灾难并且享受着日益增长的乐趣），而是保证永远拥有一种一直在善中向前进的（永不脱离善的）意念的现实性和**坚定性**；因为**只要人们确信这样一种意念是恒定不变的**，那么，持久地"追求上帝的国"，这也无非就是知道自己已经拥有这个国。因为在 6〔68〕
这种情况下，持有如此意念的人已经发自内心地相信，"其余的一切（涉及自然的幸福的东西）都将会归予他"②。

于是，人们虽然可能会把对此担忧的人连同他的愿望指引到"他（上帝）的灵为我们的灵作证"③ 等等，即，谁拥有一个所要求的如此纯粹的意念，他从自身出发就可以感到，他永远也不会陷得如此之深，以致会情愿重新得到恶。然而，这样的自以为具有超感性起源的情感只是把事情弄糟。人们在任何地方都不会比在有助于对自己的好评的事物中更容易欺骗自己了。甚至就连被鼓励得出这样一种信赖，看来也是不可取的，而毋宁说，通过"**恐惧战兢**（这是一个冷酷无情的语词，如果它被误解，就可能促成最蒙昧的狂热），作成你们得救的工夫"④，才是（对于道德性来说）有益的。然而，倘若没有对自己在某个时候已经接纳的意念的**任何**信赖，就几乎不可能有一种在这一意念中继续前进的坚定不移。但是，这种信赖不是把自己交付给甜美的或者可怕的狂热，而是出

---

① 绝不可以忽视的是，这里并不是想说，意念应该用来补偿合乎义务的东西的缺乏，从而补偿这个无限的系列中的现实的恶（毋宁说这假定了人的让上帝所喜悦的道德属性现实地存在于意念之中），而是说，取代了无限向前迫近的这个系列之整体的那个信念，只是弥补了与一种存在者在时间中的存在根本不可分的那种缺陷，即：永远不能完美无缺地成为人们在概念中应当成为的东西。至于要补偿在这一进步中出现的越轨行为，将在谈到第三种困难的解决时再予以考虑。

② 《马太福音》，第 6 章，第 33 节；参见《路加福音》，第 12 章，第 31 节。——科学院版编者注

③ 《罗马书》，第 8 章，第 16 节。——科学院版编者注

④ 《腓立比书》，第 2 章，第 12 节。——科学院版编者注

自把自己迄今为止所奉行的生活方式与自己所下定的决心进行比较。——这是因为，一个人，如果他从接纳善的基本原理的时期开始，经过一段足够长的人生而感知到这些基本原理对行为，即对自己的向越来越善进步的生活方式的影响，并且从中找到机会仅仅以猜测的方式推论出自己的意念的彻底改善，他当然也可以以合乎理性的方式希望，由于这样的进步，只要其原则是善的，就会越来越增强以后的进步的**力量**，所以他在这种尘世人生中就不会再离开这一轨道，而是越来越勇敢地在这一轨道上向前进。甚至可以说，即使在尘世人生之后他还面临着另一种人生，他也将在不同的情况下，根据任何一种看法，按照同样的原则，继续在这一轨道上向前进，并且越来越迫近完善的目标，尽管这个目标是无法达到的。因为他可以根据自己迄今为止在自己身上所感知到的东西，把自己的意念看做是从根本上改善了的。相反，那种即使经常尝试下定向善的决心却从未发现自己停留在这一点上的人，那种永远沉沦于恶之中，或者甚至在其生命进程中也不得不感知到，自己就像在一个斜坡上一样，从恶越来越深地滑入更恶的人，却不能以合理的方式使自己
6〔69〕希望，如果自己此生能够活得更长久，或者自己还面临着一种来生，自己就能使生活变得好起来。因为他鉴于上述这些迹象，必然会把堕落看做是植根于自己的意念之中的。前者是对一种**不可预见的**、但可希冀的、幸福的未来的展望，而后者却是对一种同样**不可预见的苦难**的展望。即，二者对于人们来说，就人们所能够判断的而言，都是对一种或者幸福或者不幸的**永恒性**的展望。这些观念有足够的力量帮助一部分人在善中安宁下来和坚定起来，帮助另一部分人唤醒作审判的良知，以便尽可能地与恶决裂，从而成为他们的动机，而没有必要即使在客观上**独断地**假定善或者恶对于人的命运的永恒性来作为定理①，凭借这样的自以为的知识

① 这属于那些即使能够给予提问者回答、但也增长不了什么聪明见识的问题（因此可以称之为**幼稚的问题**），就连“地狱的惩罚将是有限的惩罚还是永恒的惩罚”这一问题亦是如此。如果用前者来教导人，值得担心的是，一些人（例如所有相信炼狱的人或者穆尔的游记［Francis Moore：《海陆游记新总汇》，1745。——科学院版编者注］中的那个水手那样）就会说：“那么我希望自己能够经受得住”。但是，如果主张后者，并且把它列为信仰中的象征，那么，就可能与人们借此所怀有的意图相违背，将出现一种在无耻的生活之后完全不受任何惩罚的希望。因为在这种人生的终点作事后的忏悔的时刻，那被征求建议和安慰的神职人员，还是必须认为，宣布对某人的永恒谴责是残酷的和不人道的，而他在这种永恒的谴责和完全的赦免之间又没有确定

和主张，理性只会越出自己的洞察的界限。因此，人们所自觉到的善的

任何中间的东西（而是要么永恒地受惩罚，要么根本不受惩罚）。因此，他不得不给予此人以后面这种希望；也就是说，许诺迅速地把此人改造成一个上帝所喜悦的人。其原因在于，由于再也没有时间来选取一种善的生活方式了，忏悔的自白、信仰定式，以及假如能够更为久远地推迟现今生活的终点就许诺一种新的生活，也就取代了中介的地位。——如果符合这里所倡导的生活方式的未来命运的永恒性被当做**教条**陈述，而不是指导人自己从迄今为止的道德状况去形成一个未来人生的概念，并且把它当做迄今为止的道德状况**自身**的可以自然地预见的结果推论出来，那么，上述情况就是不可避免的后果。因为在这里，结果的系列在恶的统治下的**不可预见性**，与能够期待所宣布命运的永恒性，对人具有同样的道德上的作用（促使他尽其所能，使发生了的事情通过偿还或者弥补，还在其生命结束之前就挽回其影响）；但却不会带来对永恒性的教条的损害（本来，无论是理性的洞见还是《圣经》的诠释都没有权利主张这一教条）；因为恶的人在此生中已经预先指望得到这一很容易获得的宽恕，或者相信在生命的终点仅仅借助于天国的公正对他的要求就可以指望这一点；这种要求是他单凭语词来满足的，然而，人们的权利在这里却一无所得，没有人重新获得存在（这种赎罪方式的一个常见的结果就是，反面的实例几乎被充耳不闻）。——但是，如果有人担心人的理性借助于良知对自己的批判会太温和，那么，我相信他是大错特错了。因为正是由于理性是自由的，并且甚至对人也应该有所评说，它才是廉洁公正的。况且只要有人在这样一种状态告诉他，他至少有可能不得不马上站在一位审判者面前，那么，我们就可以把他仅仅交给他自己的反思，这种反思将按照一切可能性最严肃地审判他。——我还想再附上几句说明。**“结局好，一切都好”**这句流行格言，虽然可以运用于**道德的**场合，但也仅仅是在把好的结局理解为人成为一个真正善人时才行。然而，他准备凭什么认为自己是一个真正善的人呢？因为他只能从接下来始终不渝的善的生活方式推论出这一点，但在生命的终点，却再也没有时间来实现这种生活方式了。关于**幸福**，这一格言倒是可以承认的，但也仅仅是与人由以看待自己的人生的立场相联系才行；这一立场不是生活的开端，而是其终点，因为他是从终点出发回溯开端的。当人们认为自己已经安全了的时候，经受过的苦难也就不会再留下什么痛苦的追忆，反而只会留下使目前出现的幸福的享受更加津津有味的愉悦。因为享乐或者痛苦（作为属于感性的）是包含在时间系列之中的，也与这一系列一起消逝，与当下实存的人生享受并不构成一个整体，而是被这些作为后来者的东西所排挤。但是，如果把这句话用来评价迄今为止所奉行的人生在道德上的价值，那么，这样来评价人生就可能是毫无道理的，尽管他是以一种完全善的方式结束人生的。因为评价他的人生所必须依据的**意念**在道德上的主观原则（作为某种超感性的东西），并不具有可以将自己的存在在时间中划分为阶段的方式，而是只能被设想为绝对的统一体。而由于我们只能从行动（作为意念的表现）推论出意念，所以为了这种评价起见，只能把人生作为**时间统一体**，即作为一个**整体**来考虑。因为在这种情况下，由人生前一部分的（改善之前的）而来的谴责，与**后一**部分中的赞许同样响亮，而欢庆胜利的呼声，即“结局好，一切都好”，也就会大大减弱其音量了。——最后，与关于在另一个世界的惩罚的持续期的学说相类似，还有另一个学说，尽管二者并不是一回事。这个学说就是：“所有的罪在这里都必须被谅解”；对人生终点的估计必须被完全排除；没有人能够希望把此处错过的东西在彼处再补上。这一学说和前一学说一样不能被宣布为教条，而是只能是实践理性在使用自己的超感性事物的概念时为自己规定规则所借助的一条基本原理，同时它也满足于对超感性事物的客观属性一无所知。它只不过是说，我们只能从我们所奉行的生活方式来推论自己是否是上帝所喜悦的人。而由于生活方式是随着这种生活结束的，所以对我们来说，这样一种考虑也就被限制住了，其结论所提供的仅仅是，我们是否能够认为自己是释罪了的。——一般来说，如果我们不执著于对我们不可能洞察的超感性客体的认识的**建构性**原则，而是把我们的判断限制在**范导性的**、满足于对这些知识的可能的实践运用的原则之上，那么，人的智慧就可以更好地对待许多问题，而不是自以为知道那种人们在根本上一无所知的事物，而养成无根据的、尽管在一段时间里给人一线希望的小聪明，最终从这里产生出对道德性的损害。

6〔70〕和纯粹的意念（它们可以被称为一个善的、统治我们的精神）也自身包
6〔71〕含着对其坚定不移和稳固性的信赖，尽管这只是间接的。而当我们的失足由于其坚定不移而令我们感到担忧的时候，这种意念也是安慰者（圣灵）。在这种意念方面的确定性，对人来说既是不可能的，在道德上也是无益的。其原因在于（这一点必须解释清楚），我们不能把这种信赖建立在对我们的意念的不可更移性的直接意识上，因为我们不能看透这一点，充其量必须只从意念在生活方式中的结果推论出意念。但是，这种结论由于只能从作为知觉中，即从善的和恶的意念的显象引出，所以它尤其从来也不能使人肯定无疑地认识到意念的**强而有力**，至少当人们认为在临近预料中的生命终点时已经改善了自己的信念时是这样。因为根本没有对意念的纯真性的那种经验性的证明，再也没有什么生活方式可供确立关于我们的道德价值的判断，而绝望（但是，人的本性不顾所有超出这种生命界限的前景都在黑暗之中，而已经自发地留意使自己不要陷入严重的悲观失望）则是从对自己的道德状况的合理评价中产生的不可避免的后果。

第三个表面上看来也是最大的困难，把每一个人，即使在他选择了
6〔72〕向善的道路之后，也设想为在他的整个生活方式面对上帝的公正受审时，仍然是应受谴责的。这种困难如下所述。——无论怎样在人身上假定一种善的信念，甚至，无论人在这方面如何坚定不移地以一种符合这种意念的生活方式向前进，**他毕竟是从恶开始的**，对于他来说，永远不可能抹去这种罪债。即使他在自己的心灵变化之后不再犯下新的罪，他也不能把这看做好像他这样就偿清了旧的罪似的。哪怕他可以在今后奉行的善的生活方式中不超出自己每次本来应该做的事情；因为在任何时候，他的义务都是做自己力所能及的善。——这种原初的或者完全先行于任何他随时能做的善事的罪，也就恰恰是并且只不过是我们所理解的**根本的**恶的东西（参见第一篇）。但是，甚至就我们根据自己的理性权利所见到的而言，它也并不能由另一个人来偿还。因为它并不像金钱债务（如果是金钱债务，那么，是由债务人自己偿清还是由另一个人代他偿清，对于信仰者来说都是一回事）那样，是可以被转到另一个人头上的**可转账的**债务，而是**最个人性的**债务，即只有应受惩罚的人才能承担、无辜的人无论怎样慷慨地想代他接过来也不能承担的罪责。——既然道德上

的恶（对作为上帝的律令的道德法则的逾越，被称做**罪**），不是因为其权威由此而受到伤害的最高立法者（我们根本不理解人与最高存在者的这种过分多情的关系）的**无限性**①，而是作为**意念**和一般准则之中的恶（一如**一般的基本原理**相对于个别的越轨行为来说），才带有对法则的伤害的无限性，从而带有罪过的**无限性**（这在一个只考虑个别的犯罪、从而只考虑行为以及与此相关的意念、但不考虑一般的意念的人类法庭面前是另一回事），所以，每一个人都将要对受到一种**无限的惩罚**和被从上帝的国中驱逐出去有所准备。

解决这一困难的基础如下。一个知人心者的审判必须被设想为这样的审判，它是从被告的普遍意念作出的，而不是从这意念的显象、从与 6〔73〕
法则相背离或者相一致的行动作出的。但是这里，在人心中假定了一种对事先在他里面起支配作用的恶的原则拥有优势的善的意念。于是问题就在于，背离法则的道德后果，即惩罚（换句话说，上帝对主体不满意的后果），是否也可以与他在改善了的意念中的状态相关联，在这种意念中，他已经是上帝满意的一个对象了。由于这里的问题并不是在改变思想之前施加于他的惩罚是否与上帝的公正相一致（对于这一点没有人怀疑），所以，这种惩罚（在这场审理中）不**应该**被设想为是在改善之前施加于他的。但是，它也不能被设想为是**在改善之后**施加于他的，因为这个人已经过渡到新的生活，在道德上是另一个人了，他现在已被认为与他（一个上帝所喜悦的人）的新品质相符合。尽管如此，最高的公正却必须得到满足，面对它，一个应该受惩罚的人决不能不受惩罚。② 既然这种惩罚既不是在思想改变**之前**，也不是在思想改变**之后**符合上帝的智慧的，却又是必然的，所以，它必须被设想为是在思想改变的状态中符合上帝的智慧，并被实施的。这样，我们就必须看一下，通过一种道德上的思想改变的概念，是否已经可以把那种灾祸设想为已经包含在这种状态之内。新的具有善的意念的人可以把这种灾祸看做是由自己（在其他联系中）招致的，并且看做使上帝的公正得到满足的那

① 这是经院神学教义学的观点，其经典表现已经出现在安瑟尔谟的著作《上帝何以成为人?》之中。——科学院版编者注

② 这也是教会正统补赎论的最高原理，安瑟尔谟就已经从它得出了——错认基督教信仰之本质的——二者择一：aut poena aut satisfactio［要么惩罚，要么 补赎］。——科学院版编者注

6〔74〕 些**惩罚**。① ——这就是说，思想的改变也就是从恶中走出并进入善，是脱去旧的人并穿上新的人②，因为主体死于罪过（从而也死于一切偏好，如果它们诱人犯罪的话），乃是为了生于公正。但是，包含在这种作为理智规定的公正之中的，并不是被一段时间间隔截然分开的两种道德行为。相反，它们只是一个惟一的行为，因为只有通过使人进入善的那种善的意念，离开恶才是可能的，反过来说也是一样。因此，离开恶的意念和接受善的意念同样包含着善的原则；而正当地伴随着前者的痛苦则完全是由后者产生出来的。从堕落了的意念走出，进入善的意念（如“在旧的人身上死去，将肉体钉在十字架上”③），这本身就已经是牺牲，是接受人生的一长串苦难。新的人是以上帝之子的意念，即纯然是为了善起见，承担起这些苦难的。但是，这些苦难作为**惩罚**，本来却是应该归诸于另一个人，即归诸于旧的人（因为旧的人在道德上是另一个人）。——因此，尽管他**在自然方面**（就他作为感性存在者的经验性的特性来看）是同一个应该受惩罚的人，并且作为这样一个人必须面对一个道德法庭，从而也必须由他对自己进行审判。然而，在他（作为理知存在者）的新的意念中，他面对一个属神的审判者——在这一审判者面前，意念就代表了行为——**在道德上**是另一个人；而这种具有纯粹性的意念，例如他已经纳入自身的上帝之子的意念，或者（如果我们把这一理念人格化）

---

① 把世界上的一切灾祸普遍都看做对犯下的越轨行为的惩罚，这种假设不能被认作是为了一种神义论，或者是看做为了祭司宗教（崇拜）冥想出来的发明而接受（因为祭司宗教太粗俗，不可能是如此精巧地设想出来的）。相反，他也许非常接近人的理性。人的理性倾向于把大自然的进程与道德性的法则联系起来，而且它从中很自然地得出这样的思想，即我们在能够要求从人生的灾祸中摆脱出来，或者通过更多的福利使它们得到补偿之前，就应该试图成为更好的人。——因此，（《圣经》中的）第一个人被设想为受到要想吃饭就必须劳动的诅咒，他的妻子则受到要痛苦地生育子女的诅咒，两个人都由于自己的越轨行为的缘故而受到必死的诅咒。尽管这里看不出来，如果不犯下这种越轨行为，动物般的、具备这样的肢体的造物如何能够期望得到另一种规定。对于印度人来说，人们无非是为了惩罚其昔日的罪行而被禁锢在动物性的肉体之中的精神（被称为 Dewas［提婆］）。甚至一位哲学家（马勒伯朗士［Maleburache，参见《论追求真理》，第Ⅳ卷，第Ⅺ章。——科学院版编者注］）也宁可根本否认无理性的动物有灵魂，因而否认它们有情感，也不愿承认，马“一点也没有吃禁食的干草”却不得不忍受如此多的辛苦。

② 《以弗所书》，第 4 章，第 22、24 节；《歌罗西书》，第 3 章，第 9～10 节。——科学院版编者注

③ 《罗马书》，第 6 章，第 2、6 节；《加拉太书》，第 3 章，第 9～10 节。——科学院版编者注

上帝之子自己，就为新人、也为所有（在实践中）信仰上帝之子的人，作为**代理人**承担起罪责；作为**拯救者**以受难和死来满足最高的公正；作为**管理者**使人们能够希望在自己的审判者面前可以表现为释了罪。只不过（在这种表象方式中）新的人通过在旧的人身上死去而在人生中必须不断地承担的那种受难①，在人类的代表身上被表象为一劳永逸地经受死亡罢了。——这里就有上文未及谈到的那种超出工作成绩之上的功劳，6〔75〕
而且是一种由**神恩**归于我们的功劳。因为要把我们这里在尘世生活中（也许还在所有的未来时代和所有的世界里）永远处在只是**生成**之中的东西（即，做一个上帝所喜悦的人）归属于我们，就好像我们在这里已经完全拥有了它似的，对此，就我们对自己本身的认识（不是直接地、而是仅仅按照我们的行为来判断我们的意念）而言，我们毕竟没有任何合法要求♀②（根据经验的自我认识来看），以至于我们心中的控告者将宁可提出一种诅咒性的判决。因此，这永远只是一种出自神恩的判决，尽 6〔76〕
管（作为建立在补赎之上的，而这补赎对我们来说仅仅存在于被改善了

① 即使是最纯粹的道德意念，在作为世俗存在者的人身上产生的，也不过是一个在行为（感性世界里发生的行为）上为上帝所喜悦的主体的不断生成。虽然就品质而言（由于道德意念必须被设想为以超感性的方式**确立**），他的道德意念应该并且能够是圣洁的、符合其原型的意念的。但就程度而言——就像它在行动中所启示出来的那样——，他的道德意念永远是有缺陷的，与其原型的意念还有无限远的距离。尽管如此，由于这种意念包含着在弥补这种缺陷方面的不断进步的基础，它作为整体的理智统一就取代了完成了的**行为的地位**。然而问题在于：那个“在他身上没有该定罪的东西”（《罗马书》，第 8 章，第 1 节。——科学院版编者注）或者必然没有该定罪的东西的人，是否能够相信自己是释了罪的，并且尽管如此是否能够总是把他在趋向越来越善的道路上所遇到的苦难，看做归诸自己的**惩罚**，因此承认该受惩罚，从而也承认有一种让上帝不满的意念？回答是肯定的，但仅仅是就他不断地脱去的那个人的品质而言。他在新人的品质中愉快地、纯粹是为了善的缘故接受在那种品质（旧人的品质）中会要作为惩罚来承受的东西（而且这是人生的所有苦难和灾祸）；因此，那些苦难和灾祸就此而言对于他，而且对于作为一个新人的他，并不是当做惩罚归诸他的，相反，这一表述只不过是要说，他所遇到的所有苦难和灾祸，都是旧的人本来必须作为惩罚归诸自己的。即使他在旧的人身上死去，他也现实地把它们作为惩罚归诸自己，他以新人的品质自愿地接受这些灾祸和苦难，把它们当做考验和锻炼自己趋善意念的如此多的机会。对此来说，那种惩罚既是结果，同时也是原因，因而也是存在于对自己在善中进步（它借助于离开恶而做出一个行动）的意识之中的那种满意和**道德上的幸福**的原因。反之，同样的灾祸在旧人的意念中本来就不仅仅必须看做是惩罚，而且也必须是作为惩罚**被感受到的**，因为它即使作为纯然的灾祸来看，也与人在这样的意念中用来作为自己的惟一目的的那种东西，即**自然的幸福**，是截然相反的。

② 而是只有**接受的能力**，它是我们自己能够赋予自己的一切。但是，对一个主宰者关于分配一种善的旨意，子民除了（道德上的）接受的能力之外，别无所有，这种旨意就叫做**神恩**。

的意念的理念之中，而惟有上帝才认识这理念）如果我们为了信仰中的那种善而放弃一切辩白，也完全符合永恒的公正。

于是还可以追问：对一个虽然负有罪责、但却毕竟转向一种上帝所喜悦的意念的人的**释罪**理念的演绎，是否具有某种实践上的用途？这种用途又可能是什么样的用途？这里还不能忽略它能够对宗教和生活方式造成什么样的**积极的**用途。因为在那种研究中，作为基础的条件是，它所涉及的人已经现实地处于必需的善的意念之中了。道德概念的所有实践上的用途本来都是以这种意念的要求（它的发展和促进）为目的的。因为说到安慰，那么这样一种意念已经为自觉到它（作为安慰和希望，而不是作为确信）的人带来了安慰。就此而言，这样一种意念只不过是对一个思辨问题的回答，但是，这个思辨问题之所以不能用沉默来避开，乃是因为若不然，理性就会受到指责，说它绝无能力把对赦免人的罪过的希望和上帝的公正结合起来。这是一种在许多方面，尤其是在道德方面对它可能有害的指摘。然而，从这里面为了每一个人在宗教和道德上的目的而能够引出的**消极的**用途却伸展得很广。因为从上面所考虑的演绎可以看出，对于为罪所累的人来说，只有在心灵的彻底变革的前提条件下，才可以设想在天国的公正面前得到赦免。从而所有的赎罪，无论它们是以忏悔的方式还是以节庆的方式，以及所有的祈求和赞美（甚至包括对上帝之子的具代表性的理想的赞美）都不能弥补这种心灵的彻底变革的缺乏。或者说，即使实行了这一切，也丝毫不能增加它们在那个法庭面前的效力。因为这个理想必须被纳入我们的意念，以便取代行为而发生效力。人可望**在人生的终点**从他所奉行的生活方式得到些什么，或者他可能惧怕些什么，这个问题还包含着另外的东西。在此，他必须首先对自己的性格至少有一些了解；从而即使他相信自己的意念发生了
6〔77〕改善，也必须同时考察自己作为出发点的旧的（堕落了的）意念。而且无论他从旧的意念中去掉了什么，去掉了多少，无论自以为新的意念具有什么样的**品质**（是纯粹的还是不纯粹的），达到了什么**程度**，他都必须能够把旧意念接受下来，以便克服它，并且防止重新堕入它。因此，他将不得不终生参考旧的意念。这样，由于他借助直接的意识对自己的现实的意念根本得不出一种肯定的、确定的概念，而是只能从自己现实地奉行的生活方式中接受这概念，所以，对于未来的审判者（他自己心中

的清醒的良知，连同由此唤起的经验性的认识）的判决，他想不出证明自己有罪的别样的状况，除了日后向它展示**他自己的全部人生**，而不是仅仅展示人生的一个阶段，也许是最后一个并且还是对自己最有利的阶段之外。但是，他将会自动地在此之上联系着对还要继续下去的（而不是以此为界限的）生活——如果它还会持续更久的话——的展望。在此，他不能让事先认识到的意念代表行为，而是恰恰相反，他应该从展示给他的行为取得自己的意念。读者可能会认为，单是这种思想，根据他迄今为止所奉行的生活方式，将对他未来的命运作何判决呢？这种思想使人（他恰恰不能是最邪恶的人）回忆起许多东西。而通常，如果人们只不过告诉他，说他有理由相信，他有朝一日将面对一位审判者，他早就漫不经心地把这些东西遗忘掉了。如果在人心中询问存在于他自己心中的审判者，那么，他就会严格地评判自己；因为他不能贿赂自己的理性。但是，如果给他介绍另一个审判者，以及想从其他方面的教训获得关于这位审判者的资讯，那么，他就会违背自己的严格态度而提出许多从人类的软弱性这个借口得出的理由来表示反对。而且一般说来，他会考虑对付这个审判者：这就是，他会考虑通过悔罪的、并非出自改善的真实意念的自虐来预先防止这位审判者的惩罚，或者通过请求和祈祷，甚至通过定式和貌似虔诚的忏悔来打动这位审判者。而且如果使他具有了这样的希望（按照那句格言：结局好，一切都好），那么，他依此就已经早早地作出了估计，以便不致不必要地过多地失去惬意的人生，并在临近 6〔78〕
人生的终点时迅速地为了自己的利益结账了事。♀①

① 那些在临终时让人请来一位神职人员的人，其目的通常是想在他那里获得一位**安慰者**。并不是因为由最终的疾病，甚至仅仅是对死亡的自然恐惧所带来的**生理上的**痛苦（因为对此，那结束痛苦的死亡本身就可以是安慰者），而是因为**道德上的**痛苦，即因为良知的谴责。在这里，按照那句警告："你同你的对头（对你有合法要求的对头）还在路上（即只要你还活着），就赶紧与他和息。恐怕他把你送给审判官……"*，宁可**激起**和**增强**这种良知，以便不致错过还能够做些什么善事，或者在他还剩下的时间里把恶清除掉（弥补）的机会。但如果不是这样，而是给良知提供一种鸦片似的东西，则是对他自己和在他之后还活着的人的犯罪，完全违背了在临终时给予这样一种良知的支援得以被视为必要的终极目的。

* 《马太福音》，第 5 章，第 25 节。据哈塞在《康德的最后表述》第 2 版 27 页所说，康德在 1802 年的忏悔与祈祷日恰恰把这段话称为一个很合适的忏悔文本。在该处进一步说道：他自称自己曾有一天作为候补就这个文本起草过一份布道（但不做布道），它必定还在他的文件中。但无论如何寻找，都没有找到任何东西。——科学院版编者注

第二章
论恶的原则在对人类的统治权上的律法要求和两种原则彼此之间的斗争

《圣经》(基督教部分)以一种历史的形式讲述了这种理知的道德关系。因为人心中像天堂和地狱那样彼此对立的两个原则，被设想为人之外的两种人格，不仅彼此试验着自己的威力，而且(一方作为人的控告者，另一方作为人的辩护者)还想仿佛面对一位最高审判者那样**通过律法**来实现自己的要求。

人本来被指定为地上一切财富的所有者(《创世记》，第1章，第28节)。然而，人只应该把这些财富作为自己的下级所有物(dominium utile [可用的财产])，在他的作为上级所有者(dominus directus [直接的所有者])的创造主和主人的支配下来占有。同时，一种恶的存在者(由于这种恶的存在者最初是善的，所以，它是怎样变得如此之恶，以致对它的主人不忠诚，却是不得而知的)也被造就出来了，它由于自己的堕落而丧失了在天国本来可能拥有的全部财产，现在要在地上获得另一种财产。既然对于作为更高品类的存在者——作为一种精灵——的恶的存在者来
6〔79〕说，尘世的和有形体的对象不能提供任何享受，于是，它力图通过使一切人的始祖背叛自己的主人并且依附于它，来重新获得对**心灵**的统治，因为它这样一来终于能够自命为地上的一切财富的最高所有者，即这个世界的王。于是，虽然人们不免怀疑，为什么上帝不对这一叛逆者使用他的威力①，并且最好是一开始就摧毁这一叛逆者蓄意建立的王国。但是，最高的智慧对理性存在者的统治和治理，却是按照他们的自由的原

① P.查尔莱沃斯*谈到，当他向自己的易洛魁教义问答手册学生讲述恶的精灵带到开始是善的造物之中的所有的恶，以及这个恶的精灵还在如何不断地试图破坏上帝的这个最好的举措时，这个学生不满地问道：可是，上帝为什么不杀死魔鬼呢？对于这个问题，他坦率地承认自己在匆忙中未能找到答案。

* Pierre-Francois-Xavier de Charlevoix，1682—1761，耶稣会士，加拿大传教士，写过《新法国的历史和总描述》，3卷本，巴黎，1744。——科学院版编者注

则对待他们的，并且无论他们会遇到什么善的或恶的东西，都应该归之于他们自己。因此，一个恶的国违背善的原则在这里建立起来了，所有（以自然的方式）起源自亚当的人都臣服于它，而且是他们自己赞同的，因为这个世界的所有财富的幻象把他们的目光从他们注定的堕落的深渊引开了。虽然善的原则因为自己在对人的统治权的律法要求，通过建立一种政府形式才得以保存，这种形式只是安排来对它的名字进行公开的、惟一的崇拜（在**犹太人的**神权政治国家中）。但是，由于在这样的政府形式中，臣民们的心灵依然除了这个尘世的财富之外，不赞同任何其他的动机，从而他们除了借助此生中的奖赏和惩罚之外，也不愿以其他方式被治理。然而，除了一方面使人背上令人厌烦的仪式和习俗，另一方面虽然是道德的，却仅仅产生出一种外部强制的，即仅仅是市民社会的法则之外，没有任何其他法则能够做到这一点，所以，这种安排在本质上并没有与黑暗的王国决裂，而是仅仅有助于把第一所有者的不可取消的权利永远保存在记忆中。——于是，在这同一个民族中，当它充分地感觉到一种等级制度的所有弊病，并且不仅通过这种感觉，同时也许还通
过逐渐对它发生影响的希腊世俗智者那些动摇奴隶意识的道德上的自由 6〔80〕
学说，多数人开始思索这种状况，从而成熟得足以发动一场革命的时刻，就突然出现了一位人物。他的智慧要比迄今为止的哲学家的智慧更加纯洁，就像从天堂下凡的一样。就他的学说和榜样来说，虽然他也宣称自己是真正的人，但却是一个来自这样一个起源的使者，这个起源处于原初的天真无邪状态中，并没有于其余的人类通过其代表，即始祖与恶的原则缔结的条约同日而语，♀[1]并且“这个世界的王在他里面是毫无

---

① 尽可能地设想一个不具有天生的趋恶倾向的人，以至让他从一个处女母亲出生，是对一种既难以解释然而又无法否认的、似乎是道德上的本能作出迁就的理性的一个理念。其原因在于，由于自然的生育没有双方的情欲就不可能发生，这种生育显得把我们置于（对于人类的尊严来说）与一般的动物交配过于相近的类似性之中，所以我们把它看做是某种我们必须为之感到**羞耻**的东西——这种观念无疑成了僧侣阶层所自以为的圣洁性的真正原因。——因此，这种东西让我们觉得是某种不道德的东西，是与人的完美性无法统一的东西，然而又是被嫁接人人的本性的东西，从而也是作为一种恶的禀赋遗传给他的后代的东西。——一个不带有任何道德缺陷的孩子的不依赖于任何性交往的（处女的）出生，这个理念与这种模糊的（从一方面来看纯然是感性的，但从另一方面来看却又是道德的，因而也就是理知的）观念倒是符合的，但在理论上却不是没有困难的（但就理论而言来规定某种东西，在实践的目的上却是完全没有必要的）。因为按照渐成论的假设（参见《判断力批判》，第 81 节。——科学院版编者注），通过**自然的**生育从自己的

所有”①。由此，这个世界的王的统治就遇到了危险。因为如果上帝所喜
6〔81〕悦的这个人抵制他的诱惑，不参与那个契约，而其他人也虔诚地接受了同样的意念，那么，这个世界的王也就丧失了同样多的臣民，他的国也就面临着被彻底摧毁的危险。因此，他向这个人提出建议，如果这个人愿意向他宣誓效忠，只承认他是这整个国的所有者，他就让这个人作为他的整个国的封臣。由于这一企图并没有成功，于是，这个世界的王就不仅从其土地上的这个外来者那里收回了能够使他的尘世生活感到舒适的一切（直到使他成为赤贫），而且对他发动了所有会使恶人愤懑不平的迫害，造成只有善良的人才会真正深切感受到的苦难，以及对他的学说的纯洁目的的诋毁（以便使他失去所有的追随者），而且一直把他迫害得让他最屈辱地死亡。但尽管如此，却仍旧丝毫不会由于对他为纯粹卑贱者的福祉提供的学说和榜样中所表现出来的坚定和正直的冲击而有损于他。而这就是这场斗争的结局！这场斗争的结局既可以看做一种**律法上的**打击，也可以看做一种**生理上的**结局。如果人们看到的是后者（它属于感官领域），那么，善的原则就是失败的一方。而由于他在一种外来的（拥有暴力的）统治之下激发了一场起义，他就不得不在经受了许多苦难之
6〔82〕后，在这场斗争中献出自己的生命。♀②但是，**原则**当权（无论这些原则

父母出生的母亲，毕竟会是带有那种道德缺陷的，并且会在一种超自然的生育时，至少也会把这种缺陷的半数遗传给自己的孩子。因此，为了避免这种结果，必须接受胚胎在父母体内**预先存在**的体系，但不能是包含在**女方**中的体系（因为这样一来还是不能避免那个结果），而只是它包含在**男方**中的体系（不是 ovulorum animalculorum［卵源说］的体系，而是 animalculorum spermalicorum［精源说］的体系）。现在男方鉴于一种超自然的怀孕被略去了，而只有在理论上与那个理念相符合，那种表象方式才能够得到维护。——然而，如果这对于实践的东西来说已经够了，所有对此表示同意或者反对的理论，为什么都还把那个理念当做使自己凌驾于恶的诱惑之上的（成功地抵制了恶的）人性的象征，介绍给我们来作为榜样呢？

① 参见《约翰福音》，第 14 章，第 30 节。——科学院版编者注

② 并不是说他（像巴尔特博士*以小说的方式所虚构的那样）**寻求死亡**，以通过一种能引起敬仰的光辉榜样来促进善的意图；那样会是一种自杀。因为虽然人们在不背弃一种义不容辞的义务就不能逃避死亡时，也可以冒着失去自己生命的危险做某些事，或者忍受出自他人之手的死亡，但无论是为了什么目的，都不可以把自己及其生命当做手段来支配，从而成为自己的死亡的**制造者**。——然而，这也不是说他（像那位沃尔芬比特尔的残篇作者**所怀疑的那样）拿自己的生命**冒险**不是出自道德上的意图，而是仅仅出自政治的、但又是非法的意图，为了推翻祭司统治并使自己以世俗的统治权力取而代之。因为他在已经放弃了保存自己的生命的希望之后，在晚餐时对他的门徒们所作的使人铭记着他的劝告（参见《路加福音》，第 22 章，第 19 节。——译者注），反驳了这种看法。倘若这是对一个失败了的世俗意图的记忆，那么，它就会是一种令

是善的还是恶的）的国不是自然的国，而是自由的国。也就是说是这样一个国，在它里面，人们只有当统治了心灵的时候才能够支配事物。因为在它里面，没有任何人是奴隶（农奴），除非并且只有当某人自愿如此时才有奴隶；于是，正是他的这一死亡（一个人的苦难的最高级别）成了善的原则的体现，即处于道德上的完善之中的、作为后世的榜样适用于每一个人的人性的体现。关于这一死亡的观念，应该并且可能在他那个时代，甚至于能够在任何一个时代对人们的心灵都产生极大的影响。因为它使人在最鲜明的对比中看到了天国的子女们的自由，和一个纯然的尘世之子的奴役地位。但是，善的原则并不仅仅是在某一个时代，而是从人类起源开始，就以不可见的方式，从天国降临到人性中的（如同每一个注意到了自己的圣洁性，同时也注意到了这种圣洁性与人的感性本性在道德禀赋之中的结合的不可理解性的人，都必须承认的那样），并且在人性中以法的方式拥有了第一个居所。因此，由于在一个作为所有其他人的榜样的现实的人身上表现出，“他到自己的地方来，自己的人倒不接待他。凡接待他的，就是信他的名的人，他就赐他们权柄，作上帝的儿女”①。这也就是说，他借助于自己的榜样（就道德理念而言），为每一个愿意和他一样的人打开了自由的大门。这些人对于使道德遭受损失、把他们束缚在尘世生活上的一切都毫不动心，在他们中聚集起一个“在

人伤感的、引起对肇事者不满的、因而也就是自相矛盾的劝告了。尽管如此，这一回忆仍然可以和导师的一个非常善的、纯粹道德上的意图的失败发生关系。即还在他在世时，通过推翻那排挤一切道德意念的仪式上的信仰及其祭司的威望而造成一场（宗教中的）**公开的**革命（于复活日把他四散在全国的门徒们召集起来的打算，可能就是以此为目的的）。关于这场革命，人们当然可能至今仍为它不曾成功而惋惜。但是，它并没有失败，而是在他**死**后转化为一场悄悄进行的、但却是在许多苦难之中传播开来的宗教变革。

* Karl Friedrich Bahrdt，1741—1792，所谓的通俗理性主义的最通俗、但也最不配的代表。此处参见他的《为最终抚慰怀疑者和思想家的道德宗教体系：所有基督徒和非基督徒皆可读》，柏林，1787 年，第Ⅸ章、第Ⅹ章。关于耶稣的权威，在哲学上来判断，那里在第 64 页总结说：“还没有人真的如此自由地选择自己的命运，没有真理的殉道者如此有意地举办自己的处死。不在这里极为惊赞地承认，没有人像耶稣那样如此真正地为了人类的目的而牺牲了自己，这必定是一个无情的灵魂。”——科学院版编者注

** 指莱马鲁斯，他是最早以历史科学的方法探究耶稣生平的学者，曾著《辩护，或者为上帝的理性崇拜者的辩解》，但生前未发表，死后由其学生莱辛以《沃尔芬比特尔残篇》的名义匿名发表其节录，立即遭到正统派的围攻。关于这里的内容，参见第七残篇及莱辛的前言。——译者注

① 参见《约翰福音》，第 1 章，第 11—12 节。——科学院版编者注

好事上富足，甘心施舍，乐意供给人”的民族①，接受他的统治，然而他把这种统治权留给了宁可做道德上的奴仆的他们自己。

因此，这一斗争在这段历史的主人公一方（直到这位主人公之死）的道德上的结局，本来并不是对恶的原则的**胜利**。因为恶的原则的国仍在继续，无论如何仍然还必须出现一个新的时代，它应当在那时被摧
6〔83〕毁，——而只是打破了它的权势，无论人们曾经怎样长时间臣服这种权势，它都不能违背人们的意志维持下去。因为在他们面前展示了另一种道德上的统治（因为人必须处于某种统治之下）来作为避难所。在这里，如果他们愿意离开旧的统治的话，他们就可以获得对他们的道德性的庇护。② 另一方面，恶的原则还始终被称做这个世界的王，在这个世界里，那些人虽然如此信服善的原则，仍然要始终对这里被看做恶的原则的迫害的那些生理上的苦难、牺牲、对自爱的伤害做好准备。因为这个世界的王只是对那些如此把尘世的幸福作为自己的终极目的的人们，才在自己的国中给予奖赏。

显而易见，如果揭开这一生动的、也许对它那个时代来说还是惟一的**大众化的**表象方式的神秘面纱，那么，它（它的精神实质和理性内涵）在所有时代对于所有的世界在实践上都是有效的、有约束力的。因为它对于每一个人来说都是如此亲近，足以使每一个人都认识到自己在这方面的义务。这种意义就在于：对于人们来说，除了最真挚地把真正的道德基本法则接纳入自己的意念之外，绝对不存在任何得救；这种接纳所抵制的并不是那时常受指控的感性，而是某种自负其咎的颠倒，或者如人们通常称这种恶劣性的那样，是欺骗（faussete［虚伪］，恶来到世间所凭借的撒旦狡计）。这样一种堕落在所有的人身上都存在，并且不能借助任何东西战胜它，除非凭着完全纯洁的道德上的善的理念，并且意识到，这个理念现实地属于我们的原初禀赋。人们只需要努力地维护它，不受任何不容许的沾染，并且把它深深地纳入我们的信念，以便通过它对心灵逐渐地造成的影响而坚信，恶的可怕的权势对此无可奈何（“阴间

---

① 参见《提摩太前书》，第 6 章，第 18 节。——科学院版编者注

② 参见《约翰福音》，第 12 章，第 31 节；第 14 章，第 30 节；第 16 章，第 11 节。——科学院版编者注

的权柄，不能胜过他”①）。而且，为使我们不致**以迷信的方式**通过不以任何思想转变为前提条件的赎罪，或者**以狂热的方式**通过自认为的（纯粹被动的）内心顿悟来补充这种信赖的不足，并且与建立在自身主动性之上的善的距离始终很远，除了一种良好奉行的生活方式之外，我们不应赋予这种善以任何其他的标志。——此外，像如今在《圣经》中寻求与理性所教导的**最圣洁的东西**和谐一致的涵义这样一种努力，不能仅仅被看做允许的，毋宁说，它必须被看做是义务。♀②在这里，可以回想一下 6〔84〕
智慧的导师对其门徒关于某个走着自己特殊的路、但最终却必然是达到同样的目标的人所说的话：“不要禁止他；因为……不敌挡我们的，就是帮助我们的”。

总的附释

如果应该建立一种道德的宗教（它不能被确立在章程和诫命之中，而是必须确立在遵从作为上帝的律令的所有人类义务的心灵意念之中），那么，历史将之与这种宗教的导引联系起来的所有**奇迹**，都必须最终使对一般奇迹的信仰本身变得多余。因为如果除了通过奇迹来使义务的规定——就像它们最初由理性写入我们的心中一样——变得可信之外，人们不想以其他方式承认它们充分的权威，“若不看见神迹奇事，你们总是不信”③，那就暴露出道德上的无信仰的一种不可原谅的程度。然而，与人们的通常思维方式完全适应的是，如果一种纯然崇拜和诫命的宗教寿终正寝，一种建立在心灵和诚实（道德意念）之中的宗教④要被引入来取代它，那么，后者的序幕虽然现在不需要了，在历史上却毕竟是由奇迹伴随的，似乎也是由奇迹装饰的，为的是宣布前一种没有奇迹就根本不会有权威的宗教的结束。甚至于还可能是这样，即为了获得前一种宗教的信徒们支持新的革命，前一种宗教还被解释为在后一种宗教中作为天意之终极目的的东西如今已得到实现的更古老的原型；在这样的情况下，

① 《马太福音》，第 16 章，第 18 节。——科学院版编者注

② 在这里可以承认，它并不是惟一的涵义。

③ 《约翰福音》，第 4 章，第 48 节。——科学院版编者注

④ 参见《约翰福音》，第 4 章，第 23 节。——科学院版编者注

当那个时代还需要借助这样的辅助手段来作为序幕的真宗教已经出现，并且在如今和将来都能够凭借理性根据来维护自身的时候，现在再来反驳那些叙述或者解释，就不会有任何用处了。因为人们必然会愿意假定，对不可理解的事物的纯然信仰和人云亦云（这是每一个人都会的事情，却并不因此就是一个更善的人，或者在某个时候成为一个更善的人），将是上帝所喜悦的一种方式，甚至是惟一的方式，除非一定要用全部的力
6〔85〕量来反驳这样的借口。因此很可能，惟一通行于所有世界的那个宗教的导师，其人格是一个秘密。他在尘世的出现，以及他离开尘世，他那充满了种种业绩的人生和受难，都纯粹是奇迹。甚至于要使所有那些奇迹的讲述都变得可信的历史自身也是一个奇迹（超自然的启示）。所以，我们尽可以让它们全都有自己的价值根据，甚至于也敬重那种曾用来使一个学说公开流行的面纱。这个学说的可信性，建立在一个原始文献不可磨灭地保存在每一个灵魂之中，并且不需要任何奇迹。只要在对这些历史信息的使用上，我们不认为对这些信息的认识、信仰和承认本身，就是我们能够借以让上帝喜悦我们的东西，并把这一点当做宗教的一部分，就行了。

但是，就一般奇迹而言，可以发现，有理性的人们即使仍然被认为不放弃对奇迹的信仰，但却从来不打算使这种信仰在实践中盛行起来。这也就等于是说：他们虽然就**理论**而言也相信存在有诸如此类的东西，但**在实际事务中**却不确认任何奇迹。因此，聪明的政府虽然在任何时候都承认这种观点，甚至还以律法的方式把这种观点纳入官方的宗教学说，即**从前**可能发生过奇迹，但**新的**奇迹却是不允许的。① 因为旧的奇迹逐渐

① 甚至把自己的信条与政府的权威联结起来的那些宗教学者（正统派），也在这方面遵循着与政府同样的准则。因此，当普芬宁格先生为他的朋友**拉法特**先生关于一种永远可能的奇迹信仰的主张辩护时，他正确地指摘那些宗教学者的前后不一致，即他们（因为他明确地把那些在这一问题上**以自然主义的方式**思维的人们排除在外）由于主张在大约 17 个世纪之前有现实地存在于基督教社团之中的行奇迹者，现在却不愿再确认这样的人了，然而他们又不能从《圣经》出发，证明这些人在某个时候就完全不再行奇迹了，以及他们从何时开始完全停止行奇迹（因为说奇迹现在已经没有必要了的那种小聪明，是超出一个人应当可以自信的洞见而强求更大的洞见），而在他看来，他们是应该作出这一证明的。因此，现在不承认和不允许奇迹，这只是理性的准则，而不是对不存在奇迹的客观洞见。但是，这种一次性地留恋在公民事务中令人担忧的胡闹行为的同一个准则，难道对哲学工作和一般理性反思的普通事务中的一种类似的胡闹行为的担忧就无效了吗？——那些虽然不承认**大的**（引起轰动的）奇迹，但却以一种**特殊领导机构**的名义，毫

地已经如此确定并且受到当局的限制，不致在公共事务中引起混乱。但 6〔86〕
是，由于有了新的行奇迹者，它们当然一定会因为自己可能对公共的平静状态和已采用的秩序的影响而令人担忧。不过，如果要问**奇迹**这个词应该理解为什么，则可以（由于我们重视的本来只是知道它们**对于我们来说**是什么，即对于我们的理性在实践上的运用来说是什么）这样来解释它们，即它们是尘世中的事件。关于这些事件的原因，我们绝对不知道并且必然始终不知道其**起作用的规律**。在这里，人们可以或者设想**有神论的**奇迹，或者设想**精灵的**奇迹，并把后者再划分为**天使的**（善的精灵的）奇迹或者**魔鬼的**（恶的精灵的）奇迹，不过，严格说来，其中只有魔鬼的奇迹被人们所打听，因为善的天使（我不知道为什么）很少或者根本不让人谈论自己。

至于**有神论**的奇迹，我们当然能够对它们的原因（作为一个全能的存在者等等，但又是道德的存在者）起作用的规律形成一个概念，但只是就我们不仅按照自然界的秩序，而且也按照道德的秩序，把他设想为世界的创造主和治理者而言，形成一个**一般的**概念。因为我们能够对它们的这些规律直接地并且独立地获得知识，然后理性可以把这些知识用于自己的用途。但是，如果我们假设，上帝有时以及在特殊情况下，也让自然界偏离自己的这些规律，那么，我们就毫无概念了，并且永远也不能期望对上帝安排这样一种事件时所依照的规律获得一种概念（除了**普遍的道德上的**概念，即他所做的一切都是善的；但由此对这种特殊的事件来说什么也没有规定）。在这里，理性显得好像软弱无力，因为它由此而在自己的按照已知法则的实际事务中被阻碍，却不能通过任何新的法则得到教诲，甚至永远不能希望在世界上从中得到教诲。不过，在这 6〔87〕
些奇迹中，精灵的奇迹是最无法与我们的理性的运用相容的奇迹了。因为就**有神论的**奇迹来说，它们至少还有可能对理性的运用有一个消极的标记，即，如果某件事被设想为由上帝在其直接的显现中所命令的，但

不吝啬地允许**小的**奇迹（因为这后一种奇迹，作为纯然的引导，只需要运用很少的超自然力量的诱因）的人们没有考虑到，这里的关键不是事情的影响极其微小，而是事情的形式，即**那些奇迹是怎样发生的**，是以自然的方式还是以超自然的方式；而对于上帝来说，任何容易与困难的区别都是不可思议的。但是，就超自然影响的**奥秘**来说，对一件事实的重要性的这样一种故意的隐瞒与这种方式还要更不适合一些。

它却恰恰是与道德性相冲突的，那么，无论它具有怎样一个上帝的奇迹的所有外表，它也绝不可能是这样一种奇迹（例如，如果一个父亲被命令去杀死他的据他所知完全无辜的儿子）。但是，在一个被认为的精灵的奇迹中，就连这种标记也去掉了。与此相反，如果人们想为这样一些奇迹在理性的运用上把握相反的积极的标记，也就是说，如果由此而诱发我们去做一件我们自身已经视为义务的善的行动，因而，这个行动不会是出自一个恶的精灵的，那么在这样的情况下，人们的理解毕竟也可能是错误的。因为恶的精灵也会像人们所说的那样，经常伪装得好像是一个光明的天使。[①]

因此，在实际事务中，人们不可能指望奇迹，或者在运用自己的理性时（理性的运用在人生的任何场合都是必要的）以某种方式把奇迹考虑在内。审判官（无论他在教堂中是如何相信奇迹）是这样听违法者说自己受到了魔鬼的诱惑的遁词的，就好像这人什么也没说似的。即使审判官认为这种情况是可能的，但也总是对下面这种情况有所考虑，即一个头脑简单的市井小人落入了一个老奸巨猾的恶棍的圈套；然而，他并不能传唤这个恶棍，让两个人当堂对质。一言以蔽之，他绝不能从中得出任何合理性的东西。因此，有理性的神职人员会很好地提防托付给他照料灵魂的人的脑子被出自**地狱的普洛透斯**[②]的小故事装满，防止他们的想象力变得芜杂不堪。但是，至于那些善的奇迹，它们也只是被人们当做定式在实际事务中使用。例如医生说，如果不发生某种奇迹，病人就没救了，这也就是说，他死定了。——属于实际事务的还有自然研究者的工作，即就其自然规律来探索事件的原因；我指的是就他能够用经验证明的这些事件的自然规律而言，尽管他必须放弃对按照这些规律起作
6〔88〕用的那个物自身的认识，以及对这些规律在关系到另一种可能的感官时，对于我们来说可能是什么的认识。同样，人在道德上的改善也是一个他有责任去从事的事务，并且哪怕是有天界的影响参与这种改善，或者被认为对解释这种改善的可能性是必需的。但是，他既不懂如何把天界的影响肯定无疑地与自然的影响区分开来，也不懂如何使这些影响，从而仿佛也使天界降临到自己身上来。因而，由于他知道没有任何东西是直

① 参见《哥林多后书》，第 11 章，第 14 节。——科学院版编者注

② 希腊神话中善于变幻形象的海神。——译者注

接以这些影响为开端的，所以，他在这种场合不确认♀[①]任何奇迹，相反，当他服从理性的规定时，他行事的方式就好像所有的思想改变和改善都仅仅取决于他自己所运用的处理方法似的。但是，说一个人由于天生十分**执著地**在理论上相信奇迹，而自己也完全能够制造奇迹，并且能如此一跃而到天国，这就超出理性的界限太远了，我们不必长时间纠缠于这样一个毫无意义的想法。[②]

---

① 这无非是说，他并不把对奇迹的信仰接纳入自己的准则（无论是理论理性的准则还是实践理性的准则），但也不否认它们的可能性和现实性。

② 那些用**魔术**技巧蒙骗轻信的人，或者至少想使他们一般地相信这些东西的人，其通常的借口就是，这些东西是以自然研究者承认自己对它们**无知**为根据的。自然研究者说，我们确实不认识重力、磁力等诸如此类的东西的**原因**。——但是，我们足够详尽地在一定的条件限制下认识这些东西的规律，只有在这些条件下，某些作用才会产生；而这无论是就对于这些力量的可靠的理性运用而言，还是就用于解释其显象来说都足够了，secundum quid［根据这一点］，**向下**可以达到对这些规律的运用，乃是为了在这些规律之下安排经验，尽管并不是 simpliciter［仅仅］为了这一点；而**向上**，乃是为了甚至窥视按照这些规律起作用的力量的原因。——凭这一点，甚至人的知性的内在显象也是可以理解的：为什么人会充满好奇心地去理解所谓的自然奇迹，即虽然悖谬、但却被充分认可了的现象，或者去理解事物出乎意料地出现的、偏离迄今为止所知道的自然法则的性质，并且为什么只要通过宣布一种真实的奇迹而反过来使奇迹得到**消除**，因而使这些现象和性质依然被视为自然的，就仍然能够**鼓舞**心灵。因为那些现象和性质开启了理性食粮的一种新收获的前景，也就是说，它们造成了发现新的自然规律的希望；而真实的奇迹则令人**担忧**，担心失去对已知的东西的信赖。但是，如果使理性失去了经验规律，那么，它在这样一个着了魔的世界上就再也不会有任何用处，甚至对于在这个世界上为了遵循自己的义务而在道德上的运用毫无益处；因为人们再也不知道，是否就连道德动机也会在我们毫无知觉的情况下，由于奇迹而发生变化，对于这些变化来说，没有人能够分辨，他是应该把这些变化归因于自己还是归因于另外一个不可探究的原因。——那些其判断力在这方面变得没有奇迹就不知所措的人，相信可以这样来缓和理性对此的不满，即假定奇迹的发生是很**罕见的**。如果他们借此是想说，这已经蕴涵在奇迹的概念之中了（因为，如果这样一种事件是经常发生的，它就不会被视为奇迹了），那么，人们也许可以把这种诡辩（把一个事物本身是什么的客观问题改变为我们用来指称事物的语词是什么的主观问题）回敬给他们，再问道：**如何罕见**？是百年一次，还是从前有过，但如今再也不会有了呢？在这里，对于我们来说没有任何东西是从对客体的认识出发而能够规定的（因为根据我们自己的招认，这对我们来说是超越的），而是只能从运用我们的理性的必要准则出发来规定的：即要么承认它们是**每天**（尽管是隐藏在自然变故的外貌之下的）发生的，要么认为它们**从不**会发生；而在后一种场合里，既不能把它们作为我们的理性解释的基础，也不能把它们作为我们的行动规则的基础。由于前者与我们的理性是根本无法共处的，所以，就只剩下假定后一种准则了。因为这一基本原则始终只是判断的准则，而不是理论上的断定。没有人会使对自己的洞察力的自负发展得如此严重，以至要截然宣布，由于每一次新的生育都以机制的全部内在完善性，甚至（如在植物界）以全部通常如此迷人的美丽色调，在每一年春天毫不减弱地再现其原本，而不会让无机自然界的通常如此具有破坏性的力量在秋天和冬天的恶劣天气里，在这方面对它们的种子有什么损害，所以，植物界和动物界中物种的最令人惊赞的保存，可以说纯然是一个遵从自然法则的结果；并且还想**洞察**，为此是否并不每次都还需要创造主的直接影响。——但是，这些都是经验；因此，对于**我们**来说，它们只能被判定为自然结果，也绝不应该被判定为别的什么；因为这需要理性在其要求方面虚怀若谷。但是，超出这一界限，就是在要求方面胆大妄为、恣意苛求；即使人们大多数在断言奇迹时都假意显示出一种谦恭的、放弃自我的思维方式。

第三篇

善的原则对恶的原则的胜利与上帝的国在地上的建立

6〔93〕 每一个有良好道德意念的人在此生中，必须在善的原则的率领下，与恶的原则的侵袭所进行的斗争，无论他如何努力，都不可能给他带来比从恶的原则的**统治**下解放出来更大的好处。他成为**自由的**，“既从罪里得了释放，就作了义的奴仆”①，这是他所能够争取到的最大的收获。尽管如此，他受到恶的原则的攻击却仍然一点也没有减少。要维护他那不断受到侵袭的自由，他就仍然必须始终做好斗争的准备。

然而，人依然是由于他自己的罪而处于这种充满危险的状态之中。因此，他**有义务**尽其所能，至少运用自己的力量，使自己摆脱这种状态。但怎样摆脱呢？问题就在这里。——如果他寻找为他招来这种危险、并使他处于这种危险之中的原因和条件，那么，他很容易就会相信，这些原因和条件并不是在他离群索居的情况下来自他自己的粗野本性，而是来自他与之处于关系或者联系之中的人们。无须通过粗野本性的诱惑，那本来就应该如此称谓的**激情**在他心中就活跃起来了，这些激情在他的原初善的禀赋中造成了如此大的破坏。他的需求仅仅是很小的，他在为这些需求而操心时的心态，是有节制的和平静的。只有当他担心其他人可能会认为他可怜，并且在这方面蔑视他时，他才很可怜（或者他自认
6〔94〕 为可怜）。**当他处在人们中间时**，妒忌、统治欲、占有欲以及与此相联系的怀有敌意的偏好，马上冲击着他那本来易于知足的本性。甚至连假定这些人已经堕入恶、假定他们为教唆的榜样也没有必要。他们在这里，他们包围着他，他们都是人，这就足以相互之间彼此败坏道德禀赋，并且彼此使对方变恶了。如果找不到任何手段来建立一种目的完全是在人心中真正防止这种恶并促进善的联合体，即建立一个持久存在的、日益扩展的、纯粹为了维护道德性的、以联合起来的力量抵制恶的社会，那

① 参见《罗马书》，第6章，第17～18节。——科学院版编者注

么，无论单个的人想要如何致力于摆脱恶的统治，恶都要不停地把他滞留在返回到这种统治之下的危险之中。因此，善的原则的统治，假如人们能够致力于这种统治的话，那么，就我们所能洞察的而言，只能通过建立和扩展一个遵照道德法则、并以道德法则为目的的社会来达到。这样一个社会，对于在其范围内包含这些法则的整个人类来说，就通过理性而成为他们的任务和义务。因为只有这样，才能期望善的原则对恶的原则的胜利。在道德上立法的理性，除了它为每个个人规定的法则之外，还树起了一面德性的旗帜，作为所有热爱善的人的集合地，以便他们都聚集在这面旗帜之下，并且这样才对不间断地侵袭他们的恶获得优势。

我们可以根据这一理念的规定，把人们仅仅遵循德性法则的联合体称做一个**伦理的**社会；如果这些法则是公共的，则称做一个**伦理的—公民的**社会（与**律法的—公民的**社会相对立）或者一个**伦理的共同体**。伦理的共同体可以处于一个政治的共同体中间，甚至由政治共同体的全体成员来构成（正如没有政治的共同体作为基础，伦理的共同体就根本不能为人们所实现一样）。但是，伦理的共同体具有特殊的、自身特有的联合原则（德性），因而也具有与政治的共同体在本质上不同的形式和制度。尽管如此，作为两个一般共同体来看，在两者之间还存在着某种类似。就这种类似而言，也可以把伦理的共同体称做一个**伦理的国家**，即德性的（善的原则的）**国**。这种国度的理念在人的理性中有其根据充足 6〔95〕
的客观实在性（作为要联合成为这样一个国家的义务），尽管在主观上从来不能对人们的善良意志寄予这样的希望，以为人们将会决心全体一致地致力于这一目的。

第一章

关于善的原则在尘世建立上帝的国时取得胜利的哲学观念

一、论伦理的自然状态

一种**律法的—公民的**（政治的）**状态**，就是人们相互之间的这样一种关系，即人们共同地服从**公共的律法法则**（这些法则总的来说是强制性的法则）。而一种**伦理的—公民的**状态是这样一种状态，即人们是在无强制的、即纯粹的**德性法则**之下联合起来的。

就像律法的（但因此并不总是合法的）、即就法律而言的自然状态与律法的—公民的状态对立一样，**伦理的自然状态**也与伦理的—公民的状态相区别。在这两种自然状态中，每一个人都给他自己立法，而且这不是一种外在的、他认识到自己与所有其他人都遵循着的法则。在这两种自然状态中，每一个人都是他自己的法官，不存在任何一种**公共的**、具有权力的权威，来按照法则以具有法律效力的方式，规定每一个人在各种可能出现的场合里的义务，并使义务得到普遍履行。

在一个已经存在的政治共同体中，所有的政治公民作为这样的公民，却处在**伦理的自然状态**之中，并且有权利继续停留在这种状态之中。要政治共同体迫使它的公民进入一种伦理的共同体，这是一种自相矛盾（in abjecto［就属性而言］）；因为一个伦理的共同体在自己的概念中本来就包含着无强制性。当然，每一个政治共同体都可能期望，在自身中也找到一种按照德性法则对心灵的统治。因为，由于人类的法官不能透视别人的内心，当政治共同体的强制手段不足时，德性意念就可能会实现所要
6〔96〕 求的东西。但是，想通过强制来实现一种以伦理目的为准的制度的立法者真是糟透了！因为他由此不仅会恰恰造成伦理制度的反面，而且还会损害和动摇他的政治制度。因此，政治共同体的公民，就政治共同体的立法权限而言，依然是完全自由的，无论他愿意与其他公民一起也进入一种伦理的联合，还是宁可继续停留在这样一种自然状态之中。只是如果一个伦理的共同体必须以**公共的**法律为基础，并且包含一个建立在这

上面的制度，那么，那些自愿地结合起来进入这种状态的人，就不会让政治权力来命令自己应该在内心中确立或者不确立这样的制度。但他们却必然会愿意容忍一些限制，也就是说以此为条件，即这种制度中不能包含任何与它的作为**国家公民**的成员的义务相冲突的东西；即使前一种结合是真正的结合，后者反正也没有什么可担忧的。

此外，由于德性义务涉及人的整个族类，所以，一个伦理共同体的概念，总是关系到一个所有人的整体的理想，而且在这里，这个理想与一个政治的共同体的理想是有区别的。因此，一群出自这种意图而联合起来的人，还不是伦理的共同体本身，而只能叫做一个特别的社会，它奋力迈向与所有人（甚至所有有限的理性存在者）的一致，以期建立一个绝对的伦理整体；而每一个局部的社会，都只是它的一个表现或者一个图型，因为每一个局部的社会自身都又可以被想象为处在与其他这一类的社会的关系中，即处在伦理的自然状态中，连同这种状态的全部不完善性（正像各种各样的政治国家，当它们没有通过一种公共的国际法结合起来时，也是这种情况）。

二、人应该走出伦理的自然状态，以便成为伦理共同体的一个成员

就像律法的自然状态是一种每个人对每个人的战争状态一样，伦理的自然状态也是一种存在于每个人心中的善的原则不断地受到恶的侵袭 6〔97〕
的状态。恶在每一个人身上，同时在其他每一个人身上都存在着，人们（如上所说）相互之间彼此败坏了道德禀赋。即使每一个个别人的意志都是善的，但由于缺乏一种把他们联合起来的原则，他们就好像是恶的工具似的，由于他们不一致而远离善的共同目的，彼此为对方造成重新落入恶的统治手中的危险。此外，就像一种无法无天的外在的（野蛮的）自由和独立于强制性法律之外的状态是不义的、每一个人对每一个人的战争的状态，人应该走出这种状态，以便进入一种政治的—公民的状态①

① **霍布斯**的命题：status hominum naturalis est bellum omnium in omnes［人们的自然状态是一切人对一切人的战争］（参见霍布斯：《论公民》，Ⅰ，12。——科学院版编者注），除了应该说成是 est status belli etc.［是……战争状态……］之外，没有任何别的错误。因为尽管人们不承认，在不为外在的和公共的法律所约束的人们之间，任何时候占统治地位的，都是现实的**敌对**，然而，人们的**状态**（status juridicus［律法上的状态］），即人们在它里面并通过它能够拥有权利（获得权利和维护权利）的那种关系，是这样一种状态，在它里面，每一个人自己都想是他

一样，伦理的自然状态也是对德性法则的一种**公共的**、相互的损害，是一种内在的无道德的状态；自然的人应该勉励自己尽可能快地走出这种状态。

在此，我们有了一种具有其独特方式的义务，不是人们对人们的义务，而是人的族类对自己的义务。因为有理性的存在者的每个物种在客观上，在理性的理念中，都注定要趋向一个共同的目的，即促进作为共同的善的一种至善。但是，由于道德上的至善并不能仅仅通过单个的人追求他自己在道德上的完善来实现，而是要求单个的人，为了这同一个
6〔98〕目的联合成为一个整体，成为一个具有善良意念的人们的体系。只有在这个体系中，并且凭借这个体系的统一，道德上的至善才能实现；但是，关于这样一个整体、即一个遵循德性法则的普遍共和国的理念，是一个与所有的道德法则（这些道德法则涉及的是我们知道自己能够支配的东西）完全不同的理念；就是说，要致力于这样一个整体，关于这个整体，我们无法知道它作为这样的整体是否能够为我们所支配，所以，这种义务无论是在品类上，还是在原则上，都与其他一切义务不同。我们已经可以预先猜测到，这种义务将需要以另一个理念为前提条件，即一个更高的道德存在者的理念。凭借这种存在者的普遍的活动，单个的人的自身不足的力量才联合起来，共同发挥作用。只是我们必须首先追溯那种一般道德需求的线索，并且看一看这根线索要把我们引向何方。

三、一个伦理共同体的概念是关于遵循伦理法则的上帝子民的概念

如果一个伦理共同体要得以实现，那么，所有单个的人都必须服从一个公共的立法，而所有把这些人联结起来的法则，都必须能够被看做一个共同的立法者的诫命。倘若这个要建立的共同体是一个**律法的**共同体，那么，就必须是联合成为一个整体的人群，自己来当（制度的）立法者，因为立法是从下面这个原则出发的：**把每一个人的自由限制在这**

相对于别人而拥有权利的那种东西的法官。但即使对于这种东西，他也没有相对于别人的安全感，也不给予别人安全感，而是每次都只有他自己的暴力。这是一种战争状态，在它里面，每一个人都必须对每一个人一刻也不停地作好战备。霍布斯的第二个命题：exeundum esse e statu natulari［必须走出自然状态］，是从前一个命题得出的结论。这是因为，这种状态是对所有其他人的权利的不断损害，因为他妄想在自己的事情上当法官，而在别人的事情上又不给他们安全感，而只让他们听任他自己的任性。

样一个条件下，遵照这个条件，每一个人的自由都能同其他每一个人的自由按照一个普遍的法则共存。① 因而在这里，是普遍的意志建立了合法的外在强制。但是，倘若这个共同体是一个**伦理的**共同体，那么，人民自身就不能被看做是立法的。因为在一个这样的共同体中，所有的法则本来都完全是旨在促进行动的**道德性**（这种道德性是某种**内在的东西**，因而不能从属于人类的公共法则），因为恰恰相反，人类的公共法则—— 6〔99〕
这构成了一个律法的共同体——仅仅旨在于那些引起注意的行动的**合法性**，而不是这里惟一谈论的（内在的）道德性。因此，对于一个伦理的共同体来说，能够被称得上是公共立法者的，必定是不同于人民的另一个人物。尽管如此，伦理法则也不能被设想为**原初**纯然从这个上峰的意志出发的（设想为若不是他事先发布命令就会没有约束力的法规），因为那样一来，它们就将不是伦理法则，与它们相符合的义务也将不是自由的德性，而会是强制性的律法义务了。因此，只有这样一个人物，才能被设想为一个伦理共同体的最高立法者，对他来说，所有**真正的义务**，因而也包括伦理的义务②，必须**同时**被设想为他的诫命；因此，他也必须是一位知人心者，以便也能够透视每一个人意念中最内在的东西；并且就像在任何共同体中必须的那样，使每一个人得到他的行为所配享的东西。然而，这正是关于作为一个道德上的世界统治者的上帝的概念。因此，一个伦理共同体只有作为一个遵循上帝的诫命的民族，即作为一种**上帝的子民**③，并且是遵循**德性法则**的，才是可以思议的。

当然，人们也可以设想一种**遵循规章性法则的**上帝子民。也就是说，遵循这样的法则，在遵守它们时，问题不在于行动的道德性，而是仅仅在于其合法性。这样的共同体将是一个律法的共同体，虽然上帝是他的

---

① 这是所有外在律法的原则。

② 一旦某种东西被认做义务，即使它是由一个属人的立法者的纯然任性赋予的义务，顺从它也同时就是上帝的诫命。虽然不能把规章性的公民法则称做上帝的诫命，但是，如果它们是合法的（《使徒行传》，第5章，第29节。——译者注），那么，**遵守**这些法则也同时就是上帝的诫命。“顺从上帝，不顺从人，是应当的”，这个命题仅仅意味着，如果人们要求某种自身恶（直接违背道德法则）的东西，那么，就不可以也不应该顺从他们。但是反过来说，如果对于一个政治公民的、自身并非不道德的法则，用一个被视为诫命的上帝的规章性法则去和它对立，那么，就有理由把后者看做强加于人的，因为它同一种明确的义务相抵触。但是，即使它确实是上帝的诫命，也绝对不能凭借经验的特征充分使人相信，以便允许根据它去践踏一种平时已存在的义务。

③ 《彼得前书》，第2章，第10节；《罗马书》，第9章，第25节。——科学院版编者注

立法者（因而也是神权政治的**制度**），但人作为直接从上帝那里接受他的
6〔100〕命令的祭司，却领导着一种贵族政治的**政府**。不过，这样一种其存在和形式都完全建立在历史基础之上的制度，并不是构成在道德上立法的纯粹理性的、我们在这里惟一要着手完成的任务的那种制度；它将在历史部分中作为遵循政治的公民法则的那种机构来予以考虑。这些法则的立法者虽然是上帝，但却是外在的。而在这里，我们所考虑的仅仅是这样一种制度，其立法纯粹是内在的，它是一个服从于德性法则的共和国，即上帝的一种"热心为善"① 的子民。

与这样一种上帝的子民相对立，人们可以提出恶的原则的一群**乌合之众**的理念，它是站在恶的一边、以传播恶为目的的人们的联合；这样做的旨趣在于使前一种联合无法实现。即使在这里，那种侵袭德性意念的原则也同样存在于我们自己的心中，而只是形象化地被想象为外在的权力而已。

四、一种上帝子民的理念只能（由人主持而）以一个教会的形式来实行

一个伦理共同体的崇高的、永不能完全实现的理念，在人们的手中大大地贬低了。也就是说贬低成为这样一个机构，它充其量也只能仅仅纯粹地表现这个伦理共同体的形式，至于实现这一整体的手段，就非常局限在人的感性本性的条件之下了。但我们怎能指望用如此弯曲的木头制作出某种笔直的东西呢？②

因此，造就一种道德的上帝子民，是一件不能期待由人来完成、而只能指望由上帝来完成的工作。但是，也不能因此就允许人对这件工作无所作为，听天由命，就好像每一个人都可以只致力于他在道德上的私人事务，却把人类（就其道德上的规定性而言）的事务的整体却托付给
6〔101〕一个更高的智慧似的。毋宁说，他必须这样行事，就好像所有的一切都取决于他；只有在这个条件下他才可以期望，更高的智慧将使他的善意的努力得到实现。

① 《提多书》，第 2 章，第 14 节。——科学院版编者注

② 参见《关于一种世界公民观点的普遍历史的理念》命题六。——科学院版编者注；李秋零主编：《康德著作全集》，第 8 卷，30～31 页。——译者注

因此，所有具有善良信念的人的愿望都是："上帝的国降临，他的意志行在地上"①；但是，他们此时应该做些什么，才能使自己的这个愿望得以实现呢？

一种遵循上帝的道德立法的伦理共同体是一个**教会**。假如它不是可能的经验的对象，它就叫做**不可见的教会**（即一个关于所有正直的人们在上帝的直接的、但却是道德上的世界统治之下的联合体的纯粹理念，这种世界统治是每一种由人所建立的世界统治的原型）。**可见的**教会是人们现实地联合为一个整体，它与上述理想是一致的。倘若每一个遵循公共的法则的社会，都包含着成员们的隶属关系（就服从这个社会的法则的人与注意维持这些法则的遵循的人之间的关系而言），那么，联合成为那个整体（教会）的人群就是在其上级领导下的**会众**。上级（被称做导师，或者也被称做灵魂的牧人）仅仅管理他们的不可见的最高首脑的事务，并且就这种关系而言，全都是教会的**仆人**。就像在政治共同体中，可见的最高首脑虽然眼中没有一个高于自己的人（通常就连人民的整体本身也不行），但有时也称自己为国家的最高仆人一样。真正的（可见的）教会，是就人们所能实现的而言，在地上体现着上帝的（道德的）国的教会。对真正的教会的要求，从而也是它的标志有以下几点②：

1. 教会的**普遍性**，从而也是它的量上的**单一性**。为此，它必须在自身中包含着这样的素质，即：尽管它在偶然的意见上是有分歧的、不一致的，但就本质性的目的而言，它是建立在为了普遍的一致必然把它引向一个惟一的教会（因而也就没有教派的分裂）的那些基本原理之上的。

2. 教会的**性质**（质）；即**纯粹性**。除**道德的**动机之外，不服从任何 6〔102〕
其他动机的联合（清除了迷信的愚蠢和狂热的疯癫）。

3. **自由**原则之下的**关系**。无论是其成员们的内部关系，还是教会与政权的外部关系，二者都在一个**自由国家**之中（因而既不是**等级制**，也不是**顿悟派**，即一种凭借特殊的**灵感**的**民主制**，这种灵感根据每一个人的才智，可能与其他人的灵感截然不同）。

4. 教会的**模态**。即就其**宪章**而言的**不变性**。但按照时间和情况起变

① 《马太福音》，第 6 章，第 10 节；《路加福音》，第 11 章，第 2 节。——科学院版编者注

② 以下的特征是对教会的 4 种旧属性的注解：una，sancta，catholica，apostolica［至一、至圣、至公、使徒传授］。——科学院版编者注

化的、仅仅涉及教会的**行政管理**的偶然的规章不在此列。为此，它必须也在自身中（在其目的的理念中）先天地包含着可靠的基本原理（因此，是服从原初的、好像是一度由一部法典公开地规定下来的法则，而不是服从任意的象征。后者由于缺乏可靠性而是偶然的、难以避免矛盾的和可变的）。

因此，一个伦理的共同体，作为教会，即作为一个上帝的国的纯然**代表**来看，本来是没有在其基本原理上与政治制度相似的制度。制度在它里面既不是**君主制的**（服从一个教皇或者宗主教），也不是**贵族制的**（服从各位主教和高级教士），也不是**民主制的**（成为宗派主义的顿悟派）。充其量，它可以被比作服从一位共同的、虽然是不可见的、道德上的父亲的家庭合作社（家族）的制度，这个父亲的那个圣子知道他的意志，同时又与这个家庭的所有成员都有血缘关系，在这个家庭中代表着父亲的地位，他向这些成员们更详尽地宣讲父亲的意志，因而这些成员们崇拜这位圣子就是崇拜父亲，并且彼此之间达到一种自愿的、普遍的和持久的心灵联合。

五、每一个教会的宪章都是从一种历史性的（启示）信仰出发的，这种信仰可以称之为教会信仰，它最好是建立在一部《圣经》的基础之上

6〔103〕 虽然惟有**纯粹的宗教信仰**才是可以建立一个普遍教会的宗教信仰，因为它是一种可以告知每一个人使他确信的纯然的理性信仰；而一种仅仅建立在事实之上的历史性的信仰，却只能把它的影响扩展到信息与按照时间条件和地点条件判断它们的可信性的能力相联系所能达到的地方。只不过对于那种纯粹的信仰，决不能寄予这样多的指望，以为它能够做到仅仅以自己为基础来建立一个教会。这一点，应该为之负责的是人性的一种特殊的弱点。

意识到自己在认识超感性事物方面无能的人们，虽然使那种信仰（作为这样一种信仰，对于他们来说必然普遍地是令人信服的）受到完全的敬重，但并不容易相信：始终不渝地热心追求一种道德上善的生活方式，就是为了让人们成为在上帝的国中上帝所喜悦的臣民，上帝所要求于人们的一切。他们只能把自己的义务设想为自己应该向上帝提供的某

种**事奉**；在这里，关键不在于行动的内在的道德价值，而毋宁说在于，之所以事奉上帝，乃是为了无论他们自身在道德上怎样千差万别，至少可以凭借被动的顺从来使上帝喜悦。他们不愿去想，他们如果履行自己对人（对自己和对他人）的义务，恰恰由此也就执行了上帝的诫命，从而也就在自己的所有的所作所为中——只要它们与道德有关——**自始至终都处于对上帝的事奉中**，并且绝对不可能以其他方式更近身地事奉上帝了（因为他们以其他方式只能对世俗事物，而不能对上帝发生作用和影响）。由于世界的每一个伟大的主人，都有一个特殊的需要，即为自己的臣民们所**崇敬**和通过臣服关系来**颂扬**，没有这些东西他就不能期望他的臣民们对他的命令给予他为了能够统治他们所必需的那么多的服从。此外，一个人无论多么有理性，也总是在表示崇敬时感到一种直接的满足。所以，就义务同时是上帝的诫命而言，人们就把义务当做对上帝的、而不是对人的**事务**的推进；由此产生的就是一种**事奉神灵**的宗教的概念，而不是一种纯粹道德的宗教的概念。

由于所有的宗教都在于，我们把上帝看做对我们所有的义务而言都应该普遍受到崇敬的立法者，所以，在规定宗教时，在我们与之相符合的态度方面，取决于我们知道：**上帝愿意如何**被崇敬（和被服从）。—— 6〔104〕
但是，上帝的一种立法意志，或者是通过自身**仅仅是规章性的**法则，或者是通过**纯粹道德上的**法则颁布命令的。就后者而言，每一个人都能够从自身出发，凭借他自己的理性来认识作为他的宗教的基础的上帝意志；因为神明的概念本来就只是出自对这些法则的意识和理性要假定一种力量的需求，这种力量能够为这些法则带来在一个世界上可能的、又与道德上的终极目的一致的全部效果。一种仅仅按照纯粹道德的法则来规定的上帝的意志的概念，使我们如同只能设想**一个**神一样，也只能设想一种宗教，这种宗教就是纯粹道德的。但是，如果我们假定上帝的规章性法则，并且把宗教设定为我们对这些法则的遵循，那么，对这种宗教的认识就不是凭借我们自己的纯然理性，而是只有凭借启示才是可能的。而无论启示为了通过传统或者《圣经》在人们中间传播，对于每一个单个的人来说，是秘密地还是公开地给予的，它都将是一种**历史性的信仰**，而不是**纯粹理性的信仰**。——但是，即使接受了上帝的规章性法则（它们并不能从自身出发就被认做是有约束力的，而是只有作为上帝的启示了的意志，才能被认作是有约束力的），使上帝的意志最初被写进我们心中的纯粹**道德的立法**，也不仅仅一般地是所有真宗教的不可避免的条件；而且，它还是真正构成真宗教自身的东西，而为此，规章性立法所包含的职能是促进和扩展纯粹道德立法的手段。

因此，如果“上帝愿意如何被崇敬”这个问题，对于每一个**纯然作为人来看的**人来说，应该得到普遍有效的回答，那么毫无疑问的是，对于他的意志的立法不应该仅仅是**道德的**；因为规章性的立法（它以一种启示为前提条件）只能被看做是偶然的。并且作为这样一种并没有也不能涉及每一个人的立法，它也不能被看做对人一般地具有约束力的。因此，“并不是那说‘主啊主啊’的人[①]，而是遵行上帝的意志的人”，因而也就是那并非通过赞颂上帝，即凭借不是每一个人都能拥有的启示出来的概念来赞颂上帝（或者赞颂他那具有神性血统的使者），而是通过善的
6〔105〕生活方式——在这方面，每一个人都知道上帝的意志——来试图让上帝喜悦的人，才将是对上帝作出上帝所要求的真崇敬的人。

但是，如果我们自认为有义务不仅是作为人，而且是作为一个尘世的神性国家中的**公民**来行事，并且致力于这样一种以教会名义的联合体的存在，那么，“上帝愿意如何在**教会**（即上帝的所有信徒）中被崇敬”这个问题，似乎就不是通过纯然的理性就能够回答的，而是需要一种规章性的、仅仅通过启示为我们所得知的立法，从而也需要一种历史性的信仰。与纯粹的宗教信仰相反，我们称这种历史性的信仰为教会信仰。因为对于纯粹的宗教信仰来说，问题仅仅在于那构成对上帝的崇敬的质料的东西，即在道德意念中所发生的对作为上帝的诫命的所有义务的遵循；而一个教会，作为许多人在这样的意念下成为一个道德共同体的联合，却需要一种**公共的**义务承诺，即某种以经验条件为基础的教会形式。这种形式自身是偶然的、多种多样的，因而没有上帝的规章性法则也就不能被认作义务。但是，规定这种形式，却并不马上就被看做属神的立法者的工作。毋宁说，我们有理由设想，那上帝的意志就是：我们应该实现的是这样一种共同体的理性理念本身。尽管人们在对一个教会的某些形式进行尝试时，带有不幸的结果，但是，人们却不应该停止，在必

---

① 参见《马太福音》，第7章，第21节。——科学院版编者注

要时还应该通过新尝试来尽可能地避免旧尝试的错误，来继续追求这一目的；因为这件工作同时也是人们的义务，它完全被托付给人们自己了。因此，我们没有理由在某一个教会的建立和形式上，把法则径直看做属神的、**规章性的**，以免除在今后就这些法则的形式作出改善的努力。这是胆大妄为的，甚至是对更高威望的觊觎，以便用教会章程伪装成神圣的权威给群众套上枷锁。但在这方面，如果一个教会就我们所知，与道德的宗教极其一致；此外，如果又无法清楚地认识，在大众对宗教的理解没有相应准备的进步的情况下，教会是怎样可能一下子出现的，那么， 6〔106〕
完全否认一个教会像那样组织起来的方式也许有可能是上帝的一种特殊安排，这同样也会是一种自负。就“应该由上帝还是应该由人自己创立一个教会”这个问题的可疑性而言，后者的倾向在一种**事奉上帝的宗教**（崇拜）上表现出来，并且由于这种宗教是以任意的规定为基础的，从而在对上帝的规章性法则的信仰上表现出来。这种信仰的前提条件是：在（无论人按照纯粹道德的宗教的规定能够选择何种）最善的生活方式之上，毕竟还必须加上一种理性所不能认识，而需要启示的上帝的立法；凭这一点，这种生活方式才直接地被视为对最高存在者的崇敬（不是借助于理性已为我们规定的对他的诫命的遵循）。这样一来，就出现了一种情况，即人们将永不会把联合成为一个教会，在应该赋予教会的形式上保持一致，以及为促进宗教中的道德因素而举办**公共**活动看做本身就是必要的。如他们所说的，这只是为了通过隆重的庆典、认信启示出来的法则，以及通过遵循属于教会形式（这形式自身却仅仅是手段）的规定，来事奉他们的上帝。尽管所有这些惯例从根本上来说，都是些在道德上无所谓的行动，但正是由于这些行动仅仅据说是为了上帝而作出的，就被认为是使他更加喜悦的。因此，教会信仰在把人们改造成为一个伦理的共同体方面，以自然的方式♀[①]走在了纯粹宗教信仰的前面，而且寺院（奉献于公共事奉神灵的建筑）也早于**教会**（用于在道德意念方面进行教导和激励的聚会场所），**祭司**（献身于虔诚习俗的管理者）也早于**神职人员**（纯粹道德的宗教的教师），而且这些祭司多半至今还具有大众所承认的地位和重要性。

① 以道德的方式这应该反过来进行。

因此，一旦下面这种情况是不可改变的，即不是把一种规章性的**教会信仰**附加给纯粹的宗教信仰，作为人们为了促进纯粹的宗教信仰而共同联合的载体和手段，那么，我们就必须也承认，对教会信仰的不变的维持、对在它里面所接受的启示的普遍的和千篇一律的传播乃至敬重，
6〔107〕很难凭借**传统**，而是只有凭借《**圣经**》，才能得到足够的关照，而《圣经》自身作为对于同时代人和后代来说的启示，又必然是敬重的一个对象。因为要想使人们确信自己的事奉神灵的义务，就要求人们有此需要。一部《圣经》即使在没有读过它、至少未能从中得出有内在联系的宗教概念的人那里（而且恰恰在这些人那里最是如此）也赢得了极大的敬重，而所有的小聪明都挡不住那取消一切异议的绝对裁决：**此处这样写着**。因此，就连书中那些想阐述一个信仰观点的地方，也干脆叫做**箴言**。这样一部经书的某些特定的注释者，也正因为他们这项工作，而本身仿佛也成了圣人。历史也证明，没有一种建立在经书之上的信仰能够被根除，哪怕是通过最具毁灭性的国家革命。然而，那种建立在传统和古老的公共惯例之上的信仰，在国家的毁灭中，也同时被毁灭了。如果这样一部到达人们手上的书，除了它那作为信仰法则的规章之外，同时又完善地包含着最纯粹的道德上的宗教学说，如果这种学说能够与那些规章（作为它的入门的工具）达到极大的和谐，那该多幸运①啊！在这种情况下，这本书一方面由于借此所要达到的目的，另一方面也由于很难根据的自然法则，解释人类靠它所产生过的这样一种觉醒的起源，因而能够保持如同一种启示的威望。

※　　※　　※

这里还要补充几句与启示的信仰这一概念相关的话。

只有**一种**（真正的）**宗教**；但却可能有多种多样的**信仰**。——还可
6〔108〕以补充说，在由于其信仰方式不同而彼此分离的各种各样的教会中，却只能找出同一种真正的宗教。

因此，说这个人属于这种或者那种（犹太教的、穆罕默德教的、基督教的、天主教的、路德教的）**信仰**，要比说他属于这种或者那种宗教

① 幸运是一个表述所有我们既不能预见、也不能凭借我们的追求按照经验规律造成和值得希望的东西的词。因此，如果我们想为它举出一个理由来，那么，除了一种善意的天命之外，我们举不出任何别的理由。

更为恰当（就像在现实中也运用得更多一样）。平心而论，后一种表述就连在对大众的演说中（在教义问答和布道中）本来也不应该使用。因为它对于大众来说过于学术化和不可理解了，而实际上，近代语言也没有为它提供一个意义相同的词。一般人在任何时候都把它理解为自己所明白的教会信仰，而并未把它理解为在里面隐藏着的宗教，它取决于道德意念。就大多数人而言，说他们认信这个或者那个宗教，实在是太抬举他们了，因为他们根本不知道也不要求任何宗教。规章性的教会信仰就是他们对这个词所理解的一切。即便是如此频繁地震撼世界、使世界染上血腥的所谓的宗教争端，历来也无非是围绕教会信仰的争吵进行的。受压制者也根本没有抱怨人们阻止他信仰自己的宗教（因为这是任何外在的暴力都做不到的），而是抱怨人们不允许他公开地遵循自己的教会信仰。

如果一个教会像通常发生的那样，冒充自己是惟一的、普遍的教会（尽管它是建立在一种特殊的启示信仰之上的，这种启示信仰作为历史性的东西，再也不能为每一个人所要求），那么，它就会把根本不承认其（特殊的）教会信仰的那种人称做**不信者**，并对他满腹仇恨；把只是部分地（在非本质性问题上）偏离其（特殊的）教会信仰的那种人称做**异端**，并且至少也把他当做传染病人来避开。即使此人最后认信了这个教会，但如果他毕竟在这个教会的信仰的本质性问题（即人们使之成为信仰的东西）上偏离了它，尤其是如果他传播自己的异端思想的话，他就叫做**异教徒**①。就像一个叛乱者那样，被认为比一个外部的敌人更应该受到惩罚，并且被教会通过一种**绝罚**开除出去（如同罗马人关于那个违背元老 6〔109〕

① 蒙古人称西藏（据乔治的《藏语词典》，11页）为Tangut-Chadzer，即住房子的人的土地，以便把这些人与自己这种生活在荒漠上的和帐篷底下的游牧民区别开来，由此产生出Chadzaren这个名称，并从这个名称产生出Ketzer［异教徒］这个名称*，因为蒙古人忠诚于西藏的那个与摩尼教相一致、也许还是由此起源的信仰（喇嘛教），并在他们入侵时把它传到了欧洲。因此，在很长一段时间里，Haeretici［异教徒］和Manichaei［摩尼教徒］这两个名称是在同等意义上流行的。

*这个词源学解释肯定不对。很可能，“Ketzer”与伦巴底文的Gazzari，即Kathari［清洁］有关系。清洁派（Katharer）是教会在中世纪（特别是在12和13世纪）所必须对付的最重要的“异端教派”。该运动中的摩尼教特色是显而易见的。——科学院版编者注

院的意志越过卢比孔河的人[①]所宣布的那样)，弃之于魔鬼。一个教会的导师与首领们在教会信仰的要点上自称独一无二的正确信仰叫做**正教**。它又可以分为**专制的**（横蛮的）正教和**自由的**正教。如果一个教会把自己的教会信仰冒充为有普遍约束力的，它被称做一个**普世的**教会，而那个对其他教会的这种要求提出抗议（尽管它自己在力所能及的时候也经常乐意行使这种要求）的教会被称做一个**抗议宗的**教会，那么，一个留心的观察者就会遇到许多抗议性的普世教徒的可嘉实例，反过来也会遇到更多极端普世性的抗议宗教徒的可耻实例。前一种人们具有一种**自我扩展**的思维方式（尽管他们的教会的思维方式并非如此），与此形成鲜明对比的是，后一种人具有非常**狭隘的**思维方式，但绝不是具有优越性。

六、教会信仰以纯粹的宗教信仰为最高的诠释者

我们已经指出，虽然一个教会，如果它是建立在一种启示信仰之上，而这种启示信仰作为历史性的（尽管是借助于《圣经》得到广泛传播的、保证能传到最遥远的后代的）信仰，却不能得到普遍有说服力的传达，那它就缺乏其真理性中最重要的特征，即对普遍性的一种合法要求的特征。尽管如此，由于一切人的自然需要，即对于最高的理性概念和根据总是要求**某种能够以感性方式把握的东西**，即任何一种经验证明以及诸如此类的东西（当目的是普遍地引入一种信仰的时候，人们确实也必须考虑到这一点），因而还必须利用某种历史性的教会信仰，这种教会信仰人们通常也已经亲眼看到了。

6〔110〕 但是，为了把一种道德上的信仰的基础与看起来是由一种偶然性故意使之落入到我们手中的这样一种经验性信仰（无论它是作为目的，还是仅仅作为辅助手段）统一起来，就要求对我们已经得到的启示作出一种诠释，即把它彻底地解释为一种与纯粹的理性宗教的普遍的、实践的规则一致的意义。因为如果教会信仰的理论因素不是致力于履行所有作为上帝的诫命的人类义务（这构成了一切宗教的本质）的话，我们也就不会在道德上对它感兴趣。这种诠释可能在我们看来甚至就文本（启示

① 指公元前49年违背罗马法律规定率领罗马军团渡过卢比孔河的罗马统帅恺撒。——译者注

的文本）而言也常常显得是牵强的，并且实际上也常常是这样的，然而，只要文本有可能接受这种诠释，这种诠释就必然比一种逐字逐句的诠释更受欢迎。或者要么自身根本不包含任何有益于道德性的东西，要么干脆就是与道德性的动机背道而驰的。♀①——我们还将发现，这与部分地被写进各种圣书的古代的和近代的所有信仰方式在任何时候都如此合拍，有理性、有头脑的民众教师如此之久地解释这些书，直到使它们在其本 6〔111〕
质性内容上真正与普遍的道德的信条一致。**希腊人**中的以及后来**罗马人**中的道德哲学家，正是如此地道地对待他们那神话性的多神学说的。不过，他们最终懂得了把极粗糙的多神论解释为惟一神性存在者的属性的纯然象征性的观念，并且给各种各样的放荡行为、或者还有诗人们那些粗野的、但却是美丽的梦幻加上一种神秘的意义。这种意义使民众信仰（根除这种民众信仰甚至是不可取的，因为由此也许会产生出一种对国家来说更为危险的无神论）接近了一种所有人都能够理解的、惟一有益的道德学说。晚期的**犹太教**，甚至还有基督教，都是由这样的、部分地来说很牵强的解释构成的，但二者都是为了无可置疑地善的、对于所有人来说都必要的目的。**穆罕默德教教徒**（如同**雷兰德**所指出的那样）很懂得给他们对供奉着一切感性的天堂的描述加上一种精神的意义，而**印度人**也正是这样诠释他们的**《吠陀》**的，至少就在他们之中经过启蒙的那

① 举例来说，在《诗篇》第59篇第11—16节中，就可以发现对过分得令人吃惊的**复仇的祈祷**。米夏埃利斯（《论道德》，第2部分，202页）赞同这种祈祷，并且补充说："《诗篇》是富有灵感的。既然在《诗篇》中为一种惩罚而祈祷，那么，它就不可能是不公正的；而我们**除了圣经之外，也不应该有任何更圣洁的道德**"。在此，我抓住后一句话提问，是必须按照《圣经》来解释道德，还是必须按照道德来解释《圣经》？——我且不考虑《新约》中那段话："有吩咐古人的话说……只是我告诉你们，要爱你们的仇敌，为那逼迫你们的祷告"（《马太福音》，第5章，第21—44节。——科学院版编者注），不论这段话多么富有灵感，与《诗篇》多么能够一致，我都将试图或者使它们符合我的那些独立存在的道德基本原理（这里所说的不是肉体的仇敌，而是肉体的仇敌所象征的、对我们来说更为有害的、不可见的仇敌，即我们必须期望彻底踩在脚下的恶的偏好）；或者如果我不想涉及这一点，那么，我将宁可假设，这段话根本不能在道德的意义上来理解，而是必须在犹太人把上帝看做自己的政治君主的那种关系中来理解，就像《圣经》的另一段话一样。那段话说："主说，伸冤在我，我必报应"（《申命记》，第32章，第35节；参见《罗马书》，第12章，第19节。——科学院版编者注）。通常，人们把这段话解释为对自行复仇的道德上的警告，尽管它很可能仅仅暗示着在任何国家都通用的那个法则，即由于受到伤害而在最高首领的法庭上寻求补偿。在那里，当法官允许原告提出像他自己所希望的那样严厉的惩罚时，他的复仇欲根本不可以被视为得到认可的。

部分人民来说是这样。——但人们之所以可以这样做，又不致总是与民众信仰的字面意义相抵触，乃是因为早在这种民众信仰产生之前很久，道德宗教的禀赋就已经蕴藏在人的理性之中了；虽然它最初的粗糙的表现只不过是旨在事奉神灵上的运用，并且为此目的而本身导致了那种所谓的启示，但由此也把它的超感性起源自身的特性放进了这种虚构之中，尽管这并不是有意的。——假如人们不愿意断言，我们赋予民众信仰的象征或者各种圣书的那种意义，也绝对就是它们本来要说的意思，而是把这一点暂且搁置一旁，而仅仅假定如此理解它们的作者的**可能性**，那么，人们也不能指摘这样一种诠释不诚实。因为就连读这些圣书或者了解它们的内容，也是以造就更善的人为最终目的的。但是，对此毫无裨益的历史性因素，是某种自身完全无足轻重的东西。人们愿意怎样对待它，就可以怎样对待它。——（历史性的信仰是"自身已死的"①，即，就其自身而言，作为教义来看，它不包含也不引向任何对我们来说具有一种道德价值的东西。）

6〔112〕 因此，即使一部经书被认作是上帝的启示，它作为这样一种启示的最高标准却是："《圣经》都是上帝所默示的，于教训、督责、使人归正等等，都是有益的"②。而由于后者，即人在道德上的归正，构成了所有理性宗教的真正目的，所以，这种归正也包含着所有经书诠释的最高原则。这种宗教是"上帝的灵，它引导我们进入一切真理"③。但是，这个灵也就是通过**教导**我们而同时也借助行动的各种基本原则**赋予我们生命**的那个灵，它把《圣经》对于历史性的信仰可能还包含的一切，都完全与纯粹的道德信仰的规则和动机联系起来。而惟有纯粹的道德信仰，才在每一种教会信仰之中构成了在它里面是真正的宗教的东西。对《圣经》的所有研究和诠释，都必须从在里面寻找这个灵这条原则出发，而"只有当它证明了这一原则时，人们才能在其中找到永生"④。

除了这种圣经诠释者之外，还有另一种圣经诠释者，即**圣经学者**，但他们是附属于前者的。《圣经》作为把一切人联合在一个教会之中的最

① 《雅各书》，第 2 章，第 17 节。——科学院版编者注
② 《提摩太后书》，第 3 章，第 16 节。——科学院版编者注
③ 《约翰福音》，第 16 章，第 13 节。——科学院版编者注
④ 《约翰福音》，第 5 章，第 39 节。——科学院版编者注

有价值的、现今在经过启蒙的地方是独一无二的工具，其威望构成了教会信仰。而教会信仰作为民众信仰是不可忽视的，因为对于民众而言，似乎没有任何建立在纯粹的理性之上的学说适宜于成为一种不变的规范。它要求有上帝的启示，从而也要求通过其起源的演绎来历史地证明其威望。由于人的技艺和智慧不能够一直上升到天堂，以便察看那派遣第一位导师的全权证书，而是不得不满足于除了内容之外，还可以从如何引入这样一种信仰的方式得出的征兆，即满足于人类的各种信息。这种信息终归必须在很古老的时代和现在已经死亡了的语言中去寻找，以便根据其历史的可信性来评价它们。所以，为了维护一个建立在《圣经》之上的教会的威望，而不是维护一种宗教的威望（因为宗教为了成为普遍的，就必须任何时候都建立在纯粹的理性之上），就要求有一种**圣经的博学**。尽管这种博学没有带来任何东西，而只有使《圣经》在其起源中不包含任何使它不可能被当做直接的神性的启示来接受的东西。而这就足以不妨碍那些人认为，在这个理念中感到对他们的道德信仰有特别的增强，并由此而乐意接受它了。——但是，不仅是《圣经》的**考证**，而且 6〔113〕
还有它的**诠释**，也都由于同样的理由而需要博学。因为只能借助翻译来阅读《圣经》的无知者，如何会确知它的意义呢？所以，哪怕是掌握了其基础语言的诠释者，也必须拥有广博的历史知识和批判，以便从当时的状况、风俗和意见（民众信仰）中，获得能够用来向教会共同体揭示其理解的手段。

因此，理性宗教和对《圣经》的博学，是一份神圣文献的真正的、有资格的诠释者和托管者。显而易见，决不能让世俗的权力妨碍它们在这一领域公开地使用它们的洞见和发现，并且把它们束缚在某些信条之上，因为若不然，**平信徒**就会逼迫**神职人员**赞同他们的意见，而他们又只有从神职人员的教诲中，才能获得这种意见。只要国家只是关心不要缺少学者和就其道德性而言有好名声的、管理全部教会事务的人们，国家把这种管理托付给他们的良知，那么，国家就做到了自己的义务和权限所包括的一切。但是，把这些义务和权限引入学院，从事学院的争论（只要这些争论不从大学讲坛引出来，就丝毫也不会干扰教会会众的平静），则是大众可能曾不无冒昧地向立法者提出的过分要求，因为这种要求有损于他的尊严。

但是，对于一个诠释者的席位，还出现了第三个竞争者。它为了认识《圣经》的真正意义以及其神性起源，既不需要理性，也不需要博学，而是只需要一种内在的**情感**。当然，我们不能否认，“人若立志遵着他的旨意行，就必晓得这教训是出于上帝的”①。而且也不可否认，甚至阅读《圣经》或者倾听朗诵《圣经》的人，必定都感觉得到的那种趋向善行、趋向正派的生活方式的冲动，也必然会在他身上证明《圣经》的属神性，因为这冲动无非就是使人充满内在的敬重的道德法则的作用，而这法则
6〔114〕由此也理应被看做是上帝的诫命。但是，就像很少能够从一种情感推论和查出对法则的认识以及法则是道德的那样，也很少能够，甚至更难以凭借一种情感而推论和查出一种直接的神性的影响的可靠征兆。因为要产生这一结果，可能有不止一种原因。而在这一场合，只有通过理性认识到的法则（和教诲）的道德性，才是那种结果的原因。甚至就在这种起源只有可能性的场合里，只要人们不想为全部狂热敞开大门，不想让明确无误的道德情感由于同其他任何一种幻想的情感类似而丧失其尊严，那么，对这种起源作出后一种解释，就是一种义务。如果情感是从法则中，或者也是按照法则得出来的，而法则在这之前是已知的，那么，每一个人的情感都只是自己的，他也不能强求其他人有这种情感，从而也不能把情感抬高为某种启示的纯正性的标准。因为它根本不说明任何东西，而是仅仅包含了主体在自己的愉快和不快方面被刺激的方式而已，在这上面不能建立起任何知识。

因此，除了《圣经》之外，不存在教会信仰的任何一种规范。除了纯粹的**理性宗教**和**《圣经》的博学**之外，也不存在教会信仰的其他任何诠释者。而在纯粹的理性宗教和《圣经》的博学中，惟有前者才是**确实可靠的**，并且对整个世界都有效的；后者则只是**教义性的**，只是为了把教会信仰对于某个民族在某个时代转化为一个确定的、能够一直保存下来的体系。但是，就教会信仰而言，历史性的信仰没有最终成为一种纯然对圣经学者及其洞见的信仰，这是不可改变的。当然，这种情况并没有特别地给人的本性带来荣誉，但却通过公开的思想自由使自己重新变善。由于只有通过学者让自己的诠释经受每一个人的检验，自己却同时

① 《约翰福音》，第7章，第17节。——科学院版编者注

对更好的见解始终仍保持开放和欢迎，他们才能指望共同体对他们的裁决的信赖，这种公开的思想自由就更为有道理了。

七、教会信仰逐渐地过渡到纯粹的宗教信仰的独自统治，就是接近上帝的国 6〔115〕

真正的教会的标志就是它的**普遍性**，但是这种普遍性的征兆又是它的必然性和它的仅仅以惟一的一种方式才可能的规定性。这样，历史性的信仰（它建立在作为经验的启示之上）只有局部的有效性，即对于作为这种信仰之基础的历史所能及的那些人才有效。而且，就像所有的经验认识一样，它并不包含这样的意识，即所信仰的对象**必然**是这个样子而不是别的样子，而是只包含这样的意识，即这对象就是这个样子；从而也就同时包含着对这对象的偶然性的意识。因此，虽然它能够成为一种教会信仰（教会信仰可以有许多种），但是，只有完全建立在理性的基础之上的纯粹的宗教信仰，才能被视为必然的，从而被视为惟一标志着**真正的**教会的信仰。因此，尽管（根据人的理性的不可避免的局限性）一种历史性的信仰作为引导性的手段，刺激了纯粹的宗教，但却是借助于这样的意识，即它仅仅是这样一种引导性的手段。而历史性的信仰作为教会信仰包含着一种原则，即不断地迫近纯粹的宗教信仰，以便最终能够省去那种引导性的手段。于是，一个这样的教会就还是可以叫做**真正的**教会；但是由于永远不能避免关于历史性的教义的争论，它又只能被称做**有争议的**教会。不过展望未来，它最终会发展成为不变的、全体一致的、**凯旋行进的**教会！每一个对于享受永恒的幸福具有道德上的接受能力（资格）的个人，他的信仰我们称之为**造福于人的**信仰。因此，这种信仰也只能是惟一的一种信仰，并且无论教会信仰如何不同，它都能在每一个人身上发现。在每一个人身上，与其目的即纯粹的宗教信仰相联系，它都是实际存在的。相反，一种事奉神灵的宗教，它的信仰是一种**奴役性的**信仰和**有报酬的**信仰（fides mercenaria，servilis［报德的、奴性的信仰］），并且不能被看做造福于人的信仰，因为它不是道德的。造福于人的信仰，必须是一种自由的、建立在纯粹的心灵意念之上的信仰（fides ingenua［高尚的信仰］）。教会信仰误以为通过（尽管是费力的）自身却毫无道德价值的行动（des cultus［崇拜的］行动），从而也就是凭 6〔116〕

借恐惧和希望强制的、哪怕是一个恶人也能够作出的行动，就能够让上帝所喜悦。相反，造福于人的信仰则为了做到这一点，预设一种道德上善的意念为必要的前提。

造福于人的信仰包含着人对永福的希望的两个条件：一个是就人不能够做的事情而言的，也就是说，使他的已经作出的行动在律法上（在一位属神的法官面前）成为没有发生的；另一个是就人自己能够做并且应该做的事情而言的，也就是说，步入一种新的、符合其义务的人生。前一种信仰是对一种救赎的信仰（偿还其罪债、解脱、与上帝和解），后一种信仰是对自己能够在一种今后奉行的善的生活方式中让上帝喜悦的信仰。——两个条件只构成了一种信仰，并且必然休戚相关。但是，结合的这一必然性只能这样来看：如果我们假设一个条件可以从另一个条件中派生出来，那么，要么是对赦免我们负上的罪债抱有信仰而产生出善的生活方式，要么是对一种在任何时候都要奉行的生活方式的真实的、积极的意念，按照道德上的作用因的法则而产生出对那种赦免的信仰。

在这里就表现出人的理性与自身的一种值得注意的二论背反。要使这种二论背反得到解决，或者假如这种解决是不可能的，则至少是得到调和。只能要么是一种历史性的（教会的）信仰，必须在任何时候都作为造福于人的信仰的本质性部分，附加在纯粹的宗教信仰之上；要么是它作为纯然的引导性手段，能够最终过渡为纯粹的宗教信仰，无论那未来是多么遥远。

（一）假定对于人的罪出现了一种救赎，那么，虽然完全可以理解，每一个罪人都会多么惬意地把这种救赎与自己联系起来，并且因此如果问题仅仅在于**信仰**的话（这种信仰也就意味着宣布，他希望这救赎也发生在他身上），他将会没有一刻犹豫。然而根本无法看出，一个知道自己该受惩罚的理性的人，怎么会认真地以为，他只需要相信关于一种为他所提供的救赎的福音，并且（就像法学家所说的那样）utiliter［有效地］接受它，就把自己的罪看做是涤除了的，而且如此彻底（甚至连根拔掉），以至哪怕对于将来，一种他迄今为止根本没有为之付出丝毫努力的
6〔117〕善的生活方式，也会成为由这种信仰和对提供给他的善行的接受所带来的一个必然的结果。没有一个深思熟虑的人会使自己怀有这样的信仰，

无论自爱怎样常常把一种人们为之什么也没做也不能做的善的纯然愿望转化为一种希望，就好像他的对象将被纯粹的渴望所吸引而自动来临并在自身中完成似的。只能把这种情况设想为，人把这种信仰本身看做上天给予他的东西，因而看做某种他不必向自己的理性作出进一步解释的东西。如果他不能做到这一点，或者还过于正直，不会在自己心中装出这样一种信赖，只是作为阿谀奉承的手段，那么，他无论怎样敬重这样一种热切的救赎，无论怎样期望这样一种救赎也能够向他敞开，都不得不把这种救赎仅仅看做有条件的，即他的生活方式必须首先做出力所能及的改善，以便拿出哪怕极微小的理由，来希望这样一种更高的功德能够给他带来好处。——因此，如果对这种功德的历史知识属于教会信仰，而生活方式则属于纯粹的道德信仰，那么，**后者作为条件就必须先行于前者**。

（二）但倘若人天生就是堕落了的，那么，如果他——虽然意识到自己迄今为止所犯下的过失，但却——依然处于恶的原则的支配之下，并且在自身中没有发现足够的能力在今后作出改善，则无论他如何作出努力，他又怎能相信能使自己成为一个新的、让上帝喜悦的人呢？如果他不能把他自己针对自己而激发起来的正义感看做凭借外来的救赎得到了和解的，而把自己看做通过这种信仰仿佛得到了新生的，并且首先开始了一种新的、将会成为与之结合在一起的善的原则之结果的生活方式，那么，他将在哪里建立起使自己成为一个上帝所喜悦的人的希望呢？——因此，对一种并非他自己的、且使他与上帝和解的功德的信仰必须先行于对善功的一切追求。但这与前一个命题是相冲突的。这种争端是不能通过对人类本质的自由的因果规定，即对那些使一个人变善或者变恶的原因的因果规定的洞见来达到平衡的，从而也不能在理论上达到平衡的；因为这个问题超越了我们的理性的全部思辨能力。但是对于 6〔118〕
实践的东西而言，问题不是对于我们的自由任性的运用而言什么在物理上是第一性的，而是：什么在道德上是第一性的？即我们应该从哪里开始？是从对上帝为我们所做的事情的信仰开始，还是从我们为了配享这些事情（无论它存在于什么地方）而应该做的事情开始？此时，选择后者就是毫无疑问的了。

这是因为，对造福的第一个必要条件的假定，即对一种替代性的救赎的信仰的假定，充其量也只是对于理论的概念是必要的；我们不可能以其他方式来**理解**赎罪。相反，第二个原则的必要性是实践的，并且是纯粹道德的。我们肯定不能以其他方式来希望分有一种外来的救赎性的功德，并从而分享永福。我们只能凭借自己在遵循每一种人类义务方面的努力，来取得这种分享的资格，而这种遵循必须是我们的自我改造的结果，更不能是一种我们被动地接受的外来的影响。这是因为，由于这后一种诫命是无条件的，所以，一个人也必然会把它当做准则加在信仰上。也就是说，他会从改善人生开始，这是一种造福于人的信仰可能出现的惟一最高条件。

教会信仰作为一种历史性的信仰，有理由以对救赎的信仰开始；但是，由于它仅仅包含着纯粹的宗教信仰的载体（在宗教信仰中蕴涵着真正的目的），所以，在作为一种实践的信仰的宗教信仰中成为条件的东西，即**行动**的准则，必须造成开端；而**认知**或者理论信仰的准则只是起一种加固和完成前者的作用。

在此还需要说明的是，按照第一种原则，信仰（即对一种替代性的救赎的信仰）被当做人的义务。相反，善的生活方式的信仰，作为由更高的影响所造成的，则被当做对人的神恩。但是，按照第二种原则，情况则恰恰相反。因为按照这一原则，作为神恩最高条件的善的**生活方式**，是无条件的**义务**，相反，更高的救赎只是**神恩的事情**。人们（常常并不是没有道理的）指摘第一种原则是事奉神灵的**迷信**，但它毕竟懂得把一种应受惩罚的生活方式与宗教结合在一起；而指摘后者是**自然主义的无**
6〔119〕 **信仰**，这种无信仰兼有对一种通常也许是可仿效的生活方式的无所谓态度，甚至对所有启示的对抗态度。但是，这并不是（在理论上）解开了绳结，而是（凭借一个实践的准则）斩开了绳结，当然，这在宗教问题中也是允许的。为了满足在理论上解开这一绳结的要求，下面的东西可能是有用的。对上帝所喜悦的人性的原型（上帝之子）的活生生的信仰，**就其自身而言**，是与一种道德的理性理念相关的，只要这种理念不仅被当做我们的准绳，而且还被当做我们的动机。所以，无论我是从这种作为**理性信仰**的信仰开始，还是从善的生活方式的原则开始，都是一回事。相反，对**显象中的**同一个原型（对神人合一者）的信仰，作为**经验性的**（历史性的）信仰，却与善的生活方式的原则（这原则必须是完全理性的）不是一回事；要从这样一种信仰♀①开始和要从它里面派生出一种善的生活方式，这是截然不同的东西。这正是上述两个命题的冲突所在。然而，在神人合一者的显象中，所包含的并不是他能够被感知、或者凭借经验认识的东西，而是我们加给神人合一者的那种蕴涵在我们的理性中的原型（因为就他的榜样可感知而言，可以根据那原型来判断他），其实就是造福于人的信仰的客体；而这样一种信仰与一种上帝所喜悦的生活方式是一回事。

因此，这里并没有两种自身有别的原则，似乎从它们的一个或者另一个开始，就是选择了截然相反的道路。相反，这里只有同一个实践的理念；我们由它出发，在一种情况下是由于它把原型表现为存在于上帝之中并从上帝出发，在另一种情况下是由于它把原型表现为存在于我们之中，但在这两种情况下，都是由于它把原型表现为我们的生活方式的圭臬；所以，二论背反只是表面上的，因为它是把只不过在不同的关系之中被看待的同一个实践的理念，通过一种误解视为两种不同的原则。

但是，如果有人要把对这样一个一度在世界上出现过的现象的现实性的历史信仰，当做惟一能造福于人的信仰的条件，那么，就当然会有 6〔120〕
两种截然不同的原则（一个是经验性的，另一个则是理性的）。无论人们必须从这一个还是从另一个出发和开始，关于它们都将会产生一种真正的准则之争，而这种准则之争是任何理性都将无法平息的。说我们必须相信曾经有过一个人，他通过自己的圣洁性和功德，不仅为他自己（就他的义务而言），而且也为其他所有人（为他们在义务方面的匮乏）作了救赎（对此理性没有告诉我们任何东西），以便希望我们自己在一种善的生活方式中，最终仅仅借助于那种信仰就能够得到永福。这样一句话所说的，完全不同于下面这句话：我们必须竭尽全力追求一种上帝所喜悦的生活方式的圣洁理念，以便能够相信，只要人类尽其所能，竭力仿效上帝的意志，上帝（已经由理性向我们保证了的）对人类的爱就将顾及这种诚挚的意念而弥补行为的缺陷，无论这种弥补是以什么方式进行的。

但是，前一种信仰并不在每一个人的（包括无教养的人的）能力范围之内。历史表明，在所有的宗教形式中都流行着两种信仰原则的这种

① 这种信仰必须把这样一个人格的存在建立在历史的全部证据上面。

争执；因为所有的宗教都有救赎说，不管它们把这种救赎说建立在什么地方。但是，每一个人身上的道德禀赋在自己这方面都免不了要让人听从自己的要求的。不过，在所有的时代，祭司都比道德主义者有更多地抱怨；也就是说，祭司们大声疾呼地（并且要求当局遏制这种胡作非为）抱怨忽视了对神灵的事奉。倡导这种事奉乃是为了使民众与天国和解，并使国家避免不幸。道德主义者则抱怨世风日下，极力把这归罪于那种赎罪手段，凭借那种赎罪手段，祭司使每一个人虽然犯有最严重的罪行，也可以轻而易举地与神明和解。事实上，如果现存有一笔取之不尽的财富，供偿付已经犯下的和还可能要犯的罪债，由于人们只须举手之劳（不管良知提出什么要求，也毫无疑问首先要伸手）就可以使自己洗清罪债，而善的生活方式的决心却可以被推迟到他首先结清了那些罪债的时候，这样，就不易设想，这样一种信仰会有别的什么结果了。但是，如果这种信仰甚至被描绘成这个样子，就好像它真有一种如此独特的力量和这样一种神秘的（或者魔法的）影响，以至虽然就我们所知，它应该
6〔121〕被视为纯然历史的，但只要人们沉浸在它和与它相联结的情感之中，它就有能力从根本上改善整个人（从他造就出一个新人），那么，这种信仰本身就必然被看做是直接由天国（与历史性的信仰一起，并在此之下）授予和唤醒的：在这种情况下，所有的一切，连同人的道德属性，最终都导致了上帝的一种无条件的旨意：“上帝要**怜悯**谁，就怜悯谁，要**叫**谁**刚硬**，就叫谁刚硬。”①② 从字面上来看，这就是人的理性的 salto mortale [致命的跳跃]。

因此，我们身上的自然禀赋、同时还有道德禀赋——后者既是所有宗教的基础，又是它们的诠释者——的一个必然结果是，宗教最终将逐

① 这段话可以这样解释：没有一个人能够确定无疑地说，这个人是因何成为一个善的人，那个人是因何成为一个恶的人（二者都是比较而言的）。因为似乎早在出生时就常常已经可以发现这种区别的禀赋；甚至没有人能够预见的人生的偶然性，有时也在这方面起了一种决定性的作用。同样，也不能确定无疑地说，一个人会成为什么样的人。因此，我们必须听凭那全知者对此作出判断。而这一点在此被表述为，好像在人们出生之前，上帝关于人的旨意就明确地规定了每一个人今后应该扮演的角色。在显象的序列中，对于创世主来说，如果在这方面以神人同形同性论的方式来思考他，则**预见**同时也就是**预定**。但是，在按照自由律的事物的超感性的序列中去掉了时间，预见就仅仅是一种**全知的知识**，它不能说明为什么这个人如此行事，而另一个人则按照相反的基本原则行事，但它毕竟也能同时与意志的自由结合在一起。

② 《罗马书》，第9章，第18节。——科学院版编者注

渐地摆脱所有经验性的规定根据，摆脱所有以历史为基础的、借助于一种教会信仰暂时地为促进善而把人们联合起来的规章。这样，纯粹的宗教信仰最终将统治所有的人，“以便上帝就是一切中的一切”[①]。如果一个人应该襟怀坦白，就必须脱去那层当初胚胎借以形成为人的外壳。圣洁的传说及其附属物、规章和诫命的襻带，在当时曾作出过杰出的贡献，但逐渐地成为多余的。最终，当人进入青年时代时，它就成了桎梏。只要他（人类）还“是孩子，其聪慧就如同孩子”[②]，并且知道把无须他的参与就为他规定了的规章制度很好地与博学、甚至与一种能够为教会服务的哲学结合起来。“而既然他长大成人，就丢弃了孩子气的事情”[③]。 6〔122〕
平信徒与**教士**之间的令人屈辱的区别终结了，从真正的自由中产生了平等。但并没有无政府状态，因为虽然每一个人服从的都是他自己为他自己规定的（不是规章性的）法则，但他同时也必须把这法则看做通过理性为他启示的世界统治者的意志。这意志在一个不可见的共同政府之下，把所有的人都联结在一个国中。而在这之前，这个国就通过一个可见的教会得到了不充分的演示和准备。所有这一切，并不能期待由一场外部的革命来实现，这种革命以迅猛的、暴力的方式，造成它的非常依赖于幸运的结果。在其中，凡是在建立一种新制度时一度被忽略了的东西，都被令人遗憾地保存下来达数世纪之久，因为这种东西是无法再改变了，至少除了通过一场新的（在任何时候都是充满危险的）革命之外，不能再改变了。——纯粹的理性宗教，作为对所有的人都不断地发生的神性的（尽管不是经验性的）启示，在其原则中必然蕴涵着向事物的那种新秩序过渡的根据。这种根据一旦从成熟的反思出发来把握，就会借助于逐步向前的改革付诸实现，即在它是人的工作的范围内实现。因为就革命来说，虽然它能够缩短这种进步，但却仍然是听凭天意的，并且不能按计划地、在不损害自由的情况下进行。

不过，即使只有教会信仰向普遍的理性宗教、并且进而向地上的一种（神性的）伦理国家的逐步过渡的原则，普遍地、在有些地方甚至**在公众中**扎下了根，我们也仍然可以有根据地说：“上帝的国已经降临到我

---

① 《哥林多前书》，第15章，第28节。——科学院版编者注

②③ 《哥林多前书》，第13章，第11节。——科学院版编者注

们这里了”①，尽管现实地建立上帝的国，对我们来说还是距离无限遥远的事情。这是因为，由于这个原则包含着向这种完善的不断迫近的根据，作为一颗自己发芽生长、之后又重新结果的种子，在它里面蕴涵着有朝一日将照耀和统治世界的那个不可见的整体。但是，在每一个人的自然禀赋中，都不仅蕴涵着认识真和善的根据，而且也蕴涵着心灵分有真和
6〔123〕善的根据。真和善一旦成为公共的，就不免要借助于它们与理性存在者的道德禀赋的自然亲和性，普遍地传播开来。它们的传播有时可能会遇到的出自政治的、公民社会的原因的阻碍，宁可说有助于使人们的心灵向善（人们的心灵一见到善，善就再也不会离开他们的思想了）的联合更为密切。②

※　※　※

6〔124〕因此，善的原则的不能为人的眼睛觉察的、但却是不断向前的工作就是：把人类作为一个遵循德性法则的共同体，在它里面建立一种力量和一个国度，它将宣布对恶的原则的胜利，并且在它对世界的统治下保证一种永恒的和平。

---

① 《马太福音》，第12章，第28节。——科学院版编者注

② 对于教会信仰来说，只要人们既不放弃对它的事奉也不攻击它，就可以保持它作为一种工具的有利影响，尽管如此又取消它作为一种关于事奉神灵义务的妄想，而对真正的（即道德的）宗教的概念的一切影响。这样，虽然规章性的信仰方式各不相同，却可以凭借统一的理性宗教的基本原则来确立各种信仰方式的信徒们彼此之间的互相宽容。在这种统一的理性宗教中，教师可以解释所有那些规章制度和诫命的目的，直到能够随着时间的进展，借助于越来越被接受的真正的启蒙（一种从道德的自由产生的合法则性），在每一个人都同意的情况下，把一种令人屈辱的强制手段的形式，更换为一种符合道德宗教的尊严的教会形式，即更换为一种自由信仰的形式。——把教会的信仰统一和信仰事务上的自由结合起来，这是理性宗教的客观统一性理念，通过我们对它在道德上的兴趣而不断追求解决的一个问题。但是，要在一个可见的教会中实现这一点，如果我们就此求教于人的本性，则希望甚微。理性的理念不可能在一个符合它的直观中对我们展现出来，但它作为实践的范导性原则，为了对纯粹理性宗教的统一这种目的发生作用，却毕竟具有客观的实在性。这里的情况和一部国家法的政治理念一样，如果国家法同时与一种普遍的、具有权力的国际法相联系的话。经验剥夺了我们在这方面的一切希望。在人类中似乎被（也许是有意的）植入了一种倾向，即每一个国家，如果事情按照它的愿望发展的话，都追求征服其他每一个国家，并且建立一个世界帝国。但是，在它达到了某种规模后，就又自己分裂为几个小国家。同样，每一个教会都怀有那傲慢的要求，即成为普遍的教会。但是，一旦它得到扩展，成为占统治地位的，就马上出现了解体和分裂为各种不同的教派的原则。

♀把各国过早地融合为一体是有害的（倒不如在人们在道德上变得更好之后再这样），这种融合——如果允许我们在这里假定天意的一种意图的话——主要受到两个强有力的原因的阻碍，即语言的不同和宗教的不同。

第二章
关于在地上逐步建立善的原则的统治的历史观念

我们不能要求地上的宗教（在这个词的最狭隘的意义上）有一部人类的**普遍历史**；因为它如果是建立在纯粹的道德信仰之上的，就不是公共的状态，而是每一个人都只能独自地意识到他在纯粹的道德信仰方面取得的进步。惟有对于教会信仰来说，我们才能通过按照它的各种不同的、变换不定的形式，把它与独一无二的、不变的、纯粹的宗教信仰进行比较，从而期望一种普遍的、历史的描述。从教会信仰公开承认依赖于宗教信仰的限制性条件和与它一致的必然性出发，**普遍的教会**开始把自己塑造为上帝的一个伦理的国度，并且按照一个对所有的人和所有的时代都保持同一的坚定不移的原则，向这个国度的实现进步。可以预见，这一历史将无非是对事奉神灵的宗教信仰和道德的宗教信仰之间的不断斗争的叙述；在这二者中，人总是倾向于把作为历史性的信仰的前者置于首位，而后者作为惟一能改善灵魂的信仰，却从未放弃对属于它的优先权的要求，并将最终确凿无疑地宣布这种优先权。

但是，只有当这一历史仅仅被局限在人类的那样一个部分的时候，它才可能具有统一性；在这部分人类那里，趋向普遍的教会的统一的那种禀赋，如今已经接近于它的发展。凭借这种禀赋，至少理性的信仰与历史性的信仰之间的区别问题已经公开提出，并且其解决已经成为最重要的道德事务；因为各个不同的、其信仰彼此之间毫无关联的民族，其 6〔125〕
规章制度的历史，通常并不提供一种教会的统一。但是，在同一个民族中出现某种与先前占统治地位的信仰明显不同的新信仰，这并不能算是教会的统一，哪怕先前占统治地位的信仰，在自身中具有产生新信仰的**诱发性**原因。因为如果人们把各种不同的信仰方式前后相继的序列，算做同一个教会的各种变体的话，则统一就必须是原则的统一。而这部教会的历史就是我们现在反正要研究的东西。

因此，在这一意图中，我们只能讨论这样一种教会的历史，这种教会从它的最初的开端，就包含着趋向真正的、**普遍的**宗教信仰的客观统一的种子和原则，它在逐步地接近这样的宗教信仰。这里首先表明，**犹太教的**信仰与我们要考察其历史的这种教会信仰毫无本质性的联系，也就是说毫无概念上的统一，虽然前者是直接地先行的，并且为后一种（基督教的）教会的建立提供了自然的诱因。

就其最初的建立来说，**犹太教的信仰**只不过是规章性法则的一个总和，在这个总和之上建立起一种国家的制度。因为无论在当时还是在后来给它**附加上**什么样的道德添加剂，这些东西都绝对不属于犹太教这样一种宗教本身。犹太教严格来说，根本不是一种宗教，而只是一群人的联合。由于共属于一个特殊的氏族，这群人形成了一个服从纯然政治的法则的共同体，从而也就没有形成一个教会；毋宁说，它本应该是一个纯然世俗的国家，以至即使这个国家被不利的偶然情况所粉碎，也总是还给它留下一种（本质上属于它的）政治信仰，即（在弥赛亚来临时）有朝一日重建这个国家。这个国家的制度以神权政治为基础（显然是一种自诩直接从上帝获得指示的祭司或者领袖的贵族政体），从而上帝的名字也并没有使它的制度成为一种宗教制度，因为上帝在这里完全只是作为一个世俗君主受到敬重的，他关于和对于良知根本不提出任何要求。它本来不应该成为这样一种制度，这一点的证据是显而易见的。**首先**，
6〔126〕所有的诫命都具有这样的品性，即使一种政治的制度也可以遵守它们，并且把它们当做强制性的法则让人承担，因为它们只涉及外在的行动。虽然十诫即使不是被官方提出来的，在理性看来也已经是伦理的诫命，然而，在那次立法中，它们根本不是伴随在遵循它们时的**道德意念**（后来，基督教把它的主要工作就建立在这里）的要求一起被给予的，而是绝对地仅仅着眼于外在的遵守。这一点还可以从以下这点得到说明，即：**其次**，从对这些诫命的履行或者触犯所产生的一切后果、任何奖赏或者惩罚，都仅仅局限于那些在这个世界上每一个人都可能有份的奖赏或者惩罚；甚至就连这些奖赏或者惩罚也根本不是依据伦理概念的，因为二者据说也及于在实际上根本没有参与他们的业绩或者罪行的后代。这在一个政治制度中虽然也可能是一种造成服从的聪明办法，但在一个伦理制度中，却是违背一切公正性的。由于如果没有对来世的信仰，任何宗教就都是不可思议的，所以，犹太教本身就其纯粹性而言，根本不包含

任何宗教信仰。这一点将通过以下的说明得到进一步的加强。也就是说，犹太人和其他民族、甚至最原始的民族一样，也应当有过对来世、从而对自己的天国和地狱的信仰，这几乎是不可怀疑的。因为这种信仰由于人的本性中的普遍的道德禀赋，对于每一个人来说都是自发地产生的。因此，这个民族的立法者尽管被设想为上帝自身，却对来世**不愿**给予丝毫的注意，这肯定是**有意地**造成的。它表明，这个立法者想建立的只是一个政治共同体，而不是一个伦理共同体。但是，在政治共同体中谈论在此生中不可见的奖赏和惩罚，鉴于那个前提条件，会是一种完全不合逻辑的、不适当的办法。即使不能怀疑犹太人在后来，每一个人都独自地为自己造成某种与他们的规章性信仰的信条混在一起的宗教信仰，它也毕竟从来没有构成一个属于犹太教立法的部分。**最后**，说犹太教构成了属于**普遍的教会**状态的一个阶段，或者甚至说，它在它那个时代就构成了这个普遍的教会，这种说法是如此错误，以至还不如说，它作为一 6〔127〕
个由耶和华特别为自己选中的、敌视其他所有民族并由此也被每一个民族敌视的民族，把整个人类都从其社会中排斥了出去。至于这个民族为自己规定了一个惟一的、不能凭借任何可见的形象来想象的上帝作为普遍的世界统治者，这一点在此也不能评价过高。因为我们在大多数其他民族那里都能发现，他们的教义也同样是通向那里的，并且仅仅由于**崇敬**某些隶属于那个普遍的世界统治者之下的、有力量的低级神，而招致了多神论的嫌疑。因为一个仅仅希望人们遵循那些诫命、为此却根本不要求一种改善了的道德意念的神，本来就不是我们在一种宗教上必需其概念的那种道德存在者。与其说，宗教是在信仰仅仅被奉献给一个惟一的存在者，但这个存在者却使机械的崇拜成为主要的事情的情况下产生的。倒不如说，宗教还可能产生自对多个这样的强而有力的、不可见的存在者的信仰，只要一个民族是这样思维这些存在者的，即它们虽然职司各异，但却全体一致地把自己的喜悦仅仅赋予最配享的人，即全心全意地追求德性的人。

因此，如果普遍的教会历史理应构成一个体系，那么，我们也就只能从基督教的起源来开始这种历史；基督教作为对它所由以产生的犹太教的一种完全抛弃，是建立在一个崭新的原则之上的，它在教义中造成了一场彻底的革命。基督教的导师尽可能作出，或者在一开始就尽可能作出过努力，要从这两种宗教里编织出一条相互联系的线索来，于是就想学会把新的信仰看做旧的信仰的一种延续，认为旧的信仰以原型的方式包含了新的信仰的一切事件。这种努力极为清楚地表明，他们在这里所关心的也许或曾经只是用最适当的手段**引入**一种纯粹的道德宗教，来取代一种旧的、民众的习惯过于强大的崇拜，而又不直接与民众的成见相冲突。随之而来的废除形体描绘，促使那个民族与其他民族完全分离开来，单凭这点就可以让人作出判断，这种不受旧信仰的规章束缚，甚至不受任何规章束缚的新信仰，已经必然包含着一种对世界，而不是仅仅对一个惟一的民族有效的宗教了。

所以，基督教是从犹太教中突然地、但并非毫无准备地兴起的。不过，这里所说的犹太教，不再是族长制的、无混杂的、仅仅建立在自己
6〔128〕的政治制度（即使它已经支离破碎了）之上的犹太教，而是已经通过逐渐地在这方面公共化了的道德学说，同一种宗教信仰混合了的犹太教，在这样一种状态中，这个过去无知的民族已经获得了许多外来的（希腊人的）智慧，这些智慧也许有助于借助德性概念对这个民族进行启蒙。并且尽管有其规章性信仰的沉重负担，一旦有机会通过使祭司们听命于一个以无所谓的态度看待所有外来的民族信仰的民众的决定权，而削弱他们的权势，就为革命作好准备。福音的导师宣称自己是由天国派来的导师，同时，作为一个不辜负这一派遣的人，他宣布强制的信仰（对事奉神灵的日子、信条和习俗的信仰）是自身毫无价值的，相反，道德的信仰是惟一能够造福于人的信仰，惟有它才能够使人们圣洁，“就像你们的父在天国是圣洁的一样”①。他还凭借善的生活方式证明自己的纯正性。但在他通过教诲和受难乃至无辜的、同时又是值得称颂的死②，在自己的

---

① 《彼得前书》，第1章，第16节。——科学院版编者注

② 随着他的死，他的公开的历史（他的历史由此也普遍地被当做仿效的榜样）也就结束了。作为补充而附加上的比较隐秘的、仅仅为他的至交所目睹的、他的**复活**和**升天**（如果我们把它们仅仅作为理性理念来接受，那么，它们将意味着另一种生活的开端，意味着进入永福之地，即意味着与一切善的结合）的历史，却不能无损于它们的历史评价而被用于纯然理性界限内的宗教。这并不是因为它是历史叙述（因为这也是先行的历史叙述），而是因为就字面上来看，它假定了一个虽然很适合人的感性表象方式，但就其对未来的信仰来说却是理性的累赘的概念，即所有世间存在者的物质性的概念。也就是说，它不仅假定了人的只有在那个**肉体**条件下才发生的**人格**的**唯物论**（心理学的唯物论），而且还假定了一般在一个尘世中的**临在**的**唯物论**（宇宙论的唯物论），按照这个原则，这种临在只能是**空间上的**。与此相反，有理性的世间存在者的唯灵论的

人格上提供了一个符合那惟一让上帝所喜悦的人性原型的榜样之后，他 6〔129〕
被设想为重新回到了他所来自的天国，因为他口头上留下了他最后的意志（如同在一个遗嘱中那样）。并且就追忆他的功绩、教诲和榜样而言，他能够说，“他（上帝所喜悦的人性的理想）仍然与自己的门徒同在，直到世界的末日”①。——在人们由于他的人格的起源和也许是超尘世的等级而可能会对一种**历史性的信仰**感兴趣的时候，这种教诲就会是需要由奇迹来证实了。但是，奇迹作为纯然属于道德上的、能改善灵魂的信仰的东西，却可能缺乏所有这样的证明其真实性的证据。这种教诲在一部《圣经》中还加进了奇迹和奥秘，而奇迹和奥秘的宣示本身又是一种奇迹，并且要求一种只能通过博学才能不仅加以证实、而且在其重要性和意义上加以保证的历史性的信仰。

但是，任何一种作为历史性的信仰而建立在经书之上的信仰，都必须有一个**有教养的**公众来作为自己的担保。在这样的公众中，这种信仰可以通过作为同代人的文献作家仿佛能够得到检验。这些作家不会被怀疑与这种信仰的第一批传播者有一种特别的约定，他们与我们今日的著作界有着不间断的联系。与此相反，纯粹的理性信仰并不需要这样一种证实，而是自己证明自己。在那场革命的时代，统治犹太人并散布在犹太人自己的居住地上的民族（罗马民族）中，就已经有一批有教养的公众，从他们那里，甚至当时的历史就政治制度中所发生的事件而言，也
通过一系列作家流传给我们了。尽管这个民族很少关心它的非罗马臣民 6〔130〕
的宗教信仰，但毕竟从据说在他们中间公开发生的奇迹来看，这个民族绝不是无信仰的。然而，作为同时代人，他们却不仅根本没有提到这些

假设认为，肉体在地上固然是死的，但他的人格却是活着的。同样，人在精神上（就其非感性的质而言）能够达到永福之地，不会被置于环绕着地球的无限空间（我们也称之为天）的任何一个地方；这种假设对于理性来说是更为有利的。这不仅是由于一种能够思维的物质是无法理解的，而且特别是由于我们在死后的存在所遭逢到的那种偶然性，因为这种存在据说只不过是建立在某一团物质以某种形式的黏结之上的。相反，这种假设却要把一个单纯的实体的持久存在，设想为建立在它自己的本性之上的。——但是，在后一种前提条件（唯灵论的前提条件）下，理性既不会有兴趣永恒地拖曳着一个肉体，这个肉体无论怎么纯粹化，都（如果人格是建立在与肉体的同一性之上的）总还是必须由构成其肉体组织的基础的同样材料组成，而肉体本身在生活中却从未随心所欲地取得过这种材料。理性也无法使自己理解，构成了肉体的这种黏土在天上，即在另一个世界领域里应该是什么，恐怕在那里是另一种物质来构成生物存在与维持的条件吧。

① 《马太福音》，第28章，第20节。——科学院版编者注

奇迹，也根本没有提到这些奇迹在臣服于他们的那个民族中（在宗教方面）所导致的那场虽然是公开地进行的革命。只是到了后来，在经过了一代人有余之后，他们才着手研究这场对他们来说迄今为止尚属未知的信仰变化的性质（这场信仰变化的进行并不是没有公开的活动的），但却没有研究这场变化最初的历史，以至在他们的编年史中，根本找不到这段历史。因此，从这个时候直到基督教为自己造就了一个有教养的公众的时代，基督教的历史是模糊不清的。于是，我们也就始终不知道，基督教的学说对他的教徒的道德性造成了什么样的影响，最初的基督徒是确实在道德上改善了的人，还是依然为普普通通的人。但是，自从基督教自己成为一个有教养的公众，或者至少是进入广大有教养的公众之中以来，就人们有理由期待一种道德宗教可以发挥的慈善作用而言，基督教的历史对公众来说决没有什么好印象。——隐士生活和僧侣生活中的神秘主义狂热，和对独身阶层的圣洁性的歌功颂德，是怎样使一大批人对世界变得毫无用处；与此相联系的所谓的奇迹，如此用沉重的枷锁把人民压制在一种盲目的迷信之下；借助一种压迫自由的人们的教阶制，**正统信仰**的可怕声音如此从自封的、惟一钦定的《圣经》诠释者的口中发出，以及基督教世界如此由于信仰的意见（如果人们不把纯粹的理性宣布为诠释者，就绝不能给信仰的意见带来任何普遍的一致）而分裂成激烈对抗的派别；在东方，国家以一种可笑的方式插手祭司和僧侣阶层的信仰规章，而不是把它们控制在只是学者阶层的狭小圈子内（这些规章在任何时候都热衷于把学者阶层转化为一个统治阶层）。我要说的是，这种国家是如此终于不可避免地必然成为最终结束了它的占统治地位的信仰的那些外来敌人的猎物。在西方，信仰获得了它自己的、不依赖于
6〔131〕世俗权势而建立的宝座，而公民秩序连同（维护这种秩序的）各门科学，却如此被一个自封的上帝钦差破坏和弄得衰弱不堪。这两个基督教地区[①]如此受到野蛮人的侵袭，就像由于生病而临近解体的植物和动物招引来毁灭性的昆虫以完成这种解体一样。在西方，那个精神上的领袖[②]如此凭借他那威胁要实行绝罚的魔杖，像对待小孩一样统治和惩罚各个国王，煽动他们去进行灭绝另一地区人口的对外战争（十字军战争），去彼此攻

① 指西罗马帝国和东罗马帝国。——译者注

② 指罗马教宗。——译者注

杀，并激怒臣民们反抗自己的政府，去残忍地仇视自己那同一个普遍的所谓基督教的不同想法的同道。这种即使如今也只是由于政治利益才免于激烈爆发的不和，如此隐秘地植根于一种专制地规定的教会信仰的基本原则之中，并一直还令人担忧发生类似的事件。——如果不是基督教的建立一直足够清楚地表明，它真正的初始意图无非是引入一种纯粹的、不可能存在意见争端的宗教信仰，而所有那些曾损害人类、并还在使人类分裂的骚乱之所以产生，完全是因为，由于人的本性的一种恶劣的倾向，那应该在一开始用于引进纯粹的宗教信仰的东西，即把那些习惯于旧的历史性信仰的民族，借助于他们自己的成见争取到新的信仰方面，结果却被当做了一种普遍的世界宗教的基础，那么，只要我们把基督教的这一历史（就基督教本来想要建立在一种历史性信仰的基础之上而言，这一历史也就不会有别的结果）看做一幅全景画，它就会证明那一声惊呼是多么正确：tantum religio potuit suadere malorum［宗教竟会诱发如此多的恶］。①

如果有人问，迄今为止已知的全部教会历史的哪个时代是最好的时代，那么，我毫不犹豫地要说，**就是现在这个时代**。也就是说，人们可以让真正的宗教信仰的种子，如同它现今在基督教界虽然只是由一些人播种、但毕竟已经公开地播了种一样，完全不受阻碍地日益萌发起来，以便由此期待不断地接近那个把所有的人永远联合起来的那个教会，它构成上帝不可见的国在地上可见的体现（图型）。——在依照其本性应该 6〔132〕
是道德的和改善灵魂的那些事务上，理性使自己摆脱了一种总是听凭诠释者任性摆布的信仰的重负。这种理性在我们这部分世界的所有国家里，在真正的崇信宗教者中间，**首先**普遍地（即使不是处处都公开地）接受了在谈论所有叫做启示的事务时公允**谦逊**的基本原理：由于没有任何人能够否认，一部就其实践性内容而言，所包含的纯为神性事物的经书的**可能性**，它可能（即鉴于它在历史上所包含的东西）也确实被视为上帝的启示。此外，人们在一个宗教上的联合，若是没有一部《圣经》和一种建立在《圣经》之上的教会信仰，也就没有什么理由能够实现出来并坚持下来。又由于，正如人的洞察力的目前状况那样，的确很难有某个

① 卢克莱修：《物性论》，I，101。——科学院版编者注

人会去期待一种由新的奇迹引入的新的启示。——因此，最合理和最公正的就是，把这部已经存在的《圣经》继续用做教会课程的基础，不借助毫无用处的、恶意的攻击来削弱它的价值，但也不把对它的信仰当做达到永福所要求的而强加给任何一个人。**第二个**基本原则是：由于纯然是为了教会信仰的目的而编制的《圣经》故事，其自身对于采纳道德准则绝对不能也不应该有任何影响，它仅仅是为了生动地展现道德准则的真正客体（追求圣洁性的德性）而被赋予教会信仰的。所以，《圣经》故事在任何时候都必须被讲授和解释为以道德的东西为目的的。但与此同时还必须小心地和（因为尤其是普通的人在自身中有一种犯被动[①]信仰毛
6〔133〕病的固定倾向）不断重复地提醒，不能把真正的宗教设定在对上帝为我们获得永福正在做或者已经做了的事情的认识和信奉之中，而是应该把它设定在我们为了配享那些东西必须做的事情中，这种事情在任何时候都只是某种自身就具有无可置疑的、**无条件的**价值的东西，因而也只有它才能使我们让上帝喜悦。同时，每一个人都不需要任何《圣经》的博学就可以肯定它的必要性。——不妨碍这些基本原理，以便让它们成为公开的，这是君王们的义务；与此相反，在这方面干预神明天意的进程，为了讨好某些充其量也只是具有一种必须由学者们发现的或然性的历史性教会学说，而通过提供或者拒绝某些市民社会的、通常对每一个人开放的利益来诱惑臣民们的良知，这是非常冒险的，是要后果自负的。[②] 且

---

① 这种倾向的原因之一在于安全原则，即我在一种宗教中出生和接受教育，它的教导不取决于我的选择，在其中我凭借自己的玄想不能够改变任何东西，因而这种宗教的错误也不应由我负责，而是应由我的教育者或者官方为此确定的教师负责，这也是人们不容易赞许一个人公开改宗的原因。此外，当然还有另一个更为深刻的原因，即由于每个人在自身中感到无法确定（在种种历史性的信仰中）哪一种信仰是正确的信仰，而道德的信仰到处都是同样的信仰，所以，人们也就把引起对此的注意看做毫无必要的。

② 如果一个政府愿意懂得，它仅仅禁止**公开地说出**自己的宗教意见，而并不阻挠任何人私下里**思考**他认为好的东西，这就不会被视为对良知的压制，那么，人们对此通常会付之一笑，并且说，这根本不是什么由它所赐予的自由；因为它根本就不能阻挠人们的思维。然而，世俗的最高权力做不到的事情，宗教的权力却能够做到，也就是说，甚至能禁止并且事实上也阻挠思维，以至于它还能够把这种强制施加于它的有权势的世俗上司，即禁止哪怕仅仅是思考与它所规定的不同的东西。这是因为，由于人们有趋于事奉神灵的强制性信仰的倾向，他们自发地趋向于不仅赋予这种信仰以先于道德信仰（借助遵守自己的一般义务来事奉上帝）的最大的重要性，而且赋予它惟一的、能弥补其他所有缺陷的重要性，所以，正统信仰的维护者们作为灵魂的牧者，随时都可以轻而易举地引起他们的牧群虔诚地惧怕对某些建立在历史基础之上的信条的极小的偏离，

不说由此对在这种场合的圣洁自由所造成的损害，它也很难为国家造就 6〔134〕
好的公民。那些自愿去阻碍神性禀赋趋向尘世的至善这样一种自由的发展，或者甚至还建议别人去阻碍它的人，只要求教于良知对此反思一下，在他们中间还有谁，愿意为所有的人担保可能从这样的粗暴干预中产生的恶呢？这种恶也许会使世界统治者所计划的、在善上的进步长期受到阻碍，甚至还会使它退步，尽管不会有一种人类的力量和机构能够在某个时候完全取消这种进步。

在这段故事中，就天意的指导而言，天国最终也被设想为不仅是处于一种虽然在某些时候停留一下、但却永远不会完全中断的接近程序中，而且也是处于降临之中。当这种历史叙述（在《启示录》中）还被附加上一种预言（如在《西彼拉预言集》[①]中那样），预示这一伟大的世界转变在一个地上的可见的上帝之国的画卷中（在他的崇信降临的代理人和授权者的统治下）的实现；预示在他的领导下，在脱离和排除了再次试图对抗他的叛逆者之后在这尘世应该享有的幸福；还预示对这些叛逆者及其首领的彻底根除，从而是**世界的末日**构成了历史的结束时，人们就可以把天国解释为一种不过是为了更有力地鼓动起人们的希望、勇气和对天国的追求的象征性表象。福音的导师仅仅从庄重的、使灵魂升华的、道德的方面，即配得上成为一个上帝之国的公民的方面，向自己的门徒指明了上帝在地上的国，并且指示他们该做什么，不仅为了自己做到这一点，而且还为了与其他志同道合的人，并且尽可能与整个人类联合起来去做。但是，就构成了人的另一部分不可避免的愿望的幸福而言，他向自己的门徒预言，他们在自己的尘世生活中不能指望得到幸福。毋宁

甚至是惧怕对这些信条的任何研究，以至于他们不敢哪怕是仅仅在思想中让自己产生对强加给自己的信条的怀疑，因为这已经是在听从恶的精灵了。的确，为了摆脱这种强制，人们只可以有**愿望**（对于君王们在官方信仰方面的强制来说，就不是这么回事了），但这种愿望也正是在内心中受到阻挠的东西。不过，这种真正的对良知的压制，虽然已经够糟糕了（因为它诱导出内心的虚伪），但还不像阻碍外在的信仰自由那么糟糕。因为前者通过道德洞察力的进步，和对自己的自由——对义务的真正敬重只能从自由中产生——的意识，必然逐渐地自行消失，而后一种外在的强制则相反，它阻碍那构成了真正教会的本质的、信徒们的伦理共同体中的任何自愿的进步，并且使教会的形式也完全服从政治的规定。

① 西彼拉（Sibylle）原是古希腊女预言家的称谓。古罗马一位女预言家所撰写的《西彼拉预言集》与后来的先知预言混合，曾对罗马帝国的政治生活产生重大的影响。基督教胜利后，《西彼拉预言集》并没有失去作用。保存下来的《西彼拉预言集》（十二卷）是古希腊罗马、犹太教和基督教观点和信条的一种混合物。——译者注

6〔135〕说，他让他们作好承受极大的悲痛和牺牲的准备；不过，他（由于人只要生存着，就不能苛求他完全放弃幸福的自然因素）又补充说："应当欢喜快乐，因为你们在天上的赏赐是大的"①。上面引用的对教会历史的附加部分，在涉及人们未来的和最终的命运时，把人们设想为最终是**胜利凯旋的**，即在克服了所有的障碍之后，在尘世也达到了幸福的巅峰。——在教会向其完善性进步期间，善人与恶人的区分对这一目的不会有所助益（因为二者彼此之间的混合恰好是为此目的所必需的，这部分是为了磨砺善人的德性，部分是为了用善人的榜样把恶人从恶引开），这种区分被设想在完成了上帝之国的建立之后，是这种建立的最终结果。在这里，还加上了对这个国作为一种政权来看的坚固性的终极证明，加上它对同样也被看做在一个国（炼狱之国）中的所有外部敌人的胜利。这样就使得所有的尘世生活有了一个结束，因为"尽末了毁灭的（善人们的）仇敌，就是死"②，双方都开始了不朽，一方是得救，另一方则是沉沦。一种教会的形式也就解体了；地上的授权者也就与作为天国的公民、上升到他那里的人们进入同一个等级，于是，上帝也就是一切中的一切了。③

对自身并非历史的来世作一种历史叙述，这种表象是一个美好的理想，即通过引入真正的普遍宗教造成道德上的、在信仰中**预见到的**世界
6〔136〕新纪元，直到其实现。我们不能把这一实现作为经验性的实现来**预期**，而是只能在持续不断的进步中和向尘世可能的至善的迫近中（这里没有任何神秘的东西，所有的一切都是以道德的方式自然而然地进行的）来**期望**这一实现，即为这一实现作好准备。反基督者的出现、千禧年、关于世界末日临近的宣告，都可以在理性面前得到其好的、象征性的意义。

---

① 《马太福音》，第5章，第12节。——科学院版编者注

② 《哥林多前书》，第15章，第26节。——科学院版编者注

③ 这一表述可以（如果我们排除那些秘奥的、超出了可能经验的所有界限的、纯然属于人们的**圣洁**历史的、从而与我们在实践上毫不相干的东西）这样来理解，即历史性信仰作为教会信仰，需要一部《圣经》来当做人们的襻带，但正因如此也妨碍了教会的统一和普遍性。这种历史性信仰将自行终结并转化为一种纯粹的、对整个世界都明白易懂的宗教信仰。因此，我们今天就已经勤奋地为此工作，通过坚持不懈地使纯粹的理性宗教脱去那层目前尚不可缺少的外壳而发展起来。

♀不是说这种历史性信仰正在终结，而是说它可能终结（因为它作为一种载体，也许总会是有用的和必要的）。这里指的仅仅是纯粹的道德信仰的内在坚固性。

而关于世界末日临近的宣告，被设想为一个（就像人生的终点或远或近一样）不可预见的事件，很恰当地表达了任何时候都为此作好准备、但在事实上（如果我们赋予这一象征以理知的意义）任何时候都把我们自己现实地看做一个上帝之国的合格公民的必要性。“上帝的国几时来到?”——“上帝的国来到，不是眼所能见的。人也不得说，看哪，在这里。看哪，在那里。**因为上帝的国就在你们的心里!**”（《路加福音》，第17章，第21—22节）。♀①

① 这里所说的不是一个根据一种特殊盟约的上帝之国（不是弥赛亚的国），而是一个**道德的**（单凭理性便可以认识的）国。前者（regnum divinum pactitium［缔约者的神圣国度］）必须从历史中获取它的证明；于是它被划分为根据**旧**约的弥赛亚的国和根据**新**约的弥赛亚的国。值得注意的是，前者的崇敬者（犹太人）虽然四散在全世界，但仍然保持为这样的崇敬者，而其他宗教同道的信仰，通常却与他们散布在其中的民族的信仰融合在一起了。这一现象使许多人觉得如此奇异，以至他们认为，这按照自然的进程是不可能的，而认为它乃是为了上帝的一个特殊的意图而作出的非常的安排。不过，一个具有自己的写下的宗教（《圣经》）的民族，是绝不会与另一个没有这样写下的宗教、而是只有习俗的民族（如罗马帝国——当时是整个文明世界）融合进一种信仰的；毋宁说，它或迟或早地造就了一批认信者。因此，即使是犹太人，在巴比伦之囚以后——他们的《圣经》似乎最早是在那之后成为公开的读本的——也不再由于他们追随外来神灵的倾向而受到指摘了。尤其是肯定也影响过他们的亚历山大里亚文化，可能曾有利于他们赋予那些外来神灵一个体系化的形式。同样，琐罗亚斯德教的信徒波斯人，虽然居住分散，也把他们的信仰保存到了今天；因为他们的大祭司拥有《阿维斯陀注释》。相反，使用茨冈人这个名称散布各地的印度人，由于他们乃是出自这个民族的渣滓（贱民），他们甚至被禁止阅读自己的《圣经》，因而也就难免与外来信仰混合了。不过，犹太人尽管如此未能单独为自己造成的东西，基督教和后来的穆罕默德教，尤其是基督教却做到了。因为它们是以犹太人的信仰和属于这一信仰的《圣经》为前提条件的（尽管穆罕默德教宣称这些《圣经》是伪造的）。而犹太人尽管在迁徙中很大程度上失去了阅读自己的古老文献的能力，从而也失去了占有它们的兴趣，只剩下了他们从前曾经拥有过这些文献的回忆，但他们总还是能够在从他们那里出发的基督徒那里重新找到这些文献。因此，如果把马拉巴尔海岸的少数犹太人和中国可能有的一个犹太村落（其中前者可能与他们在阿拉伯的信友有着持续不断的商业来往）除开，那么，在上面提到的各国之外，人们也没有发现犹太人，尽管无可置疑的是，他们不会不也散布到那些富裕的国家中去。但由于他们的信仰缺乏与当地的信仰方式的任何类似性，他们完全遗忘了自己的信仰。但是，把令人满意的考察建立在犹太民族及其宗教在对他们来说如此不利的情况下得以如此保存下来的基础之上，是很糟糕的，因为两种意见的每一方都相信可以在这里找到自己的解释。一方把自己所属的民族得以保存，以及自己的尽管散布在如此众多的民族之中却依然纯洁的古老信仰得以保存，看做要为一个未来的地上王国保存这个民族的某种特别的、仁慈的天意的证明。另一方则把它看做不过是一个被摧毁的、抗拒临近的天国的国家的鉴戒性废墟。一个特别的天意之所以还一直保存这废墟，部分是为了使关于一个出自这个民族的弥赛亚的古老预言保存在人们的怀念中，部分是为了在它上面树立一个公正惩罚的榜样，因为这个民族冥顽不化地要从政治上理解弥赛亚，而不是在道德上理解弥赛亚。

6〔137〕
总的附释

在所有与宗教相联系的信仰方式中，研究活动在其内在属性的背后，都不可避免地遇到一种**奥秘**，即遇到某种**神圣的东西**，它虽然可以为每一个单个的人所**知道**，但却不能成为**众所周知的**，即不能被普遍地传达出来。作为某种**神圣的东西**，它必然是一个道德的对象，从而也就是理性的一个对象，并且可以被内在地认做对于实践的运用来说是充足的；但是作为某种**奥秘的东西**，它对于理论的运用来说却不是充足的，因为它在这种情况下必须对每一个人来说都是可传达的，从而也可以成为外在的和众所周知的。

信仰某种我们同时应看做是神圣的奥秘的东西，这可以或者被看做
6〔138〕一种**神圣启示的信仰**，或者被看做一种**纯粹理性的信仰**。如果没有极大的迫切需要迫使我们接受前者，那么，我们将立足于后者作为我们的准则。情感并不是认识，因而也不说明任何奥秘。而且既然奥秘是与理性相关的，但又不能被普遍地传达，所以，（如果在任何时候有这样一种东西的话）每一个人都将只能在他自己的理性中寻找它。

先天地、客观地澄清是否存在这样的奥秘，这是不可能的。因此，我们将不得不直接在内心中、在我们道德禀赋的主观因素中去搜索，以便看一看在我们心中是否存在有诸如此类的东西。道德事务虽然是可以公开传达的，但我们却不能给出其原因，而是只能给出供我们认识、但却不能公开传达的东西。然而，我们并不可以把道德事务的对于我们来说无法探明的**根据**算做神圣的奥秘。例如自由，它是人根据自己的任性可以受无条件道德的法则所决定而得知的一种属性，但它不是奥秘，因为对它的认识对每一个人来说都是**可传达的**。但是，这种属性的对于我们来说无法探明的根据是一个奥秘；因为它并**没有被给予**我们供我们认识。但恰恰惟有这种自由，才是那种当它被运用于实践理性的最终客体、即道德终极目的的理念的实现时，就不可避免地把我们引导到神圣的奥秘的东西。①

① 例如，世界上所有物质普遍具有重力的原因是我们所不知道的，以至我们甚至可以认为，它绝不会为我们所知；因为单是它的概念就已经以一种无条件地包含在它本身中的第一推动力为前提了。然而，它并不是一种奥秘，而是可以向每一个人说明的，因为它的法则是被充分认

由于人不能自己实现与纯粹的道德意念不可分割地结合在一起的至 6〔139〕
善理念（不仅是从隶属于它的幸福方面来说，而且还从人们为整个目的的必然联合方面来说），尽管如此，却在自身中发现了必须致力于此的义务，所以，人发现自己被引向了对一个道德的世界统治者所做的协助或者安排的信仰，只有借助他的协助和安排，这一目的才是可能的；于是，关于上帝在这方面会做什么，是否可以一般地把**某种东西**归之于他，以及可以把**什么**特别地归之于他（上帝），在人面前就呈现出一个奥秘的深渊。不过，人在每一种义务中所认识的，无非是为了能够配享那种不为他所知、至少不为他所理解的襄助，他自己应该做些什么。

一个道德的世界统治者的这一理念，是我们的实践理性的一个课题。我们感兴趣的并不是知道上帝就其自身而言（就其本性而言）是什么，而是知道他对于作为理性存在者的我们而言是什么。虽然我们为了这一关联必须这样思考和设想上帝的那个本然属性，即对于这种关系来说，在为贯彻他的意志所要求的完善性中是必要的（例如作为一个不变的、全知的、全能的存在者等等），而且离开这一关联，我们在他那里就不能认识任何东西。

根据实践理性的这种需求，普遍的真正的宗教信仰也就是信仰上帝：1. 他是天地的全能的创造者，即在道德上是**圣洁的**立法者；2. 他是人类的维护者，是人类的**慈善的**统治者和道德上的照料者；3. 他是他自己的神圣法则的主管者，即**公正的**法官。

这种信仰本来不包含任何奥秘，因为它仅仅表示了上帝与人类在道 6〔140〕
德上的关系。它也自发地呈现在所有的人类理性面前，因而我们在大多

识到的。当**牛顿**把第一推动力设想为仿佛是上帝在显象界无所不在（omnipraesentia phaenomenon［作为现象的无所不在］）时，这不是试图去解释它（因为上帝在空间中的存在包含着一种矛盾），但却是一个庄严的比喻，它仅仅着眼于通过赋予有形的存在者一个无形的原因，而把有形的存在者结合成为一个世界整体的问题。同样的情况似乎也发生在试图去洞察把有理性的世俗存在者联合为一个伦理国家的独立原则、并由此出发解释这种联合的场合。我们只知道使我们如此的义务；即使我们服从义务，预期的结果的可能性也超出了我们的所有洞察力的界限之外。——存在有自然界的奥秘、隐秘（arcana［玄秘的事物］），也可能存在有政治的奥秘（保守秘密，secreta［机密］），它们不应该成为众所周知的。但是，由于二者都是以经验性的原因为基础的，它们都是**能够**为我们所知的。就人们普遍有义务认识的东西（即道德事务）而言，不可能存在有任何奥秘。但就只有上帝才能做到的事情而言，参与其事超出了我们的能力，因而也超出了我们的义务，只有这时才会存在真正的奥秘，即宗教的神圣奥秘（mysterium）。关于它们，对于我们有用的只是知道并且理解到有这样的东西存在，而不是去洞察它。

数文明民族的宗教中，都可以发现这种信仰。① 它蕴涵在一个作为共同体的民族的概念之中，在一个这样的民族中，任何时候都必须考虑这样一种三重的高层权力（pouvoir），只不过它在此被设想为伦理的罢了。因此，人类的道德元首的这种三重性质，可以被设想为在同一个存在者中结合在一起。而它们在一个律法的公民国家中，则必须被分配在三个不同的主体之下。♀②

6〔141〕但是，由于这种为了一般宗教而使人与最高存在者的道德关系脱除了有害的神人同形同性论因素、并使之符合一个上帝子民的真正品德的信仰，是首先在一种（基督教的）教义中提出，并且仅仅在这一教义中才向世界公开提出的，所以，我们倒是可以把颁布这种信仰称做迄今为止，由于人们自己的罪过而对人们仍是奥秘的东西的启示。

这一教义宣称：**首先**，我们既不应该把最高的立法者本身设想为**仁慈的**，从而对人们的弱点也就是**宽容的**（容忍的），也不应该把他设想为**专制的**，仅仅根据他的无限制的权力颁布命令的；也不应该把他的法则设想为任意的，与我们的道德概念一点也不相似的，而应该将这法则设

---

① 在关于末世的神圣预言故事中，**世界审判者**（真正说来是这样一个身旁者，他把属于善的原则之国的人们作为自己人，置于他的统治之下，并把他们拣选出来）不是被设想和称做上帝，而是被设想和称做人子。这似乎表明，**人类自己**由于意识到自己的局限性和脆弱，将在这一拣选中判决**自己**。这是一种仁慈，但并不损害正义。——与此相反，如果人们的审判者表现在他的神性中，就像他按照为我们所承认的神圣法则和我们自己的责任对我们的良知讲话那样（圣灵），那么，他只能被设想为按照法则的严峻性作审判，因为我们自己根本不知道，要怎样归咎于我们的脆弱才能对我们有利，而只不过清楚地知道在意识到我们的自由的情况下所做出的逾越行为，知道完全可以归咎于我们的对义务的损害，从而也就没有理由在审判者关于我们的判决中假定仁慈。

② 我们找不出理由来说明，为什么如此多的古老民族在这个理念上是一致的。除非理由在于，当我们要设想一个民族政府，并且（根据与一个民族政府的类比）设想一个世界政府的时候，这个理念就蕴涵在普遍的人类理性之中。**琐罗亚斯德教**有这三个神的位格：奥尔穆兹德、密特拉和阿里曼；**印度教**有梵天、毗湿奴和湿婆（区别仅仅在于，前者不仅把第三个位格，就其是惩罚而言设想为灾祸的始作俑者，而且甚至于设想为使人遭受惩罚的道德上的恶；而后者则仅仅把它设想为进行审判和惩罚的）。**埃及人的**宗教有卜塔、克奈夫和内特，其中，就来自这个民族远古时代的信息的模糊性使人能够猜测而言，应该是第一个原则体现与物质有别的精神，它是**世界的创造者**，第二个原则体现起维护和**治理**作用的仁慈，第三个原则体现限制仁慈的智慧，即**正义**。**哥特人**的宗教崇敬奥丁（万有之父）、弗莱亚（仁慈）和托尔，即从事审判（惩罚）的神。甚至犹太人似乎在其等级制度的最后时代也追随过这些理念。因为在法利赛人关于基督被称做上帝之子的指控中，他们的指控似乎并没有特别强调认为上帝有一个儿子的学说，而是仅仅强调基督自称是上帝的这一儿子。

想为与人们的圣洁性相关的法则。**其次**，我们不得把他的仁慈设定在对他的造物的一种无条件的**宠爱**之中，而是必须设定在这一点之中，即他首先关注这些造物借以能够使他**喜悦**的那些道德品性，只是在此之后才来弥补他们在由自己来满足这一条件方面的无能。**再次**，他的公正不能被设想为**仁慈的**和**软心肠的**（这包含着自相矛盾），更不能被设想为以立法者的**圣洁性**的品质（面对这种品质，没有一个人是公正的）实施，而是只能被设想为把仁慈限制在这样的条件下，即人们就作为**人的子女**能够符合神圣法则的要求而言，与这种法则保持一致。一言以蔽之：上帝要人们以一种三重的、类别不同的道德品质来事奉，对于这样一种品质来说，同一存在者的不同人格（不是自然方面不同，而是道德方面不同）的这种命名，并不是什么不合适的表述。信仰的这种象征同时表达出了整个纯粹的道德宗教。否则，没有这种区别，按照人把神明设想得和一个人类元首一样（因为人类元首在其统治中通常不是把这三重的品质彼 6〔142〕
此分开，而是经常把它们掺杂或者混淆起来）的倾向，纯粹的道德宗教就会面临蜕化为一种神人同形同性论的强制信仰的危险。

但是，如果这种（对上帝的三位一体的）信仰不是仅仅被视为一个实践理念的表象，而是被视为一种应当表现上帝本身是什么的信仰，那么，它就会是一种超越了人的所有概念的、从而不能启示给人的理解力的奥秘，并且可以从这种角度被宣布为这样一种奥秘。对这种奥秘的信仰，作为对人关于上帝的本性的理论认识的扩展，只会是对一种完全不为人所理解的，即使人们能够理解，也是教会信仰的神人同形同性论象征的信奉，这对道德上的改善没有丝毫帮助。——只有我们在实践关联中能够很好理解和洞察、但在理论方面（为了规定客体自身的本性）却超越了我们的所有概念的东西，才是（在一种关联中的）奥秘，并能够（在另一种关联中）被启示。上述奥秘就是属于后一类的。它可以被划分为三种借助我们自己的理性启示给我们的奥秘：

1. **天职**（我们作为公民对一个伦理国家的天职）的奥秘。——只是就我们把自己同时看做上帝的**造物**而言，我们才能设想人普遍地、**无条件地**服从上帝的立法；就像上帝之所以能够被看做所有自然规律的制作者，只是因为他是自然事物的创造者一样。但是，存在者应如何被**创造得**能够自由地运用自己的力量，这对我们的理性来说是绝对不可理解的。

因为按照因果律，对于一个被视为产生出来的存在者而言，除了产生它的原因置于它里面的那种根据之外，我们不能赋予它其他任何内在的行动根据。它的任何行动都是由产生它的原因置于它里面的根据（从而也就是由一个外在的原因）决定的，因而这个存在者本身也就是不自由的。因此，我们的理性洞见无法把上帝的、圣洁的、从而仅仅涉及自由的存在者的立法与自由的存在者被创造这个概念一致起来。相反，我们必须把自由的存在者看做是已经实存的自由存在者，它们并不是因为其被创
6〔143〕造而由其自然依赖性所决定，而是由一种纯然道德的、按照自由律可能的强制，即一种成为上帝之国的公民的天职所决定的。因此，在这一目的上的天职，在道德上是完全清楚明白的；但是对于思辨来说，这一天职的可能性是一个无法看透的奥秘。

2. **救赎**的奥秘。就像我们所知道的那样，人是堕落了的，并且绝不能自动地符合那种圣洁的法则。尽管如此，既然仿佛是上帝的仁慈把人召唤到存在，即邀请到一种特殊的实存方式（成为天国的一员），那么，他就也必然有办法从他自己丰富的圣洁性中弥补上人在这方面所不可少的适宜性的缺乏。然而，这是与自发性（它对于一个人自身可能具有的所有道德上的善和恶来说，都是前提条件）相悖的。根据自发性，这样一种善如果应该能够被归功于他的话，就必须不是出自另一个人，而是出自他自己。——因此，就理性所能洞见的来说，没有任何别的人能够通过善行的充盈，或者通过其功德来代替他。或者说，即使**假定**这种情况，也只是在道德方面才有必要**假定**它，因为对于玄想来说，它是一个无法达到的奥秘。

3. **拣选**的奥秘。即使承认那种替代性的救赎是可能的，但在道德信仰上假定这种救赎，毕竟是一种向善的意志规定，它已经以人心中的上帝所喜悦的意念为前提条件，但人在本性的堕落之后是不能由自己在自己心中产生这种意念的。不过，说在他里面应当有一种天国的**神恩**在起作用，这种圣宠不是按照劳作的功德，而是通过无条件的**决定**赐给一个人这种帮助，拒绝给予另一个人这种帮助的；我们人类的一部分被拣选出来获得永福，另一部分则被永罚，这同样不能使人理解上帝的公正，而顶多会必然地和某种其规则对我们来说绝对是一个奥秘的智慧发生关联。

现在，关于这些奥秘，就其涉及每一个人的道德生活史而言，也就是说，一般道德上的善或者恶会存在于世界上，这种事情究竟是怎么发生的？以及（如果恶存在于所有人身上，并存在于所有时间中）善是怎样从恶中产生，并在任何一个人身上确立起来的？或者说，为什么当**这种情况**发生在一些人身上时，另一些人却被排除在外？——对此，上帝 6〔144〕
没有也不能为我们启示任何东西，因为我们反正不会**理解**♀①它们。这就好像我们想要从人的自由出发去**解释**和**理解**所发生的事情，而上帝对此虽然通过我们心中的道德法则启示了他的意志，但却使一个自由的行动在尘世发生或者不发生的**原因**遗留在幽暗中。凡是应该根据因果律来理解，但作为历史又是出自自由的东西，对于人们的研究来说，都必然停留在这样一种幽暗之中。♀②不过，就我们的行为的客观规则而言，凡是我们需要的东西都（通过理性和《圣经》）充分地对我们启示出来了，而这种启示同时对于每一个人来说都是可以理解的。

说人由道德法则召唤而走向善的生活方式，说人由于心中蕴涵有对道德法则的永不消逝的敬重而在自己身上发现某种预兆，预示自己也会对这种善的精神产生信任，并会希望无论如何都能够做得让它满意；最后，说他必须通过把后一种期望与道德法则的严格诫命加以对照，不断地检查自己，如同在一位法官面前被要求作出解释，所有这些，都是理 6〔145〕
性、心灵和良知同时教导和推动的。要求为我们显露更多的东西，乃是希望过分。即使真要如此，他也不应把这算做是人的普遍需求。

不过，即使能够使那在一个定式中包含着上述一切东西的重大奥秘，

---

① 通常，人们会毫不犹豫地去要求宗教的初学者信仰奥秘。因为我们不能**理解**它们，即不能洞察它们的对象的可能性，这同样不能使我们有理由去拒绝接受它们。就像有机物质的生殖能力一样，也没有人理解它，但并不因此就能被拒绝接受，尽管它对于我们来说是并将仍然是一个奥秘。不过，我们很清楚地**懂得**这一术语要说的是什么，对于这一对象有一个经验性的概念，同时又意识到其中并不包含自相矛盾。对于每一个向信仰提出来的奥秘，我们都可以有理由要求自己**懂得**这意味着什么。之所以如此，并不是因为我们**逐一地**弄懂了暗示这奥秘的那些语词，即把它们与一种意义结合起来，而是因为它们被概括为一个概念，必然还是容许有一种意义的，而一切思想在这里并没有被说尽。说只要我们在自己这方面不缺少诚意，上帝就很可能会凭借**灵感**让我们得到这种知识，这是不可思议的。其原因在于，我们内心根本没有这种知识，因为我们的知性的本性没有能力得到这种知识。

② 因此，我们在实践关联中（如果谈的是义务）完全可以懂得什么是自由；但在理论方面，就自由的因果性（似乎是它的本性）而言，却连设想要弄懂它而不陷入自相矛盾也不可能。

对每一个人来说都可以理解为实践上必需的宗教理念，我们还是可以说，为了成为宗教的道德基础，特别是成为一种公共宗教的道德基础，这一奥秘只有在被公开地讲授、并被当做一个崭新的宗教时代的象征时，才会被启示出来。**礼仪上的定式**通常都包含着它们自己的、仅仅为属于一个特殊团契（一个行会或者一个共同体）的人规定的、有时是神秘的、并不为每一个人都理解的语言。人们也应该有理由（出自敬重）把这种定式仅仅用于某种庆祝活动的目的（例如当某人应被作为成员接纳入一个把自己与其他人隔离开来的团契时那样）。然而，有限的造物在道德上的完善这一最高的、人们绝不能完全达到的目的，却是对法则的爱。

根据这一理念，在宗教中一个信仰原则就是："上帝就是爱"①；在上帝里面。我们可以**崇敬**那施爱者（连同在道德上**喜悦**人们的爱，假如人们符合他的圣洁法则的话），即**圣父**；此外，在他里面，假如他体现在他的维护一切的理念之中，即体现在由他自己所生和所爱的人性原型之中，我们可以**崇敬**他的**圣子**；最后，假如他把这种喜悦限制在人与那种喜悦的爱的条件相一致的条件上，并且由此证明它是建立在智慧基础之上的
6〔146〕爱，我们可以**崇敬圣灵**②；但真正说来，我们不可以在如此多重的位格中

---

① 《约翰壹书》，第4章，第8节；第4章，第16节。——科学院版编者注

② 这个圣灵把作为赐福者的上帝的爱（真正说来是我们根据这种爱作出的回应之爱），与在作为立法者的上帝面前的敬畏，也就是说，使受条件制约的东西与条件结合起来，从而被设想为"从二者出来的"*。除了"他要引导你们明白一切的真理（遵循义务）"（《约翰福音》，第16章，第13节。——科学院版编者注）。之外，这个圣灵同时也是人们（在面对自己的良知时）的真正的审判者。因为可以在双重的意义上理解审判：或者是对功德和缺乏功德的审判，或者是对罪过和无罪的审判。把上帝作为**爱**（在他的圣子中）来看，他审判人们，是就人在自己的罪责之上还有一种功德对自己有利而言的。而他的判决也就是：**配得上**或者**配不上**。他把还能够算做有这样一种功德的人拣选出来作为他的自己人。其余的人则一无所得。与此相反，依照**公正性**的审判者（这是真正以圣灵的名义应如此称谓的审判者）关于不可能有一种功德对其有利的人们的判决是：**有罪**或者**无罪**，即诅咒或者释罪。——在前一种场合里，**判决**意味着把有功德者从无功德者中**拣选**出来，双方都是在谋求一种奖赏（永福）。但是，**功德**在这里不是被理解为在与法则的关联中道德性的优越（在法则方面，我们不可能在遵循义务上，获得超出我们罪责的盈余），而是仅仅被理解为，在与其他人就其道德意念而言的比较中道德性的优势。**配得上**始终也只有否定的意义（不是配不上），即在道德上有接受这样一种仁慈的能力。——因此，就第一种品质进行审判的审判者（作为 Brabeuta［裁判］），是在**两种**谋求奖赏（永福）的个人（或者党派）之间作出选择判断的；而就第二种品质作出审判的审判者（真正的审判者），其判决是关于同一个人，当这个人面对在起诉人和辩护人之间作出判决的法庭（良知）时作出的。——现在，倘若假设所有的人都犯有罪责，但他们中的一些人却可以有一种功德对他们有利，那么，所作出的就是**出自**

向他**祈祷**的（因为这会暗示着本质的不同，而他始终只是一个惟一的对象），而倒是可以用他自己在万物之上所崇敬的、所爱的那个对象的名称 6〔147〕
来向他祈祷。与那个对象在道德上保持一致，既是我们的愿望，也是我们的义务。此外，在理论上皈依对上帝在这三重品质中的本性的信仰，也只不过属于一种教会信仰古典定式，以便把这种教会信仰同其他各种由历史渊源派生出来的信仰方式区别开来。很少人有能力把它与一个清晰的、确定的（不会被误解的）概念结合起来。而它的讨论更多被归于教师（作为一部《圣经》在哲理上的和学识上的诠释者）相互之间的关系，以便在它的意义问题上达成一致。这种意义并不是全都适合一般的理解力，或者适合这个时代的需求的，而仅仅字面上的信仰则与其说改善了真正的宗教意念，倒不如说败坏了它。

爱心的审判者的判决。如果没有这种审判者，则只会引起一种**驳回性判决**，但这样一来，**诅咒性判决**（由于人在这种情况下就落入了出自正义的审判者手中）就将是它的不可避免的结果了。——在我看来，以这种方式也就可以把以下两个相互冲突的命题：即“上帝之子将降临，审判活人和死人”（《提摩太后书》，第 4 章，第 1 节。——科学院版编者注），另一方面则是“上帝差他的儿子降世，不是要定世人的罪，乃是要叫世人因他得救”（《约翰福音》，第 3 章，第 17 节），统一起来了；并且与下述命题也达成了一致，即“不信圣子的人，罪已经定了”（《约翰福音》，第 3 章，第 18 节）。这里所借助的就是圣灵；关于圣灵，经中说道：“它将为了罪、为了正义的缘故而审判世人”（《约翰福音》，第 16 章，第 8 节。——科学院版编者注）。——在纯然理性领域内所进行的这样的区分，精细得令人可怕，就好像它是被指派做这种区分似的。我们很容易就可以把这种精细视为毫无用处的、令人讨厌的繁琐。假如这是为了对上帝的本性进行研究，情况也的确会如此。但是，由于人们在自己的宗教事务中，总是倾向于由于自己的罪过而指望上帝的仁慈，尽管如此，却不能回避他的公正，而在同一个人格身上，**仁慈的审判者**是自相矛盾的，所以，我们清楚地看到，即使在实践方面，人们对此的概念也必然是摇摆不定的、难以自圆其说的。因此，纠正和精确地规定它们，具有重要的实践意义。

* 如三位一体教义的西方（奥古斯丁主义）形式所说，而东方教会则断言圣灵仅仅出自圣父（参见《约翰福音》，第 15 章，第 26 节）。——科学院版编者注

第四篇

论善的原则统治下的事奉和伪事奉，或论宗教与教权制

6〔151〕 如今，已经有了善的原则的统治的一个开端，有了“上帝的国降临我们”① 的一个信号，即使仅仅是它的宪章的基本原理开始成为**公共的**。因为它已经存在于知性世界，为此，惟一能够造成它的那些根据，已经普遍地植下了根，尽管它在可感世界的显现的完全展开还被推移到不可预见的遥远未来。我们已经看到，联合成为一个伦理的共同体，是一种特殊的义务（officium sui generis）。尽管每一个人都服从自己的私人义务，从中也许可以推论出，即使为此不需要特别的安排，所有的人也可能会**偶然地一致**趋向一种共同的善，但是，如果不是把所有的人为了上述目的而彼此联合起来，并建立一个遵循道德法则的**共同体**，来作为联合起来的、因而更为强大的力量来对抗恶的原则的侵袭（否则，人们将彼此诱惑去充当恶的原则的工具），由此而形成一项特别的事业，那就不可以期望所有人的那种一致。——我们还看到，作为一个**上帝的国**，这样一个共同体只有通过**宗教**才为人们所实现，而且最终为了使这种宗教
6〔152〕 成为公共的（这为一个共同体所要求的），这种共同体有可能以一个**教会**的感性形式表现出来。因此，建立教会是人们有责任去促成的一件工作，它既是托付给人们的，也是要求人们的工作。

但是，按照宗教法则建立一个作为共同体的教会，所要求的智慧似乎要比可以相信人们所具有的智慧更多（无论是在洞察力方面，还是在善的意念方面）；特别是因为，为了这一目的，似乎必须**假定**这样一种安排所期望的道德上的善已经存在于人们身上。事实上，说**人们**应该**创立**上帝的国（就像的确可以说，他们能够建立一个人类君主的国一样），这也是一个自相矛盾的说法。上帝的国的缔造者必须是上帝自己。只是由于我们不知道上帝为了在现实中展现他的国的理念——我们在自身中发

① 《马太福音》，第6章，第10节；《路加福音》第11章，第2节。——科学院版编者注

现了成为这个国中的公民和臣民的道德规定性——直接地在做些什么，但却清楚地知道，我们为了使自己适宜于成为这个国的一员而必须做些什么。因而这个理念，无论它是由理性还是由《圣经》在人类心中唤起并使之成为**公共的**，才把我们为了建立教会而结合起来；就后一种情况而言，上帝自身作为教会的创立者，是教会**宪章**的缔造者，而人们作为这个国的成员和自由的公民，在任何情况下都是这个**组织**的缔造者。因为人们中间那些根据这一组织管理它的公共事务的人，作为教会的仆从，构成了这一组织的**行政管理机构**，而其他所有的人则构成了一个服从其法则的团体，即**会众**。

由于一种纯粹的理性宗教作为公共的宗教信仰，只容许关于一个教会的纯然理念（即一个不可见的教会的纯然理念），而只有建立在规章之上的可见的教会，才需要并且能够实现一个由人所创立的组织，所以，在不可见的教会中，善的原则统治之下的事奉，不能被视为对教会的事奉，任何宗教都没有作为一个伦理共同体**官员**的法定侍从。一个伦理共同体的每一个成员都直接地从最高立法者那里接受他的指令。但是，由于尽管如此，就我们的所有义务（我们必须把它们同时通统看做上帝的诫命）而言，我们在任何时候都处于对上帝的事奉中，所以**纯粹的理性宗教**以所有慎思明辨的人为自己的**仆从**（但却不是**官员**）。只不过他们就此而言不能被叫做一个教会（即一个可见的教会，这里所谈的只是可见 6〔153〕
的教会）的仆从罢了。然而，由于每一个建立在规章性法则之上的教会，都只是就它在自身之中包含着能够不断地接近纯粹的理性信仰（这样一种理性信仰如果是实践的，就在任何一种信仰中真正地构成了宗教），并且随着时间的流逝摆脱教会信仰（就在它里面的历史性的东西来说）的原则而言，才能是真正的教会，所以，我们也就毕竟可以在这些法则中，并且凭借在此之上建立的教会的官员确立一种对教会的**事奉**（cultus［崇拜］），只要这些官员在任何时候都把自己的学说和指示对准那个最终的目的（一种公共的宗教信仰）。与此相反，一个教会的仆从若是根本无视这一目的，反倒把向这一目的的不断接近宣布为该诅咒的，却把对教会信仰的历史性和规章性部分的忠诚宣布为惟一能够造福于人的，就可以有理由指控他们为对教会或者对善的原则统治之下的（通过教会表现出来的）伦理共同体的**伪事奉**。我把一种伪事奉（cultus spurius［虚假的崇拜］）理解为说服某人通过那些事实上使他的这个意图适得其反的行动来事奉。但是，伪事奉在一个共同体中之所以发生，乃是因为为了满足一位元首的意志，只具有手段价值的东西被说成是、并取代了直接使我们让他喜悦的东西。这样一来，这位元首的意图也就落空了。

第一章
论在一般的宗教中事奉上帝

宗教（从主观上来看）就是把我们的一切义务都认作是上帝的诫命。① 如果在一种宗教中，为了把某种东西承认为我的义务，我必须事先 6〔154〕
知道它是上帝的诫命，那么，这种宗教就是**启示的**（或者是需要一种启示的）宗教。与此相反，如果在一种宗教中，我必须在能够承认某种东西是上帝的诫命之前，就知道它是义务，那么，这种宗教就是**自然宗教**。如果一个人只是把自然宗教宣布为道德上必需的，也就是说，宣布为义务，那么，他也可以被称做（信仰事务上的）**理性主义者**；如果他否认任何超自然的上帝启示的现实性，那么，他就叫做**自然主义者**；如果他

① 通过这一定义，将防止对宗教概念的一些错误解释。**首先**：就理论上的认识和认信而言，并不因为如果缺少了我们对超感性对象的洞见，这种认信就已经有可能是虚伪的了，从而在宗教中要求有实然的知识（即便是对上帝存在的实然的知识），而是只要求一种根据思辨对事物的最高原因作出的**或然的**假设（假说）。但是，就我们在道德上颁布命令的理性指示我们去造成的对象而言，一种预告理性的这种终极意图之结果的、实践的、因而也是自由的**实然**信仰，却是被当做了前提条件。这种信仰只需要**上帝的理念**，严肃的（因而也是虔诚的）、向善的道德修养，都会必然不可避免地导向这个理念，但这种信仰并不用自以为能够凭借理论上的认识保证这个理念的客观实在性。对于能够被当做每一个人的义务的东西，**最低限度的**认识（可能有一个上帝存在）在主观上必然就已经是足够的了。**其次**，通过这个一般宗教的定义，将防止这样一种错误的观念，就好像宗教是那些**特殊的**、直接与上帝相关的义务的一个总和似的。而且，由此防止我们（人们本来是很热衷于这样做的）在人们的伦理公民义务（人对人的义务）之外，还纳入**对宫廷的事奉**，并在此之后反过来试图用后者来弥补就前者而言的缺陷。在一种普遍的宗教中，不存在任何对上帝的特殊义务，因为上帝不能从我们接收任何东西，我们不能对他和为他造成影响。如果想把对他的应有敬畏当做这样一种义务，那就是没有考虑到，这并不是一种特殊的宗教行动，而是在我们的所有合乎义务的行动中的宗教意念。即使说，"顺从上帝，不顺从人，是应当的"《使徒行传》，第 5 章，第 29 节。——科学院版编者注，这也无非是意味着：如果规章性的诫命——就它们来说，人能够是立法者和审判者——与义务——它们是理性无条件地规定的，并只有上帝才能裁决是遵循了它们还是逾越了它们——发生了冲突，那么，前者的权威必须为后者让路。但是，如果要把在其中必须顺从上帝甚于顺从人的东西理解为规章性的、由一个教会伪称的上帝诫命，那么，上述基本原理就会很容易成为虚伪的、有统治欲的教士为了反叛他们的世俗当局而发出的那种多次听到过的战斗叫声了。因为世俗当局所要求的被许可的东西**无疑**是义务，但是否某种本身虽然是被许可的、但却只有通过上帝的启示才对我们来说是可以认识的东西确实是上帝所要求的，这却是（至少绝大部分是）极不确定的。

虽然容许这种超自然的上帝启示，但却主张认识这种启示并认为这种启
6〔155〕示是现实的，这对于宗教来说并不是必须要求的，那么，他可以被称做一个**纯粹的理性主义者**；但是，如果他认为对这种启示的信仰是为普遍的宗教所必需的，那么，他就可以叫做信仰事务上的纯粹的**超自然主义者**。

理性主义者必然由于他的这一称号，自动地就已经把自己限制在人的洞察力的限度之内了。因此，他绝不会作为自然主义者来否认，既不会否认一种启示的内在可能性，也不会否认一种启示作为引导真宗教的手段的必要性；因为对此没有一个人能够凭借理性有所断定。所以，有争议的问题仅仅涉及纯粹的理性主义者和超自然主义者在信仰事务上的相互要求，或者涉及一方或另一方认为是惟一真宗教所必要并且充分的东西，或仅仅是它偶然的东西。

如果划分宗教不是按照它的最初起源和它的内在可能性（在此，宗教被划分为自然宗教和启示宗教），而是仅仅按照使它**能够对外传达**的性能，那么，它可以有两种类型：要么是**自然宗教**，每一个人都可以凭借自己的理性使自己相信它（只要它一存在）；要么是**博学的宗教**，人们只能借助于博学（宗教在这种博学中并通过它被引出来）使别人相信它。这种区分非常重要，因为仅仅从一种宗教的起源出发，对于它是否适宜作为一种普遍的人类宗教而言，推不出任何东西。但从它是否能够被普遍传达的性能出发，就能很好地做到这一点。不过，前一种特性构成了应当联结每一个人的那种宗教的本质特征。

依此，一种宗教可能是**自然**宗教，尽管如此，也可能同时是**启示**宗教，只要它具有这样的性质，即人们虽然不会像所要求的那样早和在那样广泛的传播中想到它，但却仅仅凭借使用自己的理性就**能够**并且**应该**自发地**想到**它，从而它的启示也就会指向某个时间和某个地点，就能够
6〔156〕对人类非常有用，以至由此而引入的宗教一旦存在并且成为众所周知的，此后每一个人就都可以凭借自身和自己的理性来相信它的这种真理。在这种情况下，宗教尽管**在主观上**是一种启示宗教，但**在客观上**却是一种自然宗教。因此，它也理所当然地拥有自然宗教的名称。因为人们今后也许会完全忘却曾经发生过这样一种超自然的启示，但在这种情况下，那种宗教却无论在其可理解性方面还是在其确定性方面，还是在对心灵

的力量方面，都不会有丝毫的损失。不过，对于那种由于其内在的性质而只能被看做启示宗教的宗教来说，就是另外一回事了。如果它不是被保存在一个十分可靠的传统，或者作为原初文献的《圣经》中，它就会从世界上消失。于是就必须要么有一种每时每刻重复的启示，要么在每一个人的内心中持续不断地发生一种超自然的启示；如果没有这样的启示，这样一种信仰的传播和延续就会是不可能的。

但是，至少就一个方面来说，每一种宗教，甚至包括启示宗教，都必然包含自然宗教的某些原则。因为启示只有通过理性才能被考虑进一种**宗教**的概念，其原因在于，这个概念自身，作为从一个**道德上的**立法者的意志要求的责任中引申出来的东西，是一个纯粹的理性概念。这样，我们自己就将能够把一种启示宗教一方面仍作为自然宗教，另一方面又作为**博学的**宗教来考察、审查，并且区分它从这一个源泉或者另一个源泉应该得到什么以及得到多少。

不过，如果我们的意图是谈论一种启示宗教（至少是一种被假定为启示宗教的宗教）的话，倘若不从历史中抽取某个这方面的实例，是无法这样做的，因为我们必须想出一些事件来作为实例，以便弄明白哪些事件的可能性对于我们来说会是有争议的。但是，除了拿起某一部包含着诸如此类的实例的经书，尤其是一部紧密交织着道德的、从而接近理性的学说的经书，作为阐明我们关于一般启示宗教的理念的媒介，我们也不可能有更好的办法。在这种情况下，我们是把这部经书当做众多凭借一种启示的信誉讨论宗教和德性的经书中的一部来作为事例，来说明那种本来就有用的方法，即找出对我们来说在其中可能包含有纯粹的，6〔157〕
从而也是普遍的理性宗教的东西，但并不打算干涉那些受委托把这部经书诠释成为实证的启示学说的总和的人们的事务，也不打算借此攻击他们那建立在博学之上的诠释。毋宁说，由于他们与哲学家追求的是同一个目的，即道德上的善，所以，使哲学家凭借自己的理性达到他们想沿着别的途径达到的目的，这对于他们来说是有利的。

此时此地，这部经书也就可以是指《新约》，它是基督教教义的源泉。按照我们的意图，我们打算分两节，根据其内容和在其中出现的原则，首先介绍作为自然宗教的基督教，然后介绍作为博学的宗教的基督教。

一、作为自然宗教的基督教

自然宗教作为道德（与主体的自由相联系），与能够对其终极目的产生效果的东西的概念（作为道德上的世界创造者的**上帝**的概念）相结合，并联系到人与这整个目的相适宜的存续（不朽），是一个纯粹的实践的理性概念。不过，虽然这一概念是无限富有成果的，但它毕竟只以很少的理论上的理性能力为前提条件，就可以说服每一个人在实践上充分地坚信自然宗教，至少可以要求每一个人把它的影响作为义务。它在自身就包含着对真正的教会的重大要求，即普遍性的资格，如果我们把这理解为对每一个人的有效性（universalitas vel omnitudo distributiva［分布的普遍性或者全体性］），即普遍的一致性的话。为了在这种意义上使它作为世界宗教传播开来并且保持下来，它固然需要一批纯然是不可见的教会的仆从（ministerium），但并不需要官员（officiales）。也就是说，它需要教师，但并不需要首领，因为还没有任何一个教会凭借每一单个的人的理性宗教来作为普遍的联合（omnitudo collectiva［集合的全体性］）实际存在，或者凭借那个理念被真正当做目的。——但是，这样一种一致
6〔158〕性不是由自己来维持自身，从而如果不成为一个可见的教会，就不能在其普遍性中延续下去，而是只有当出现了集体的普遍性，即信徒按照一种纯粹的理性宗教的原则联合为一个（可见的）教会时才能如此。但是，可见的教会却不是自动地从那种一致产生的，或者说，即使它被建立起来，也不会被它的自由的追随者（如上文所指出的）带入一种固定的状态，成为信徒的团契（因为在这些觉悟了的人中，没有一个人认为为了自己的宗教意念而需要他人在这样一种宗教中的伙伴关系）。所以，如果在自然的、可以单凭理性认识的法则之上，不再加上某些规章性的，但同时也伴有立法威望（权威）的规定，那么，就始终会缺少那种构成人们的一种特殊义务、构成达到人们的最高目的的一种手段的东西，即缺少使人成为一个普遍的可见教会的那种固定的联合。成为这种教会的缔造者的那种威望，是以一种事迹为前提条件的，而不仅仅是以纯粹的理性概念为前提条件的。

现在假定有一位导师，有一段历史（或者至少是普遍的、不能彻底否认的意见）谈到了他，说他甚至不顾一种成为人们负担的、不以道德意图为目的的、占统治地位的教会信仰（其强制性的事奉可以作为其他

任何一种在本质上纯然是规章性信仰的样板，诸如此类的信仰当时在世界上比比皆是），最先公开地宣讲了一种纯粹的、所有世人都能够理解的（自然的）、深刻的宗教，因而其教义作为我们所保有的东西，我们自己就可以检验。如果我们发现，他使那种普遍的理性宗教成为每一种宗教信仰的最高的、不可忽略的条件，并附加上一些包含着各种形式和教规的规章，这些形式和教规应该用做实现一个必须建立在这些原则之上的教会的手段，那么，虽然他那以此为目的的规定具有偶然性和任意性，人们还是不能否认这样的教会理应被称做是真正的普遍的教会，也不能否认他本人具有这样的威望，即感召人联合到这样一种教会中来，又不用新的、给人以负担的规定来增加信仰，或者从由他首先作出的规定中产生出一些特殊的、圣洁的、自身作为宗教的一个部分而具有约束力的行动。

根据这一描绘，我们不能错过这个人物，他即便不是不包含任何规 6〔159〕
章、写在所有人的心田里的**宗教**的**创始人**（因为这种宗教的起源不是任意的），但却可以被推崇为第一个真正的**教会**的**创始人**。——为了证明他的这种作为上帝使者的身份，我们要把他的一些教诲，作为一个宗教的无可怀疑的文献来引用，而不管历史究竟是怎样的（因为在理念自身中，已经蕴涵着作此假定的充分理由）。这些教诲当然也只能成为纯粹的理性教诲，因为惟有它们才能够证明自身，尤其是别的教诲的证明必须以它们为基础。

首先，他希望，不是遵循外在的公民义务或者规章性的教会义务，而是只有纯粹的道德上的心灵意念，才能使人让上帝喜悦（《马太福音》，第5章，第20～48节）。思想中的罪在上帝面前是被视为等同于行动的（《马太福音》，第5章，第28节）。完全的圣洁是他应该追求的目标（《马太福音》，第5章，第48节），例如，在心中恨无异于杀人（《马太福音》，第5章，第22节）；施加于邻人的不义，只能够借助于对他的补救，而不能借助事奉神明的行动来补偿（《马太福音》，第5章，第24节）；而在真诚性问题上，民事上的逼迫手段[①]，即起誓，会损害对真理自身的敬重

① 对为使人面对民事法庭招供而采取的建立在纯粹的迷信之上、不是建立在良知感之上的强迫手段的明确禁止，究竟为什么被宗教导师们视为如此不重要，我们无法参透。因为人们在这里最指望起作用的是一种迷信，这一点可以由此看出，即人们的律法裁决（存在于尘世的神圣的

(《马太福音》，第 5 章，第 34～37 节)。

6〔160〕人心的自然的、但也是恶的倾向应该彻底扭转；复仇的惬意必须转化为宽容（《马太福音》，第 5 章，第 39～40 节）；对仇敌的恨必须转化为善行（《马太福音》，第 5 章，第 44 节）。所以他说，他是要成全犹太人的律法的（《马太福音》，第 5 章，第 17 节），但在这里，显然不是书面学问，而是纯粹的理性宗教，才必然是这种律法的诠释者；因为从字面上来看，它所允许的恰恰是这一切的反面。

此外，借助窄门和小路的提法，他也没有无视对律法的误解，人们允许自己作出这种误解，是为了回避自己真正的道德义务，并通过履行教会义务来补偿损失（《马太福音》，第 7 章，第 13 节）。[①] 尽管如此，他仍然要求这些纯粹的意念也在**行为**中得到证明（《马太福音》，第 7 章，第 16 节）。相反，他剥夺了这样一些人的奸诈的期望，这些人想要通过在最高立法者的使者的位格上呼唤和赞美这位立法者来补偿这些行为的缺乏（《马太福音》，第 7 章，第 21 节）。他期望这些行为也作为可供仿效的榜样而在公众中发生（《马太福音》，第 5 章，第 16 节），而且是出自欢快的心情，不要像是奴隶般被强制的行为（《马太福音》，第 6 章，第 16 节）。他期望，传递和散播这样的意念的微小开端，就像是好田地里的一颗谷种，或者是善的酵母，宗教就由此凭借内在的力量逐渐地扩展为上帝的国（《马太福音》，第 13 章，第 31、32、33 节）。

最后，他把所有的义务概括为：（1）一个**普遍的**规则（这个规则自身既包含了人们内在的道德关系，也包含了人们外在的道德关系）：履行你的义务，除了出自对义务的直接尊重外，不要出自任何其他动机。也

东西）建立在一种庄重的证词的真实性之上，而对于一个人们并不信任他会在这证词中说出真相的人，却相信他会被一种定式所打动，这定式对于他的证词来说，所包含的无非是他将为自己招致上帝的惩罚（由于这样一种谎言，他无论如何也不能逃避上帝的惩罚），这就好像是说，是否在这个最高的法庭面前作出说明，完全取决于他自己似的。——在上面引证的经文中，这种保证方式被表现为一种**荒唐的**大胆妄为，仿佛是要凭借几句咒语使不为我们所支配的东西变成现实。但是，我们清楚地看到，智慧的导师在这里说，凡是超出了作为真理保障的是就说是、否就说否的东西，都是出自于恶。他清楚地意识到了起誓所导致的恶劣后果，即赋予起誓以更大的重要性，就使平常的谎言几乎成了可以允许的。

① 导向永生的**窄门**和小路是善的生活方式的门径，许多人所走的**宽门**和大路是教会。这并不是说，好像教会及其规章要为人们的迷失负责似的；而是说，它们要为**加入**教会、认信它的规章、履行它的仪式被看做想真正地事奉上帝所借助的方式负责。

就是说，爱上帝（一切义务的立法者）甚于爱一切。（2）一个**特殊的**规则，它作为普遍的义务涉及与其他人的外在关系，即爱每一个人如同爱自己，也就是说，出自直接的、并非从自私的动机引申出来的善意来促进自己的福利。这些诫命不仅是德性法则，而且是我们应当追求的**圣洁性**的命令，但就圣洁性而言，单是这种追求就已经叫做**德性**了。——因 6〔161〕
此，对于那些想要袖手旁观消极地等待这种道德上的善像上天的恩赐一样从天上掉下来的人，他剥夺了他们的在这方面的任何希望。谁把人性中蕴藏的趋善自然禀赋（作为委托给他的才能）搁置不用，懒惰地相信一种更高的道德上的影响将会另外弥补自己所缺乏的道德品行和完善，他就警告这种人说，甚至你从自然的禀赋出发可以做出的善，也要由于这种耽搁而对你无用（《马太福音》，第 25 章，第 29 节）。

至于人极其自然地期待有一个在幸福方面与人的道德行为相符合的好运，尤其是在因为道德行为本来必定可以得到的幸福有时却要牺牲掉的情况下，他许诺酬报一个来世（《马太福音》，第 5 章，第 11～12 节）。但是，根据在做出这种行为时意念的不同，酬报那些**为了酬报**（或者为了赦免一种罪有应得的惩罚）而履行义务的人，与酬报那些纯粹是为了义务自身而履行义务的更好的人，是有不同的方式的。受自私即这个世界的神所支配的人，如果不能摆脱自私，而只是凭借理性来使它更精致，扩展到超出目前事物的狭隘范围，那么，他就被看做一个这样的人，他通过自己来欺骗他的那个主人，使主人为了义务而作出牺牲（《路加福音》，第 16 章，第 3～9 节）。因为如果他在思想上意识到，他终有一日，也许很快，就必须离开这个世界，他不能把自己在这里所占有的任何东西带到另一个世界去，那么，他就会决定，把他或者他的主人，即自私，在这里按照律法可以向贫困的人们要求的东西从账上抹去，并且仿佛是由此而为自己弄到了一笔在另一个世界里可以兑现的汇款。这样一来，他虽然在这样一种善行的动机上是**聪明**多于**道德**，但毕竟行为方式是符合道德法则的，至少在字面上是如此，从而也就可以希望，他在未来不会不因此也得到酬报。① 人们可以把这与关于出自纯然义务的动因对穷人

① 我们对于未来一无所知，除了与道德动机和道德目的合乎理性地结合在一起的东西外，我们也不应该探究更多的东西。属于此例的还有那种信仰，即没有任何善的行为不在来世里为做出这一行为的人带来好的结果。因此，无论一个人在临终时觉得自己如何应受谴责，他都必须不

6〔162〕作出的善行所说的话（《马太福音》，第25章，第35～40节）加以比较。在那里，世界的审判者宣布，那些为饥寒交迫的人们提供帮助、却根本连想也没想过这事是值得酬报的、并不以为仿佛是通过这他们才与上天在酬报上发生关联的人，正因为他们在这样做时丝毫没有考虑酬报，因而是属于他那个国的真正选民。这样，我们就可以清楚地看到，当福音的导师谈到来世的酬报时，他并没有想由此把酬报说成是行动的动机，而是仅仅（作为引导人类去实现上帝的仁慈和智慧的一种鼓舞灵魂的表象）把它作为对一种在整体上判断人的规定性的理性而表示的最纯粹的敬意和最大的道德上的满意的客体。

在此，我们已经把一种完备的宗教呈现在所有的人面前，让他们能凭借自己的理性理解和信服了。它使我们作为仿效的原型的东西（就人们有能力仿效它而言），在其可能性和必然性上，借助一个榜样得到了直观的说明，而无须对那些教诲的真理性以及导师的威望和身份，作出其他任何一种证明（这需要的是博学和奇迹，而这并不是每一个人都能够做到的）。即使这里出现了援引更古老的（摩西的）立法和预示的现象，就好像它们应当被用来证明它似的，那么，这些东西之所以被提出来，也不是为了所说的教诲本身的真理性，而仅仅是为了在那些完全并且盲目地墨守古训的人中间提供引导。这在那些头脑中充满了规章性信条、对于理性宗教几乎没有接受能力的人们中间，任何时候都必然要比把它
6〔163〕们交给没有学识、但也没有堕落的人的理性更为困难得多。因此，如果发现一种迁就当时成见的报告，尽管它处处都透射着、同时也常常明确地指示着一种可以让每一个人理解、并且不用任何博学就能够坚信的宗教学说，但对于当今时代来说，却感到神秘难解，并且需要一种小心谨慎的诠释，那么，任何一个人都不会感到惊奇的。

二、作为博学的宗教的基督教

如果一种宗教把不能凭借理性认识、尽管如此却应该（就其本质内容而言）未加歪曲地传达给未来所有时代的所有人们的信条作为必然的

使自己因此而放弃至少是还做出**一件**力所能及的善行。此时，他就有理由希望，根据他在当时所怀有的纯粹的善的意图的程度，这件善行总还是会比那种无所作为的悔罪具有更多的价值，这种无所作为的悔罪无助于减轻罪过，却想要弥补善行的缺乏。

来阐明，那么，它（如果人们不愿意接受假设一种连续不断的启示的奇迹的话）就应该被看做一种委托给**学者们**照料的神圣财富。因为尽管它**最初**伴随着奇迹和行为，即使在凭借理性不能证实的事情上，也到处都能找到办法，然而，就连这些奇迹的福音，连同需要由这些奇迹来证实的教诲，**随着时间的流逝**，也有必要以书面的形式，借助于文献原封不动地传授给后人。

接受一种宗教的基本原则，这是在高级形式下的**信仰**（fides sacra [神圣的信仰]）。因此，我们将一方面把基督教信仰视为一种纯粹的理性信仰，另一方面把它视为一种**启示信仰**（fides statutaria [规章性的信仰]）。前者又可以被视为由每一个人自由地接受的信仰（fides elicita [诱导出来的信仰]），后者又可以被视为一种指定的信仰（fides imperata [规定下来的信仰]）。关于人心所包藏的、任何一个人都不能免除的恶，关于凭借自己的生活方式在任何时候面对上帝自以为已经释了罪的不可能性，以及虽然如此这样一种在上帝面前有效的正义的必要性，关于用教会的戒律和虔诚的强制性事奉，来作为对缺乏诚意的补偿手段的不适宜性，以及与此相反成为一个新人的不可免除的责任，这些都是每一个人可以凭借自己的理性来相信的，而使自己相信这些，就属于宗教。

但是，由此出发，由于基督教的学说是建立在事迹之上，而不是建 6〔164〕
立在纯然的理性概念之上的，所以它不再仅仅是基督**宗教**，而是成了为一个教会提供基础的基督教**信仰**。因此，对一个奉献给了这样一种信仰的教会的事奉，是两方面的：一方面是按照历史性的信仰必须对它作出的事奉，另一方面是它根据实践的和道德上的理性概念理应得到的事奉。在基督教教会中，二者中的任何一个都不能作为独立自存的而与另一个分开。后者之所以不能与前者分开，乃是因为基督教信仰是一种宗教信仰；前者之所以不能与后者分开，乃是因为基督教信仰是一种博学的信仰。

作为**博学的**信仰，基督教信仰是以历史为依据的，并且就它（客观上）以博学为基础而言，它不是一种本来**自由的**、从充足的理论证据的洞识中推导出来的**信仰**（fides elicita [诱导出来的信仰]）。假如它是一种纯粹的理性信仰，那么，尽管给它作为对一个神性的立法者的信仰提供基础的道德法则是无条件地颁布命令的，它也必须被视为自由的信仰，就像在上一节中也曾说明过的那样。甚至只要人们不把信仰当做义务，如果每一个人都博学多识，它也会有可能作为历史性的信仰，又是一种理论上的自由信仰。但是，如果它对于每一个人，即使是对于无学问的人也应当有效，那么，它就不仅仅是一种指定的信仰，而且也是对诫命的盲目服从，即不探究诫命是否确实是上帝的诫命就去服从信仰（fides servilis［奴性十足的信仰］）。

但是，在基督教的启示学说中，我们绝不能从对被启示的（对于理性来说自身隐秘的）信条的**无条件的信仰**开始，而让博学的知识仅仅作为对付背后袭击的敌人的防御措施而跟随其后。因为若不然，基督教信仰就不仅仅是 fides imperata［规定下来的信仰］，而且甚至还会是 fides servilis［奴性十足的信仰］。因此，在任何时候，都必须把它当做 fides historice elicata［历史地诱导出来的信仰］来讲授。也就是说，那时在作为被启示的信条的基督教信仰中，**博学**必须不是构成后卫，而是构成先锋。少数《圣经》学者（教士）也绝对不能缺乏世俗学识，他们将把大
6〔165〕批本身对《圣经》一无所知的无学识者（平信徒）硬拖向自己（其中甚至世界公民的统治者）。要使这种情况不发生，就必须使一种自然宗教中的人类普遍理性，在基督教的信仰学说中被承认和推崇为最高的、颁布命令的原则。而为了使前者即使对于无知者也是可以理解的，并得到广泛而持久的传播，则为一个教会提供基础的、需要学者们来作为诠释者和保管者的启示学说，就必须作为纯然的手段、然而也是最值得重视的手段受到爱护和培植。

这就是在善的原则统治下真正对教会的**事奉**，而想使启示信仰先行于宗教的那种事奉则是**伪事奉**，它使道德秩序本末倒置，无条件地要求人们那仅仅是手段的东西（就好像它是目的似的）。信奉那些无学识的人既不能凭借理性、也不能凭借《圣经》（就《圣经》必须首先得到证实而言）确认的信条，这种信仰将会被当做绝对的义务（fides imperata［规定下来的信仰］），并且就这样同其他与此关联的戒律一起，被抬高到一种即使没有行动在道德上的规定根据，也作为强制性事奉能够造福于人的信仰的水平上。一个教会，如果它是建立在后一种原则之上的，就不会像前一种状态的教会那样，真正地拥有**仆人**（ministri），它所拥有的是高高在上颁布命令的**官员**（officiales）。即使他们（如在一个新教教会中

那样）不是戴着教阶制的光环，表现为拥有外在权势的神职官员，甚至在口头上还对这种现象表示抗议，但事实上他们却很愿意听到说，在他们夺去了纯粹的理性宗教任何时候都作为一部《圣经》的最高诠释者这一当之无愧的地位，并要求仅仅为了教会信仰的目的而利用《圣经》的博学之后，他们已经被视为一部《圣经》的惟一有资格的诠释者了。他们以这种方式把对教会的**事奉**（ministerium）转化成为对教会成员的**统治**（imperium），尽管他们为了遮掩这种非分要求而使用了事奉这个谦虚的称号。但是，对于理性本来会是很容易的这种统治，现在却给教会造成了严重的后果，即浪费了大量的学问。因为“由于对自然盲目无知，它把整个古代世界捡来顶在头上，把自己埋葬在它下面”。——这件事情随后所采取的步骤如下：

首先，由基督学说的第一批传播者聪明地遵循的、为这一学说在本民族中谋得传入途径的方法，被当做宗教本身的一个对所有时代和所有 6〔166〕
民族都有效的部分，以至人们应该相信，**每一个基督徒都必须是一个其弥赛亚已经降临的犹太人**。但是，与此毫无关联，一个基督徒本来并不受犹太教（作为规章性的犹太教）的任何法则制约。尽管如此，他却必须虔诚地接受这个民族的整部《圣经》，把它当做上帝的、对于所有人来说都是给定的启示。♀①——于是，这部经书的真实性（它的一些章节、甚至包括其中出现的全部《圣经》故事，在基督徒们的经书中都被为了他们的这一目的而利用，这还远远没有证明它的真实性）就遇到了许多麻烦。在基督教开始出现之前，甚至在基督教获得可观的发展之前，犹

① 门德尔松（参见《康德全集》，第Ⅶ卷，52页。——科学院版编者注；参见李秋零主编：《康德著作全集》，第7卷，50页。——译者注）。机智地利用了基督教惯常的思维方式的这一弱点，完全驳回了任何强使一个以色列子弟改宗的非分要求。因为据他说，即使基督徒也承认，犹太教的信仰是最下面的楼层，基督教作为上面的楼层是以犹太教为基础的；所以，上述要求就好像是强求一个人拆除第一层楼，以便居住在第二层楼那样。不过，他的真实意见表达得相当清楚。他想说的是，如果你们要把犹太教从你们的**宗教**中清除出去（在历史性的信条中，它可以作为文物继续保留），我们是会考虑你们的建议的（事实上，在这种情况下剩下来的无非是纯粹道德的、不掺杂任何规章在内的宗教）。抛去外在戒律的轭具，如果我们又被加上另一种轭具，即《圣经》故事教义的轭具，我们的负担就一点也没有减轻，因为后者对于有良知的人来说压迫更为沉重。——此外，这个民族的《圣经》虽然不是为了宗教的目的，但却为了学问保存下来了，并一直受到重视。因为没有一个民族的历史像这个民族的历史那样，连同一些值得相信的假象一起，一直回溯到可以把我们已知的所有世俗历史全部置于其中的史前时期（甚至直到世界的开端），并且由此填补了其他民族必然留下的巨大空白。

太教还没有进入**博学的公众**，即还没有为其他民族博学的同时代人所知，他们的历史仿佛还没有受到检验。他们的《圣经》是由于其古老而获得历史可信性的。此外，即使承认这一点，仅仅借助翻译了解这部《圣经》，并且就这样传达给后代，还是不够的。为了确保建立在它上面的教会信仰，还要求在所有未来的时代、在所有的民族中，都有学者精通希
6〔167〕伯来语言（就这件事在惟有一部经书使用的这种语言中的可能性而言）。而且，有一批人充分精通这种语言，以便确保世界拥有真正的宗教，这不应当仅仅是一般历史科学的事情，而是人们的永福所依赖的事情。

虽然基督教的命运与此有些类似，即：尽管基督教的各种神圣事件都是在一个博学的民族眼皮底下公开发生的，但它的历史在进入这个民族的博学的公众之中以前，却迟到了足足一代人有余，从而它的真实可靠性也就必然缺乏同时代人的证实。然而，与犹太教相比，基督教却表现出巨大的优势，即它被表现为**出自第一位导师之口**，是一种并非规章性的、而是道德的宗教；并且以这种方式达到了与理性最紧密的结合，可以借助于理性由自己、无须历史性的博学、就以极大的可靠性传播到所有的时代和所有的民族中。但是，**团契**的第一批建立者却认为，有必要把这与犹太教的历史结合起来。根据他们当时的状况，但也许仅仅对于当时的状况来说，这曾经是一种聪明的办法；这在他们遗下的圣迹中一起流传给了我们。不过，**教会**的建立者却把这种附带性的宣传手段纳入了那些根本性的信条之中，并且要么借助传统，要么从宗教大会获得律法效力，或者借助博学得到证实的诠释来扩充它们。关于博学或者它的对立物，即每一个平信徒也都能够自以为拥有的内心的觉悟，还无法看出它们会使信仰面临多大的改变。只要我们不是在我们里面，而是在我们以外寻找宗教，这就是不可避免的。

第二章
论在一种规章性的宗教中对上帝的伪事奉

惟一真正的宗教所包含的无非是法则，即这样一些实践的原则，我们能够意识到它们的无条件的必然性，我们因此而承认它们是由纯粹的理性启示的（不是经验性的）。只是为了一个教会——一个教会可能有各 6〔168〕
种各样的同样好的形式——的目的，才可能有规章即被看做神圣的规定，它们对于我们纯粹的道德判断来说，是任意的和偶然的。认为这种规章性的信仰（它充其量局限于一个民族，不能包含普遍的世界宗教）对于一般地事奉上帝是根本性的，并且把它当做使上帝喜悦人的最高条件，这是一种**宗教妄想**。① 奉行这种妄想就是一种**伪事奉**，即对上帝的这样一种自以为是的崇敬，由于它，人们与真正的、由上帝自己所要求的事奉恰好背道而驰。

一、论宗教妄想的普遍主观根据

人们在关于上帝及其本质的理论表象中，几乎无法避免神人同形同性论，此外，神人同形同性论（只要它不影响到义务概念）又毕竟不足以造成危害。但就我们与上帝的意志的实践关系而言，以及对于我们的道德性本身来说，它是极其危险的。因为在这里，**我们为自己创造了一个上帝**。② 我们相信轻而易举地就可以争取他为我们谋利益，从而免除那

---

① 妄想是错觉，即把一件事物的纯然表象与事物本身视为等同的。例如一个守财奴就会产生吝啬的妄想，他把只要自己愿意就可以使用一下自己的财产这种表象，视为自己从不使用这些财产的十足的替代品。荣誉妄想重视他人的赞扬，而他人的赞扬其实只不过是对他的（也许内心根本没有的）敬重的外在表象而已，本来他只应该把这种看重放在对他的敬重本身之上。属于此类的还有对头衔和勋章的追求，因为这些东西也只不过是一种对别人拥有优越地位的外在表象罢了。因此，甚至**疯狂**也有这一称谓，因为它惯于把（想象力的）纯然表象，当做事物本身在场那样来评价。——关于拥有一种达到某个目的的手段的意识（在使用那个手段之前），只不过是在表象中拥有那个手段罢了。因此，满足于这种意识，就好像它真能代替对手段的拥有似的，这是一种实践的妄想。这里所谈的仅仅是这种妄想。

② 说每一个人都为自己**创造**一个**上帝**，甚至必须根据道德概念（再加上无限伟大的属性，这些属性属于在这个世界上体现一个与那些道德概念相符合的对象的能力），自己为自己创造一

6〔169〕种对我们的道德意念的内核有影响的艰辛而又无止境的烦劳。人通常为了这种关系给自己制定的原理是：借助于我们仅仅为了让神灵喜悦所做的一切（即使它们丝毫无助于道德性，只要它们不那么直接违背道德性就行），我们作为顺从的、并且恰恰因此也是上帝所喜悦的臣民，而向上帝证明了我们的事奉意愿，从而也就（in potentia［潜在地］）事奉了上帝。

使人相信作出了对上帝的这种事奉的，可以不必总是牺牲。就连庆典、甚至公众的娱乐，例如在希腊人和罗马人那里，也常常都必须用在这方面，而且还用来使神灵对一个民族变得仁慈，甚至根据该民族的妄想，对单个的人变得仁慈。然而，牺牲（忏悔、苦行、朝圣等诸如此类的东西）在任何时候都被看做是更为有力、对上天的神恩更有影响、更适用于涤罪的，因为它们有助于更强烈地证明对上天意志的无限制的（尽管不是道德上的）臣服。这样的自虐越是无用，越是不以人在道德上的普遍改善为目的，就越是显得圣洁。因为正是由于它们在这个世界上毫无用处，却又耗费气力，才显得是仅仅以证明对上帝的献身为目的的。

人们说，尽管上帝在此并没有通过这样的行为在任何方面受到事奉，但他却在其中看到了善的意志，看到了虽然在遵循他的道德诫命方面过于软弱、但却通过证明自己在这方面的热忱而弥补了这一缺陷的心灵。在这里，表现出对一种做法的倾向，这种做法自身没有任何道德价值，而只能作为手段把感性的表象能力提高到伴有理智的目的，或者当这种
6〔170〕能力可能与理智的目的理念背道而驰时对它作出压抑。① 然而，我们却根

个这样的上帝，以便在他身上崇敬那个创造他的人，这听起来固然令人忧虑，但却绝不是应受谴责的。因为一个存在者无论以什么方式被另一个存在者宣布和描述为**上帝**，即使是这样一个存在者出现在他面前（如果可能的话），他都必须把这一表象首先与他的理想加以对照，以便判断他是否有权把它视为和崇敬为神灵。仅仅从启示出发，不**事先**把那个概念按照其纯粹性作为基础，当做试金石，就不可能有任何宗教，所有对上帝的崇敬都将是**偶像崇拜**。

① 对于那些凡是在感性因素与理智因素的区分对他们不太熟悉的地方，却认为发现了纯粹理性批判与理性自身相矛盾的人，我在这里要说明，如果谈到促进（纯粹的道德意念的）理智因素的感性手段，或者谈到感性手段用来对抗理智因素的障碍，那么，两种如此不同类别的原则的这种互相影响，就必须永远不被设想为**直接的**。也就是说，我们作为感性存在者，只能在**理智原则的显象**上，即我们的自然力量受行动中显露出来的**自由任性**所决定方面，才能去违背或者有利于法则，以至原因和结果在行动中被设想为是同类的。但是，就超感性的因素（我们心中的道德性的主体原则，它隐秘地蕴涵在自由的不可理解的属性中），例如就纯粹的宗教意念而言，除了其法则之外（不过这已经够了），我们看不出任何东西涉及人心中的因果关系。也就是说，我们不能从人的道德性质出发，为自己**解释**作为感性世界的事件的行动的可能性，把它们解释为归因于道德性质的，这恰恰是因为它们是自由的行动，而所有事件的解释根据都必须从感性世界得出。

据自己的意见，赋予这种做法以目的自身的价值，或者换句话说也一样，我们赋予接受献身于上帝的意念的心情（被称做虔诚）以这种意念自身的价值。因此，这种做法只不过是一种宗教妄想，这种妄想可能会采取各种各样的形式，在其中的一种形式上，它可能会显得比在另一种形式上更近似于道德。但是，无论在什么样的形式上，它都不只是一个无意中的错觉。相反，它甚至还是一个准则，即把自在的价值不是赋予目的，而是赋予手段。而由于这一准则，这一妄想在所有的形式中都同样是背谬的，并且作为欺骗的隐秘偏好，都是应受谴责的。

二、与宗教妄想相对立的宗教的道德原则

我首先把如下命题当做不需要任何证明的基本原则：**凡是人自认为为了让上帝喜悦，除了善的生活方式之外还能够做的事情，都是纯然的宗教妄想和对上帝的伪事奉**。我之所以说人认为能够做的事情，乃是因为在**我们**能够做的所有事情之上，是否还可能有存在于最高智慧的奥秘中的事情，它是只有**上帝**为了使我们成为他所喜悦的人才能够做的事情，这一点并没有由此而被否认。然而，如果教会要宣称这样一种奥秘是启示出来了的，认为**信仰**像《圣经》故事给我们叙述的这种启示，并（无论是内在地还是外在地）**认信**这种启示，本身就会是我们让上帝喜悦自己所凭借的东西，这种意见毕竟将会是一种危险的宗教妄想。其原因在于，这种信仰作为对固执地视妄想为真的内在认信，确确实实是一种由恐惧逼迫出来的**行为**，以至一个正直的人宁可接受其他任何条件，也不接受这一条件。因为他在做其他任何强制性事奉时，所做的至多只是某种多余的事情，而在这里却要在一种他并不相信其真实性的声明中做某种与良知相冲突的事情。因此，他说服自己认信这一点，即这本身（作为对一种送上门来的善的接纳）就可以使他让上帝喜悦。这种认信是某种他自以为在遵循尘世中应该实施的道德法则时的善的生活方式之外还能够做的事情，因为他想凭借自己的事奉直接面向上帝。 6〔171〕

首先，理性使我们不致由于缺乏自己的（在上帝面前有效的）正义①

① 《罗马书》，第 3 章，第 21～24 节；第 10 章，第 3 节。——科学院版编者注

而毫无慰藉。它宣布，谁为了（至少在向完全符合法则的不断接近中）履行自己的责任，而以真诚的、奉献于义务的意念做他力所能及的事情，他就可以希望最高的智慧**以某种方式**（这种方式能够使这种不断接近的意念成为始终不渝的）补上他力所不能及的事情。但理性并不强求规定这种方式，也不强求知道这种方式存在于何处。这种方式很可能会如此神秘，以至上帝充其量有可能在一种象征性的表象中把它启示给我们。在这种表象中，惟有实践的东西才是我们可以理解的，而在理论上，即使上帝愿意给我们揭示这样一种奥秘，我们也根本不能把握上帝与人的这种关系自身是什么，并且把它与概念结合起来。——现在，假定某个教会宣称，确定无疑地知道上帝弥补人类的那种道德缺陷所采取的方式，并且同时判处所有这样一些人永受谴责，因为他们不知道那种以自然的
6〔172〕方式不为理性所知的释罪手段，从而也没有接受它和认信它，把它当做宗教的原理。那么，这样一来，谁在这里是真正的不信仰者呢？是那种信赖、但却不知道自己所希望的东西如何发生的人，还是那种想要知道人从恶中解脱出来的这种方式、否则就会放弃对此的一切希望的人呢？——其实，后一种人恰好并不那么重视对这种奥秘的知识（因为他的理性已经告诉他，知道某种他不能有所作为的事情，对他来说毫无用处）。相反，他知道这些，只是为了能够（哪怕只会内在地发生）使自己从对所有这些被启示的东西的**信仰**、接受、认信和赞颂当中，产生一种对上帝的事奉，这种事奉能够在为一种善的生活方式花费自己的任何力量之前，因而也就是白白地就给他争取到上天的神恩，完全以超自然的方式造成一种善的生活方式，或者当他的行动违背这种生活方式时，至少能够补偿这种越轨行为。

其次，只要人稍稍偏离上述准则，那么，对上帝的伪事奉（迷信）就再**没有任何界限**了。因为超出了这一准则，所有的一切（只要不直接违背道德）就都是任意的了。从他不费吹灰之力的口头上的牺牲①，到本来可以更好地用于人们的福利的自然财产的牺牲，直到由于他（作为隐士、苦行僧、修士）自绝于世而造成的他自己的人格的牺牲，他向上帝奉献了一切，惟独没有奉献他的道德意念。而当他说还奉献了自己的心

① 参见《希伯来书》，第13章，第15节。——科学院版编者注

时，他所理解的并不是一种让上帝所喜悦的生活方式的意念，而是一种衷心的愿望，即希望那些牺牲将被接受为那种意念的代用品（natio gratis anherans，multa aendo nihil agens. ——Phaedrus.［一个徒劳无功、碌碌无为的民族。——斐德鲁斯］①）。

最后，一旦人们转向一种自以为使上帝喜悦自己的、必要时也使他息怒的、但并非纯粹道德上的事奉的准则，那么，在仿佛机械式的事奉方式中，就不存在使一种方式优于另一种方式的本质区别了。就价值（或者宁可说无价值）而言，它们全都是一路货色。凭借**更为精巧地**偏离真正崇敬上帝的惟一的理智原则，就自以为比那些允许自己犯下一种据 6〔173〕
说是**更粗劣地**堕落到感性的罪过的人优秀些，这纯粹是忸怩作态。无论是信徒按照规章加入**教会**，还是他前往**劳莱托**或者巴勒斯坦的圣地朝圣，无论他是用**双唇**还是像西藏人那样用一种**经转子**把自己的祈祷定式送达天庭（西藏人相信，这些愿望也能够以书面的形式写下，只要借助于某种东西推动，例如写在旗帜上借助于风推动，或者写在一个密封的盒子中作为转动机械的借助手推动，就可以同样达到其目的），无论在道德上事奉上帝的代用品是什么样的，所有这些都是一路货色，其价值没有什么两样。——在此，关键并不在于外在形式的差别，而是一切都取决于接受还是背离那个惟一的原则，即要么是当道德意念在作为它的显象的行动中活生生地体现出来时，就仅仅凭借道德意念使上帝喜悦，要么是凭借虔诚的娱乐行为或者无所事事来使上帝喜悦。② 不过，就没有一种超越于人的能力界限之上，与卑躬屈膝的宗教妄想可以并列在自我欺骗这个总类之下的、令人头晕目眩的德性妄想吗？没有！德性意念关注的是某种**现实的**、自身就使上帝喜悦的、与世上的至善一致的东西。尽管它可能伴有自负的妄想，自认为符合自己的圣洁义务的理念，但这毕竟只

---

① 《寓言》，Ⅱ，5。康德的引文系缩写；他在《实用人类学》中也引用了这段话（《康德全集》，第Ⅶ卷，148 页［参见李秋零主编：《康德著作全集》，第 7 卷，140 页。——译者注］）。——科学院版编者注

② 在一个必须信仰的规章性因素少一点的教派中，信徒由此觉得自己变得高贵了，感到自己的头脑更清晰，这是一种心理学现象；虽然他们还保留了足够多的规章性信仰，不可以（像他们实际上所做的那样）从他们自认为的纯洁性的高处轻蔑地俯视他们那些还处在教会妄想之中的弟兄。这种现象的原因在于他们认为，无论多么不起眼，自己毕竟由此而更为接近一些纯粹的道德宗教。尽管他们始终还沉溺于那种妄想，即想要借助于只带有一点消极理性的虔诚戒律，来补充纯粹的道德宗教。

是偶然的。把最高的价值放在这一理念中，这并不是妄想，不像教会的祈祷活动中的妄想那样，而是更纯粹地为促进世上的至善作出贡献。

此外还有一种惯例（至少是教会的惯例），即：把人凭借德性原则能
6〔174〕够做到的称做**本性**，把只是用来补偿人的各种道德能力的缺失的、并且由于道德能力的充足也是我们的义务因而只能想望、或者也可以希望和祈求的东西称做**神恩**，把二者一起看做一种足以导致上帝所喜悦的生活方式的意念的作用因，但又不仅仅把二者相互区分开来，而是干脆把二者截然对立起来。

劝人相信可以把神恩的作用与本性（德性）的作用区分开来，或者干脆可以在自身中造成神恩的作用，这是一种**狂热**。因为我们既不能在经验中根据某种东西认识超感性的对象，也更不可能对它产生影响，把它降低到我们的层次。尽管在心灵中有时也发生一些影响道德的活动，我们也无法解释它们，被迫承认对它们无知。“风随着意思吹，你听见风的响声，却不晓得从哪里来，往哪里去”①。要在自身中**感知**上天的影响，这是一种疯狂，它里面甚至也可能包含有方法（因为那些自认为内在的启示，也还必须始终附属于道德理念，从而也附属于理性理念），但它却总还是一种危害宗教的自我欺骗。要相信可能有、而且为了弥补我们德性追求的不完善性，还必须有**神恩的作用**，这就是我们对此所能够说的一切。此外，我们没有能力就神恩作用的特征规定任何东西，更不用说为导致神恩的作用做某些事情了。

凭借宗教上的崇拜活动，在面对上帝释罪方面有所作为，这种妄想是宗教上的**迷信**。同样，想凭借追求一种自以为的与上帝的交往而达到这种作为，这种妄想则是宗教上的**狂热**。想凭借每一个人都能够做、但无须他是一个善人的那些行动使上帝喜悦（例如凭借认信规章性的教义、遵循教会的戒律和礼仪等诸如此类的东西），是一种迷信的妄想。但是，它之所以被称做迷信的，乃是因为它仅仅选择了自然的（不是道德的）手段，而这些手段本身对非自然的东西（即道德上的善）却绝对不可能有任何影响。不过，当甚至想象出来的手段是超感性的、并不是人所能
6〔175〕支配的，即使不考虑由此预期的超感性目的是无法达到的，这时的一种

① 《约翰福音》，第3章，第8节。——科学院版编者注

妄想也叫做狂热的。因为最高存在者直接临在这种情感，以及这种情感与其他任何一种情感——包括道德情感——的区分，是对一种直观的接受能力，而人的本性中并没有进行这种直观的感官。由于迷信的妄想包含着对某种人来说是既适用、同时也可能的手段，至少能用来抵制对一种让上帝所喜悦的意念的障碍。因此，它就此而言，与理性倒是接近的，只是偶尔由于把仅能作为手段的东西当做直接让上帝喜悦的对象而应受谴责。相比之下，狂热的宗教妄想是理性在道德上的死亡，而没有理性就根本不可能有宗教。因为和所有的道德性一样，宗教一般必须建立在一些基本原则之上。

因此，一种教会信仰补救或者预防一切宗教妄想的基本原则是：除了它迄今为止不能完全缺少的那些规章性信条之外，它在自身中还必须包含一种原则，即把善的生活方式的宗教作为真正目的引进来，以便有朝一日能够不要那些信条。

三、论对善的原则的伪事奉中作为一种管理制度的教权制♀①

孤立无助的人受自然的、建立在对自己的无能的意识之上的畏惧所迫，崇敬强大的、不可见的存在者，这并不是与一种宗教同时开始的， 6〔176〕
而是从对上帝（或者偶像）的一种奴性的事奉开始的。当这种事奉获得了某种公开的法定的形式时，它就是**对寺庙的事奉**。只有在这些法则逐渐地与人的道德教化结合起来时，才成为一种**对教会的事奉**。二者都以一种历史性的信仰为基础，直到人们最终**开始**把历史性的信仰仅仅视为临时性的，并把它看做一种纯粹的宗教信仰的象征性体现和促进手段为止。

我们应该相信，从一个通古斯**萨满**直到同时治理教会和国家的欧洲**高级教士**，或者（如果我们不考虑首脑和领袖，而是仅仅考虑那些信徒自己的思维方式）在一大早把一张熊皮的爪子顶在头上，简短地祈祷“别

① 这一仅仅表明一个神父（παππα）的权威的名称，只是由于一种精神专制的附属概念，才包含某种谴责的意思。在所有的教会形式中，无论它们怎样宣布自己是简朴的和大众化的，都可以发现这种精神专制。因此，绝不可以认为我好像是要在各教派的对比中，想让一个教派凭借其习俗和规定来相对地轻视另一个教派。所有的教派，就它们的形式都是可怜的凡人在尘世将上帝之国感性化的尝试而言，都理应得到同样的尊重；但如果它们把（在一个可见的教会中）体现这一理念视为事情本身，就都理应受到同样的责难。

杀死我”的完全感性的**乌古伦人**和**康涅狄格州**的高贵的**清教徒**、公理会教徒之间，虽然有**风格**上的巨大差异，但却没有**原则**上的巨大差异。因为就这一点来说，他们统统属于同一个等级，即他们在本身并不造就出一个更善的人的那种事情中（在对某些规章性信条的信仰中，或者在对某些任意的戒律的履践中）放进了自己对上帝的事奉。惟有那些认为只能在一种善的生活方式的意念中发现对上帝的事奉的人，才通过超越到一种截然不同的、远远高于前者的原则而与上述的人区别开来。他们通过这一原则而认信一个（不可见的）教会，这个教会囊括了所有思想正派的人，就其根本性质而言，惟有它才是真正的、普遍的教会。

把支配人们命运的不可见的力量引导向人们的利益，这是所有的人们都怀有的意愿。只不过如何开始，人们却见仁见智。如果人们把那种力量视为一种有理智的存在者，因而赋予它一种意志，那么，他们的追求就在于仅仅选择一种方式，即自己这样一些服从它的意志的存在者，怎样才能凭借自己的所作所为使它喜悦？如果人们把它设想为道德的存在者，那么，他们凭借自己的理性就会轻而易举地相信，获得它喜悦的条件必须是自己在道德上善的生活方式，尤其是作为这种生活方式的主
6〔177〕观原则的纯粹意念。但是，最高的存在者也许在此之外还愿意以这样一种方式被事奉，这种方式是我们单凭理性所不能认识的。也就是说，要凭借这样一些行动，我们虽然从这些行动本身看不出任何道德的东西，但它们却或者是由最高的存在者所要求的，或者是仅仅为了证明我们对它的顺从而由我们任意地采取的。在这两种行事方式中，如果它们构成了系统地安排好的各种活动的一个整体，那么，这些行动就在根本上建立起了对上帝的一种**事奉**。如果二者应当结合在一起，那么，就必须假定，要么每一种方式都直接是让上帝喜悦的方式，要么一种方式作为另一种方式——对上帝的真正事奉——的手段而是让上帝喜悦的方式。对上帝在道德上的事奉（officium liberum［自由的事奉］）直接地让上帝喜悦，这是不言而喻的。但是，如果有酬报的事奉（officium mercenarium［计酬的事奉］）可以被看做**单由自身**就让上帝喜悦的，那么，对上帝在道德上的事奉就不能被承认为一切喜悦在人身上的最高条件（一切喜悦已经包含在道德性的概念之中了）。因为在这种情况下，没有人会知道，在眼前的事件中，为了据此对自己的义务作出判断，什么样的事奉是更有价

值的；或者，它们是如何相互补充的。因此，自身没有任何道德价值的那些行动，只是就它们作为手段用来促进在行为中直接善的因素（促进道德性）而言，即**为了在道德上事奉上帝的缘故**，才必须被认定为是上帝所喜悦的。

如果一个人的行动自身不包含让上帝喜悦的因素（道德的因素），他却将这些行动当做争取上帝对自己的直接喜悦、并从而实现自己的愿望的手段来使用，那么，他就处于这样一种妄想之中，以为他拥有一种通过完全自然的手段来造成超自然的作用的技艺。诸如此类的尝试，我们通常称做**魔术**。但是，我们却要把这个词（由于它自身带有与恶的原则结合的附属概念，相比之下，那些尝试却可以被设想为另外出自善的道德意图因误解而作出的）换作**物神化**这个在其他情况下已被认识到的词。不过，一个人只是由于自以为对上帝起作用，并把上帝当做手段来使用， 6〔178〕
以便在这个世界上产生一种作用，他的超自然作用才会是一种他可以想象的作用。而对于这一点来说，他的力量，甚至他对这种作用是否也会让上帝喜悦的洞见，都是不够用的。单是在他的概念中，这就包含着一种悖论。

但是，如果一个人除了凭借直接使他成为上帝喜悦的对象的东西（凭借一种善的生活方式的积极意念），还试图借助某些仪式来使自己**配得上**一种超自然的帮助对他的无能的弥补，并且出自这一意图认为可以凭借一些虽然没有任何直接的价值、但却可以作为手段来促进那种道德意念的戒律，来使自己对于达到自己善的道德愿望的客体只不过**易于**接受一些，那么，他虽然为了弥补自己的自然无能而指望某种**超自然**的东西，但却不是指望某种由**人**（通过影响上帝的意志）**造成的**东西，而是指望某种**接受到的**的东西，某种他可以希望、但却不能造成的东西。

不过，如果那些就我们所知自身不包含道德因素、不包含让上帝所喜悦的因素的行动，在一个人看来仍然可以充当某种手段、甚至充当期待直接由上帝来维护他的愿望的条件，那么，他必定处于这样一种妄想之中，即，尽管他对于这种超自然的东西既没有自然的能力，也没有一种道德上的接受能力，但是，他却可以凭借**自然的**、自身与道德性毫不相干的行动（采取这些行动不需要任何上帝所喜悦的意念，因而最恶的人也能够与最善的人同样好地采取这些行动），凭借祈祷定式、凭借认信一种有酬报的信仰、凭借教会的戒律等诸如此类的东西来造成它，就仿佛是**用魔术召来**神灵的帮助似的。因为在纯粹自然的手段和一种道德上的作用因之间，根本没有一种按照可以由理性设想的、根据它就可以想象前者决定后者达到某些结果的某种法则的结合。

因此，谁把遵循规章性的、需要有一种启示的法则，作为宗教所必需的，并且不是仅仅作为道德意念的手段，而且还作为由此直接让上帝喜悦的客观条件置于前面，把对善的生活方式的追求置于这种历史性的
6〔179〕信仰之后（而不是认为这种遵循作为只能**有条件地**让上帝喜悦的东西，必须以惟一**绝对**让上帝喜悦的善的生活方式为准则），他就把对上帝的事奉转化为一种纯然的**物神化**，实行了一种伪事奉。这种伪事奉将使趋向于真宗教的一切修行化为乌有。当我们要把两个好的东西结合起来时，我们用来结合它们的那种次序竟是如此重要！然而，真正的**启蒙**就存在于这种区分之中。对上帝的事奉由此才成了一种自由的、从而也是道德上的事奉。但是，如果我们背离了这一点，那么，加之于人的就不是上帝的儿女的自由①，而是一种法则（规章性法则）的轭具；这种法则由于无条件地迫使人们信仰某种只能历史地认识、从而并非对每一个人来说都是有说服力的东西，所以是一种对于有良知的人们来说可能比加给人们的虔诚戒律的全部废物还沉重得多的轭具②；对于这些戒律来说，人们只要执行它们，以便与一个建立起来的教会共同体保持协调，这就够了。用不着某人内在地或者外在地宣称认信这个教会共同体的信仰，把它看做是**由上帝确立**的秩序；因为这样一来，就会真正地给良知加上重负。

因此，**教权制**是这样一个教会的制度，在它里面，占统治地位的是

---

① 参见《罗马书》，第 8 章，第 21 节。——科学院版编者注

② “这轭具是柔和的，担子是轻松的”（《马太福音》，第 11 章，第 30 节。——科学院版编者注）。在这里，每一个人都负有的义务可以被看做由他自己，并且是通过他的理性加给他自己的。因此，他是自愿地给自己加上这轭具的。但具有这种特性的只有作为上帝诫命的道德法则。关于这些法则，惟有纯粹的教会的缔造者才可以说：“我的诫命并不难守”（《约翰壹书》，第 5 章，第 3 节。——科学院版编者注）。这一表述只不过是要说，它们之所以不**难守**，乃是因为每一个人都从自身看到了遵循它们的必要性，从而没有任何东西由此强加给他。相比之下，专制地颁布命令的、虽然是为我们的福利（但并不是通过我们的理性）加给我们的、我们却看不出有什么好处的规定，则仿佛是人们被迫屈从的折磨（苦工）。但是，就其来源的纯粹性来看，由那些道德法则所要求的行动本身，恰恰是人感到最难的行动。如果可以用极重的虔诚的苦工来抵偿这样的行动，那么，他宁可做这样的苦工也不采取那样的行动。

一种**物神崇拜**。凡在不是由道德的原则，而是由规章性的诫命、教规、戒律构成了教会的基础和本质的地方，都可以发现这种物神崇拜。虽然有一些教会形式，物神化在其中如此多种多样，如此机械呆板，以至它 6〔180〕
看来排挤了所有的道德性，从而也排挤了宗教，取代了它们的地位，并且非常接近于异教的边缘了。但是，当价值或者无价值建立在具有最高约束力的原则的性质之上时，问题的关键并不在于量上的多少。如果这个原则加给人的不是应对道德法则抱有的**最高的**自由敬重，而是作为强制性事奉，顺从地屈服于某种规章，那么，无论加给人们的戒律多么少，只要它们被宣布为无条件地必须的，就都足以成为一种物神信仰。它操纵群众，并通过对一个教会（不是对宗教）的顺从而剥夺了他们的道德自由。无论教会的体制（教阶制）是君主制、是贵族制、还是民主制，这都仅仅涉及组织；教会的宪章在所有这些形式中都是、并且始终是专制的。如果信仰的规章被归入宪章的法则，那么，实行统治的就是**教士阶层**，它相信可以完全用不着理性、甚至也用不着《圣经》学问；因为它作为不可见的立法者的意志的惟一有资格的维护者和诠释者，有独自掌管信条的权威，并且由于具有这种权威，可以不是说服，而是**仅仅发布命令**。——由于在这个教士阶层之外，其余的一切都是**平信徒**（就连政治共同体的首脑也不例外），所以，教会最终也统治了国家，不完全是凭借权势，而是凭借对心灵的影响，此外还凭借佯称国家据说可以从精神训导本身已经使民众的**思维**习惯了的一种无条件的顺从中得到的好处。但是在这里，这种虚伪的习惯不知不觉地葬送了臣民的正直和忠诚，使他们变得乖巧起来，甚至在公民义务中也成为假事奉，并且和所有错误地设定的原则一样，造成的恰恰是预期的东西的反面。

※　　※　　※

但是，所有这一切都是惟一造福于人的宗教信仰的两个原则初看起来似乎并不令人担心的易位所造成的必然结果。因为关键在于，人们应该把两个原则中的哪一个置于首位，承认为最高的条件（另一个原则是 6〔181〕
从属于这个条件的）。必须公平合理地承认，并不只是“按着肉体有智慧的”①，即学者或智者，才被委任在自己的真实得救方面进行启蒙——因

① 《哥林多前书》，第1章，第26节。——科学院版编者注

为整个人类都应该能够接受这种信仰——，而是“世上愚拙的”[①]、甚至无知的或者最缺乏概念能力的人，也必须能够要求得到这样一种教化和内在的确信。虽然听起来似乎是，一种历史性的信仰，尤其是当它为了理解福音所需要的概念完全是人类学的、是很符合感性的时，就正属于这种类型。因为还有什么比理解和彼此传达这样一种适合感性的、纯朴的叙述，或者关于奥秘却重复那些根本不必与一种意义结合的语词更容易的呢？这种信仰，尤其是由于它预示着巨大的利益，要找到普遍的赞同该是多么容易。而对这样一种建立在长期以来被承认真实可靠的文件之上的叙述的真实性的信仰，该是多么根深蒂固。因此，这样一种信仰当然也是适合最平凡的人类能力的。不过，虽然无论是这样一种事件的宣示，还是对建立在它上面的行事规则的信仰，都不会正好为了或者主要为了学者或者世俗智者才被给予的，但毕竟也没有把他们从中排除。因此就产生了如许的疑问，有的是关于它的真实性，有的是关于应在什么意义上陈述它，把这样一种受到如此多（自以为真诚的）争议的信仰当做一种普遍的、惟一造福于人的信仰的最高条件，这是人们所能够设想的最荒唐无稽的事情。——但是，有这样一种实践的知识，虽然它仅仅以理性为基础，不需要任何历史学问，但对每一个人，即便是头脑最简单的人，都是如此易于理解，就好像它是逐字逐句地写在他的心中似的。这就是这样一种法则，人们需要提到它，只是为了对它的权威马上与每一个人取得一致，它在每一个人的意识中都具有**无条件**的约束力，它就是道德性的法则。不仅如此，这种知识或者单凭自己就已经导致对上帝的信仰，或者至少单凭自身就把上帝的概念规定为一个道德上的立
6〔182〕法者的概念，从而，它引导人们达到一种不仅为每一个人所理解，而且也为每一个人所极其崇敬的纯粹的宗教信仰。它引导人达到这里是如此自然，以至只要人们试一试就会发现，完全可以从每一个人那里鞫问出这种宗教信仰来，即使他在这方面没有受过任何教育。因此，不仅由纯粹的宗教信仰开始，让历史性的信仰与它协调一致地跟随其后是明智的举动，而且我们的义务也是把它当做最高的条件，惟有在这一条件下，我们才能希望分享一种历史性的信仰总是要向我们预示的永福，以至只

① 《哥林多前书》，第1章，第27节。——科学院版编者注

有根据纯粹的宗教信仰给这种历史性的信仰提供的诠释，我们才能够或者才允许承认历史性的信仰是有普遍约束力的（因为它包含着普遍有效的教诲）。同时，就道德上的信仰者认为历史性的信仰有助于振奋自己纯粹的道德意念而言，他毕竟对历史性的信仰也是开放的。惟有采取这样一种方式的信仰，才具有一种纯粹的道德价值，因为它是自由的，不为任何威胁所强迫（因为那样的话，它就绝不可能是真诚的）。

但是，即使在一个教会中，对上帝的事奉主要集中于根据为一般人性规定的法则而纯粹在道德上崇敬上帝，我们也还是可以问：在这种事奉中，是否总是只有**虔敬教义**，还是也有纯粹的**德性教义**，各自不同地构成了宗教陈述的内容？前一个名称，即**虔敬教义**，也许在客观的意义上最好地表达了 religio［宗教］这个词的涵义（就像当今所理解的那样）。

虔敬包含了在与上帝的关系中对道德意念的两个规定：对上帝的**敬畏**就是在出自**应尽的**（臣民的）义务，即出自对法则的尊重而遵循上帝的诫命时的这种意念；而对上帝的**爱**则是出自自己的**自由选择**和出自对法则的喜悦（出自子女的义务）。因此，二者在道德性之上还包含着一个超感性存在者的概念。这个存在者具有为了使借助道德性所要达到的、但却超出了我们的能力之外的至善得以完成所需要的一些属性。如果我们超出了这个存在者的理念与我们在道德上的关系，关于它的**本性**的概念，就总是会陷入这样一种危险之中，即我们会以神人同形同性论的方式，从而常常是以直接危害我们的道德基本原则的方式来进行设想。因此，它的理念并不能自身存在于思辨的理性本身当中，而是把自己的起 6〔183〕
源，甚至还有自己的力量，都完全建立在与我们的以自身为基础的义务规定的关系之上。在青年最初的训诲中，甚至在布道词中，什么是更为自然的呢？是在虔敬教义之前要讲德性教义，还是在德性教义之前（甚至根本不提德性教义）要讲虔敬教义呢？显而易见，二者之间有必然的联系。但是，它们并不是**一回事**。所以，必须只把其中的一个设想为目的，把另一个仅仅设想为手段，并且也这样来宣讲，这种结合才是可能的。不过，德性教义是由自己而自存的（甚至也不需要上帝的概念），而虔敬教义却包含了一个我们自己设想的对象的概念。我们设想它与我们的道德性相联系，是我们在道德的终极目的方面的无能的补偿性原因。

因此，虔敬教义不能独自构成道德追求的终极目的，而是只能被用作加强那本身构成一个更善的人的东西的手段，即加强德性意念的手段。这种加强作用在于，虔敬教义为德性意念（作为对善，甚至对圣洁性的一种追求）预示和保证了对终极目的的期望，这是德性意念所无法做到的。相反，德性概念出自人的灵魂。尽管德性概念还没有展开，但人已经在自身中完全拥有了它，并且不可以把它像宗教概念那样，凭借推理玄想出来。在德性概念的纯粹性中，在对那种意识——意识到一种我们通常从未猜测到的、能够制伏我们里面的最大障碍的能力——的唤醒中，在人类的尊严——人在自己的人格以及那种为了使人格实现而追求着的人格规定性中必须敬重这种尊严——中，蕴藏着某种升华灵魂、并导向神明本身的东西，这种神明只有凭借其圣洁性和作为德性的立法者，才是值得崇拜的。其结果是，即使在人远未给予这个概念以影响自己的准则的力量的时候，他也并非不愿意从这个概念吸取营养，因为他感到自己通过这个理念，已经在某种程度上变得高尚了；然而，一个把这种义务变成我们的诫命的世界统治者的概念，离他还有很大一段距离。而且如果他以这概念为开端，还会挫败他那（参与构成德性本质的）勇气，使他陷入把虔敬转化为在一种专制地发布命令的权势面前阿谀奉承、奴颜婢膝地屈从的危险之中。这种独立自主的勇气本身，甚至通过接踵而至
6〔184〕 的和解教义，将得到加强，因为这种教义把不可改变的东西设想为解决了的，并且为我们开启了一条通向一种新的生活方式的小道，而不至于在以这种教义为开端时，由于白费力气地想使已经发生了的事情得到挽回（赎罪），由于对这种白费力气的奉献而产生的害怕，由于想象我们根本没有能力达到善，以及由于对堕回到恶的恐惧，而不得不消磨掉人的
6〔185〕 勇气①，把人置入一种长吁短叹的道德上的消极状态，在这种状态下，做

---

① 各民族的不同信仰类型，逐渐地也赋予它们一种外在地呈现在公民关系之中的性格；这种后来附加给它们的性格，就好像完全是气质特性似的。例如，**犹太教**由于其最初的那种想借助一切可以想象出来的、在有些地方令人难堪的戒律，把一个民族同其他所有民族隔离开来、并防止他们与这些民族有任何混杂的制度，就招来了**仇视人类**的责难。**穆罕默德教**的与众不同之处就在于**骄傲**，因为它不是在奇迹中，而是在对许多民族的战胜和奴役中找到了其信仰的证明，而它的虔诚习俗全都具有勇敢无畏的性质♀。**印度教**信仰由于同穆罕默德教截然相反的原因，而赋予其信徒以**怯懦**的性格。——如果由于那些最真心诚意地对待基督教信仰、但却以人的堕落为出发点而怀疑任何德性、因而把自己的宗教原则仅仅放在**虔诚**（它被理解为鉴于上界力量所期待的虔

不成任何伟大的和善的事情，而是把一切寄望于等待。——在涉及道德意念的事物中，一切都取决于人们使自己的义务隶属的那个最高概念。假如对上帝的**崇敬**是首要的，人们因而把德性隶属于它，那么，这个对象就是一个**偶像**，也就是说，它被设想为一个我们不是凭借在世上的道德善行，而是凭借祈祷和阿谀奉承就可以希望使它喜悦的存在者。但在这种情况下，宗教也就是偶像崇拜。因此，虔敬不是德性的代用品，以至可以缺少德性；相反，它是德性的实现，以便能够为最终达到我们的所有善的目的的希望加冕。

四、宗教事务中良知的引导

这里的问题不是良知应当如何被引导（因为良知不需要引导者，有良知就够了），而是怎样才能把良知本身用做最令人忧虑的道德决定中的引导。

良知是一种自身就是义务的意识。但是，由于对我们所有的表象的意识仅仅在逻辑观点上、从而仅仅有条件地，即当我们想澄清自己的表象时，才显得是必然的，因而也就不能无条件地是义务，所以，怎样才可能设想这样一种良知呢？

这是一个不需要任何证明的道德基本原理：**切勿冒不义的风险做任**

敬而采取消极态度的基本原则）之中的人们，能够对基督教信仰作出类似的责难，那么，问题肯定不在于基督教信仰的内在性质，而是在于它接近人们心灵的方式，因为这些人从未在自身中确立一种信赖，而是在持久的恐惧中寻求一种超自然的援助，甚至在这种自卑（自卑并不是谦恭）中自认为拥有一种能够赢得神恩的手段。这种状况的外在表现（无论是在敬虔主义中还是在伪虔诚中），都显露出一种奴性十足的心态。

♀这种值得注意的现象（一个虽然聪慧、但却无知的民族为自己的信仰而骄傲）也可能根源于创始人的那种自负，似乎惟有他才又在世界上恢复了上帝及其超感性本性的统一的概念。假如可以说他有功绩的话，那就是这一概念使他的民族从圣像崇拜和多神论的无政府状态中解放出来而变得高尚了。——至于第三类，即以误解了的谦恭为基础的宗教会众的性格，由于考虑到法则的圣洁性而在评估自己的道德价值时降低自负，就不应该造成自卑，倒是应该造成一种决心，要按照我们里面的这种高贵的禀赋，越来越接近于符合那种圣洁性，而不是把本来存在于造成这种决心的勇气之中的德性，当做一个已经有自负之嫌的名称推给异教，反过来却赞扬那种奴颜婢膝的邀恩。——伪虔诚（bigotterie，devotio spuria [偏执狂、假虔诚]）是一种习惯，它不是把虔诚的锻炼放在（在履行所有的人类义务方面）上帝所喜悦的行动中，而是放在通过表现出敬畏而直接与上帝交往之中。在这种情况下，这种锻炼就必须被看做强制性事奉（opus operatum，因功生效），只不过要成为迷信，它还需要加上自以为具有超感性的（上天的）情感这种狂热的妄想罢了。

何事情（quod dubitas，ne feceris！——Plinius.［凡是你怀疑的事情，就不要去做。——普林尼］）。因此，“**我要采取的**行动是正义的”这种**意识**
6〔186〕是无条件的义务。而一个行动一般来说是正义的还是不义的，对此作出判断的是知性而不是良知。对于所有可能发生的行动都知道它们是正义的还是不义的，这也不是绝对必要的。但是，对于**我**要采取的行动，我不仅必须作出判断，表明态度，而且还必须确知它不是不义的。这种要求是良知的一种公设，而盖然说[①]，即“仅仅认为一个行动可能是正义的，就足以使人采取该行动”这种基本原则，是与良知的这种公设截然对立的。——我们也可以这样定义良知：它是**自己对自己作出裁决的道德判断力**。只是这一定义，还极需对其中包含的概念先行作出说明。良知并不是把行动当做隶属于法则之下的案例来裁决的。因为这样做的是理性，理性是主观实践的（因此是 casus conscientiae［良知的案例］，亦即作为良知的辩证论的一种类型的诡辩）。相反，在此是理性对自己作出裁决，尽管它事实上是极其慎重地对行动作出那种判断的（即它是正义的还是不义的）。而且，它还把人自己推上**起诉自己**或者**辩白自己**的证人席，证实这种情况是发生了还是没有发生。

举例来说，有一个异端审判官，他固执地墨守自己的规章性信仰的惟一性，甚至到了必要时以身殉道的地步。他要对一个被指控犯有不信罪的所谓异端（在其他情况下是一个好的公民）作出判决。在此我要问：如果他判决这个异端死刑，那么，人们是能够说，他是按照自己的（尽管是误入歧途的）良知作出判决的，还是不论他是弄错了还是有意做出了不义的行为，都可以指摘他完全丧失了良知呢？因为人们可以当面指摘他在这样一个案例中，根本不能确定自己的所作所为不会有不义的可能。虽然他也许坚信，一种超自然地启示出来的上帝意志（或许是根据 compellite intrare［勉强人进来］[②] 那句箴言）允许他——即使不是把这

---

① 由耶稣会士和至圣救主会士在方法上予以完善。盖然说的经典语式在 1577 年已经由多米尼克修会会士 Bartholomäus de Medina 提出，即：Si est opinio probabilis，licitum est eam sequi，licet opposita est probabilior［如果一种意见是值得称许的，那么，遵循它就是合法的，哪怕对立的意见更值得称许］。——科学院版编者注

② 参见《路加福音》，第 14 章，第 23 节。奥古斯丁就已经把这个词（coge intrare）用于证明国家的义务，即借着针对偶像崇拜、异教和教会分立论者的强制措施来为教会服务：第 93 封和第 185 封信。——科学院版编者注

作为他的义务——把所认为无信仰连同不信者一起彻底灭绝。但是，他难道真的如此相信这样一种启示出来的教义及其意义，以至于达到胆敢杀死一个人所需要求的程度吗？因为一个人的宗教信仰而夺去他的生命，这毫无疑问是不义的，除非（极而言之）一种例外地为他所知的上帝意 6〔187〕
志作出了别的安排。但是，说上帝曾经表现出过这种可怕的意志，这是以历史文件为基础的，并且绝不是不容争辩地确定的。他毕竟只有通过人才能够获得启示，而且启示也是由人给他解释的。如果在他看来启示也是来自于上帝自身的（就像下达给亚伯拉罕的命令，要他把自己的儿子当做羊羔杀死那样①），那么，至少毕竟有可能在这里出现了某种失误。但这样一来，他就会冒着做出某种极其不义的事情的危险，而他在这里的行动正好就是没有良知的。对于一切历史性的信仰和现象性信仰来说，情况都是如此。也就是说，总是还留下了在其中发现某种错误的**可能性**。因此，不顾这种信仰所要求或者所允许的事情也许是不义的这种可能性，也就是冒着违反一种自身确定无疑的人类义务的危险而去接受这种信仰，这是没有良知的。

不仅如此，即使一个由这样一种积极的（被认为是积极的）启示法则所要求的行动本身是允许的，问题仍然在于，教会的上层或者导师是否可以根据自己自以为的确信来责成民众把它当做信条认信（哪怕有损于他们的地位）呢？由于确信除了历史的证据之外，自身没有别的证据，但在这民众的判断中（只要它稍稍反省一番自己），总是还有一种也许由此或者在他们对经典作诠释时产生错误的绝对可能性，所以，神职人员就会强迫民众至少是在内心中，就像他们信仰一个上帝，即仿佛是面对上帝那样，认信某种他们毕竟并不确切地知道其为真的东西是真实的。例如，承认指定某一个日子定期公开地增进虔敬之心，是由上帝直接规定的宗教节日，或者认信某种他们根本不理解的奥秘为自己坚信的。这时，他们的教会上层就会是在违背良知行事，是在强迫别人信仰某种他自己也绝不可能完全确信的东西。因此，他应该公平地想一想他所做的事情，因为他必须为从这样一种强制性的信仰中产生的滥施强暴负责。——因此，在被信仰的东西中可能有真理，但在信仰中（或者甚至

① 参见《创世记》，第22章。——科学院版编者注

在对它的只是内心的认信中），也同时可能有不真实性，而这不真实性本身就是该诅咒的。

6〔188〕 尽管如上所说，仅仅刚刚开始自由思维的人①，由于他们过去处在一种信仰的奴隶桎梏之中（例如新教徒），马上就认为仿佛自己越是不被迫信仰（信仰实证的东西和由教士规定的东西），就越是变得高尚了。然而，对于那些还没有能够或者不愿意作出这种尝试的人来说，情况则截然相反；因为他们的基本原则是：在信仰上最好是宁多毋少；因为做的比应做的更多，起码没有什么坏处，也许还会有所助益。——宗教事务中的所谓安全准则（argumentum a tuto［出自安全理由］），就是建立在把宗教认信中的不诚实作为基本原则这种妄想之上的（由于宗教又弥补了每一种错误，因而也弥补了不诚实的错误，人们就更容易采取这种妄想了）。如果我关于上帝所认信的东西是真的，那么我就碰中了；如果它不是真的，此外也没有什么自身不容许的东西，那么，我信仰它只不过是多余的，它虽然没有必要，但也只不过是给我加上了一种并非罪过的负担。从自己的装模作样的不诚实性中产生的危险；**对良知的违背**；在上帝面前谎称某种东西是确定无疑的；而自己又明明知道，它并不具有
6〔189〕 能够以无条件的信赖加以保证的性质；所有这一切，**在伪君子看来都无关紧要**。——真正的、惟一能够与宗教相统一的安全准则恰恰是相反的准则：作为永福的手段和条件，凡是不能凭借我自己的理性，而是只能凭借启示为我所知，并且仅仅借助于一种历史性的信仰才能为我认信，但除此之外与纯粹的道德基本原则并不矛盾的东西，我虽然不能相信并

---

① 我承认，我确实不能苟同于一些聪明人也使用的下述说法：某个（正在探讨一种合法的自由的）民族对于自由是不成熟的；一个庄园主的农奴们对于自由还不成熟；此外还有，一般人对于信仰自由还不成熟。按照这样一种前提条件，自由就永远不会出现。因为我们如果不事先被置于自由之中，对于自由就不可能**成熟起来**（为了能够在自由中合目的地运用自己的力量，我们就必须是自由的）。当我们还必须服从他人的命令，但又处于他人的关照之下的时候，最初的尝试当然是不成熟的，通常还与一种更为困难、更为危险的状况结合在一起。然而，不借助**自己的**尝试（要想做这些尝试，我们就必须是自由的），我们永远也不能以其他方式在理性方面成熟起来。我并不反对那些手中握有权力的人，为情势所迫把甩脱这三种桎梏的时代推得远之又远。但是，说自由根本不适宜于那些一度隶属于他们之下的那些人，说人有权利在任何时候都让这些人远离自由，把这当做基本的原则，这就侵犯了把人创造成为自由的那个神明的特权。当然，如果能够贯彻这样一种基本原则，则在国家中、在家庭中、在教会中实行统治，的确是更惬意的。然而，这难道也更正义吗？

且保证它是确定无疑的，但也不能把它当做肯定错误的东西予以拒斥。不过，虽然就这方面而言并未规定什么，但我仍然期望其中能够包含着某种能为人降福的东西。如果我不由于缺乏对一种善的生活方式的道德意念而使自己不配享它，它就会给我带来好处。在这一准则中，蕴涵着真正的道德上的安全，即面对良知的安全（对一个人不能要求更多的东西）。与此相反，最大的危险和不安全，是由要狡猾地避开不认信给我带来的不利后果、并由于同时讨好双方而与双方交恶这种自作聪明的手段带来的。

一部信经的作者，或者一个教会的导师，甚至每一个人，——就他据说在内心中向自己承认确信一些信条是上帝的启示而言——如果他扪心自问：你敢在知人心者的临在中，冒着丧失所有你认为宝贵和圣洁的东西的危险，来担保这些信条的真实性吗？那么，我将必须对人的（至少不是完全无能为善的）本性形成一个很糟糕的概念，才不会预见到，即便是最大胆的信仰导师，也必然在这里不寒而栗。♀①但如果真是这样，那么，它与那种公事公办的态度是多么一致啊！这种态度仍然要求 6〔190〕
对信仰作这样一种不允许任何限制的解释；甚至把这样一种胆大妄为的保证本身，冒充作义务和对上帝的事奉，但由此也就把道德方面的一切东西（诸如此类的东西也就是接受一种宗教）上所绝对要求的人们的自由完全弃之于地、甚至连在此说“我信。但我信不足，求主帮助”② 的善良意志，也不给留下容身之地了。♀③

---

① 就是说，如果一个人胆敢说“谁不相信这个或者那个历史性教义是一个可贵的真理，**他就该受诅咒**”，那么，他也必须能够说：“如果我在这里向你们讲述的东西不是真的，**我就该受诅咒**”。——如果有某人提出这样一种可怕的要求，那么，我将建议，可以按照波斯人关于一个**哈吉**（指曾去过麦加朝圣的伊斯兰教徒。——译者注）的那句谚语来对待他：如果某人（作为朝圣者）去过一次麦加，那么，你就迁出他与你共住的那座房子；如果他去过两次，那么，你就迁出他所在的那个街道；但如果他去过三次，那么，你就干脆离开他居留的那座城市，甚至离开那个国家。

② 《马可福音》，第 9 章，第 24 节。——科学院版编者注

③ **啊，正直**！你这从地上逃逸到天上的阿斯特赖亚，我们怎样才能把你（良知的基础，因而也是一切内在的宗教的基础）从那里重新拉回到我们这里呢？尽管非常令人痛心，但我还是可以承认，在人的本性中找不到襟怀坦白（说出知道的全部真理）。然而，我们却必然可以要求每一个人**正直**（凡是说出来的东西，都是真诚地说出来的）；而如果就连正直的禀赋也不存在于我们那仅仅是疏于培植的本性中，那么，人类即便是在自己的眼中也必定会是一个极度受蔑视的对象。但是，所要求的那种心灵特性是这种一种特性，它备受诱惑，且要求作出某些牺牲，因此也

总的附释

凡是人按照自由律能够独立地做出的善行，与只有借助超自然的帮助才使他可能达到的那种能力相比而言，我们都可以称之为**本性**，以便有别于**神恩**。这并不是说，好像我们借助前一个术语所理解的是一种自然的、有别于自由的属性似的。我们之所以使用它，仅仅是因为我们至少认识了这种能力的**法则**（**德性**的法则），因为理性对于它——作为一个**自然的类似物**——也有一个自己可见的、可把握的导线；与此相反，**神
6〔191〕 恩**是否以及什么时候在我们里面起作用，以及起什么作用和起多大作用，对我们来说仍然完全是隐秘的。而理性在这方面，就像在一般的超自然事物（道德性作为**圣洁性**就属于此列）那里一样，对于它的发生所遵循的法则一无所知。

对我们道德上虽然是有缺陷的能力，甚至对我们履行自己的所有义务时的不完全纯净的、至少是薄弱的意念加上的一种超自然帮助的概念，是超验的，是一个纯然的理念，没有任何经验能够向我们保证它的实在性。但是，即便是把这个理念假定为仅仅实践意图上的理念，这也是很冒险的，与理性很难统一的。因为凡是作为道德上的善的行为而应该归功于我们的，都必然不是借助外来的影响，而必须是仅仅借助于尽可能正确地运用我们自己的力量而发生的。不过，这方面的（二者并行不悖的）不可能性也是同样不能证明的，因为自由本身虽然在其概念中不包含任何超自然的东西，但就其可能性而言，仍然和人们为了代替对自由的自身主动的、但不充分的规定而假定的超自然事物一样，是我们所不能理解的。

但是，由于我们关于自由至少还能够知道用来规定它的那些法则（道德法则），但关于一种超自然的帮助，无论是在我们里面察觉到的某种道德力量是否确实是由此产生的，还是在什么样的场合以及在什么样

要求道德上的力量，即德性（德性必须是获得的），但必须比其他任何一种特性都更早地受到监护和培植。因为如果我们让相反的倾向扎下根来，那就极难再彻底铲除。——我们可以把这与我们的教育方式进行比较，尤其是在宗教问题上，或者确切地说，在教义问题上。在这里，不用考虑认信的可靠性（对此从来也不能加以检验），单是回答涉及它们的问题时记忆的可靠性，就被认为足以造就出一个对他所保证是圣洁的东西一窍不通的信徒，而我们也将不再对由于缺乏正直所造成的真正内心的伪君子这种事感到惊讶了。

的条件下可以期待这种力量，我们都一无所知。所以，除了普遍地假定：凡是本性在我们里面不能造成的，只要我们尽可能地运用我们的本性（即我们自己的力量），神恩就将会造成它，此外，我们对这个理念就不能做任何别的利用了，无论是我们如何（除非不断追求善的生活方式）争取它的协助，还是我们如何确定在什么样的场合我们可以期望得到它都不行。这一理念完全是超越的。此外，把它当做一种神圣的东西，对它敬而远之，以免我们由于自己制造奇迹的妄想，或者在自己里面感知到奇迹的妄想，而使自己不适宜于任何理性运用，或者听凭自己惰性的诱惑，在消极的悠闲中，期待我们本应该在自身中寻求的东西从天上掉下来，这是有益的。

因此，**手段**也就是人为了用来实现某种意图**所能够支配的**中间原因； 6〔192〕
而为了配得上上天的帮助，这里也只有（也不可能有别的什么东西）认真努力地尽可能改善自己的道德性质，由此使自己易于接受本来不为自己所支配的、使这些道德性质符合上帝的喜悦方面的完善，因为他所期待的那种上帝的帮助自身，本来就仅仅是以他的道德性为目的的。但是，不纯洁的人不是在这里，而是宁可在某些感性的活动中（他虽然能够支配这些活动，但这些活动自身并不能造就任何更善的人，而这里却要以超自然的方式造成这一结果），这倒是我们已经可以先验地预料到的事情，而且事实上也的确发生了。一种所谓的**邀恩手段**的概念，虽然它（根据以上所说）是自相矛盾的，但在这里却充当了自欺的手段，而自欺是既庸俗又对真宗教有害的。

作为属于上帝之国的臣民，但同样（遵照自由律）作为上帝之国的公民，信仰者对上帝必须作出的真正的（道德上的）事奉，虽然就像上帝之国自身一样是不可见的，即是一种**心的事奉**①（用心和诚实的事奉），并只能存在于把所有真正的义务作为上帝的诫命来遵守的意念之中，不能存在于仅仅为了上帝而规定的行动之中。然而在人这里，不可见的东西却需要借助某种可见的东西（感性的东西）来体现。进一步说，为了实践的事物起见，需要有某种可见的东西来伴随，并且尽管它是理知的，却需要仿佛被（根据某种类比）直观化。虽然这种东西是仅

① 参见《约翰福音》，第4章，第23节。——译者注

仅为说明我们在事奉上帝方面的义务的一种事实上不可缺少的手段，但同时也是一个颇有被误解的危险的手段，它通过一种对我们起蒙蔽作用的妄想，而极容易被视为**对上帝的事奉**本身，并且通常也是这样被称谓的。

这种对上帝的所谓事奉，如果回溯到它的精神实质和它的真实涵义，即一种专注于在我们里面和在我们之外的上帝之国的意念，那么，它本身可以借助理性划分为对义务的四种遵循方式。但是，某些与它们并没
6〔193〕有必然联系的仪式，也被一一对应地配置给它们了。因为这些仪式在用做它们的图型，从而在唤醒和保持我们对真正地事奉上帝的注意力方面，自古以来就被当做好的感性手段。它们全都立足于促进道德上的善这个意图：（1）**在我们自身里面坚定地**确立这种善，并且反复地在心灵中唤起它的意念（私下默祷）；（2）通过在法定的礼拜日公共聚会来**向外扩展**这种善，以便让人在那里宣读宗教教义、表达愿望（以及诸如此类的意念），并且普遍地相互传达这些东西（前往教堂）；（3）通过把新加入的成员接纳入信仰团契，而把这种善**灌输**给后代，这也是使他们在其中受到教导的义务（在基督教中就是**洗礼**）；（4）通过反复举行的公共仪式**维护这个团体**，这些公共仪式使这些成员们结成一个伦理实体的那种联合，也就是按照彼此之间权利平等和共享道德上善的成果的原则的那种联合得以存续（领圣餐）。

宗教事务中的任何开端，只要人们不是纯然在道德上作出的，而是把它当做**本身**就让上帝喜悦的、从而通过上帝来满足我们的所有愿望的手段，就都是**物神信仰**。它是这样来说服人们的：无论是按照**自然**法则还是按照道德上的理性法则，都不能造成任何效果的东西，却可以这样来造成人们所期望的东西，即，只要人们坚定地相信它能够造成诸如此类的东西，并把某些仪式与这种信仰结合起来。甚至在这里的一切都取决于只能从行动中产生的道德上的善这种意念已经深入人心的地方，感性的人还要为自己寻找避开那种困难条件的秘密路径。也就是说，即使他履行的仅仅是**方式**（形式），上帝也会把它当做行动本身来接受。这当然必须被称做上帝的一种超验的神恩，如果不是反倒会成为在懒惰的信赖中梦见的神恩，或者干脆是一种虚伪的信赖本身的话。这样，人就在所有的公共信仰方式中，都把某些习惯自己设想为**邀恩手段**，尽管它们

并不是在所有的信仰方式中都像在基督教中那样，与实践的理性概念以及与之相符合的意念相关（例如在穆罕默德教的信仰方式中，有五种重要的诫命：净礼、祈祷、斋戒、施舍、赴麦加朝圣。其中惟有施舍，如 6〔194〕
果它是出自真正的、对人类义务既是道德上的也是宗教上的意念作出的，并且由而确实值得被看做一种邀恩手段的话，就理应被当做例外。但在这里情况则相反，由于这种手段按照该信仰甚至可以同时从别人那里强夺以穷人的身份祭献给上帝的东西，它就不应当被当做例外）。

也就是说，可以有三种**妄想信仰**有可能使我们在超自然事物（按照理性法则，它既不是理论运用的对象，也不是实践运用的对象）方面逾越我们理性的界限。**首先**是这样一种信仰，即凭借经验能够认识某种我们自己也能够认为按照客观的经验规律不可能发生的事情（对**奇迹**的信仰）；**其次**是这样一种妄想，即必须把我们自己凭借理性并不能形成任何概念的事物，当做我们在道德上的至善所必需的而接纳在我们的理性概念之下（对**奥秘**的信仰）；**最后**是这样一种妄想，即凭借运用纯粹自然的手段能够造成一种对我们来说是奥秘的结果，也就是说，造成上帝对我们的道德的影响（对**邀恩手段**的信仰）。——关于前两种人为的信仰方式，我们在本书上两篇的《总的附释》中已经讨论过了。因此，现在我们有必要对邀恩手段加以讨论（它与**神恩作用**♀①，即超自然的道德上的影响，还是有区别的。对于后者，我们只是容忍，但对它的自以为的经验，却是一种纯然属于情感的狂热妄想）。

一、**祈祷**被设想为对上帝的一种**内在的、按照程式的**事奉，从而被设想为邀恩手段，它是一种迷信的妄想（一种物神化）。因为它纯然是对一个存在者**宣告出来的愿望**，而这个存在者却不需要对愿望者的内在意作出任何宣告。因此，这里也就没有做出任何事情，没有履行作为上帝的诫命我们必须履行的任何义务，因而也没有真正地事奉上帝。让上帝喜悦我们的一切所作所为这样一种衷心的愿望，即伴随我们的一切行动、
就好像这些行动是在对上帝的事奉中发生的那样来从事这些行动的意 6〔195〕
念，是**祈祷的精神实质**，它能够而且应该“不住地”② 在我们里面出现。

① 参见**第一篇**的《总的附释》。

② 参见《帖撒罗尼迦前书》，第 5 章，第 17 节。——科学院版编者注

但是，用语词和定式来表达这种愿望（即使这纯粹是在内心中进行的）①，

① 在一个作为祈祷的精神实质的愿望中，人只是试图对自己产生作用（借助**上帝的理念**振奋自己的意念）。但在这种愿望中，当它借助语词，从而也就是向外宣告的时候，却是试图对上帝产生作用。在前一种意义上，尽管人并不强求自己甚至能够毫无疑问地保证上帝的存在，但祈祷却可以是以充分的真诚进行的。在第二种作为**致辞**的形式中，他认定这个最高的对象是亲自临在的，或者至少是（甚至在内心中）仿佛他是从这个对象的临在引出的意见那样，认为即使事实并非如此，至少也没有什么坏处，毋宁说还会给他带来好处。因此，在后一种（字面上的）祈祷中，不能像在前一种祈祷中（在祈祷的纯然精神中）那样完满地发现真诚。——每一个人，如果他自认为是一个虔诚的、有善良意愿的人，都会认为上述附释的真理性已经得到了证明。但如果他是除此之外还自以为是在这样一些提纯了的宗教概念方面所知有限的人，别人就会对他感到惊异了。我指的不是在大声的祈祷方面，而是仅仅在把这种祈祷显示出来的举止方面。不用我说，人们自己就会预料那个人在这方面会陷入混乱或者尴尬，就好像这是一种他会为自己感到羞愧的状态。但是，为什么会是这样呢？一个人被发现在大声地自言自语，这显然会使他被怀疑有点发神经。同样，如果我们在他独处的时候，发现他正在做出只有当一个人看到有人在自己面前时才会做出的活动或者表情，我们也会对他作出这样的判断的（这并非全无道理）。但是，在上述假定的例子中，情况并不是这样。——然而，福音的导师用某种措辞十分精彩地表达了祈祷的精神实质，这种措辞不仅使祈祷，而且由此也使它自身（作为字面上的东西）成为多余的了。在这种措辞中，我们发现的无非是趋向善的生活方式的决心，它与意识到我们的脆弱性相结合，包含着一种持久的愿望，即成为上帝之国中一个合格的成员。因此，它不是真正地祈祷某种上帝根据自己的智慧也可能会拒绝给予我们的东西，而是这样一个愿望，如果它是认真的（积极的），它就会自己造成自己的对象（成为一个让上帝所喜悦的人）。甚至对我们某一天维持生存的手段（面包）的愿望，由于它并不是明确地针对生存的延续的，而是一种被感觉到的纯然动物性需求的结果，所以与其说是对**人**想要的东西的特别深思熟虑的祈祷，倒不如说是对我们里面的**自然**想要的东西的表白；这类祈祷就会是对他日的面包的祈祷，这种情况在此也十分清楚地被排除了。——这样一种发生在道德的（仅仅凭借上帝的理念振奋起来的）意念之中的祈祷，由于它作为祈祷在道德上的精神实质是自己造成自己的对象（成为上帝所喜悦的）的，因而只能发生在**信仰**中；而信仰也无非就是认为，自己的祈祷**能被满足**是有保障的；不过，只有我们里面的道德性才具有这样的性能。因为即使在祈求仅仅涉及今日的面包的情况下，也没有人能够认为，祈祷会得到满足是有保障的，即满足他的祈求与上帝的智慧是必然地结合在一起的。也可能，让他今天死于这种匮乏更能与上帝的智慧一致。凭借死缠硬磨的祈求来试探是否能使上帝（为了我们眼前的利益）偏离其智慧的计划，这也是一种既荒唐无稽又大胆妄为的妄想。因此，我们不能确信任何有一种并非道德的对象的祈祷是能够被满足的，即不能在**信仰**中祈求这样的东西。甚至，即便对象是道德的，但却只能借助超自然的影响才是可能的（或者至少，我们之所以期望这样的对象，不过是因为我们不愿自己为此费力劳神；例如思想改变、穿上新人、再生），毕竟也很难确定，上帝是否会认为以超自然的方式，弥补我们的（自负其责的）缺陷是符合他的智慧的。毋宁说，我们有理由预期相反的东西。因此，人不能在信仰中祈求这些东西。——由此也就可以解释一种制造奇迹的信仰（它总是与一种内在的祈祷结合在一起的）会是什么样的情况了。由于上帝不能赋予人超自然地发挥作用的任何力量（因为这是自相矛盾的），由于人在自己这方面不能按照自己从世上可能的善的目的形成的概念，来规定上帝的智慧在这方面会作出什么判断，因而不能凭借在自己里面、并由自己产生的愿望来把上帝的力量用于自己的意图，所以，一种奇迹的赐予，即人能否拥有它完全取决于人自己（“你们若有信心像一粒芥菜种”［《马太福音》，第 17 章，第 20 节；

充其量也只能具有反复地在我们里面振奋那种意念的一种手段的价值， 6〔196〕
与上帝的喜悦没有任何直接的关系，正因为此也不是每一个人的义务。 6〔197〕
因为一种手段只能规定给为了某种目的而**需要**它的人，但远远不是每一个人都需要这种（在自己里面、事实上也就是**同自己**、但却伪称更可理解为**同上帝**交谈的）手段。毋宁说，每一个人都必须通过对道德意念连续不断的净化和提高来达到这样一种地步，即惟有祈祷的精神实质在我们里面能够得到充分的振奋，而祈祷（至少是为我们自己的利益所作的祈祷）的条文则能够最终被略去。因为这种条文毋宁说像所有间接地指向某个目的的东西一样，削弱了道德理念（从主观上来看，它叫做**虔敬**）的作用。在最渺小的事物上考察上帝创世的深刻智慧，在伟大的事物上考察这种智慧的威严——它自古以来就已经能够为人们认识到，但在近代却扩展为极大的惊赞——，这种考察具有这样一种力量，它不仅把心灵沉入到那种深沉的、仿佛把人在自己的眼睛中消灭掉的那种情调，人们称之为**崇拜**，而且如果考虑到人自己的道德上的规定性，其中也包含着一种升华灵魂的力量，以至相比之下，语词，即便是身为国王的祈祷者大卫（他很少知道所有那些奇迹）的语词，也必然像空洞的声响一样消逝掉。因为出自从对上帝之手的这样一种直观的情感是说不出来

《路加福音》，第 17 章，第 6 节。——科学院版编者注]，等等）的那种奇迹的赐予，从字面上看是不可思议的。因此，这样一种信仰，如果它在任何地方都要意味着某种东西，就不过是关于人的道德性质——假如人在自己全部让上帝喜悦的完善（然而，人却永远达不到这种完善）中拥有这种道德性质的话——的重要性，超越上帝在其最高智慧中拥有的其他一切动因的重要性的一个理念，从而也是这样一个根据，它使人能够信赖，如果我们**完全**是或者一旦成为我们应该是、并且（在不断的接近中）能够是的那种样子，自然本性必然会顺从我们的愿望，而我们的愿望在这种情况下也决不会是不智的。

但是，就通过前往教堂所期望获得的**陶冶**而言，公共的祈祷在这里虽然也不是邀恩手段，但却是这样一种伦理的庆典，它或者通过合唱信仰的赞美诗，或者也通过按照规定借助神职人员之口代表全体会众向上帝所作的**致辞**进行。这致辞把人的一切道德事务都包括在自身中，由于它把这些道德事务表现为公共事务，在这里每一个人的愿望都应该表现为是与所有人的愿望联合为一个目的（建立上帝的国）的。所以，它不仅能够把感动提高到道德上的鼓舞（而不像私下默祷那样，由于私下默祷是在缺少这种崇高的理念的情况下作出的，它通过习惯逐渐地完全丧失了对心灵的影响），而且还比私下默祷更多地包含着把构成祈祷的精神实质的道德愿望穿上正式的致辞外衣的理性根据。但它在这里并没有把最高存在者设想为临在的，或者把这种演说形态固有的特有力量设想为一种邀恩手段。因为在这里有一个特殊的目的，即通过一种外在的、体现出那种在对上帝之国的共同愿望中**所有人大联合**的庆典，来更多地调动每一个人的道德动机。除了通过向这个国的主宰致辞，就好像他特别地在某个地方临在一样之外，不可能以更好的方式进行这件事了。

的。——此外，由于人们虽然其心灵倾向于宗教，但却很乐意把所有本
6〔198〕来只与他们自己的道德改善相关的东西，转化为对宫廷的事奉。而在对宫廷的事奉中，谦卑和赞颂越是词汇丰富，通常也就越是很少被人在道德意义上感受到。所以，倒是哪怕在最初给还需要条文的孩子们安排祈祷练习时，就有必要小心翼翼地再三叮嘱他们，言语（即便是在内心中说出的言语，甚至是使心灵适合于把握上帝理念的尝试，据说这种理念是接近于一种直观的）在这里没有什么自在的价值，而只是被用来振奋趋向一种上帝所喜悦的善的生活方式的意念。那种言语只不过是想象力用来这样做的一种手段罢了。因为若不然，所有那些谦恭敬畏的证明都将带来一种危险，即所造成的仅仅是对上帝的虚伪崇敬，而不是对上帝的一种实践上的事奉，这种事奉并不是仅仅存在于情感之中的。

二、**前往教堂**，它被设想为在一个教堂中隆重举行的、**对上帝的外在事奉**。鉴于它是信徒团契的一种感性体现，它不仅是一种对每个**个人**而言**陶冶**①自身的值得推荐的手段，而且对于**整体**而言，这也是就他们作为必须在这尘世中体现出来的、上帝之国的公民义不容辞的义务。其前
6〔199〕提是，这个教会并不包含可能导向偶像崇拜的、并从而使良知背上沉重负担的仪式。例如，在上帝处于一个人的名义之下的无限仁慈的人格中而对上帝所作的某些崇拜。因为以感性的方式描绘上帝，就违背了理性的那个诫命：**"不可为自己雕刻偶像"**②，等等。但是，想把它本身当做**邀恩手段**来使用，就好像是由此直接事奉了上帝，好像上帝把特殊的**神恩**与这种庆典的庄重性（只不过是宗教的**普世性**的一种感性的体现）联结

---

① 如果我们要为这一表述寻找一个合适的涵义，那么，也许只能这样来规定它，即它被理解为**由虔敬在主体身上产生的道德上的结果**；这一结果，虽然大多数自以为虔敬的人（因此也可以称他们为**虔敬之士**）把它建立在感动之中，但它却并不在于感动（感动已经包含在虔敬之中了）。因此，**陶冶**这个词必须意味着由虔敬在人的现实改善方面造成的结果。然而，要使这种改善成功，人们就必须有系统地进行工作。按照正确理解的概念，把确定的基本原则深深地植入人心，在此之上建立起各种意念，去和这些基本原则所关系到的、诸般义务的各种不同的重要性程度相符合，提防和维护它们免受偏好的侵袭，仿佛是**陶冶**出一个新人，作为**上帝的圣殿**。（参见《以弗所书》，第 2 章，第 21—22 节；《彼得前书》，第 2 章，第 5 节。——科学院版编者注）人们很容易看出，这一建筑物只能慢慢地进展；但是，至少也应该看到有些什么**已经建立起来了**。然而，虽然人们相信自己（通过听，或者读和唱）已经受到了相当的**陶冶**，但却没有任何东西被建立起来，甚至连着手开始建造也没有。也许这是因为，人们希望那座道德的建筑物将像忒拜城的城墙那样，凭借叹息和急切愿望的音乐就自己耸立起来吧。

② 《出埃及记》，第 20 章，第 4 节。——科学院版编者注

在一起了似的，这是一种妄想，它虽然与一个**政治共同体**的好**公民**的思维方式和外部体面是一致的，但作为**上帝之国中的公民**，这种妄想不仅不能对他的品质有所增益，而且还会败坏它，用炫目的色彩在他人眼前、甚至在他自己的眼前，掩饰其意念的道德上恶劣的内容。

三、加入教会团契的一次性的庄重**典礼**，即最初被接纳为**一个教会的成员**（在基督教中是通过**洗礼**），是一种很有意义的庆典。它要么使加入者（如果他能够自己来认信自己的信仰），要么使他的保证人（他们自愿负责前者在信仰方面的教育）承担起重大的责任，并且是以某种神圣的东西（把一个人塑造为神圣国家的公民）为目的的。但是，它自身却不是其他那些人的一个神圣的行动，或者不是在这个人身上造就出圣洁性和接受神恩的能力的行动，因而也不是什么**邀恩手段**。尽管它在最初的希腊教会中也曾有过如此被夸大的威望，似乎能够一下子涤清所有的罪过。由此，这种妄想与一种几乎更多的是异教的迷信之间的亲缘关系，也就大白于天下了。

四、根据**平等**的法则为庆祝**这个教会团契的复兴、存续和传播**，而反复多次举行的**庆典（领圣餐）**。必要时还可以按照这样一个教会的创始人的榜样（同时也是为了纪念他），通过在同一张餐桌旁共享的仪式来举行这种庆典包含着某种伟大的东西，这种东西把人们狭隘的、自私的和难以共处的思维方式——尤其是在宗教事务中——扩展成为一种世界公民的**道德团体**的理念。而且，这种庆典也是振奋一个团契，使它达到在 6〔200〕
其中体现的兄弟之爱的道德意念的一种好手段。但是，称颂说是上帝把特殊的神恩与这种庆典的庄重性结合在一起，并且把认为那本来只不过是一种教会活动的庆典又可以是一种**邀恩手段**的命题接纳入信条，这就是宗教的一种妄想了。它所能够起的作用恰恰只不过是与宗教的精神实质背道而驰。——这样一来，从根本上来说，**教权制**就会完全是神职人员通过装出一副独占邀恩手段的样子而篡夺的对心灵的统治。

※　　　※　　　※

所有诸如此类的在宗教事务上人为的自欺，都有一个共同的基础。在上帝所有的道德方面的属性——圣洁、神恩和正义——中，人习惯性地转向了第二种，以便避开符合第一种的要求这一令人生畏的条件。作一个好的**仆人**，这是费力劳神的（在此总是只听到说义务）。因此，他宁可作一个**宠儿**，这时，他的许多事情都可以得到宽恕，或者，即便他过于严重地违背了义务，也可以凭借某一个在最高的程度上蒙恩的人的调解来补偿一切。而同时，他始终还是他曾经是的那个任性的奴仆。但是，为了在他的这种意图的可行性方面以一些假象满足自己，他把自己关于一个人（连同其缺陷）的概念，像通常那样套用到神灵身上。并且，就像即使在**我们族类**最好的**统治者**身上，立法的严明、仁慈的恩宠和一丝不苟的公正，也不是（像其应该的那样）每一个都单独地、独立地致力于对臣民的行动产生道德影响，而是在人类的领袖作出决定时，在他的思维方式中**混合**在一起，因而人们只可以尝试去掌握这些属性中的一种，即人类意志的脆弱智慧，使另外两个屈从于它那样，他也希望由此而在上帝那里发现这种情况，仅仅转向了**神恩**（因此，借助一个三重位格的
6〔201〕理念，把上帝的上述诸般属性，或者毋宁说把上帝与人的诸般关系分离开来，对于宗教来说曾经是具有重要意义的。应当参照这个理念设想出那种分离，使每一种属性或者关系都得到特殊的标明）。为此目的，他尽力参与一切能想象出来的仪式，以此想要显示他是多么**崇敬**上帝的诫命，以至于没有必要来**遵守**它们了。为了能用他那些不付诸行动的愿望来补偿他对这些诫命的逾越，他喊着："主啊！主啊！"只是为了不必"遵行天父的旨意"①。这样，他把用某些手段振奋真正实践意念的庆典，理解为邀恩手段本身，伪称相信这些庆典是邀恩手段，这本身就是宗教的一个本质部分（平庸的人甚至把它看做宗教的全部）。至于由此使自己成为一个更善的人，他完全听凭上帝仁慈的垂顾。他致力于**虔诚**（对上帝的法则的一种消极的崇敬），却不致力于**德性**（把自己的力量运用于自己所崇敬的义务），而毕竟惟有后者**与前者相结合**，才能构成人们在**虔敬**（真正的宗教意念）这个词中所理解的那个理念。——如果这种自以为的天之宠儿的妄想发展成为狂热的自负，认为在自身中感受到特别的神恩作用（甚至狂妄地相信自以为与上帝有隐秘的**交往**），那么，德性最终就会干脆使他感到厌恶，成为他蔑视的对象。因此，如果有人公然抱怨宗教始终很少有助于人的改善，抱怨那些蒙恩的人的（放在斗底下的②）内在的光，不愿通过善功向外照耀，也就是说（正如人们按照他们的这样一

---

① 《马太福音》，第 7 章，第 21 节。——科学院版编者注

② 《马太福音》，第 5 章，第 15 节。——科学院版编者注

种伪称可能会要求的那样）并不比其他那些自然可敬的人们**优秀**，那些人简明扼要地接受宗教不是为了取代、而是为了促进积极地显现在一种善的生活方式之中的德性意念，那么，这也是毫不稀奇的。尽管如此，福音的导师还是把外部经验的这些外在证据作为试金石交给了人们。凭借这种试金石，也就是凭借这种外部经验的结果，人们就可以认识那些蒙恩的人，而且每一个人都可以认识自身。然而，人们还没有看到，那些自以为特别蒙恩的人（拣选出来的人），至少有一点胜过我们在交往 6〔202〕
中、在事业中、在急难中能够信赖的自然可敬的人。毋宁说，他们总的来看经不起与自然可敬的人比较。这也就证明了，从蒙恩前进到德性并不是正确的道路，正确的道路毋宁说是从德性前进到蒙恩。

原文收入李秋零主编《康德著作全集》第 6 卷，作于 1794 年。